欧洲规范钢结构设计
方法及实例

娄　宇　孙晓彦　主编

U0283294

中国建筑工业出版社

图书在版编目（CIP）数据

欧洲规范钢结构设计方法及实例/娄宇，孙晓彦主编. —北京：
中国建筑工业出版社，2019.3
ISBN 978-7-112-23227-7

Ⅰ.①欧… Ⅱ.①娄… ②孙… Ⅲ.①建筑结构-钢结构-设计
规范-欧洲 Ⅳ.①TU391.04-65

中国版本图书馆 CIP 数据核字（2019）第 018409 号

目前我国的海外建设工程越来越多，很多工程项目使用欧洲规范，据此，中国钢结构协会
钢结构设计分会于 2016 年组织了第一次中欧钢结构设计标准对比研讨会，得到广大从业者的热
情响应。会后组织业内专家编写此书，给出可以借鉴参考的案例，以期帮助钢结构从业者了解
和掌握欧洲规范。全书共分六章，主要内容包括欧洲结构设计规范基本规定；欧洲规范抗震设
计；钢结构设计流程及管理；工业建筑设计实例；民用建筑设计实例；钢结构深化设计和施工
实例。

本书可供钢结构设计人员、研究者和高校师生等学习参考。

责任编辑：刘瑞霞 赵梦梅 辛海丽
责任校对：党 蕾

欧洲规范钢结构设计方法及实例

娄 宇 孙晓彦 主编

*

中国建筑工业出版社出版、发行（北京海淀三里河路9号）
各地新华书店、建筑书店经销
北京科地亚盟排版公司制版
北京建筑工业印刷厂印刷

*

开本：787×1092 毫米 1/16 印张：22¾ 字数：563 千字
2019 年 5 月第一版 2020 年 1 月第三次印刷
定价：**70.00** 元
ISBN 978-7-112-23227-7
（33518）

《欧洲规范钢结构设计方法及实例》
编委会

主　　编：娄　宇　孙晓彦

副 主 编：石永久　王立军　王昌兴

编　　委：（以姓氏拼音为序）

陈国栋　陈振明　陈　矛　崔学宇　戴夫聪　戴连双

樊兴林　郭艳军　李毅男　刘博文　路文辉　舒　涛

舒亚俐　孙洪鹏　王　煦　魏　亮　温凌燕　吴耀华

武笑平　徐晓明　张凤保　张作运

主编单位：中国钢结构协会钢结构设计分会

参编单位：（以章节为序）

北京清华同衡规划设计研究院有限公司

中石化广州工程有限公司

北京巴布科克·威尔科克斯有限公司

航天建筑设计研究院有限公司

国核电力规划设计研究院有限公司

中国京冶工程技术有限公司

中国中元国际工程有限公司

中国新兴建筑工程有限责任公司

中建钢构有限公司

精工国际钢结构有限公司

中国电子工程设计院

北京世纪旗云软件技术有限公司

前　言

中国经济正从"找缺口发展"的"科兹纳型套利经济"转化为以创新进取为主导的"熊比特型创新经济",所谓转型,包括从找商机,到创新业。随着我国国际化进程的不断加快和深入发展,建筑行业逐渐扩大了对外交流,开始大量承担涉外工程,"走出去"的大潮已经开始汹涌,步伐也越来越快。"一带一路"成为重要的国家倡议,成为我国经济发展的重要支撑之一,"一带一路"建设涉及海外诸多国家,机遇和挑战并存,我们应做到"按照市场经济规律和标准驾驭社会",创海外市场的新业。

各设计企业要创好海外市场这个新业,建立良性和务实创新的海外工程进入机制和体系,就必须对海外标准有深入的认知和科学合理的应用。欧洲规范作为一套通用性、系统性、理论性较强的设计规范,已成为一套广泛应用的国际标准,在业界具有较强的权威性和指导性。同时,海外工程项目大面积涉及欧洲规范执行的相关问题,因此很有必要及时推出相应的技术指导书籍,满足设计、建设单位以及设计工程师等的需求。

2016年11月"中欧钢结构设计标准对比研讨会"在北京召开,这次以引领为导向、学术为准绳、实践为目标的高端学术培训研讨会反响很热烈,同时会议也强烈反映出对欧洲钢结构设计规范实际操作和合理使用的广泛需求,以及对典型海外工程案例分享的迫切需要。以此为基础,编辑出版这本欧洲规范操作和实践应用书籍。

欧洲标准规范是个庞大体系,覆盖土木工程的方方面面。例如欧洲标准8之抗震结构计算下面分为5个类别,每个类别都有好几个分册,分别针对钢结构设计规范的材料、设计、节点、抗震等规定。目前,我国此方面较完整的专业书籍较为匮乏,亟需有针对性的技术书籍问世。

本书共六章,着重于钢结构设计的理论基础和案例分享,理论联系实际,概括了设计与施工的主要理论和流程,详细分享和论述了15个案例的各个重要方面,对建筑设计和管理、咨询、高校等领域的业内人员均具有较强的参考价值和指导性。

本书孙晓彦为执行主编,石永久、王立军、王昌兴为副主编,石永久负责统稿。参与本书的主创人员均是从业多年、理论根基厚实、实践经验丰富的专家和总工,能够全方位、各层次保障书籍的质量和技术水准。

希望本书的出版,能为推动我国钢结构设计技术与国际市场的接轨,为国内设计单位承接国外工程项目、执行欧洲标准夯实基础而奉献一方之力,同时为我国工程建设企业在勘察设计和咨询等方面的国际竞争中提供标准指引,并可达到完善设计师知识结构、使之掌握和使用好欧洲钢结构设计规范、增强对海外标准的认知和实施能力,以及提高海外工程执业水准的目的。

目前,从全球来看,产业战略发展的丛林中,海外基础设施工程的建设战略是重要一枝,契合转型创新和供给侧结构性改革,能够带动国内建设企业多层面的强劲增长,创造新的发展动能。因此,抓住外展机遇,时不我待;抓好技术先行,别无他择。

由于欧洲规范较为复杂，且编者理解和编制时间有限，书中难免出现各种问题，恳请广大读者批评指正，不吝赐教。

最后，谨向作者和帮助、支持、鼓励完成本书撰写的各相关单位、机构和人员，以及参与本书撰写各工作环节的人员、出版社单位领导和编辑致以深深的敬意和真挚的感谢！

全国工程勘察设计大师

中国钢结构协会　副会长

中国钢结构协会钢结构设计分会　理事长

2019 年 3 月 8 日

目　　录

第1章 欧洲结构设计规范基本规定

(作者：崔学宇)

1.1 欧洲结构设计规范体系简介

1.1.1 欧洲结构设计规范的主要内容

改革开放以来，我国的重大工程和基础设施建设取得了举世瞩目的成就，特别是建筑和桥梁结构体系的科学研究和工程应用，更是向着深度和广度方面不断发展提高。随着国家"走出去"战略的推进，越来越多的设计和施工企业走出国门，承揽国际工程建设项目。相继进入了东南亚、中亚、西亚、东欧乃至俄罗斯、南美洲、非洲等地区的建筑市场。随着欧盟一体化的进程，欧洲建筑行业结构设计规范的正式发行，其影响力在世界范围内逐步扩大，越来越多的国家借鉴或直接采用欧洲标准规范，其使用范围越来越广。随着中华民族伟大复兴的"中国梦"的提出，国家正在稳步推进"一带一路"倡议，中国的建筑设计和施工企业会掀起一波走向世界的高潮。更加渴望能了解和掌握国际通行的标准规范，为尽快"走出去"而铺平道路。

很多发展中国家，比如在非洲、东南亚、拉美等地区，由于历史上受到欧美国家殖民教育的影响，在建筑结构设计规范体系的建设上，往往借鉴 ISO 国际标准和西方发达国家的规范，或者选择直接采用前宗主国的规范。我国的设计规范也广泛受到欧美规范的影响，大量借鉴了其中的先进技术和成熟经验。通过对欧洲等结构设计规范的分析研究，发现各自的优势和不足，借鉴吸收国外规范的长处，能让我们的规范尽快走出国门，走向世界，得到更多国家和地区的认可和应用。

现行的欧洲结构设计规范由 CEN/TC250"结构欧洲规范"技术委员会所编写。通过同等规格的出版和认可，已从 2002 年开始陆续发布，替代欧盟各成员国家原有的结构规范。与之相冲突的各成员国的结构规范在 2010 年 3 月前被废止。

欧洲规范体系中与结构设计相关包括的主要规范详见表 1.1.1。

主要欧洲结构设计规范   表 1.1.1

欧洲规范编号	欧洲规范名称
EN 1990	结构设计基础
EN 1991	结构作用
EN 1992	混凝土结构设计
EN 1993	钢结构设计
EN 1994	钢-混凝土组合结构设计
EN 1995	木结构设计
EN 1996	砌体结构设计
EN 1997	岩土工程设计
EN 1998	抗震结构设计
EN 1999	铝结构设计

上述的主要设计规范中，很多还包含了多个分册，比如《钢结构设计规范》EN 1993 中包含的分册详见表 1.1.2。

钢结构规范 EN 1993 中的分册 表 1.1.2

欧洲规范编号	欧洲规范名称
EN 1993-1	钢结构设计：一般规定和建筑规定
EN 1993-2	钢结构设计：钢桥
EN 1993-3	钢结构设计：塔架、桅杆和烟囱
EN 1993-4	钢结构设计：筒仓、储罐和管道
EN 1993-5	钢结构设计：桩基
EN 1993-6	钢结构设计：起重机支承结构

《钢结构设计规范》中最重要的 EN 1993-1 "一般规定和建筑规定" 中又分成 12 个子册，详见表 1.1.3。

钢结构规范 EN 1993-1 中的分册 表 1.1.3

欧洲规范编号	欧洲规范名称
EN 1993-1-1	钢结构设计：一般规定和建筑规定
EN 1993-1-2	钢结构设计：结构防火设计
EN 1993-1-3	钢结构设计：冷成型薄壁构件和薄板
EN 1993-1-4	钢结构设计：不锈钢的补充规定
EN 1993-1-5	钢结构设计：板式构件
EN 1993-1-6	钢结构设计：壳体结构的强度和稳定性
EN 1993-1-7	钢结构设计：承受面外荷载的板式结构
EN 1993-1-8	钢结构设计：节点设计
EN 1993-1-9	钢结构设计：钢结构的疲劳强度
EN 1993-1-10	钢结构设计：断裂韧度与厚度方向特性
EN 1993-1-11	钢结构设计：抗拉部件的结构设计
EN 1993-1-12	钢结构设计：高强度钢的补充规定

《抗震结构设计规范》EN 1998 也同样包括了 6 个分册，详见表 1.1.4。

《抗震设计规范》EN 1998 的分册 表 1.1.4

欧洲规范编号	欧洲规范名称
EN 1998-1	抗震设计：一般规定、地震作用和建筑规定
EN 1998-2	抗震设计：桥梁
EN 1998-3	抗震设计：地震评估及现有建筑加固改造
EN 1998-4	抗震设计：筒仓、储罐及管线
EN 1998-5	抗震设计：地基基础、支护结构及岩土工程
EN 1998-6	抗震设计：塔架、桅杆与烟囱

本书是按照上述欧洲规范编写的关于钢结构方面的设计原则、基本方法及工程实例。除了主要参考 EN 1990、EN 1991、EN 1993、EN 1998 外，还涉及了钢结构材料、焊接、防腐等方面的相关规范。

1.1.2 执行欧洲规范的主要国家

现行欧洲规范主要用于欧盟成员国和其他欧洲国家。在非洲、亚洲和美洲的一些国家，也直接采用或大量借鉴了欧洲规范。

欧洲规范规定了常规结构和相关构件进行传统与创新性设计的一般结构设计准则，是证明房屋和土木工程达到了安全性、耐久性、抗火性能等方面基本要求的主要文件，是签订建设工程和与之相关的工程服务合同的基础，也是起草结构设计及相关文件的基本技术资料。

1.1.3　欧洲结构设计规范的应用范围

《结构设计基础》EN 1990 是整套欧洲结构设计规范的总则，阐明了结构在安全性、适用性和耐久性方面的基本设计原理和设计要求。作为结构设计和验算工作的基础，给出了结构在设计方法、设计流程、可靠度等方面的原则规定。为统一规范体系，EN 1990 明确了基本概念，定义了欧洲结构设计的主要参数。

EN 1990 作为欧洲结构设计规范的龙头，在建筑结构设计中应与 EN 1991～EN 1999 联合使用，可用于岩土工程、地基基础、抗火、抗震、施工及临时结构等方面。同时还用于对既有建筑结构因年久失修、功能改变等原因而进行的鉴定评估，以及相应的加固改造设计。

1.1.4　应用欧洲规范的基本要求

为保证结构满足使用和安全可靠要求，采用欧洲规范进行结构设计时，EN 1990 对结构设计和施工提出如下要求：

（1）应由具备一定经验的合格的工程师进行设计。

（2）应由具备相应技能和经验的专业人员进行施工。

（3）在工程实施的全过程进行充分可靠的监理和质量控制。包括设计、制作加工、运输及现场施工安装。

（4）使用的结构材料和产品应满足对应规范中有关的结构性能、规格及施工方面的要求。

（5）结构在施工和使用阶段应进行适当的检测及维护。

（6）结构应在设计条件所允许的范围内正常使用。

1.2　基本要求和主要设计指标

1.2.1　结构承载能力的基本要求

在结构设计阶段的基本要求有：

（1）在设计使用年限内，采用适当的可靠度等级和经济合理的方法，能够保证结构承受可能出现的各种作用和影响，并且依然满足正常使用的要求。

（2）按规范要求设计的结构应具备抵抗外力的能力、适用性和耐久性。

（3）结构应具备足够长的抗火时间，满足其对应建筑功能的安全性要求。

（4）应保证结构在发生爆炸、撞击、人为失误等意外情况下，不出现危及安全的重大损害或产生更为严重的连锁反应。

1.2.2　满足结构承载能力的主要措施

EN 1990 要求适当选择下列方法来避免或控制潜在的问题和危险：

（1）避免、消除或减少结构可能遭受的危害。比如在选择建设场地时，应远离地震断裂带，以及可能发生洪水、泥石流、滑坡的危险区。

（2）应选择有利于提高受力性能的结构形式。比如在抗震地区，应采用具有抗侧力构件（支撑、剪力墙）的结构体系，设置多道抗震的防线。

（3）在设计中，应考虑当某个独立构件或结构的一部分突然失效，或发生一定程度的局部损坏时，该结构仍能保证基本完好，不发生连续倒塌。

（4）应采用具有一定延性的结构体系，避免采用倒塌时没有预兆的结构体系。

（5）结构应采用超静定体系，构件要具备足够的冗余度。构件间的连接要安全、可靠，连接节点的安全性应不低于与其相连的构件。

为了能达到以上要求，在设计、制作、施工安装的过程中，应选择合适的材料，采取合理的设计方法和设计手段，对整个工程的各个阶段确定专业的质量管理措施，并保证能可靠实施。

1.2.3　主要设计指标

1. 设计使用年限

EN 1990 定义的结构的设计使用年限是指按照建筑结构设计所规定的用途，在不需要进行大规模维修就能满足使用要求的时间区间。设计使用年限与结构的用途和重要性有关，设计中会影响到活荷载的取值和对结构耐久性方面的要求。常规结构的设计使用年限详见表 1.2.1。

结构设计使用年限　　　　　　　　　　　　　　　　　　表 1.2.1

设计使用年限的类别	设计使用年限（年）	范例说明
1	10	临时结构[1]
2	10～25	可替换的结构部分，例如：钢架横梁、支座
3	15～30	农用及类似结构
4	50	房屋结构和其他普通结构
5	100	标志性建筑结构、桥梁和其他土木工程结构

[1] 可被拆卸并将重新使用的结构或部分构件，不能视为临时结构。

为了保证能够达到设计使用年限，根据影响结构寿命的作用条件，钢结构设计时应采取如下措施：

（1）采取可靠的表面保护措施（详见 EN ISO 12944）。

（2）采用耐候钢或不锈钢（详见 EN 1993-1-4）。

（3）针对足够的疲劳寿命进行详细设计（详见 EN 1993-1-9）。

（4）进行耐磨损方面的设计。

（5）针对偶然作用进行设计（详见 EN 1991-1-7）。

（6）定期进行检查与维护。

2. 设计基准期

设计基准期是进行结构可靠性分析时，考虑各项基本随机变量与时间关系所取用的基准时间。它是在对可变作用效应进行概率模型转换时所采用的一个参考时间，本质上属于可靠性分析范畴的一个时间概念。

设计基准期可用于定义荷载的特征值，根据荷载特性和设计需要可采用不同的值。基准期一旦选定，应是一个固定的值，基准期的长短决定了可变荷载特征值的大小。

3. 重现期

从统计上讲，重现期是指某一量值的事件出现或发生的平均时间间隔。在结构设计中，可用来定义可变荷载的特征值。根据重现期 T 的定义，荷载超越特征值 Q_k 的概率详见公式（1.2.1）：

$$F_{Q_{max}}(Q_k) = 1 - \frac{1}{T} \tag{1.2.1}$$

重现期 T 与基准期 τ 都是根据作用的概率分布确定作用特征值的时间参数，但表达方式不同，并具有如下关系：$T = -\dfrac{-\tau}{\ln(1-p)}$ $\tag{1.2.2}$

例如，当可变荷载的超越概率 $p=0.63$，基准期 $\tau=50$ 年时，代入公式（1.2.2），则可变荷载特征值的重现期为：$T = -\dfrac{-50}{\ln(1-0.63)} = 50$ 年。

当可变荷载的超越概率 $p=0.10$，基准期 $\tau=50$ 年时，代入公式（1.2.2），则可变荷载特征值的重现期为：$T = -\dfrac{-50}{\ln(1-0.10)} = 475$ 年。

1.2.4　耐久性设计

结构耐久性问题是由于外部环境的影响，以及物理、化学、生物作用或结构材料内部产生的作用，导致结构材料的性能逐年缓慢退化，进而影响结构的安全性和可靠性，并对使用功能产生不利影响。结构性能随时间变化的示意详见图 1.2.1。

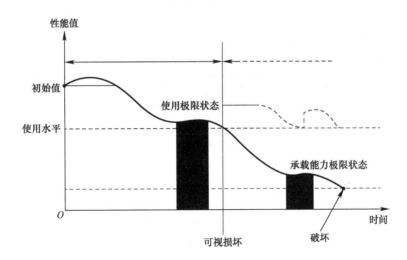

图 1.2.1　结构性能随时间变化示意图

对于钢结构而言，耐久性导致的结构问题主要有：锈蚀、变形、疲劳。

欧洲规范要求结构应在考虑了周围环境的影响，以及定期维护保养的情况下，结构在设计使用年限内能够保证结构的安全性，并满足预期的使用功能。即便是超过设计使用年限，结构性能的退化也不应明显地减弱结构的安全性。

为了保证结构具有足够耐久性，在设计中应重点考虑如下因素的影响：

（1）结构的预期设计用途。

（2）结构要求的设计标准。

（3）结构所处的环境条件。

（4）结构材料和产品的组成、特点和性能。

（5）地基中水、土的主要特性。

（6）结构体系的选择。

（7）构件的选型及承载能力。

（8）构件的加工质量和控制水平。

（9）结构的附加保护措施。

（10）在结构使用期间的定期检查维修。

在设计阶段应预先设定环境条件，采取计算分析、试验研究等手段，并借鉴以往的工程经验，综合考虑多方面因素的影响，选用适当的结构材料，采取相应的保护措施来减慢结构耐久能力的退化速度。

1.3　设 计 状 况

EN 1990 中结构设计状况的具体定义见表 1.3.1，示意简图见图 1.3.1。设计状况的选择应严格和全面，应全面考虑结构所处环境的情况，覆盖所有可以合理预期的、在施工和使用阶段可能出现的各种情况，并保证在这些情况下能够满足结构功能的要求。

结构设计状况定义　　　　　　　　　　　　　　表 1.3.1

设计状况	定义
长期设计状况	一般条件下的正常使用情况
短暂设计状况	结构所处的临时情况，例如在施工期间或维修改造期间
偶然设计状况	结构内部或其外部环境发生的意外情况，例如火灾、爆炸、撞击或局部破损
地震设计状况	结构遭受地震作用的情况

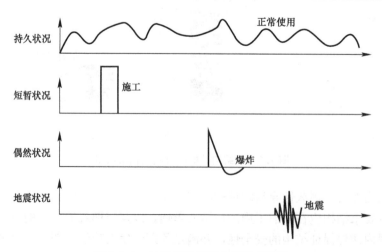

图 1.3.1　结构设计状况分类示意简图

1.4 极 限 状 态

极限状态就是指结构可能出现的一种临界状态。当一个结构或其中的构件超过了某一特定状态，无法满足设计规定的某一功能要求时，此特定状态即为该功能对应的极限状态，极限状态分为承载能力极限状态和正常使用极限状态。

若上述两种极限状态中的一种极限状态足可证明另一种极限状态能够满足要求，则可以不必再验算另一种极限状态。极限状态与设计状况有关，与时间相关的极限状态（如疲劳）验算还应与结构的设计使用年限相关联。

1.4.1 承载能力极限状态

EN 1990 定义的承载能力极限状态是指结构或构件达到极限承载力时的状态，主要包括以下几种典型状态：

（1）与人员安全及结构安全密切相关的极限状态。

（2）在某些特定情况下，对重要部位或部件进行保护的极限状态。

（3）结构自身遭受破坏，转变为机构而倒塌前的极限状态。

当出现下列情况时，应进行承载能力极限状态的相关验算：

（1）整个结构或结构的任一部分作为刚体失去了平衡。

（2）由于过度变形、结构或其中某些部位的体系转化、断裂，结构或部分构件（包括支座和基础）丧失稳定性而引起的破坏。

（3）由于疲劳或其他与时间相关效应引起的破坏。

1.4.2 正常使用极限状态

EN 1990 定义的正常使用极限状态是结构或构件不能满足设计规定的使用要求的状态，分为可逆和不可逆的两种情况，主要包括以下几种典型状态：

（1）结构或构件在正常使用情况下的功能。

（2）使用者的舒适度。

（3）建筑物的外观（不出现过大的变形和裂缝）。

当出现下列情况时，EN 1990 要求进行正常使用极限状态的相关验算：

（1）影响外观、使用者的舒适度或设计预期的功能（包括使用功能和机械设备的运转），或导致表面装饰层，以及非结构性构件（如门窗、隔墙）破坏的变形。

（2）使用者感到不舒适，或影响使用功能的明显振动。

（3）对外观、耐久性或使用功能产生不利影响的损坏。

1.4.3 极限状态设计

极限状态的设计应基于相关极限状态下结构和荷载的模型。在这些模型中使用下列相关设计值时，应验算其不得超过极限状态的限值：

（1）作用。

（2）材料属性。

（3）产品特性。

（4）几何参数。

极限状态的设计需要对所有相关的设计状况和荷载组合进行验算，一般采用分项系数法进行设计，也可以采用直接基于概率的方法进行设计。应选择适当的设计状况，并确定最不利的荷载组合，应考虑作用与设计时所假定的方向或位置可能存在的偏差。

对于特殊情况，在选择荷载组合时，应全面考虑参与荷载组合的各个荷载的分布，以及与可变作用和永久作用同时考虑的各种初始变形、偏差和缺陷。

1.5　作用及作用效应

作用是指施加在结构上的一组荷载，或是由于温度变化、湿度变化、不均匀沉降及地震等引起的位移或加速度。作用效应是指作用在结构构件上产生的效应（例如：内力、力矩、应力、应变等），或作用在整个结构上产生的效应（例如：挠度、裂缝、扭转等）。

1.5.1　作用的分类

作用的分类标准很多，常见的分类详见表1.5.1。

作用的分类定义及说明　　　　　　　　　　　　　表 1.5.1

分类原则	分类名称	定义及说明
按时间段变化分类	永久作用	作用在整个基准期内，其大小随时间的变化量可以忽略或总在同一方向上变化（单调递增或递减）直至达到极限值。 例如：结构自重、固定设备和路面铺装以及由收缩和不均匀沉降产生的直接作用
	可变作用	作用大小随时间的变化量既不可忽略也不是单调变化。 例如：施加于建筑楼层，梁和屋顶的荷载，风作用或雪荷载
	偶然作用	通常是持续时间很短但数值很大的作用。在结构设计使用年限内，在给定的结构上不一定出现的作用。 例如：爆炸或车辆撞击
按作用的来源分类	直接作用	施加在结构上的荷载
	间接作用	由温度变化、湿度变化、不均匀沉降或地震等引起的被动位移或加速度
按作用的空间位置变化分类	固定作用	作用在结构或构件上，具有固定的分布和位置。若在结构或结构构件上某一点的大小和方向能确定，则在整个结构或构件上都能确定其大小和方向
	可动作用	在结构上可能存在多种空间分布情况的作用
按作用的性质或结构反应分类	静力作用	不会对结构或结构构件产生明显加速度的作用
	动力作用	会对结构或结构构件产生明显加速度的作用
特殊情况	地震作用	即可作为偶然作用，也可作为可变作用，需要根据工程实际情况确定
	雪荷载	
	水流作用	即可作为永久作用，也可作为可变作用，需要根据其随时间的变化量来确定

1.5.2　作用标准值

作用标准值 F_k 是作用的主要代表值，主要包括：平均值，上限值或下限值，名义值（与已知统计分布无关），以及工程项目文件中给定的相关值（确定数值时应按照 EN 1991 给定的方法）。对于多种情况构成的作用，其标准值应由一组值表示，每个值在计算中都要单独考虑。采用如下方法确定：

1. 永久作用标准值（G_k）

（1）如果永久作用 G 的变化较小，则采用单个 G_k 值。

（2）如果永久作用 G 的变化较大，则采用两个值：上限值 $G_{k,sup}$ 和下限值 $G_{k,inf}$。

（3）在结构设计使用年限内，如果永久作用 G 没有明显变化且其变异系数较小时（在 0.05～0.10 之间），G 的变化量可以忽略。因此 G_k 应取平均值。

（4）当结构对于永久作用 G 的变化很敏感时，即使其变异系数较小，也要采用两个值。$G_{k,inf}$ 取高斯分布分位值的 5%，$G_{k,sup}$ 取高斯分布分位值的 95%，详见图 1.5.1。

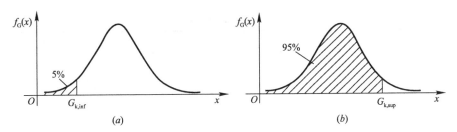

图 1.5.1　永久作用标准值的高斯分布曲线

（a）下限值 $G_{k,inf}$；（b）上限值 $G_{k,sup}$

（5）结构自重可由单个标准值表示，其计算可基于构件的名义尺寸和材料的平均密度。若自重会随时间而变化，特别是永久作用对结构有利时（例如考虑自重的抗浮设计），则应通过上下限值来考虑（详见上述第 4 条）。

（6）预应力（P）应归类为施加于结构上的强制力和强制变形引起的永久作用。这种类型的预应力应与其他预应力区分开考虑。

2. 可变作用标准值（Q_k）

（1）在指定的设计基准期内，与不超越的期望概率对应的上限值或与达到的期望概率对应的下限值。

（2）在不知道统计概率分布情况下确定的名义值。

风、雪等气候作用的标准值是根据 1 年基准期内超越的时间变化部分的概率为 0.02 确定的，相当于 50 年的重现期。即：$T = -\dfrac{-1}{\ln(1-0.02)} = 49.5$ 年。然而在某些情况下，作用的特点及工程需要的设计状况使得采取其他分位值或重现期更为合适。

偶然作用的设计值 A_d 应针对特定工程项目单独确定。具体工程在防范意外时需要达到的安全目标决定了设计中所考虑的偶然作用，一般是由业主和相关主管机构协商确定的。偶然作用分为已识别偶然作用（比如，内部爆炸和冲击）和未识别偶然作用。基于未识别偶然作用的设计方法涵盖了多种可能的突发事件，并和限制局部破坏程度的要求相关。

地震作用设计值 A_{Ed} 应根据标准值 A_{Ek} 估算或针对个别工程项目特别规定。因地震的随机性以及可用来计算地震效应的方法很有限，因此保护生命安全、控制地震破坏的目标不可能完全地实现，地震作用的确定只能在基于概率论的基础上进行研究探讨，能够给不同类型建筑提供保护的程度也是基于概率论，具有很大的不确定性。

3. 可变荷载的其他代表值

(1) 组合值（$\psi_0 Q_k$）：用于承载能力极限状态和不可逆正常使用极限状态的验算，组合值应按统计方法确定，即组合作用效应的超越概率近似等于单个作用特征值效用的超越概率。

(2) 频遇值（$\psi_1 Q_k$）：用于包含偶然作用的承载能力极限状态和可逆正常使用极限状态的验算。对于普通民用建筑结构，频遇值按超越的时间为基准期的 0.01 倍来确定。

(3) 准永久值（$\psi_2 Q_k$）：用于包含偶然作用的承载能力极限状态和可逆正常使用极限状态的验算。准永久值还用于长期作用效应的计算。对于一般建筑结构楼层上的荷载，准永久值通常按超越的时间为基准期的 0.5 倍来选择。准永久值也可由一定时间段的平均值确定。对于风荷载的作用，准永久值通长取 0。常见建筑结构的系数 ψ 推荐值详见表 1.5.2。

可变荷载代表值的系数   表 1.5.2

作用	ψ_0	ψ_1	ψ_2
建筑作用荷载，类型（见 EN 1991-1-1）			
类型 A：居民和民用区域	0.7	0.5	0.3
类型 B：办公区域	0.7	0.5	0.3
类型 C：集会区域	0.7	0.7	0.6
类型 D：购物区域	0.7	0.7	0.6
类型 E：贮藏区域	1.0	0.9	0.8
类型 F：交通区域，车辆重量≤30kN	0.7	0.7	0.6
类型 G：交通区域，30kN<车辆重量≤160kN	0.7	0.5	0.3
类型 H：屋顶	0	0	0
建筑雪荷载（见 EN 1991-1-3）＊			
芬兰、爱尔兰、挪威、瑞典	0.70	0.50	0.20
剩余的 CEN 成员国，位于海拔高程 $H>1000m$	0.70	0.50	0.20
剩余的 CEN 成员国，位于海拔高程 $H≤1000m$	0.50	0.20	0
建筑风荷载（见 EN 1991-1-4）	0.6	0.5	0
建筑温度（非火灾）（见 EN 1991-1-5）	0.6	0.5	0

注：ψ 系数值可由国家附件设定。

＊对本表格中没有提到的国家，见相关本地条件。

4. 其他作用标准值

(1) 疲劳作用

建筑结构工程中，疲劳作用是在出现反复作用时才需要考虑的，比如吊车等起重设备对结构的作用，风对桥梁及高耸建筑的作用等。疲劳作用的输入模型是从评价结构对作用荷载的波动反应而建立的。对于规范所规定的范围之外的疲劳作用，应通过对预期作用范围的测量或等效评估来定义。

（2）动力作用

欧洲规范中的特征荷载和疲劳荷载模型包括由作用引起的加速度效应，这些作用由特征荷载形式体现或将特征静力荷载乘以动力提高系数体现。当动力作用引起结构显著的加速度时，应对系统进行动力分析，分析时的要求和方法如下：

a. 用来确定作用效应的结构的建模，应考虑所有相关的结构构件，它们的质量、强度、刚度和衰减特性，以及所有相关的非结构构件及其特性。

b. 作用于模型的边界条件应能代表它们在结构中的实际情况。

c. 当可以把动力作用看成是准静态作用时，动力部分可认为包含在静态作用值中，或将静态作用乘以等效动力放大系数。

d. 在基础-结构相互作用的情况下，土的分布可采用合适的等效弹簧和减震器来模拟。

e. 对于风引起的振动或地震作用，可通过基于线性材料和几何性能的模型分析来定义。对于有规则的几何形状、刚度和质量分布的结构，假如只与第一振型相关，可用一个等效静态作用的分析来代替一个显式的模型分析。

f. 适当的时候，动力作用也可根据时间历程或频域，以及采用适当的方法确定的结构响应来表示。

g. 由动力作用引起的振动的强度或频率超过正常使用要求时，应进行正常使用极限状态验算。

（3）环境影响

可能对结构的耐久性产生影响的环境影响，应在结构材料及其规格的选择、结构概念设计和施工图设计时予以考虑。环境影响的效应尽可能进行定量描述。在 EN 1992～EN 1999 中，都给出了各类结构对应的处理措施。

1.5.3 材料特性和几何数据

1. 材料特性

材料的特性应采用标准值表示。当极限状态的验算对材料性能的变化反应敏感时，应考虑使用材料特性的上限和下限标准值。当材料特性的低值不利时，标准值应定义为 5%分位值，当材料特性的高值为不利值时，标准值应取 95%分位值。

材料特性值应按规范指定条件下进行的标准试验确定。必须时应采用换算系数将实验结果转化为可假定用来表示结构或地基中的材料或产品性能的值。当采用不完全统计数据确定材料或产品特性的标准值时，标准值可采用名义值，特性设计值可直接确定。当直接确定材料或产品特性的上下限设计值时，在考虑与其他设计相似的程度的条件下，这些值的选择应使得更多的不利值影响极限状态发生的概率。

当存在反复作用的效应，并且由于疲劳而导致材料强度随时间的降低时，材料强度可以考虑进行适当的折减。结构刚度参数（如：弹性模量，徐变系数）和热膨胀系数应采用平均值表示。应考虑荷载的持续时间而采用不同的值。

2. 几何数据

几何数据应采用标准值表示，某些情况下，当数据不完整时，也可直接采用设计值表示。设计图纸中采用的尺寸为标准值。在统计分布充分已知的情况下，几何数据应使用符合统计分布指定分位值的几何量值，且应注意不同材料组成的连接部分的公差应相互兼容。

1.5.4 结构上的主要作用

1. 自重和外荷载

自重是指结构或构件自身的重量，属于永久和固定作用，是根据建筑质量及存放材料的密度来确定。对于室内回填土配重、屋顶及露台上的填土等，若在结构使用期间不会出现位置上的变化，也可以看作是永久作用。

外加荷载是指施加在结构上的移动的可变活动作用，主要包括：

（1）人员的正常使用产生的荷载。

（2）家具和可动物体（如活动隔墙、贮存仓库、容器内的物料等）产生的荷载。

（3）车辆运动产生的荷载。

（4）其他预期的小概率事件，如人员或家具的分布或装修时可能出现的荷载分布变化。

外荷载一般认为是静态作用。若无共振风险或其他重大结构动力反应，则荷载组合中还可包括动力效应。若预料到结构会因人进行同步有节奏运动、跳舞、跳跃行为而产生共振效应，则应确定荷载模型，进行特殊的动力谐振分析。

在考虑车辆或直升机产生的外加荷载时，应注意由动力效应产生的质量和惯性力所引起的额外荷载。一般，通过适用于静荷载的动力放大系数 ϕ 来考虑由此产生的动力效应。对于导致结构或构件产生重大加速的作用应归类为动力作用，并应使用动力分析进行考虑。

2. 风荷载

风是地球大气层中存在的压力差引起的。风力作用是随时间而变化的，以压力的形式直接作用于封闭结构外表面。由于外表面的透风性，还会直接作用于结构内表面。风荷载还可直接作用于开敞结构的内表面。风压作用于表面区域，从而产生垂直于结构表面或单个部件表面的作用力。另外，若风经过结构的大范围区域，则会沿切线方向产生作用于表面的摩擦力。

风荷载一般情况下可认为是可变作用，欧洲规范中风荷载的取值及计算方法适用于高度不超过 200m 的建筑和土木工程结构，以及跨度不超过 200m 的桥梁。确定某一结构所承受的风荷载时要考虑的主要因素包括：结构位置、气象数据、地形地貌情况等。其中地形效应主要有：结构高度、地面粗糙度、地表景观的影响和邻近结构的影响。

欧洲规范中对于基本风速是这样定义的：在不考虑风向的情况下，在生长着低植被且遮挡物间距超过 20 倍遮挡物高度的平坦开阔的乡村地形上，离地面 10m 高度处且考虑高度效应（如有）时，年超越概率为 0.02（相当于 50 年的重现期）的 10 分钟平均风速。

风对结构的影响（即：结构的响应）可分为两种形式：

（1）拟静力响应

当结构的一阶固有频率较高时，可以忽略风与结构产生的共振效应，此时就可以采用拟静力响应来考虑风对结构的作用。常规建筑结构工程一般都只需考虑拟静力响应。风的作用主要取决于结构的大小、形状和动力特性。一般是根据未扰动风场中基准高度处的峰值速度压力 q_p、力和压力系数及结构系数 C_sC_d 来计算结构的响应。q_p 取决于气候条件、地面粗糙度、地形及基准高度。q_p 等于平均速度压力加上阵风波动压力。

（2）动力响应和气动弹性响应

若风与结构的固有频率比较接近，存在产生共振的可能，则结构的动力响应就变得很重要了。若环流风与某些柔性结构（如：电缆、桅杆、烟囱和桥梁等）间产生相互作用，则会产生气动弹性响应。当遇到这种情况时，最好能进行专门的风洞试验来较为准确的考虑风作用的不利影响。

3. 雪荷载

降雪以竖向荷载的形式作用在屋面上，影响雪荷载的因素主要包括：建筑物所在地区的自然气候条件、屋面的形状、保温隔热特性、表面粗糙度、周围地形、建筑物的分布等。欧洲规范中给出的雪荷载设计方法适用于海拔高度在 1500m 以下的地区。地面雪荷载的特征值是基于 0.02 的年超越概率，通过对该地点附近积雪的长期记录（一般不应少于 20 年），并进行适当的统计分析来精确确定的。若某些区域中的雪荷载记录中出现了难以进行统计分析的个别异常值，则在确定雪荷载特征值时不应考虑这些异常值。

雪荷载一般情况下可认为是可变作用和固定作用。异常的雪荷载可按取决于地理位置的偶然作用考虑。一般会存在如下四种情况：

（1）对于不太可能出现异常降雪和异常堆雪的区域，采用瞬时或永久设计状况来考虑非堆积和堆积雪荷载的影响。

（2）对于可能出现异常降雪，但不太可能出现异常堆雪的区域，应将瞬时或永久设计状况用于非堆积和堆积雪荷载的布置。并将偶然设计状况用于非堆积和堆积雪荷载布置。

（3）对于不太可能出现异常降雪，但可能出现异常堆雪的区域，应将瞬时或永久设计状况用于确定非堆积和堆积雪荷载布置，并将偶然设计状况用于确定特殊屋面的雪荷载情况。

（4）对于既有可能出现异常降雪，又有可能出现异常堆雪的区域，应将瞬时或永久设计状况用于确定非堆积和堆积雪荷载布置，将偶然设计状况用于确定非堆积和堆积雪荷载布置，并将偶然设计状况用于确定特殊屋面的雪荷载情况。

4. 火灾作用

结构抗火的总体目标是在发生火灾时降低火灾对个人和社会、财产，以及环境的风险。在火灾发生时，建筑结构的抗火能力应满足以下要求：

（1）建筑结构的承载抗力可以满足设计要求的耐火时间。

（2）烟气在建筑内的产生和蔓延得到一定的限制。

（3）控制火势的蔓延范围。

（4）建筑内的人员可保证尽快逃离或可通过其他手段被救出。

（5）便于救援人员的安全和救援工作的进行。

火灾的作用一般被列为偶然作用，结构的抗火设计包括进行温度分析和力学分析。结构的力学性能取决于热作用及其材料性能的热效应、间接力学作用的热效应以及直接力学作用效应。抗火设计一般是按照如下步骤进行的：

（1）选择合适的火灾设计场景。

为判别结构设计中的偶然状况，应在对火灾风险进行评估的基础上确定相关的设计火灾场景及其关联的设计火灾。某些结构中会出现由于其他偶然作用造成的特定火灾风险，在确定整体安全概念时应将此风险考虑在内。偶然情况发生之前与时间和荷载相关的结构性能无须考虑。

（2）确定相应的设计火灾作用。

应对防火分区中的各设计火灾场景和设计火灾进行评估。除非设计火灾场景中另有说明，否则设计火灾应仅适用于建筑物的一个防火分区中。结构构件需满足国家主管部门对耐火性能指标的要求。

（3）对结构构件内的温度变化进行计算。

在对构件进行温度分析时，应考虑设计火灾相对于构件的位置。对于外部构件，应考虑到立面及顶部通过开口的受火。如有必要，应考虑到外隔墙从内部（从一个防火分区）或从外部（从其他防火分区）的受火。设计时应先利用标准升温曲线，对构件进行温度分析，此分析持续特定的时间段无任何冷却阶段。然后利用火灾模型，对构件进行温度分析，此分析持续火灾的整个期间，包括冷却阶段。

（4）对受火结构的力学性能进行计算。

力学分析应与温度分析持续的时间相同。一般应从耐火时间、结构构件强度和结构材料温度这三个方面来考虑结构的抗火性能。

5. 温度作用

欧洲规范给出关建筑物、桥梁和其他建筑结构（包括其结构件）的温度作用计算的设计原则和准则。以及有关建筑物的保护层和附属物的设计原则。温度作用一般属于间接作用，其特征值按照年超越概率 0.02 来取值。对于长期处于日常气候和季节变化的建筑结构，以及温度作用比较敏感的结构（如冷却塔、筒仓、储罐、冷藏/保温设备、供冷/热装置等），给出了在设计方法及温度作用的特征值。对于处于日常或季节气候和使用环境温度基本不变化的建筑结构，无须考虑温度作用。为确保温度作用不超过结构能承受的应力范围，可采取设置伸缩缝等措施来减少温度作用的影响。

6. 施工作用

施工作用可包括施工荷载及非施工荷载的作用。

施工荷载是由于施工活动而产生的载荷，随施工活动的结束而消失。施工荷载可以作为单一的可变作用，也可以把施工荷载的几种不同种类组合在一起视为单一可变作用。单一或者一组施工荷载应视作与非施工荷载同时发生作用。

由于起重机、设备、辅助结构等导致的施工荷载可以是固定的或可动的，视具体使用情况而定。如果施工荷载是不固定值，必须根据工程施工的技术要求和相关规范的要求确定。在结构施工过半到全部完成这一阶段，设计中应考虑由于施工荷载产生的水平作用。当施工荷载产生动力效应是固定的，那么必须考虑作用位置可能存在的偏差。如果施工荷载是可动的，那么必须确定其变化的范围。在施工阶段，必须采取控制措施保持施工荷载的位置和变动与设计假设一致。

作用在垂直和水平构件上的施工荷载特征反应，也必须要考虑。

非施工荷载的作用主要包括：施工中结构性及非结构性构件的作用、岩土作用、预应力作用、预变形作用、温度作用、风力作用、雪荷载、水力作用、大气结冰作用。这些作用的代表值可能会与设计中的取值有所不同，应根据施工过程的实际情况分析确定。可以通过适当的优化施工组织、改进施工方法、采取合适的设备机具、加强安全保护等措施来减弱甚至避免施工作用的不利影响。

7. 偶然作用

欧洲规范所考虑的偶然作用包括：冲击力、内部爆炸、局部破损。没有考虑由于外部爆炸、战争和恐怖主义活动导致的偶然作用，以及因地震或火灾受损的建筑和其他土木工程的残余稳定性等。冲击力引起的偶然作用一般被视为可动作用。

偶然作用分为已识别偶然作用和未识别偶然作用。已识别偶然作用主要包括冲击力和内部爆炸。未识别偶然作用包括多种可能的事件，并和限制局部破坏程度的要求相关。已采用的限制局部破坏程度的措施要能提供足够的牢固性，能抵抗设计预期的偶然作用，或是任何不确定原因造成的任何其他作用。

建筑结构在设计中是否考虑偶然作用，主要取决于如下因素：

（1）采取的阻止和减少偶然作用严重性的措施。

（2）已识别偶然作用的发生概率。

（3）已识别偶然作用引发的破坏的结果。

（4）公共认知。

（5）可接受风险级别。

偶然作用的发生和后果与一定风险级别相联系。如级别不可接受，则需另外采取措施。零风险通常不可能，在大多数情况下，需要接受一定程度的风险。此类风险取决于各种因素，比如潜在的伤亡人数、经济后果和安全措施的成本等。可以接受因偶然作用造成局部破坏，但不能对整个结构的稳定性造成威胁，要能保证整体结构的承载能力，还应允许采取必要的紧急措施进行补救。对于一些不太重要的建筑，比如没有人身安全风险，以及可以忽略经济、社会或环境后果的建筑工程，若业主和相关主管机构同意接受建筑结构因极端事件发生完全倒塌的情况，则可以酌情少考虑或不考虑偶然作用对结构的不利影响。

减轻偶然作用风险的措施主要包括以下几个方面：

（1）通过结构设计采取措施防止作用产生（比如在交通车道和结构之间提供足够净空）或将作用减轻到可被接受的程度（在建筑物中设置泄爆通道来减轻爆炸的影响）。

（2）通过减轻偶然作用的影响来保护结构（比如设置安全护栏或挡板）。

（3）加强特定关键部位的牢固性，增加建筑在偶然事故后的不被破坏的可能性。

（4）结构构件材料应有足够的延性，能够吸收较大的应变能而不会断裂。

（5）应采用具有足够冗余度的超静结构定体系，有助于在偶然事件后将作用转移到其他可替代的荷载传递路径上。

1.6　分项系数法

1.6.1　作用效应组合

采用分项系数法时，对所有相关的设计状况，当设计模型中采用作用或作用效应和抗力的设计值时，应验算每种相关极限状态都没有超过限值。对于选定的设计状况和相关极限状态，临界荷载状况下的单个作用应按规定的方法进行组合，不能同时发生的作用不能在一起组合。设计值应通过采用标准值或其他代表值得到，并与各自的分项系数和其他系数联合使用。对于各种极限状态，按概率统计方法直接确定的设计值，应当与采用分项系数具有相同的可靠度。

1.6.2 设计值

1. 作用设计值

作用 F 的设计值 F_d 可按公式（1.6.1）和公式（1.6.2）计算：

$$F_d = \gamma_f F_{rep} \tag{1.6.1}$$

$$F_{rep} = \psi F_k \tag{1.6.2}$$

式中 F_k——作用的标准值；

$\quad\quad F_{rep}$——作用的代表值；

$\quad\quad \gamma_f$——作用分项系数，用于考虑作用代表值的不利概率分布；

$\quad\quad \psi$——可以取 1.00，或取 ψ_0、ψ_1 或 ψ_2。

对于地震作用设计值 A_{Ed}，应根据结构性能及欧洲抗震规范的相关规定来确定。

2. 作用效应设计值

对于给定荷载的组合，作用效应设计值 E_d 可按公式（1.6.3）计算：

$$E_d = \gamma_{sd} E\{\gamma_{f,i} F_{rep,i}; a_d\} i \geqslant 1 \tag{1.6.3}$$

式中 a_d——几何参数的设计值；

$\quad\quad \gamma_{sd}$——考虑了作用效应及某些不确定因素的分项系数。

3. 材料性能设计值

材料或产品特性设计值 X_d 可按公式（1.6.4）计算：

$$X_d = \eta \frac{X_k}{\gamma_m} \tag{1.6.4}$$

式中 X_k——材料或产品特性标准值；

$\quad\quad \eta$——换算系数的平均值，影响因素包括：体积和比例效应，温度和温度效应以及其他相关参数；

$\quad\quad \gamma_m$——材料或产品特性分项系数，影响因素包括：材料或产品特性关于标准值的不利概率分布，换算系数 η 的变异特征。

4. 几何参数设计值

用于确定作用效应和抗力的几何参数设计值，例如构件尺寸，可由名义值表示：

$$a_d = a_{nom} \tag{1.6.5}$$

如果几何参数的偏差（如，作用荷载或支点位置不准确）对结构可靠度（如通过二阶效应）来说很重要，那么几何参数设计值应由公式（1.6.6）定义：

$$a_d = a_{nom} \pm \Delta a \tag{1.6.6}$$

式中的 Δa 考虑了：关于标准值或名义值的不利概率分布和多个几何偏差同时发生的累积效应，其他偏差效应通过以下分项系数 γ_F 和 γ_M 来考虑。

5. 抗力设计值

抗力设计值 R_d 可按公式（1.6.7）计算：

$$R_d = \frac{1}{\gamma_{Rd}} R\{X_{d,i}; a_d\} = \frac{1}{\gamma_{Rd}} R\left\{\eta_i \frac{X_{k,i}}{\gamma_{m,i}}; a_d\right\} i \geqslant 1 \tag{1.6.7}$$

式中 γ_{Rd}——抗力模型中包含不确定性的分项系数，还要考虑几何偏差；

$X_{d,i}$——第 i 个材料特性设计值。

当结构构件由为单一材料构成时，抗力设计值可以直接取材料或产品抗力的标准值，并可以与试验辅助设计联合使用。可按公式（1.6.8）计算：

$$R_d = \frac{R_k}{\gamma_M} \tag{1.6.8}$$

对于用非线性方法分析和包含多种材料共同作用的结构或结构构件，或设计抗力中包括地基特性时，抗力设计值可按公式（1.6.9）计算：

$$R_d = \frac{1}{\gamma_{M,1}} R \left\{ \eta_1 X_{k,1}; \eta_i X_{k,i(i>1)} \frac{\gamma_{m,1}}{\gamma_{m,i}}; a_d \right\} \tag{1.6.9}$$

1.6.3 承载能力极限状态

1. 极限状态

EN 1990 考虑了下列四种极限状态：

（1）静力平衡状态（EQU）：作为刚体考虑的结构或结构的一部分失去静力平衡，其中某个作用值或空间分布的细微变化可导致结构的显著反应，结构材料或地基的强度不起控制作用。

（2）极限承载力状态（STR）：结构或结构构件，包括：天然基础、桩基、地下墙体等发生破坏或过度变形，结构的材料强度起控制作用。

（3）岩土承载力状态（GEO）：地基破坏或过度变形，地基土或岩石的承载能力起到主要作用。

（4）疲劳极限状态（FAT）：结构或结构构件的疲劳破坏。

2. 静力平衡和抗力验算：

（1）结构的静力平衡极限状态（EQU）应按公式（1.6.10）计算：

$$E_{d,dst} \leqslant E_{d,stb} \tag{1.6.10}$$

式中　$E_{d,dst}$——失去稳定作用效应设计值；

　　　$E_{d,stb}$——保持稳定作用效应设计值。

（2）某一截面、构件或连接的断裂或过度变形的极限状态（STR 和/或 GEO）应按公式（1.6.11）计算：

$$E_d \leqslant R_d \tag{1.6.11}$$

式中　E_d——作用（如内力、弯矩或表示多个内力或弯矩的矢量）效应设计值；

　　　R_d——抗力的设计值。

3. 作用组合

对每个临界荷载组合，作用效应设计值 E_d 应由认为同时发生的作用值组合确定。每个作用组合应包括一个主要可变作用或一个偶然作用。如果一个计算结果对永久作用在结构不同位置处大小的变化非常敏感时，该作用的有利部分和不利部分应分别作为单独作用考虑。当一个作用的多个效应（如，自重产生的垂直力和弯矩）不是完全相关联时，应对全部有利部分的分项系数应予以折减。作用组合还应考虑初设变形的影响。

（1）长久或短暂设计状况的作用组合（基本组合）

作用效应一般按公式（1.6.12）计算（适用于作用与效应间为线性或非线性关系）：

$$E_d = \gamma_{Sd}E\{\gamma_{g,j}G_{k,j};\gamma_pP;\gamma_{q,1}Q_{k,1};\gamma_{q,i}\psi_{0,i}Q_{k,i}\} \quad j \geqslant 1, i > 1 \qquad (1.6.12)$$

作用效应的组合应基于主要可变作用的设计值和伴随可变作用的设计组合值，一般按公式（1.6.13）计算：

$$E_d = E\{\gamma_{G,j}G_{k,j};\gamma_pP;\gamma_{Q,1}Q_{k,1};\gamma_{Q,i}\psi_{0,i}Q_{k,i}\} \quad j \geqslant 1, i > 1 \qquad (1.6.13)$$

上式中大括号内的作用组合也可表示为公式（1.6.14）：

$$\sum_{j\geqslant1}\gamma_{G,j}G_{k,j}``+"\gamma_pP``+"\gamma_{Q,1}Q_{k,1}``+"\sum_{i>1}\gamma_{Q,i}\psi_{0,i}Q_{k,i} \qquad (1.6.14)$$

作为 STR 和 GEO 极限状态的另一种情况，可选用公式（1.6.15）和式（1.6.16）中较为不利的组合：

$$\sum_{j\geqslant1}\gamma_{G,j}G_{k,j}``+"\gamma_pP``+"\gamma_{Q,1}\psi_{0,1}Q_{k,1}``+"\sum_{i>1}\gamma_{Q,i}\psi_{0,i}Q_{k,i} \qquad (1.6.15)$$

$$\sum_{j\geqslant1}\xi_j\gamma_{G,j}G_{k,j}``+"\gamma_pP``+"\gamma_{Q,1}Q_{k,1}``+"\sum_{i>1}\gamma_{Q,i}\psi_{0,i}Q_{k,i} \qquad (1.6.16)$$

（2）偶然设计状况作用组合

作用效应一般按公式（1.6.17）计算：

$$E_d = E\{G_{k,j};P;A_d;(\psi_{1,1} \text{ 或 } \psi_{2,1})Q_{k,1};\psi_{2,i}Q_{k,i}\} \quad j \geqslant 1, i > 1 \qquad (1.6.17)$$

上式中大括号内的作用组合可表示为公式（1.6.18）：

$$\sum_{j\geqslant1}G_{k,j}``+"P``+"A_d``+"(\psi_{1,1} \text{ 或 } \psi_{2,1})Q_{k,1}``+"\sum_{i>1}\psi_{2,i}Q_{k,i} \qquad (1.6.18)$$

$\psi_{1,1}Q_{k,1}$ 或 $\psi_{2,1}Q_{k,1}$ 的选择应与相关偶然设计状况有关。偶然设计状况的作用组合应包含偶然作用（碰撞、活载或其他偶然事件），或指偶然事件发生后的状况。对于火灾状况，除温度对材料特性产生的效应之外，A_d 应表示由火灾引起的间接温度作用的设计值。

（3）地震设计状况作用组合

作用效应一般按公式（1.6.19）计算：

$$E_d = E\{G_{k,j};P;A_{Ed};\psi_{2,i}Q_{k,i}\} \quad j \geqslant 1, i \geqslant 1 \qquad (1.6.19)$$

上式中大括号内的作用组合可表示为公式（1.6.20）：

$$\sum_{j\geqslant1}G_{k,j}``+"P``+"A_{Ed}``+"\sum_{i\geqslant1}\psi_{2,i}Q_{k,i} \qquad (1.6.20)$$

4. 建筑物的作用和作用组合分项系数 ψ 详见表 1.6.1。

作用组合分项系数　　　　　　　　　　　　　　　　　　表 1.6.1

作用	ψ_0	ψ_1	ψ_2
建筑作用荷载类型（见 EN 1991-1-1）			
类型 A：居民和民用区域	0.7	0.5	0.3
类型 B：办公区域	0.7	0.5	0.3
类型 C：集会区域	0.7	0.7	0.6
类型 D：购物区域	0.7	0.7	0.6
类型 E：贮藏区域	1.0	0.9	0.8
类型 F：交通区域，车辆重量≤30kN	0.7	0.7	0.6
类型 G：交通区域，30kN<车辆重量≤160kN	0.7	0.5	0.3
类型 H：屋顶	0	0	0
建筑雪荷载（见 EN 1991-1-3）			
芬兰、爱尔兰、挪威、瑞典	0.70	0.50	0.20

续表

作用	ψ_0	ψ_1	ψ_2
剩余的 CEN 成员国，位于海拔高程 $H \geqslant 1000\text{m}$	0.70	0.50	0.20
剩余的 CEN 成员国，位于海拔高程 $H \leqslant 1000\text{m}$	0.50	0.20	0
建筑风荷载（见 EN 1991-1-4）	0.6	0.5	0
温度作用（非火灾）（见 EN 1991-1-5）	0.6	0.5	0

1.6.4　正常使用极限状态

1. 正常使用极限状态一般情况下应按公式（1.6.21）计算：

$$E_d \leqslant C_d \tag{1.6.21}$$

式中　C_d——相关正常使用极限状态设计值。

　　　E_d——正常使用标准中规定的作用效应设计值，根据相关的组合确定。

建筑物在正常使用极限状态应考虑相关的标准，例如：楼面的刚度，楼层侧移或建筑物侧移，以及屋顶的刚度等。刚度的标准应按照竖向挠度和振动的限值来表示。侧移的标准应按照水平位移的限值来表示。与此相关的规定和限值，如：变形尺寸、裂缝宽度、应力或应变限值、抗滑阻力等，应符合该类型建筑工程的相关规范，也可以考虑满足业主或国家相关主管部门的要求。

2. 作用组合

在相关设计状况中考虑的作用组合应满足建筑物的正常使用要求和性能标准。正常使用极限状态的作用组合由下列公式表示（所有的分项系数均为1）：

（1）标准值组合（一般用于不可逆极限状态）应按公式（1.6.22）：

$$E_d = E\{G_{k,j}; P; Q_{k,1}; \psi_{0,i}Q_{k,i}\} \quad j \geqslant 1, i > 1 \tag{1.6.22}$$

上式中大括号内的作用组合（即标准组合）可表示为公式（1.6.23）：

$$\sum_{j \geqslant 1} G_{k,j} \text{"+"} P \text{"+"} Q_{k,1} \sum_{i > 1} \psi_{0,i} Q_{k,i} \tag{1.6.23}$$

（2）频遇值组合（一般用于可逆极限状态）应按公式（1.6.24）：

$$E_d = E\{G_{k,j}; P; \psi_{1.1}Q_{k,1}; \psi_{2,i}Q_{k,i}\} \quad j \geqslant 1, i > 1 \tag{1.6.24}$$

上式中大括号内的作用组合（即频遇组合）可表示为公式（1.6.25）：

$$\sum_{j \geqslant 1} G_{k,j} \text{"+"} P \text{"+"} \psi_{1.1}Q_{k,1} \text{"+"} \sum_{i > 1} \psi_{2,i} Q_{k,i} \tag{1.6.25}$$

（3）准永久值组合（一般用于长期效应）可表示为公式（1.6.26）：

$$E_d = E\{G_{k,j}; P; \psi_{2,i}Q_{k,i}\} \quad j \geqslant 1, i > 1 \tag{1.6.26}$$

上式中大括号内的作用组合（即准永久组合）可表示为公式（1.6.27）：

$$\sum_{j \geqslant 1} G_{k,j} \text{"+"} P \text{"+"} \sum_{i > 1} \psi_{2,i} Q_{k,i} \tag{1.6.27}$$

3. 材料分项系数

对于正常使用极限状态，材料特性的分项系数 γ_m 取 1.0，除非各本规范中有不同规定。

1.7 可靠性要求

结构的可靠性是指工程结构在规定的时间内、规定的条件下完成结构预定功能的能力。结构可靠度分为抗力可靠度和适用性可靠度，应通过符合规范的设计、合理的施工和可靠的质量管理措施来满足可靠度的要求。

对于特定结构可靠度级别的选择，应考虑的因素主要包括：

（1）达到极限状态的可能原因或模式。

（2）在生命危险、人员伤亡和潜在经济损失方面可能产生的后果。

（3）公众对损坏的反应程度。

（4）降低损坏风险需付出的代价和应采取的必要措施。

确定某一特定结构的可靠度等级时，可以把结构作为一个整体来考虑，也可以按结构中各部分构件的分类来考虑，结构中的某些特殊构件可指定为高于或低于整个构件的重要性等级。划分可靠度时，可以通过考虑结构失效或损伤的后果来确定其重要性等级（CC），详见表1.7.1。

结构重要性等级　　　　　　　　　　　　　　　　　表 1.7.1

重要性等级	描述	建筑物和土木工程实例
CC3	高：人员生命丧失，或经济、社会、环境后果非常严重	失效后果相当严重的看台及公共建筑（如：影剧院、体育场馆）
CC2	中：人员生命丧失，或经济、社会、环境后果相当大	失效后果中等程度的住宅、办公楼及民用建筑（如办公楼）
CC1	低：人员生命丧失，或经济、社会、环境后果较小或可忽略	人不经常进入的农用建筑（如储藏库）及花房

可靠度等级（RC）可以用可靠度指标 β 来定义。EN 1990 规定的三种可靠度等级 RC1，RC2 和 RC3 与三种重要性等级 CC1，CC2，和 CC3 相关联。表1.7.2 中给出了在承载能力极限状态下，与可靠度等级对应的可靠度指标最小推荐值。

可靠度等级对应的可靠度指标　　　　　　　　　　表 1.7.2

可靠度等级	β 最小值	
	1 年基准期	50 年基准期
RC3	5.2	4.3
RC2	4.7	3.8
RC1	4.2	3.3

对于不同的极限状态，对应于可靠度等级为 RC2 的结构构件安全等级，设计基准期为1年和50年时的可靠度指标 β 的取值如表1.7.3所示。

极限状态对应的可靠度指标　　　　　　　　　　　表 1.7.3

极限状态	目标可靠度指标	
	1 年	50 年
承载能力极限状态	4.7	3.8
疲劳极限状态	—	1.5～3.8[1]
正常使用（不可逆）极限状态	2.9	1.5

[1] 取决于检测的精度，可维修程度和允许的破坏程度。

划分可靠度等级的另一种方法是区分用于永久设计状况基本组合的 γ_F 系数等级。对于相同的设计监理和施工质量等级，可采用不同的 $K_{F\uparrow}$ 系数与分项系数相乘，详见表 1.7.4。

可靠度等级对应的作用系数　　　　　　　　表 1.7.4

作用系数 $K_{F\uparrow}$	可靠度等级		
	RC1	RC2	RC3
$K_{F\uparrow}$	0.9	1.0	1.1

设计监理等级的划分是由一些可以共同使用的，不同的质量控制方法组成。设计监理等级与根据结构重要性来挑选的可靠度等级相关联，同时应符合国家规范要求或设计的要求，并通过适当的质量管理措施来实施。表 1.7.5 给出了三种可能的设计监理等级（DSL）。

设计监理等级　　　　　　　　表 1.7.5

设计监理等级	特征	校核计算书、图纸和说明书的最低推荐要求
DSL3（对应于 RC3）	综合监理	第三方校核：校核由不同于设计方组织进行
DSL2（对应于 RC2）	正常监理	由不同于最初负责的人校核，同时符合组织流程
DSL1（对应于 RC1）	正常监理	自我校核：校核由设计者进行

对一般类型的建筑结构设计来说，设计监理等级的划分应包括设计人员和审核人员的等级分类，取决于设计人员和审核人员对于相关类型建筑工程设计的能力和经验，以及他们的组织架构。同时，建筑工程的类型、所使用的材料和结构形式，也会影响到分级。

设计监理的划分还可以由一个对结构所抵抗作用的种类和大小进行更准确的详细评估组成，或由一个对主动或被动控制（限制）这些作用的设计管理体系组成。

施工期间的质量检查等级（IL）是通过选择和执行合适的质量管理方法和质量管理等级实施。质量检查等级定义了产品检查和施工检查所覆盖的检查范围和检查项目。因此检查的准则因结构材料的不同而异，并应在相关施工标准中给出。表 1.7.6 中给出了三种常用的检查等级。

施工检查等级　　　　　　　　表 1.7.6

检查等级	特征	要求
IL3（对应于 RC3）	综合检查	第三方检查
IL2（对应于 RC2）	正常检查	检查是否符合组织流程
IL1（对应于 RC1）	正常检查	自我检查

如果检查等级高于表 1.7.6 中的等级要求，或具有更严格的标准，应对材料，产品特性或构件抗力的分项系数进行折减。这种考虑结构中存在不确定性和尺寸变异性而进行的折减，不是一种可靠度划分方法；这仅仅是一种补偿方法，目的是为保持取决于控制措施有效性的可靠度等级。

与结构承载能力和正常使用相关的可靠度标准可通过多种措施的适当组合来满足，具体内容如下：

（1）预防和保护措施（例如：施工安全保护屏障，防止火灾的主动和被动保护措施，防止锈蚀风险的保护措施等）。

（2）在设计计算中选取合适的作用代表值和分项系数。

（3）采用强化质量管理的可靠措施。

（4）采取降低设计、施工阶段出现错误及显著人为失误的措施。

（5）在设计时应采用合理、可靠的力学模型，保证满足结构的安全性、适用性、耐久性，对地基及周围环境对结构的影响进行调查研究。

（6）严格遵循施工流程，保证施工质量，加强监督管理，并依据规范和设计文件的要求进行充分的检测和维护。

1.8 钢结构材料性能

1.8.1 结构钢材

1. 结构钢材强度

热轧结构钢材的屈服强度 f_y 与极限抗拉强度 f_u 的名义值可以直接采用各自产品标准中给出的数值（$f_y = R_{eh}$，$f_u = R_m$，即屈服强度取上屈服点值 R_{eh}，抗拉强度取平均值 R_m），或者直接采用表 1.8.1 中给出的数值。

热轧结构钢材的屈服强度 f_y 和极限抗拉强度 f_u 的名义值　　　　表 1.8.1

标准与钢材牌号	热轧结构钢材的名义厚度 t(mm)			
	$t \leqslant 40mm$		$40mm < t \leqslant 80mm$	
	f_y(N/mm²)	f_u(N/mm²)	f_y(N/mm²)	f_u(N/mm²)
EN 10025-2				
S 235	235	360	215	360
S 275	275	430	255	410
S 355	355	510	335	470
S 450	440	550	410	550
EN 10025-3				
S 275 N/NL	275	390	255	370
S 355 N/NL	355	490	335	470
S 420 N/NL	420	520	390	520
S 460 N/NL	460	540	430	540
EN 10025-4				
S 275 M/ML	275	370	255	360
S 355 M/ML	355	470	335	450
S 420 M/ML	420	520	390	500
S 460 M/ML	460	540	430	530
EN 10025-5				
S 235 W	235	360	215	340
S 355 W	355	510	335	490
EN 10025-6				
S460 Q/QL/QL1	460	570	440	550

续表

标准与钢材牌号	热轧结构钢材的名义厚度 t(mm)			
	$t \leqslant 40$mm		40mm$< t \leqslant$80mm	
	f_y(N/mm²)	f_u(N/mm²)	f_y(N/mm²)	f_u(N/mm²)
EN 10210-1				
S 235 H	235	360	215	340
S 275 H	275	430	255	410
S 355 H	355	510	335	490
S275 NH/NLH	275	390	255	370
S 355 NH/NLH	355	490	335	470
S 420 NH/NHL	420	540	390	520
S 460 NH/NLH	460	560	430	550
EN 10219-1				
S 235 H	235	360		
S 275 H	275	430		
S 355 H	355	510		
S 275 NH/NLH	275	370		
S 355 NH/NLH	355	470		
S 460 NH/NLH	460	550		
S275MH/MLH	275	360		
S355MH/MLH	355	470		
S420MH/MLH	420	500		
S460MH/MLH	460	530		

注：S 表示结构钢，N 表示正火处理，NL 表示正火轧制，M 表示热力学处理，ML 表示热力学轧制，L 表示满足－50℃冲击性能，H 表示空心型材。

2. **延性**

结构钢材的最小延性要求按照下列限值进行控制：

(1) 规定的最小极限抗拉强度 f_u 与规定的最小屈服强度 f_y 之比 $f_u/f_y \geqslant 1.10$。

(2) 在 $5.65 \sqrt{A_0}$ 标距长度上的破坏伸长率应不小于 15%（A_0 为原始横截面面积）。

(3) 极限应变 ε_u（对应于极限强度 f_u）$\geqslant 15\varepsilon_y$（$\varepsilon_y$ 为屈服应变，$\varepsilon_y = f_y/E$）。

3. **冲击韧性**

结构钢材应具有足够的断裂韧性，以避免在预期设计使用年限内，结构在最低工作温度下受拉构件可能会发生的脆性断裂。若能保证满足 EN 1993-1-10 中给出的最低温度下的条件，无须进一步检验是否发生脆性断裂。对于受压构件，应选择其最低韧性特性值。

4. **厚度方向特性**

对于需要满足 EN 1993-1-10 中规定的规定厚度方向特性的结构钢材，应达到 EN 10164 中规定的质量等级，详见表 1.8.2。应特别注意沿钢板厚度方向将梁焊接到柱的连接以及焊接受拉端板的情况。

钢材厚度方向的质量等级　　　　　　　　　　　　　　　　　　　表 1.8.2

按照 EN 1993-1-10 规定的 Z_{Ed} 的目标值	按照 EN 10164 规定用设计 Z 值表示的 Z_{Rd} 的要求值
$Z_{Ed} \leqslant 10$	—
$10 < Z_{Ed} \leqslant 20$	Z15
$20 < Z_{Ed} \leqslant 30$	Z25
$Z_{Ed} > 30$	Z35

注：Z 表示在试件全厚度延伸的拉伸检测中的横向折减面积，用百分比表示。
Z_{Ed} 表示规定的设计 Z 值，是由焊接中金属收缩限制的应变量级引起的。
Z_{Rd} 表示可用的设计 Z 值，用于符合 EN 10164 要求的材料。

5. 材料参数

一般结构用钢材在计算中采用的材料参数的取值如下：

弹性模量：$E = 210000 \text{N/mm}^2$

剪切模量：$G = \dfrac{E}{2(1+v)} \approx 81000 \text{N/mm}^2$

弹性泊松比：$v = 0.3$

线热膨胀系数：$\alpha = 12 \times 10^{-6} / \text{K}$（当 $T \leqslant 100℃$ 时）

1.8.2 焊接

1. 焊接材料

欧洲规范中给出了焊接相关的通用标识，包括各种焊接过程中所用的焊材，及其熔融形成的熔敷金属的屈服强度和冲击韧性，还给出了在焊接过程中需要的额外材料和辅助手段。焊接材料的性能是基于标准焊接条件下的试验得出的。即在焊材和母材之间没有任何相互熔合和渗透，只有焊材的熔敷金属。

钢结构工程中常用的焊接材料主要包括：

（1）非合金钢及细晶粒钢的气体保护电弧焊用焊丝和焊剂。

（2）电弧焊和切割用保护气体。

（3）非合金钢及细晶粒钢的手工电弧焊用焊条。

（4）非合金钢及细晶粒钢的有（无）气体保护金属电弧焊用焊条。

（5）非合金钢及细晶粒钢的埋弧焊焊丝、焊条和焊剂。

（6）埋弧焊用焊剂。

2. 焊缝性能

结构受力的焊缝一般用于可焊接结构钢，以及厚度不小于 4mm 的材料连接，应保证焊缝与被焊接材料的力学特性相匹配。焊缝的质量等级至少应能达到 C 级标准。

对于较薄材料中的焊缝，可使用厚度 $\leqslant 4.0 \text{mm}$ 的轧制或电镀母材进行点焊，或采用电弧焊的搭接焊缝。对于在厚度 $\geqslant 2.5 \text{mm}$ 材料制成的结构空心型钢内的焊缝，应通过对接焊缝、角焊缝或这两者的结合，沿截面的整个周长形成连接。在考虑了应力不均匀分布和重分配的情况下，应保证连接构件间的焊缝具有足够的承载能力和变形能力。

对于较厚材料中的焊缝，应避免层状撕裂。层状撕裂是一种焊接诱发的缺陷，主要是发生在十字接头、三向接头、弯管接头和全熔透焊缝。焊缝越厚，发生层状撕裂的可能性就越高，可通过超声波检测出来。

3. 焊缝类型

钢结构中经常采用的焊缝类型包括：角焊缝、围焊缝、对接焊缝、塞焊缝以及喇叭形坡口焊缝。对接焊缝可以是全熔透焊或部分熔透焊。围焊缝和塞焊缝可以在圆孔或长孔内采用。

（1）角焊缝熔焊面的角度在 $60°\sim120°$ 之间时，角焊缝可用于连接节点。构件端部或侧面的角焊缝两端应有连续回焊，转角处回焊长度至少为两倍焊脚尺寸，焊缝应为全尺寸。角焊缝的焊缝尺寸详见图 1.8.1。

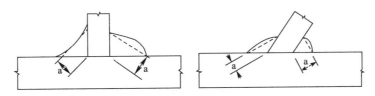

图 1.8.1　角焊缝的焊缝尺寸详图

（2）对接焊缝分为全熔透和部分熔透的对接焊缝。全熔透对接焊缝是指在整个接头厚度上完全焊透且焊缝和主体金属熔合的焊缝。部分焊透对接焊缝是指接头焊透层厚度小于板材厚度的焊缝，不要使用间断的对接焊缝。T 形对接焊缝的尺寸见图 1.8.2。

（3）塞焊缝可用于传递剪力，或防止屈曲或防止连接部分的分离，或保证组合构件中各个部分相互间的可靠连接，塞焊缝不能用来承载外部施加的拉力。

塞焊缝的圆形孔直径或椭圆孔宽度应至少大于"开孔处钢板厚度＋8mm"。长圆孔的端部应是半圆形或其他有转角的形状，其端部的半径应不小于钢板的厚度。连接厚度≤16mm 钢板的塞焊缝厚度应等于板材的厚度。板材的厚度>16mm 时，塞焊缝的厚度应至少是板材厚度的一半且≥16mm。

（4）喇叭形坡口焊缝：实心钢棒与钢板焊接可采用喇叭形坡口焊缝，喇叭形坡口焊缝设计采用的有效焊缝高度定义详见图 1.8.3。

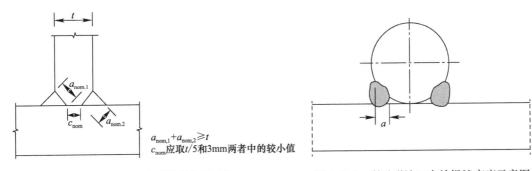

$$a_{nom,1}+a_{nom,2} \geqslant t$$
c_{nom} 应取 $t/5$ 和 3mm 两者中的较小值

图 1.8.2　T 形对接焊缝尺寸图　　　　图 1.8.3　喇叭形坡口有效焊缝高度示意图

1.8.3　螺栓和销钉

1. 螺栓连接的等级

EN 1993-1-8 规定了 4.6、4.8、5.6、5.8、6.8、8.8 和 10.9 级螺栓，其材料屈服强

度 f_{yb} 和极限抗拉强度 f_{ub} 的名义值详见表 1.8.3。

螺栓的强度名义值　　　　表 1.8.3

螺栓等级	4.6	4.8	5.6	5.8	6.8	8.8	10.9
f_{yb}	240	300	320	400	480	640	900
f_{ub}	400	400	500	500	600	800	1000

以上名义值在设计中应作为特征值采用。

2. 螺栓连接的类型

(1) 螺栓受剪连接一般分为以下三类：

承压型（A 型）应采用等级为 4.6～10.9 的螺栓。不要求有预拉力。设计极限剪切荷载应不超过螺栓的设计抗剪承载力和设计抗压承载力。

正常使用极限状态下的抗滑移螺栓（B 型）。应对螺栓施加有预拉力，在正常使用极限状态下不应出现滑动。设计正常使用状态下的剪切荷载应不超过螺栓设计抗滑力。设计极限剪切荷载不应超过螺栓设计抗剪承载力和设计抗压承载力。

承载能力极限状态下的抗滑移螺栓（C 型）。应对螺栓施加有预拉力，在承载能力极限状态下不应出现滑动。设计极限剪切荷载应不超过螺栓设计抗滑力和设计抗压承载力。

(2) 螺栓受拉连接一般分为以下两类：

无预紧力螺栓连接（D 型）。应采用等级为 4.6～10.9 的螺栓，不要求有预拉力。不能用于经常承受振动作用的连接节点，但可用于承载普通风荷载的作用。

有预紧力螺栓连接（E 型）。应采用等级为 8.8 和 10.9 的控制预紧力螺栓，可以用于承受各类荷载作用的连接节点，螺栓的预拉力应符合相关规范的要求。

螺栓的最大和最小间距详见表 1.8.4 和图 1.8.4。

螺栓的最大和最小间距　　　　表 1.8.4

距离和间距见图 1.8.4	最小值	最大值[1)2)3)]		使用符合 EN 10025-5 规定的钢材制成的结构
		使用符合 EN 10025 规定的钢材制成的结构（不包括符合 10025-5 规定的钢材）		
		暴露在大气环境下或受到其他腐蚀影响的钢材	没有暴露在大气环境下或受到其他腐蚀影响的钢材	所使用的不受保护的钢材
端距 e_1	$1.2d_0$	$4t+40$mm		$8t$ 或 125mm 两者中的较大值
边距 e_2	$1.2d_0$	$4t+40$mm		$8t$ 或 125mm 两者中的较大值
槽孔中的距离 e_3	$1.5d$[4)]			
槽孔中的距离 e_4	$1.5d$[4)]			
间距 p_1	$2.2d_0$	$14t$ 或 200mm 两者中的较小值	$14t$ 或 200mm 两者中的较小值	$14t$ min 或 175mm 两者中的较小值
间距 $p_{1,0}$		$14t$ 或 200mm 两者中的较小值		

距离和间距见图1.8.4	最小值	最大值[1][2][3]		使用符合 EN 10025-5 规定的钢材制成的结构
		使用符合 EN 10025 规定的钢材制成的结构（不包括符合 10025-5 规定的钢材）		
		暴露在大气环境下或受到其他腐蚀影响的钢材	没有暴露在大气环境下或受到其他腐蚀影响的钢材	所使用的不受保护的钢材
间距 $p_{1,i}$		$28t$ 或 400mm 两者中的较小值		
间距 $p_2^{[5]}$	$2.4d_0$	$14t$ 或 200mm 两者中的较小值	$14t$ 或 200mm 两者中的较小值	$14t$ min 或 175mm 两者中的较小值

[1] 除了以下情形，间距、边距和端距的最大值均无限制：

为了避免局部屈曲和防止外露构件腐蚀而设置的受压构件；

为防止腐蚀而设置的外露受压构件。

[2] 紧固件之间受压板的局部屈曲抗力应根据 EN 1993-1-1 的规定计算，使用 $0.6\,p_1$ 作为屈曲长度。当 p_1/t 小于 9ε 时，无须检验紧固件之间的局部屈曲。对于受压构件中的外伸部件，边距不应超过局部屈曲要求，见 EN 1993-1-1。端距不受此要求影响。

[3] t 表示较薄的外部连接部分的厚度。

[4] 槽孔的尺寸限值详见 EN 1090-2 钢结构施工要求。

[5] 如果任何两个紧固件之间的最小距离 L 大于或等于 $2.4d_0$（见图 1.8.4b），那么对于错列的紧固件，可使用最小直线间距 $p_2 = 1.2d_0$。

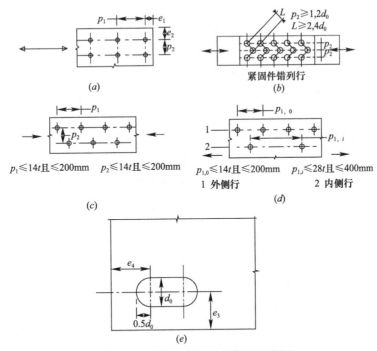

图 1.8.4　螺栓和螺栓孔的排列示意图

（a）紧固件间路的符号；（b）错列间距的符号；（c）受压构件中的错列间距；

（d）受拉构件中的错列间距；（e）槽孔的端距和边距

3. 销钉

（1）应采取可靠的措施保证销钉不发生松动。

（2）若销钉的长度小于其直径的 3 倍，无须转动的销钉可按单个螺栓连接设计。

（3）销钉连接构件的布置应尽可能避免偏心，并且销钉连接构件应具有足够尺寸，以保证能将荷载从带有销钉孔的构件区域传递到远离销钉的构件内。

（4）连接件应按照简支情况来计算销钉内的力矩。通常，应假定销钉和连接部分之间的作用力在各部分相互接触的长度上均匀分布。

1.9 防火和防腐

1.9.1 钢结构防火设计

1. 基本要求

对于发生火灾时，需要在一定时间内具有承载能力和结构变形能力的钢结构，应在钢结构设计和施工时，保证具有支承结构自重及附加荷载的能力，以及不会超出相关变形标准的能力。在整个火灾期间，包括火势减弱阶段，或在设计所要求的时间期限内，都应该具有足够的承载能力，避免发生垮塌。

2. 火灾作用

具体内容详见 1.4.6 节。

3. 抗火设计方法

在火灾暴露时间段 t 内，结构抗火设计应满足如下公式：$E_{fi,d} \leqslant R_{fi,d,t}$。其中：$E_{fi,d}$ 是火灾状况下的设计作用效应，包括热膨胀和热变形效应。$R_{fi,d,t}$ 是火灾状况下的相关设计抗力。抗火设计主要采用如下三种方法：

（1）构件分析：首先要利用组合系数 $\psi_{1.1}$ 或 $\psi_{2,1}$，确定作用效应。作用效应 $E_{d,fi}$ 根据常温设计的结构分析结果进行修正后得到，公式如下：$E_{d,fi} = \eta_{fi} E_d$。其中：E_d 是对于基本作用组合，常温设计时所对应的力或弯矩的设计值。η_{fi} 是在抗火设计中考虑的折减系数，可根据各国家规范中的规定采用，也可采用 0.65 的推荐值。

分析时仅需考虑横截面上温度梯度造成的温度变形影响。轴向和平面内的热膨胀效应可以忽略不计，并假设在火灾作用期间，构件的支承和端部的边界条件保持不变。

（2）子结构分析：在时间 $t=0$ 时，在子结构边界处的施加约束力和内力的反作用力和力矩，可从常温条件下的结构分析中获得。在子结构的分析中，应该以可能的热膨胀、变形为基础，与结构的其他部分之间的相互作用可根据火灾作用期间，根据随时间变化的支承和边界条件进行估算，并应考虑到火灾作用相关的失效方式。可以假设支承边界条件，以及子结构边界处的力和力矩在火灾过程中没有发生变化。

（3）整体结构分析：在发生火灾的情况下，需要考虑在火灾作用下相关的失效模式，以及与温度有关的材料性质和构件的刚度、热膨胀效应和变形（间接火灾作用）。

1.9.2 钢结构防腐设计

1. 腐蚀简介

（1）腐蚀原理：大多数钢材的腐蚀是一种电化学过程。腐蚀都只会发生在阳极。水和氧的同时存在是钢材腐蚀的必要条件，两者缺一不可。

（2）腐蚀速率：决定钢材在空气中腐蚀速率的主要因素有：表面受潮湿的时间，大气污染的情况，环境中硫酸盐或氯化物的含量。有些情况下，腐蚀的速率还会受遮挡和风的影响。影响腐蚀速率的环境应进行分类，其相应的腐蚀速率就可以作为设计时的重要指标。

2. 防腐设计要点

（1）在构件空腔和缝隙等处避免出现水和污垢的积存，特别是对箱形截面的构件应进行封闭处理。焊接节点比螺栓节点的封闭性更佳。对高强度螺栓接合面的边缘应进行封闭处理。在需的部位应设置排水孔。尽可能保证周围空气的流通。

（2）避免让钢材和其他类型的金属或木材连接，或将接触面绝缘。

（3）应确保所选防腐涂料的性能和施工质量。对于热浸镀锌的构件，要设置排气孔和排水孔。为油漆喷涂或金属热喷涂工作要提供足够空间，以便于前期施工和后期维护中的操作。

3. 防腐处理方法

（1）表面处理方法：通过手动和电动工具清理（St）、喷砂清理（Sa）、湿（磨料）喷射清理、酸洗。

（2）金属涂层：常用的钢材表面金属涂层施工方法有：热浸镀锌（最为常用）、热喷涂（金属）、电镀和粉末渗锌。在钢结构工程中主要采用前两种工艺，但在配件、紧固件或其他小型零件上会采用后两种工艺。

（3）防腐涂料：主要由颜料、基料和溶剂这三种主要成分混合与调配而成。喷涂在钢材表面后会产生湿膜。随着溶剂的蒸发，涂膜开始固化，基料和颜料留在表面形成干膜。通常，可通过测量干膜的厚度来控制涂料的施工质量。

（4）涂装施工：钢结构标准的油漆施工方法有刷涂、辊涂、空气喷涂、无空气喷涂。影响涂料施工的主要环境条件是温度和湿度。空气温度和钢材温度影响溶剂挥发、刷涂和喷涂的性能，干燥和固化时间，双组分涂料的使用有效时间等。当在钢材表面有结露或者空气的相对湿度较大，会影响到涂装或涂层干燥时，不应进行涂料施工。通常，要保证钢材温度至少高于结露点 3℃以上。

第2章 欧洲规范抗震设计

（作者：舒涛）

2.1 前　言

本章主要依据欧洲抗震规范《EN 1998-1：2004 第 1 部分：一般规定、地震作用和建筑规定》的内容编写，总结了 EN 1998-1：2004 关于结构抗震设计原则、地震作用、结构分析和钢结构抗震设计方面的基本规定。通过本章，读者可对欧洲抗震规范的相关内容，尤其是对钢结构抗震设计方面的基本内容有一定的了解，以便读者更好地理解和应用欧洲抗震规范进行钢结构抗震设计。应用欧洲规范进行钢结构抗震设计除了依据 EN 1998 的相关抗震设计要求之外还应依据其他相关欧洲规范的规定，抗震规范仅是对其他规范规定的补充。

欧洲抗震规范采用以概率论为基础的极限状态设计方法，考虑各种分项系数和组合系数，采用两阶段设计，即"控制建筑抗倒塌极限状态"和"损伤极限状态"两个阶段，前者推荐采用 50 年（基准重现期 475 年）基准超越概率为 10％的地震作用，后者推荐采用 10 年（基准重现期 95 年）基准超越概率为 10％（50 年超越概率大约 40％）的地震作用。考虑地质条件和结构重要性的影响对基准地震作用采用了放大系数，前者采用场地土系数 S，后者采用结构重要性系数 γ_1。欧洲抗震规范为考虑不同类型结构的延性和耗能能力的不同引入了一个重要的性能系数 q，通过性能系数来考虑不同结构、不同条件下地震作用的折减，以实现不同的结构均可到达一个适当的安全可靠度。基准周期、基准周期超越概率（或基准重现期）的不同，所定义的基准作用不同，可依据概率为基础的可靠度要求进行换算。

欧洲规范除统一规定的欧洲各成员国应遵照执行的条款之外，允许各国根据国情对部分规范内容进行补充（有些欧洲规范没有规定的补充是必须的）和单独规定，此部分内容即为欧洲规范国家版，并在规范的文本中给出了可自行规定和补充的内容及范围，并且定义这些内容为国家决定参数（NDP）。欧洲规范为相关 NDP 给出了推荐值和建议性的原则，这个推荐值和建议性的原则不是国家版必须采用的。欧洲规范关于 NDP 的内容，可能是一个具体的系数值、一个特定的级别或类别、一种特殊的方法或特殊应用的规定。由此可见，采用欧洲规范进行设计，除了要依据欧洲相关规范外，还要依据当地国家的欧洲规范国家版的相关规定。

2.2 欧洲抗震规范适用范围

EN 1998 适用于地震区内建筑、土木工程的设计及施工，是对地震区结构设计的补充规定，EN 1988 的目的主要在于地震发生时，保护民众生命财产安全，控制地震所造成的损害，保证关系国计民生的重要结构功能不间断和能正常运行。一些特殊的建筑，例如核电站、海上结构以及大坝，不在 EN 1998 范围之内。

2.3 术 语

EN 1998-1 的第 1.5 节给出了专业术语和常用符号的定义，其中关键术语如下：

（1）性能系数 q：考虑和材料、结构体系和设计方法有关的结构非线性响应，对线性分析得出的效应进行折减并用于设计目的，性能系数是欧洲抗震规范的一个重要参数。

（2）能力设计法：通过选择结构体系中的构件，进行适当的设计和构造，保证在结构发生大变形时，进行能量耗散，同时要求所有其他的结构构件均具有足够强度，以便能够控制结构的能量耗散方式。

（3）耗能结构：利用延性滞回性能和/或其他机制，能够耗散能量的结构。

（4）耗能区：耗能构件中预先设定的主要耗能区域。

（5）动力单元-结构单元：直接承受地面运动，并且其反应和相邻单元相互不影响，通过防震缝或其他结构缝可将复杂结构划分为多个动力单元。

（6）重要性系数：与结构破坏后果相关的系数。

（7）非耗能结构：不考虑材料的非线性性能，只适用于特殊抗震设计的结构。

（8）非结构构件：由于强度或连接方式等原因，在抗震设计中均不考虑其承载能力的构件。

（9）主要抗震构件：构件是结构抗震体系的组成部分，根据 EN 1998 的规定，在抗震设计分析模型中必须考虑这种构件、并对其抗震能力进行充分设计和构造处理。

（10）次要抗震构件：相对于主要抗震构件其抗震强度及刚度可忽略，不考虑其抵抗地震作用。这些构件不要求符合 EN 1998 的所有规定，但其设计和构造仍然要求能抵抗重力荷载和抗震设计下的位移变形。

2.4 结构抗震基本要求和性能设计

2.4.1 基本要求

地震区的结构设计和施工应满足以下要求：

1. 抗倒塌要求

结构设计和施工应保证结构能经受住设计地震作用，不出现局部或整体倒塌，发生地震后，结构能保持完整性及残余承载能力。设计地震作用包括：①在 50 年内或一个基准重现周期（T_{NCR}）内，与基准超越概率（P_{NCR}）有关的基准地震作用；②考虑可靠性区别的重要性系数 γ_I（本节 2 及 3 的内容）。各国所用 P_{NCR} 或 T_{NCR} 的值可见该国的国家版附录。推荐值：$P_{NCR}=10\%$ 及 $T_{NCR}=475$ 年。

根据公式 $T_R=-T_L/\ln(1-P_R)$，T_L 年内某一特定级别的地震作用超过概率值 P_R 与该等级地震作用的平均重现周期 T_R 有关。某个给定的 T_L 年内，地震作用可通过其平均重现周期 T_R 或其超越概率 P_R 来确定。

2. 损伤极限要求

结构设计和施工应保证结构能够承受发生概率大于设计地震的地震作用，并且不会出现代价较高的损坏。考虑"损伤极限要求"的地震作用在 10 年或重现周期 T_{DLR} 内有一个超越概率 P_{DLR}。在没有更准确资料的情况下，损伤极限的地震作用可取设计地震作用的折减。各国所用的 P_{DLR} 或 T_{DLR} 值可见该国的国家版附录。推荐值：$P_{DLR} = 10\%$ 及 $T_{DL} = 95$ 年。

3. 关于抗倒塌要求及损伤极限要求的可靠性指标可由相关国家自己确定。欧洲规范将结构划分为不同的重要性级别来体现可靠性的不同，每个重要性级别对应一个重要性系数 γ_I，将 γ_I 乘以基准地震作用来体现可靠性的不同等级，或者在进行线性分析时将对应的地震作用效应乘以此重要性系数。关于重要性级别及对应的重要性系数的相关规定见 EN 1998 的相关部分。

2.4.2 性能设计

抗震设计应复核承载能力极限状态和正常使用极限状态。承载能力极限状态是指与倒塌状态相关或与可能威胁人身安全的其他结构破坏形式相关的状态，正常使用极限状态是指与破坏相关的状态，若建筑物损伤超过此极限状态则不再满足正常使用的要求。

在比设计地震作用更强的地震作用下，为限制结构的不确定性并使结构具有良好的性能，应采取一系列特殊的相关措施。

某些特定的结构类型，在低烈度地震作用情况下，可采用比 EN 1998 的相关规定更简单的措施即可满足基本要求。在极低烈度地震作用情况下，不必遵守 EN 1998 的规定。

2.4.3 承载能力极限状态

抗震设计应复核确认结构体系具备规范所规定的承载能力及耗能能力。

结构应具备的承载能力及耗能能力与其要利用的非线性反应范围有关。承载能力及耗能能力之间的平衡是由性能系数 q 的取值和相关延性级别决定的。在一定条件下，低耗能型结构的设计，不考虑任何的滞回耗能，性能系数的取值通常不大于 1.5，否则强度会过大。对于钢结构或钢混组合建筑，性能系数 q 的限值可以是 1.5 和 2（见表 2.10.1 的注 1）。对于耗能结构，由于耗能区的滞回耗能，其性能系数比上述限值要高。采用不同的性能系数，应采取对应的设计措施以满足预期的结构耗能能力。

抗震设计应对结构整体进行复核，保证其在设计地震作用下能保持稳定，并考虑倾覆及滑动稳定性；应复核确认基础及地基设计，保证其不会出现实质性永久变形；结构分析应考虑作用效应的二阶效应可能造成的影响。

抗震设计还应复核确认在设计地震作用下，非结构构件不会造成人员伤害，不会对结构构件有明显的影响。

2.4.4 正常使用极限状态

建筑应满足变形极限或其他相关极限，确保结构具有一定程度的可靠性，不会出现超出承受范围的损坏。

用于民用防灾的重要结构，抗震设计应复核确认结构体系具备足够的承载能力和刚度，保证在发生与重现周期（回归期）相关的地震时关键设施能正常工作。

2.4.5　抗震措施

1. 结构设计

结构的平面及立面形状应尽可能简单、规则。如有必要，可设结构缝将结构划分为动力独立单元。为保证结构整体耗能及延性性能，应避免出现脆性破坏或过早形成不稳定结构，应根据 EN 1998 相关部分的要求，在承载能力设计时采取相应措施，保证结构具有适当的塑性机制并避免脆性破坏模式。结构的抗震性能在很大程度上取决于其耗能区或耗能构件的性能，普通结构的构造设计以及这些耗能区或耗能构件的构造设计应满足在循环荷载作用下，能传递作用力及具有耗能能力。结构分析还应基于合理的结构模型，必要时应考虑地基变形和非结构构件及其他因素（例如相邻结构的影响）的影响。

2. 基础

基础应具有合适的刚度，尽可能将上部结构的作用效应均匀地传递到地基。除桥梁之外，原则上一个独立的结构单元只能采用一种基础形式，以避免不均匀沉降的影响。

3. 质量控制

设计文件应标明结构构件规格和材料特性，并给出详图。如必要，设计文件也应包含要使用的特殊设备的特性以及结构构件与非结构构件的安装要求，同时也应给出必要的质量控制规定。施工阶段需特别复核的、具有特殊重要性的结构构件应在设计图中标出并给出详细要求。在高地震烈度地区以及特别重要的结构中，除应遵守其他相关欧洲规范规定的控制程序外，还应使用正式的质量体系计划，此计划包含设计、施工及使用过程。

2.5　场　地　条　件

2.5.1　场地类型的划分

表 2.5.1 给出的地层剖面图和参数及后文中所定义的 A 类、B 类、C 类和 D 类场地说明了局部场地条件对地震作用的影响。各国使用的考虑深层地况的场地分类方案，可能会在其国家版附录内有详细说明，说明内容应包含定义水平及竖向弹性响应谱的参数 S、T_B、T_C 及 T_D 的取值。

可根据平均剪切波速 $v_{s,30}$ 的值来进行场地分类。否则，应使用 N_{SPT}（标准贯入试验锤击数）值。平均剪切波速 $v_{s,30}$ 按下式计算：

$$v_{s,30} = \frac{30}{\sum_{i=1,N} \frac{h_i}{v_i}} \tag{2.5.1}$$

式中 h_i 及 V_i 分别表示在地表 30m，总计 N 层的土中，第 i 地层的厚度（单位为 m）和剪切波速（其剪应变水平为 10^{-5} 或更小）。

如场地类型为 S_1 或 S_2，需对地震作用进行特别研究。针对这些类型，特别是 S_2，应考虑地震作用下发生场地土破坏的可能性。

场地类型

表 2.5.1

场地类型	地层剖面描述	参数		
		$V_{S,30}$ (m/s)	N_{SPT} (次/30cm)	c_u (kPa)
A	岩石或其他类岩石地质构造，包括表层上最多 5m 的软弱层	>800	—	—
B	至少几十米厚的致密砂及砂砾，或刚性极大的黏土沉积层，其力学特性随深度增加而逐渐增大	360~800	>50	>250
C	致密或中~密的砂、砂砾或硬黏土的深层沉积物，其厚度从几十米至几百米不等	180~360	15~50	70~250
D	松散~中等密度的非黏性土（有或没有软粘结层）形成的沉积层，或主要是软~硬黏土所形成的沉积层	<180	<15	<70
E	厚 5~20m 不等的表面冲积层（C 或 D 型的 V_s 值）所组成的土剖面，其底层为 V_s>800m/s 的刚性较大层			
S_1	由至少 10m 厚的高塑性指数（P_I>40）、高含水量软黏土/淤泥层所组成的沉积层或包含上述土层的沉积层	<100（指示性数据）	—	10~20
S_2	液化土、敏感黏土或 A~E 类和 S_1 类之外的土剖面所形成的沉积层			

注：c_u——土的不排水剪切强度。

2.5.2 地形条件放大系数

本节给出了在验证地基边坡稳定性时地震作用的简化放大系数 S_T，该系数应是与基本振动周期无关的一次近似值，此放大系数最好应用于边坡属于二维不规则形状的情况，例如长的山脊和高于 30m 的悬崖。

如果平均坡角小于约 15°，则可忽略地表不规则效应，而在非常不规则的局部地表，建议进行针对性的研究。对于更大的角度，采用以下原则：

1）孤立的悬崖和边坡。在场地的顶部区域应采用 $S_T \geqslant 1.2$ 的值。

2）山脊，其脊部宽度远小于基底宽度。对于平均坡角大于 30°的坡，在坡顶附近，应采用 $S_T \geqslant 1.4$ 的值。若坡角较小，则应采用 $S_T \geqslant 1.2$ 的值。

3）在存在松散表面层的情况下，给出的最小的 S_T 值应至少增加 20％。

4）放大系数的空间变化。可假设 S_T 值作为悬崖或山脊底部以上高度的一个线性函数而减小，在底部保持一致。

2.6 地震作用

欧洲规范的地震作用以基准重现期的 A 类场地的基准峰值加速度来表示，对不同场地和重要性级别要进行调整。中国 2010 版及以前版本的抗震规范，地震作用系数和场地没有关系，只考虑了特征周期的影响。新版区划图以Ⅱ类场地为基准，考虑了场地不同，地震作用系数的不同，但 2010 版抗震规范的 2016 年修正版本并没有进入这个调整系数。欧洲规范反应谱地震放大系数为 2.5，中国抗规反应谱地震放大系数为 2.25。

2.6.1　地震区划

依据 EN 1998，各国应根据当地的地震危险性将其国土划分为各个地震区。每个地震区内的地震危险性可假设为恒定。EN 1998 的大多数应用情况下，地震危险性用 A 类场地的基准峰值地震加速度值 a_{gR} 来描述。不同国家 A 类场地的基准峰值地震加速度 a_{gR}，可见该国国家版附录的区划图。

各国为各地震区确定的基准峰值地震加速度与各国选定的抗倒塌状态的地震作用基准重现周期 T_{NCR}（或等效为 50 年内的基准超越概率为 P_{NCR}）对应。为此基准重现周期定义为 1.0 的重要性系数，其他重现周期的地震作用可用 A 类场地的设计地震加速度 a_g 定义，$a_g = \gamma_1 \cdot a_{gR}$。

低烈度情况下，某些类型的结构，可简化抗震设计程序。烈度非常低的情况下，可不执行 EN 1998 的规定。不同国家或地区适用于低烈度规定的结构类别、场地类型及地震区的信息，可见其国家版附录。建议可将 A 类场地的设计地震加速度 a_g 不大于 0.08g（0.78m/s²）或将 $a_g \cdot S$ 不大于 0.1g（0.98m/s²）考虑为低烈度情况，具体规定可见该国国家版附录。

不必遵循 EN 1998 规定（烈度非常低的情况）的结构类别、场地类型及地震区的条件，可见各国的国家版附录。建议可将 A 类场地的设计地震加速度 a_g 不大于 0.04g（0.39m/s²）或将 $a_g \cdot S$ 不大于 0.05g（0.49m/s²）考虑为烈度极低的情况，具体规定可见该国国家版附录。

S 为场地土系数，以 A 类场地为基准，考虑不同场地类型地震作用的不同而引入的调整系数。

2.6.2　地震分析方法概述

在 EN 1998 范围内，地震运动以弹性地震加速度反应谱（后文中称为"弹性反应谱"）描述。弹性反应谱在承载能力极限状态（结构抗倒塌要求）和正常使用极限状态（损伤极限要求）两个状况下的地震作用是相同的。

水平地震作用由两个正交分量表示，并假设两个分量相互独立，且采用同一反应谱。地震作用的三个分量，可根据地震源或震级的不同，采用一个或多个反应谱。不同国家或地区所使用的弹性反应谱条件见该国的国家版附录。当影响某地的地震有多种不同来源时，应考虑使用多种谱形，以充分考虑设计地震作用。此时，各种谱及地震均需不同的 a_g 值。对于重要结构（$\gamma_1 > 1.0$），应考虑地形条件放大效应（2.5.2）。

地震分析可采用时程分析法。一些特殊类型的结构可能需要考虑地面运动在空间及时间上的变化，即需要考虑地震的行波效应和局部场地效应（多点或多向地震激励）。

2.6.3　水平弹性反应谱

地震作用的水平分量，弹性反应谱 $S_e(T)$ 由下列各式定义（图 2.6.1）：

$$0 \leqslant T \leqslant T_B : S_e(T) = a_g \cdot S\left[1 + \frac{T}{T_B} \cdot (\eta \cdot 2.5 - 1)\right] \tag{2.6.1}$$

$$T_B \leqslant T \leqslant T_C : S_e(T) = a_g \cdot S \cdot \eta \cdot 2.5 \tag{2.6.2}$$

$$T_C \leqslant T \leqslant T_D : S_e(T) = a_g \cdot S \cdot \eta \cdot 2.5\left[\frac{T_C}{T}\right]$$
$$(2.6.3)$$

$$T_D \leqslant T \leqslant 4s : S_e(T) = a_g \cdot S \cdot \eta \cdot 2.5\left[\frac{T_C T_D}{T^2}\right]$$
$$(2.6.4)$$

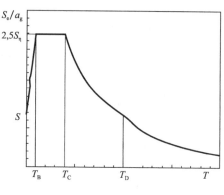

图 2.6.1 弹性反应谱形

式中 $S_e(T)$——弹性反应谱值；

   T——线性单自由度体系的振动
周期；

   a_g——A 类场地的设计地震加速
度（$a_g = \gamma_I \cdot a_{gR}$）；

   T_B——平台段起始周期；

   T_C——平台段终止周期；

   T_D——谱的恒定位移反应范围起点的周期；

   η——阻尼修正系数，对于 5% 的黏滞阻尼，$\eta = 1$；

   S——场地土系数，为考虑不同场地地震作用的不同而引入的反应谱值调
整系数；

描述弹性反应谱的周期 T_B、T_C 和 T_D 的值以及场地系数 S 的值取决于场地类型。不
同国家使用的各种场地类型及谱型（形）的 T_B、T_C 和 T_D 及 S 的值可见其国家版附录。
若未考虑深层地质条件因素，建议选择使用 1 型和 2 型谱。若地震最易于引起以概率危险
评估为目的而定义的地震危险，且地震的面波震级 M_s 不大于 5.5，建议采用 2 型谱。对
于 A 类、B 类、C 类、D 类和 E 类五种场地，1 型谱的参数 S、T_B、T_C 和 T_D 在表 2.6.1
中给出；2 型谱的上述参数在表 2.6.2 中给出。图 2.6.2 及图 2.6.3 分别为建议的 1 型和
2 型谱的谱形，并且对于 5% 的阻尼比根据 a_g 取相对值。若考虑了深层地质条件因素，其
国家版附录可能有各种不同的谱定义。

对于 S_1 及 S_2 类场地，S、T_B、T_C 及 T_D 取值应特别研究确定。

1 型弹性反应谱的参数值   表 2.6.1

场地类型	S	$T_B(s)$	$T_C(s)$	$T_D(s)$
A	1.0	0.15	0.4	2.0
B	1.2	1.15	0.5	2.0
C	1.15	0.20	0.6	2.0
D	1.35	0.20	0.8	2.0
E	1.4	0.15	0.5	2.0

2 型弹性反应谱的参数值   表 2.6.2

场地类型	S	$T_B(s)$	$T_C(s)$	$T_D(s)$
A	1.0	0.05	0.25	1.2
B	1.35	0.05	0.25	1.2
C	1.5	0.10	0.25	1.2
D	1.8	0.10	0.30	1.2
E	1.6	0.05	0.25	1.2

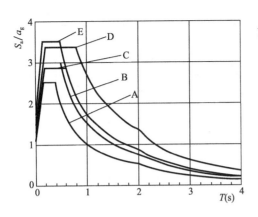

图 2.6.2　适用于 A~E 类场地的建议 1 型
弹性反应谱（5％阻尼）

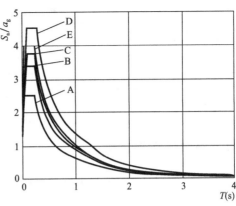

图 2.6.3　适用于 A~E 类场地的建议 2 型
弹性反应谱（5％阻尼）

阻尼修正系数 η 的值可由下式得出：

$$\eta = \sqrt{10/(5+\xi)} \geqslant 0.55 \qquad (2.6.5)$$

其中 ξ 为结构的黏滞阻尼比，以百分数表示。特殊情况下不使用 5％ 的黏滞阻尼比，此黏滞阻尼比在 EN 1998 的相关部分中给出。

利用下式，通过弹性加速度反应谱 $S_e(T)$ 的直接换算，得出弹性位移反应谱 $S_{De}(T)$：

$$S_{De}(T) = S_e(T)\left[\frac{T}{2\pi}\right]^2 \qquad (2.6.6)$$

表达式（2.6.6）通常适用于基本周期不超过 4.0s 的结构。对于基本周期超过 4.0s 的结构，需要更完整的弹性位移谱定义，可参见下面的定义（EN 1998-1 的附录 A）。

对于具有长振动周期（大于 4s）的结构，地震作用可用位移反应谱 $S_{De}(T)$ 表示，如图 2.6.4 所示。

到控制周期 T_E 为止，用式（2.6.6）将 $S_e(T)$ 转换成 $S_{De}(T)$，谱坐标可从式（2.5.1），式（2.6.1）~式（2.6.3）中得到。对于超过 T_E 的振动周期，弹性位移反应谱的坐标可从式（2.6.7）和式（2.6.8）得到。

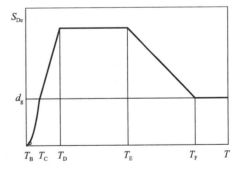

图 2.6.4　弹性位移反应谱

$$T_E \leqslant T \leqslant T_F : S_{De}(T) = 0.025 a_g \cdot S \cdot T_C \cdot T_D\left[2.5\eta + \left(\frac{T-T_E}{T_F-T_E}\right)(1-2.5\eta)\right] \qquad (2.6.7)$$

$$T \geqslant T_F : S_{De}(T) = d_g \qquad (2.6.8)$$

其中 S、T_C 和 T_D 在表 2.6.1 和表 2.6.2 中给出，η 由式（2.6.5）得出，d_g 由式（2.6.13）得出。表 2.6.3 中列出了控制周期 T_E 和 T_F。

1 型位移谱的附加控制周期		表 2.6.3
场地类型	$T_E(s)$	$T_F(s)$
A	4.5	10.0
B	5.0	10.0
C	6.0	10.0
D	6.0	10.0
E	6.0	10.0

2.6.4 竖向弹性反应谱

地震作用的竖向分量应根据弹性反应谱 $S_{ve}(T)$，用表达式（2.6.9）~式（2.6.12）来表示。

$$0 \leqslant T \leqslant T_B : S_{ve}(T) = a_{vg} \cdot \left[1 + \frac{T}{T_B} \cdot (\eta \cdot 3.0 - 1)\right] \tag{2.6.9}$$

$$T_C \leqslant T \leqslant T_D : S_{ve}(T) = a_{vg} \cdot \eta \cdot 3.0 \tag{2.6.10}$$

$$T_C \leqslant T \leqslant T_D : S_{ve}(T) = a_{vg} \cdot 3.0 \frac{T_C}{T} \tag{2.6.11}$$

$$T_D \leqslant T \leqslant 4S : S_{ve}(T) = a_{vg} \cdot \eta \cdot 3.0 \left[\frac{T_C T_D}{T^2}\right] \tag{2.6.12}$$

不同国家使用的各种竖向谱的 T_B、T_C 和 T_D 及 S 值可见其国家版附录。建议选择两种类型的竖向谱：1 型谱和 2 型谱。对于定义地震水平作用的谱，若地震最易于引起以概率危险评估为目的而定义的地震危险，且当地震的面波震级 M_s 不大于 5.5，建议采用 2 型谱。对于 A 类、B 类、C 类、D 类和 E 类五种场地，竖向谱的参数建议值在表 2.6.4 中给出。这些建议值不适用于 S_1 及 S_2 型特殊场地。

竖向弹性反应谱的参数建议值				表 2.6.4
谱	a_{vg}/a_g	$T_B(s)$	$T_C(s)$	$T_D(s)$
1 型	0.90	0.05	0.15	1.0
2 型	0.45	0.05	0.15	1.0

2.6.5 设计地面位移

除非另有说明，一般情况下设计地震加速度对应的设计地面位移 d_g 可用下式算出：

$$d_g = 0.025 \cdot a_g \cdot S \cdot T_C \cdot T_D \tag{2.6.13}$$

其中 a_g、S、T_C 及 T_D 与 2.6.3 定义一致。

2.6.6 弹性分析设计谱

非线性范围内结构体系承受地震时，通常允许其抗震承载力的设计值小于线弹性反应对应的承载能力。为避免结构设计采用比较烦琐的非线性分析，可以采用与弹性反应谱相关的简化反应谱（在后文中称为"设计谱"）进行弹性分析，以此考虑结构通过构件延性或其他塑性机制进行能量耗散的能力。具体可通过引入性能系数 q 来完成这种简化分析。

性能系数 q 的定义：当黏滞阻尼比为 5% 且反应的性质为完全弹性时，q 为结构承受的地震力与可能用于设计的地震力二者之间的近似比值（设计中使用传统弹性分析模型，仍可保证结构的实际反应是合理的）。EN 1998 规定了常用结构的延性级别，并给出了多种材料及结构体系的性能系数 q 的值，这些值也考虑了黏滞阻尼比不为 5% 的情况。尽管结构某方向上的延性级别均应相同，但在结构的不同水平方向上，性能系数 q 的值可能不相同。

水平地震作用的设计谱 $S_d(T)$ 应由下式定义：

$$0 \leqslant T \leqslant T_B : S_d(T) = a_g \cdot S \cdot \left[\frac{2}{3} + \frac{T}{T_B} \cdot \left(\frac{2.5}{q} - \frac{2}{3} \right) \right] \tag{2.6.14}$$

$$T_B \leqslant T \leqslant T_C : S_d(T) = a_g \cdot S \cdot \frac{2.5}{q} \tag{2.6.15}$$

$$T_C \leqslant T \leqslant T_D : S_d(T) \cdot \begin{cases} = a_g \cdot S \cdot \frac{2.5}{q} \left[\frac{T_C}{T} \right] \\ \geqslant \beta \cdot a_g \end{cases} \tag{2.6.16}$$

$$T_D \leqslant T : S_d(T) \begin{cases} = a_g \cdot S \cdot \frac{2.5}{q} \cdot \left[\frac{T_C T_D}{T^2} \right] \\ \geqslant \beta \cdot a_g \end{cases} \tag{2.6.17}$$

式中 a_g, S, T_C, T_D——与 2.6.3 定义一致；

$\qquad S_d(T)$——设计谱；

$\qquad q$——性能系数；

$\qquad \beta$——水平设计谱的下限系数，不同国家使用的 β 值可见其国家版附录，β 的建议值为 0.2。

对于竖向地震作用，其设计谱可参见表达式（2.6.14）～式（2.6.17），此时用竖向设计地震加速度 a_{vg} 替代 a_g，S 取值为 1.0，其他参数均与 2.6.4 定义一致。对于竖向地震作用，性能系数 $q \leqslant 1.5$ 的情况通常适用于所有的材料及结构体系。对于在竖向方向采用 q 值大于 1.5 的情况，应通过适当的分析加以证明。

上述定义的设计谱不适用于基础隔震或消能减震结构体系的设计。

2.6.7   时程分析法

地震运动也可用地震加速度及其他相关量（速度及位移）的时程来表示。当结构分析采用空间模型时，地震运动应由三个（两个水平正交分量和竖直分量）同时作用的加速度波构成根据需要，可用人工加速度波以及天然或模拟加速度波来描述地震运动。

1. 人工加速度波

对于黏滞阻尼比为 5% 的情况，应生成与 2.6.3 及 2.6.4 中给出的弹性反应谱相匹配的人工加速度波。

加速度波的持续时间应与震级及其他基于确定 a_g 值的地震相关特征一致。

当无法获得场地具体数据时，加速度波持续时间 T_s 应不小于 10s。

人工加速度波应遵循以下规定：最少使用 3 条加速度波；零周期谱加速度平均值（从单独时程计算得出）应不小于 $a_g \cdot S$；大于 $0.2T_1$ 到 $2T_1$ 的周期范围内（其中 T_1 是加速度波作用方向上结构的基本周期）；所有时程波计算得出的 5% 阻尼弹性谱的平均值不应低于 5% 阻尼弹性谱对应值的 90%。

2. 天然或模拟的加速度波

如果所使用的样本足以反映震源地震特征及与场地相应的土质条件，并且加速度波的幅值采用所考虑的地震区的 $a_g \cdot S$ 值，那么可使用天然的加速度波或通过震源和传播路径机理进行物理模拟而生成的加速度波。

地形放大效应分析及动态边坡稳定性验证可见 EN 1998-5：2004 第 2.2 节，拟使用的天然加速度波或模拟的加速度波应符合 (2.6.7) 的规定。

2.6.8 地震作用的空间性质和作用组合

针对某些特殊结构（如超长结构），在所有支承点上进行相同一致的地震激励是不合理的，此时应采用地震作用多点激励的空间模型。这种空间模型应与基于 2.6.3 及 2.6.4 定义的弹性反应谱相符合。

地震设计状况作用组合应按下式：

$$\sum G_{k,j} \text{``}+\text{''} P \text{``}+\text{''} A_{Ed} \text{``}+\text{''} \sum \psi_{2,i} Q_{k,i} \tag{2.6.18}$$

式中 $G_{k,j}$——第 j 个恒载标准值；

$Q_{k,i}$——第 i 个可变荷载标准值；

P——预应力效应；

A_{Ed}——地震作用设计值；

$\psi_{2,i}$——第 i 个可变荷载的准永久值系数；

i，j——均不小于 1。

"+" 表示 "与……组合"；

质量来源于下列作用组合中的重力荷载，即中国规范的重力荷载代表值：

$$\sum G_{k,j} + \sum \psi_{E,i} Q_{k,i} \tag{2.6.19}$$

式中 $\psi_{E,i}$——第 i 个可变作用的组合系数。

组合系数 $\psi_{E,i}$ 考虑了荷载 $Q_{k,i}$ 可能不会在地震时全部作用于整个结构。也考虑了质量之间的非刚性连接而导致的结构运动时只有部分质量参与运动的情况。

$\psi_{2,i}$ 的取值可参见本书 1.5.2（EN 1990：2002），普通建筑或其他种类结构的 $\psi_{E,i}$ 取值可参见 2.7.6。

2.7　建筑抗震设计的基本原则

2.7.1　方案设计

在建筑概念设计的初步阶段，应考虑地震危险性，以保证结构体系符合 2.4.1 的基本要求。方案设计应考虑下面几个方面：结构简单；结构均匀、对称及超静定；结构具有双向承载力及刚度；结构具有合适的整体抗扭承载力及抗扭刚度；保证楼层横隔板（楼板）的性能；适宜的基础。具体要求如下：

1. 结构简单

结构简单是结构存在直接明确的地震力传递途径，由于结构简单，建模、分析、尺寸计算、细节设计及施工中的不确定性要少很多，其抗震性能预测就可靠得多。

2. 均匀、对称及超静定

平面均匀性的特点是结构构件均匀分布，可使地震力以较短途径直接传递。抗震缝是为防止不同结构单元间的碰撞而设计的,必要时可以利用抗震缝将整个建筑划分为均匀的动力独立单元。

随着建筑高度的增加,结构的均匀性更加重要,它有利于避免出现一些特殊敏感区,即应力集中或延性需求较高而可能过早引起结构倒塌的区域。

质量分布与承载力及刚度分布之间的相关性能够消除质量和刚度之间的大偏心。若结构为对称或准对称,则结构构件的对称设计就易于满足均匀性。结构构件均匀分布,既能够提高超静定,也有利于作用效应和能量耗散在整个结构中的重分布。

3. 双向承载力及刚度

水平地震运动是双向的,因此结构应能够抵抗在任何方向上的水平地震作用。

结构构件应按平面正交的方式布置,保证结构在两个主方向上的承载力和刚度相近。为使地震作用效应最小化,应选择合适的结构刚度,保证位移不致过大。过大的位移会增大二阶效应,也会引起结构额外的损坏。

4. 抗扭承载力及抗扭刚度

除侧向承载力及刚度外,结构还应有足够的抗扭承载力及抗扭刚度,以限制结构在地震作用下的扭转效应。主要抗震构件靠近建筑外轮廓布置有利于结构抵抗扭转。

5. 水平横隔板(楼板)的承载能力

楼板(包括屋面板)在结构的总体抗震性能中起着非常重要的作用。它们作为横隔板,传递水平地震力到抗侧力构件上,并保证相关抗侧力构件共同抵抗水平地震作用。

楼板与屋面板应具备面内刚度和承载力,并且与抗侧力构件有效可靠连接。应特别注意凹凸平面及楼板开较大洞口的情况,特别是后者,如位于抗侧力构件附近时,可能会影响竖向结构和水平结构之间的有效连接。

根据分析假设,为保证水平地震力传递至抗侧力结构体系,横隔板应具备足够强的面内刚度。

6. 基础设计要求

基础与上部结构应可靠连接。当上部结构刚度不均匀时,应尽可能采用整体性较好的箱形基础,筏板基础或交叉梁条形基础。当采用独立基础或柱下单桩基础时,基础的两个主方向上建议设置连系梁。

2.7.2 主要及次要抗震构件

"次要"抗震构件,不是建筑抗震结构体系的组成部分,应忽略这些构件的抗震强度及抗震刚度,它们无须符合抗震设计要求,但这些构件及其连接应详细设计,确保在最不利地震作用下能承担重力荷载,并适当考虑二阶效应($P-\Delta$影响)。所有次要抗震构件对侧向刚度的贡献不应高于所有主要抗震构件对侧向刚度贡献的 15%。将结构构件归类为次要抗震构件不会改变结构规则、不规则的分类。

次要抗震构件以外的结构构件都是主要抗震构件,它们是抗侧力体系的组成部分,应在结构分析中建模,并根据规定进行抗震设计。

2.7.3 结构规则性要求

抗震设计时,建筑结构划分为规则建筑或不规则建筑,二者在分析和设计方面有着不同的要求。由多个动力独立单元构成的建筑结构中，2.7.4 及 2.7.5 中的分类及相关标准指的是单独的动力单元。2.7.4 及 2.7.5 中给出的规则性标准为必要条件。

抗震设计时，建筑规则与否的区别主要体现在下列三个方面：

1) 结构模型：是采用简化平面模型还是空间模型；

2) 分析方法：是简化反应谱分析（侧向力方法）法还是振型反应谱分析法；

3) 立面不规则建筑的性能系数 q 值应予折减。

分析及设计中结构规则性的含义，分别考虑了建筑在平面及立面上的规则性特征（表 2.7.1）。在给出的特定条件下，每个水平方向上均可使用单独的平面模型。

抗震分析及设计中结构规则性分类对应的原则　　　　表 2.7.1

规则性		允许的简化		性能系数
平面	立面	模型	线性弹性分析	（用于线性分析）
是	是	平面模型	侧向力	参考值
是	否	平面模型	模态	减小值
否	是	空间模型	侧向力	参考值
否	否	空间模型	模态	减小值

立面不规则建筑，性能系数取值 q 折减为参考值乘以 0.8。

2.7.4　平面规则性

符合以下所有条件的建筑为平面规则性建筑：

1. 建筑结构的侧向刚度以及质量分布在平面上大致对称。

2. 结构平面应紧凑，即平面凹进部分不影响楼板的面内刚度，且每个凹进部分的面积不超过楼板面积的 5%。

3. 与竖向结构构件的侧向刚度相比，楼板的面内刚度应足够大，保证楼板变形对于竖向结构构件力的分布影响较小。

4. 建筑平面长宽比 $\lambda = L_{max}/L_{min}$ 应不大于 4。

5. y 轴方向，结构偏心率 e_o 及扭转半径 r 应符合下列条件（x 轴要求同）：

$$e_{ox} \leqslant 0.30 r_x \tag{2.7.1a}$$

$$r_x \geqslant l_s \tag{2.7.1b}$$

式中　　　　　e_{ox}——刚度中心与质量中心沿 x 轴方向上的距离；

r_x（"扭转半径"）——沿 y 轴方向上的抗扭刚度与侧向刚度之比的平方根；

l_s——平面内楼板质量的回转半径，即相对楼板质量中心的楼板质量的极惯性矩与楼板质量之比的平方根。

2.7.5　立面规则性

符合以下所有条件的建筑为立面规则建筑：

1. 所有的抗侧力体系，例如核心筒、结构墙或框架结构，从基础到顶部应均匀连续布置；或者，如在不同高度出现收进部分，则从基础到建筑相关区域的顶部应均匀连续布置。

2. 楼层的质量及侧向刚度，从基础到顶部应保持恒定或递减，没有突变。

3. 楼层实际承载力与分析所需承载力之比在相邻楼层间不应出现突变。

4. 有收进部分时，应符合以下要求：

对于对称性的渐进收进，在收进方向上所有楼层收进的尺寸均不得大前一个平面尺寸的 20% （图 2.7.1a 及图 2.7.1b）。

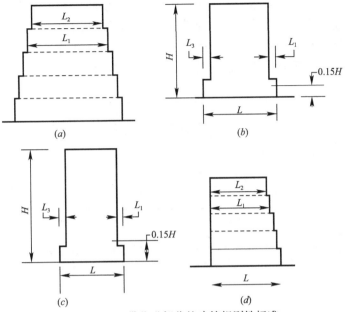

图 2.7.1 带收进部分的建筑规则性标准

(a) $\dfrac{L_1-L_2}{L_1}\leqslant 0.20$；(b) 0.15H 高度以上的收进 $\dfrac{L_3+L_1}{L}\leqslant 0.20$；

(c) 0.15H 高度以下的收进 $\dfrac{L_3+L_1}{L}\leqslant 0.50$；(d) $\dfrac{L-L_2}{L}\leqslant 0.30$ $\dfrac{L_1-L_2}{L_1}\leqslant 0.10$

对于不超过主结构总高度 15% 的单个收进，其收进尺寸合计不应大于前一个平面尺寸的 50% （图 2.7.1c）。如上情形，上部楼层垂直投影范围内的基础结构应能承担至少 75% 的总底部水平剪力。

若收进部分不能保持对称性，所有楼层每个立面上的收进尺寸总和均不应大于基础或刚性地基以上建筑首层平面尺寸的 30%，且单个收进的尺寸不应大于前一个楼层平面尺寸的 10% （图 2.7.1d）。

2.7.6 可变作用的组合系数

可变作用 Q_i 的准永久值组合系数 ψ_{2i} 的取值可参考见本书 1.5.2 （EN 1990：2002 的附录 A1）。用于计算地震作用的组合系数 ψ_{Ei} 由下式计算：

$$\psi_{Ei} = \varphi \cdot \psi_{2i} \qquad (2.7.2)$$

不同国家使用的 φ 值可见其国家版附录。φ 的建议值在表 2.7.2 中列出。

用于计算 ψ_{Ei} 的 φ		表 2.7.2
可变作用类型	楼层	φ
A 至 C 类	楼顶	1.0
	共同使用的楼层	0.8
	单独使用的楼层	0.5
D 至 F 类以及档案馆类建筑		1.0

建筑类型定义可参见本书 1.5.2（EN 1991-1-1：2002）。

2.7.7 重要性级别及重要性系数

欧洲规范根据结构倒塌对生命的影响，对社会和经济的影响，以及地震发生后建筑在公共安全及公众防灾方面的重要性，将建筑分为 4 个重要性级别。

通过定义不同的重要性系数 γ_I 来说明重要性级别，重要性系数 $\gamma_I = 1.0$ 与定义的基准重现周期的地震有关，重要性级别的定义在表 2.7.3 中给出。

建筑的重要性级别　　　　　　　　　　　　　　　　　　表 2.7.3

重要性级别	建筑分类
Ⅰ	次要公共安全重要性的建筑，例如：农业建筑等
Ⅱ	不属于其他类别的常规建筑
Ⅲ	结构倒塌的后果，其抗震承载力相当重要的建筑，例如学校、礼堂、文化机构等
Ⅳ	在地震时，其完整性对公众防灾至关重要的建筑，例如：医院、消防站、电厂等

注：Ⅰ级、Ⅱ级和Ⅲ级或Ⅳ级重要性分别大致相当于 EN 1990：2002 附录 B 中定义的 CC1 级、CC2 级及 CC3 级后果。相关内容可参见本书 1.6。

Ⅱ级重要性的 γ_I 值定义为 1.0。不同国家使用的 γ_I 值可见其国家版附录，Ⅰ级、Ⅲ级及Ⅳ级 γ_I 值建议分别等于 0.8、1.2 和 1.4。内部设有危险设备或储存有危险材料的建筑，其重要性系数应根据 EN 1998-4 中给出的标准来确定。

2.8　结构抗震分析

2.8.1 分析模型

分析模型应充分体现结构的质量及刚度分布特征，以便能够对地震作用引起的变形及惯性力进行恰当分析。模型也应反映节点区对建筑变形能力的影响，例如：框架结构的梁端或柱端区，也应考虑可能影响主抗震结构反应的非结构构件。

通常可将结构视为通过水平横隔板连接的一系列竖向构件组成的抗侧力体系。建筑的横隔板在其平面上可认为是刚性的，此时，每一楼层的质量及惯性矩可集中在其质心。如将横隔板视为是刚性的，则抗震设计时用实际面内刚度进行模拟和用刚性横隔板进行假设，前者分析得到的任何一处绝对水平位移不会大于后者对应位置绝对水平位移的 10%。

应考虑对建筑的侧向刚度及侧向承载力有很大影响的填充墙。关于混凝土框架、钢框架或组合框架的砌块填充墙的要求，参见 2.8.10。如基础变形可能对结构反应产生不利的影响，也应在模型中考虑这些变形。

对于平面规则性建筑，可使用两个平面模型进行分析（每个主方向上对应一个模型）。

2.8.2 偶然扭转效应

为考虑地震作用时结构质量位置及空间变化的不确定性，每个楼层（i）质量中心应考虑一个偶然偏心距：

$$e_{ai} = \pm 0.05 L_i \tag{2.8.1}$$

式中　e_{ai}——楼层质量 i 相对于其质心位置的偶然偏心，所有楼层偏心均同一方向；

L_i——垂直于地震作用方向的楼板尺寸。

2.8.3 抗震分析方法概述

可通过线弹性分析来确定抗震设计的地震效应及其他作用的效应。确定地震效应的参考方法应为振型反应谱分析方法，这种分析使用结构的线弹性模型和地震设计反应谱。根据建筑的结构特性，可使用下列两种线弹性分析中的一种：侧向力分析法，即基底剪力法，或振型反应谱分析法（适用于所有结构）。

作为线性分析方法的替代方法，也可使用非线性分析方法，如：非线性静力（Push-over）分析和非线性时程（动力）分析。应从地震输入、所用材料的本构模型、分析结果的说明以及需要达到的要求等方面来对非线性分析结果进行论证。对于不使用性能系数 q 的非线性推覆分析而进行设计的非隔震结构，应符合相关要求，且应符合 EN 1998-1：2004 第 5～9 章适用于耗能结构的规定。

如果符合平面规则性标准，则可使用两个平面模型来进行线弹性分析（每个主水平方向上对应一个模型）。

根据建筑的重要性级别，只要符合下列四个所有特殊规则性条件，即使不符合平面规则性标准，也可使用两个平面模型进行线弹性分析（每个主水平方向上对应一个模型）：

1）建筑应有分布良好且刚度相对较大的外墙和内隔墙；

2）建筑高度不应超过 10m；

3）与竖向结构构件的侧向刚度相比，楼板的面内刚度应足够大，符合刚性隔板假设。

4）侧向刚度中心和质量中心应基本重合，并在分析的两个水平方向满足 $r_x^2 > l_s^2 + e_{ox}^2$，$r_y^2 > l_s^2 + e_{oy}^2$ 这一条件。其中：l_s 为回转半径，r_x 和 r_y 为扭转半径、e_{ox} 和 e_{oy} 为质量中心与刚度中心的偏心。

符合如上 1）、2）、3）所述条件的建筑，也可使用两个平面模型（每个主水平方向一个模型）进行线弹性分析，但是在这种情形下，分析得出的地震作用效应须乘以 1.25。

对于上述不能采用平面分析的结构应使用空间模型进行结构分析，并应考虑所有相关水平方向及其正交方向的地震作用。

2.8.4 基底剪力法

1. 基本要求

每个主方向上，建筑的反应并未受到高阶振型的严重影响，可使用这种分析方法。同时满足以下两个条件的建筑，也可采用基底剪力法。

1）在两个主方向上建筑的基本振动周期 T_1 满足下式：

$$T_1 \leqslant \begin{cases} 4 \cdot T_c \\ 2.0s \end{cases} \tag{2.8.2}$$

2）立面规则性建筑。

2. 基底剪力

建筑各水平方向上地震作用产生的基底剪力 F_b 按下式计算：

$$F_b = S_d(T_1) \cdot m \cdot \lambda \tag{2.8.3}$$

式中 $S_d(T_1)$——周期 T_1 时对应的设计谱纵坐标；

T_1——所考虑方向上建筑侧向振动基本周期；

m——基础或刚性地基顶部之上的建筑总质量；

λ——修正系数，如果 $T_1 \leqslant 2T_c$ 且建筑楼层多于两层，$\lambda = 0.85$，其他情况下 $\lambda = 1.0$。

关于建筑基本振动周期 T_1 的计算，可使用基于结构动力学的方法（例如瑞利法）求出。

3. 水平地震力分布

可使用结构动力学方法计算得出或通过沿建筑高度线性增加的水平位移来近似模拟建筑水平方向上的基本振型。

楼层地震作用水平力 F_i。

$$F_i = F_b \cdot \frac{s_i \cdot m_i}{\sum s_j \cdot m_j} \tag{2.8.4}$$

式中　F_i——作用于 i 层的水平力；

F_b——根据式（2.8.2）得出的地震基底剪力；

s_i，s_j——基本振型质量 m_i，m_j 处的位移；

m_i，m_j——楼层质量。

基本振型是通过沿建筑高度线性增加的水平位移近似算出，水平力 F_i 按下式计算：

$$F_i = F_b \cdot \frac{z_i \cdot m_i}{\sum z_j \cdot m_j} \tag{2.8.5}$$

式中　z_i，z_j——地震作用质量 m_i，m_j 所在位置的高度。

根据本节确定的水平力 F_i 应按抗侧力体系的水平刚度进行分配（假定楼板在其平面为刚性）。

4. 扭转效应

如果侧向刚度及质量在平面内对称分布，并且除非另有更精确的方法考虑偶然偏心（2.8.2），否则可将构件的作用效应乘以系数 δ 来考虑偶然扭转效应。

$$\delta = 1 + 0.6 \cdot \frac{x}{L_e} \tag{2.8.6}$$

式中　x——地震作用垂直方向上构件与平面内建筑质量中心的距离；

L_e——地震作用垂直方向上最外侧的两个抗侧力构件之间的距离。

如果使用两个平面模型（每个主水平方向一个模型）进行分析，则可将式（2.8.1）中的偶然偏心 e_{ai} 乘以 2 并使用上述方法，同时将式（2.8.5）中的系数 0.6 增至 1.2 来考虑扭转效应。

2.8.5　振型分解反应谱法

1. 基本要求

适用于那些不符合侧向力分析法的建筑。应考虑所有对整体反应有明显贡献的振型，即有效振型质量总和不少于结构总质量的 90%，同时考虑了有效振型质量大于总质量 5% 的所有振型。

振型 k 对应的有效振型质量为 m_k，地震作用方向上振型 k 的基底剪力 F_{bk} 可表示为：$F_{bk} = S_d(T_k) \cdot m_k$。可以看出，某一方向上有效振型质量总和等于结构质量。

使用空间模型时，应针对各相关方向复核上述条件。

如不能满足上述 1 规定的要求（如：明显受到扭转振型影响的建筑），空间分析时，振型最小数量 k 应满足下列两个条件：

$$k \geqslant 3\sqrt{n} \qquad (2.8.7)$$

$$T_k \leqslant 20\text{s} \qquad (2.8.8)$$

式中　k——考虑的振型数；

n——基础或刚性地基顶部之上的楼层数；

T_k——振型 k 的振动周期。

2. 振型反应组合

若两个振型 i 和 j（包括平移及扭转振型）的周期 T_i 及 T_j 符合下列条件（$T_j \leqslant T_i$），则其振型反应可视为相互独立（不耦联）：

$$T_j \leqslant 0.9T_i \qquad (2.8.9)$$

只要所有的相关振型反应相互独立，那么地震作用效应的最大值 E_E 可取：

$$E_E = \sqrt{\sum E_{Ei}^2} \qquad (2.8.10)$$

式中　E_E——地震作用效应（力、位移等）；

E_{Ei}——振型 i 的地震作用效应。

如振型之间不相互独立，应采用更精确的振型最大值组合方法（例如"完全二次组合（CQC）"方法）。

3. 扭转效应

采用空间分析模型时，可将偶然扭转效应等效为静力荷载施加到结构上，其为各楼层扭矩 M_{ai}（绕竖直轴）的叠加。

$$M_{ai} = e_{ai}F_i \qquad (2.8.11)$$

式中　M_{ai}——施加到楼层 i 上绕楼层 i 的竖向轴的扭矩；

e_{ai}——所有相关方向上楼层 i 质量的偶然偏心（式 2.8.1）；

F_i——作用于楼层 i 的水平力（2.8.3.2）。

应考虑地震作用效应的正号和负号（同一工况下，所有楼层用相同符号）。

如分析中使用了两个单独的平面模型，可依据 2.8.4-4 条的规定来考虑扭转效应。

2.8.6　非线性分析方法

1. 基本要求

弹性分析的数学模型可以考虑结构的弹性性能，也可以考虑其弹塑性性能。分析模型中构件应至少采用双线性的作用力-变形本构关系。材料本构中可假定屈服后刚度为零。如屈服后材料强度会降低（如砌体墙和脆性构件），必须在作用力-变形关系中考虑这些影响。除非有其他规定，通常情况下构件特性应基于材料特性的平均值。新结构的材料特性平均值可基于 EN 1992～EN 1996，或其他 EN 标准的材料特征值来估算。

分析模型中应考虑重力荷载，重力荷载的计算可参考 2.6.4。作用力-变形关系应考虑重力荷载所产生的轴力影响。竖向结构构件中重力荷载所产生弯矩可忽略，但这些弯矩严重影响整体结构性能的情况除外。

应在正负方向施加地震作用，并采用两个方向地震效应的最大值。

2. 非线性静力分析（Pushover 分析）

1）Pushover 分析是在重力荷载恒定、单调增加水平荷载的情况下对结构进行非线性静力分析，可以用于校验新设计和现有建筑的结构性能。作为线弹性分析（使用性能系数 q）设计方法的替代方法，应以目标位移作为设计依据。主要目的有：校验或修正超强比 α_u/α_1（见 EN 1998-1：2004 的 5.2.2.2，6.3.2，7.3.2）；评估结构预期的塑性机制及损坏分布；评估现有或改造建筑的结构性能。

不符合规则性标准的建筑，应使用空间分析模型，并在两个方向上分别施加侧向荷载进行独立分析。符合规则性标准的建筑，可使用两个主方向上的两个平面模型来进行分析。

2）侧向荷载

应使用至少两种分布模式的侧向荷载：采用均匀反应加速度，基于与质量成比例的侧向力；采用"模态"侧向力，与振型分布成比例的侧向力。侧向荷载应施加于模型的质量点上，并考虑偶然偏心。

3）承载能力曲线

采用控制值位移从零至 150％目标位移进行 Pushover 分析，并确定基底剪力（纵坐标）与控制位移（横坐标）之间的关系曲线即"承载能力曲线"。位移控制点可取建筑屋顶的质量中心，不应取局部突出屋面的结构顶部。

4）超强系数

通过 Pushover 分析确定超强系数（α_u/α_1）时，应取两种侧向荷载分布得出的超强系数的较低值。

5）塑性机制

应确定两种侧向荷载分布下结构的塑性机制，此塑性机制应与确定设计所用性能系数 q 的某种机制相一致。

6）目标位移

目标位移应定义为：依据等效单自由度体系的位移，从弹性反应谱中推导出的抗震需求位移。欧洲规范 EN 1998-1 附录 B 给出了确定弹性反应谱目标位移的基本方法。

7）扭转效应

采用上述的侧向力模式进行 Pushover 分析可能会明显低估扭转结构（即：一阶振型为扭转主导的结构）的变形。二阶振型为扭转主导的结构在某一方向上的变形，也会出现这种情况。与对应的扭转平衡结构中的位移相比，上述这些结构刚性侧（强侧）的位移由于扭转影响会较大。

通过基于空间模型的弹性振型分析结果对刚性侧（强侧）的位移效应进行放大来考虑扭转效应。

刚性侧（强侧）指的是在与其平行的静态侧向力作用下，与其相对一侧比较，水平位移较小的一侧。对于扭转柔性结构而言，由于主导扭转模式的影响，刚性侧（强侧）上的动态位移可能会显著增大

如对平面规则结构采用平面分析模型，则可考虑扭转效应。

3. 非线性时程分析

通过对结构施加加速度波，结构的时变反应可对其运动微分方程直接数值积分来获

得。如进行了至少 7 种加速度波的非线性时程分析，那么 2.9 节的相关验证中作用效应 E_d 的设计值可取时程分析结果的平均值。否则，E_d 应取所有时程分析结果的最大值。

2.8.7　地震作用效应的方向组合

1. 水平地震作用

应同时考虑两个方向的地震作用，地震作用水平分量的组合可采用下列原则：

应使用规定的振型反应组合方法分别计算结构各方向地震作用。双向地震作用效应的最大值，可采用各方向地震作用效应平方总和的平方根来估算。按上述组合得出最大值的方法（平方和开平方）可能会超过地震作用效应，是偏安全的估算方法。也可使用其他更精确的方法来估算双向地震作用效应。

可同时使用下列两个组合来计算双向地震作用效应：

$$\text{(a)}E_{\text{Edx}}\text{"}+\text{"}0.30E_{\text{Edy}} \tag{2.8.12}$$

$$\text{(b)}0.30E_{\text{Edx}}\text{"}+\text{"}E_{\text{Edy}} \tag{2.8.13}$$

式中　"$+$"——"与……组合"；

　　　E_{Edx}——X 方向地震作用效应；

　　　E_{Edy}——的 Y 方向地震作用效应。

上述组合中的各种分量应考虑正负号，并取作用效应最为不利的情况。如果结构体系或立面规则性分类在不同的水平方向上不同，那么性能系数 q 值也可能不同。

使用非线性静力（Pushover）分析和空间模型时，X 方向上目标位移（E_{Edx}）对应的力、变形以及 Y 方向上目标位移（E_{Edy}）对应的力、变形，适用本节上述组合规则，组合后的结构内力应不大于结构构件的承载能力。

采用结构空间分析模型并使用非线性时程分析时，应同时在两个水平方向上施加加速度波。平面规则性建筑且在两个主水平方向上采用结构墙体或独立支撑体系为主抗震构件的建筑，可假定地震沿结构的两个主正交方向分别作用，不采用双向地震作用的组合。

2. 竖向地震作用

如 a_{vg} 大于 $0.25g$（2.5m/s^2），下列情况应考虑竖向地震：跨度为 20m 或更大的水平或近似水平的结构构件；长度大于 5m 的水平或近似水平的悬臂梁构件；水平或近似水平的预应力构件；托柱梁；基础隔震结构。如进行非线性静力（Pushover）分析，可忽略竖向地震作用。

竖向地震作用的分析可基于某种空间模型，模型包含了承受竖向地震作用且考虑相邻构件刚度的构件。如这些构件要考虑水平地震作用，可适用 2.8.7-1 的规定，两个方向的水平地震作用和竖向地震作用的组合如下：

$$\text{(a)}E_{\text{Edx}}\text{"}+\text{"}0.30E_{\text{Edy}}\text{"}+\text{"}0.30E_{\text{Edz}} \tag{2.8.14}$$

$$\text{(b)}0.30E_{\text{Edx}}\text{"}+\text{"}E_{\text{Edy}}\text{"}+\text{"}0.30E_{\text{Edz}} \tag{2.8.15}$$

$$\text{(c)}0.30E_{\text{Edx}}\text{"}+\text{"}0.30E_{\text{Edy}}\text{"}+\text{"}E_{\text{Edz}} \tag{2.8.16}$$

式中　"$+$"——"与……组合"；

　　　E_{Edx}，E_{Edy}——定义同上；

　　　E_{Edz}——竖向地震作用效应。

2.8.8 位移计算

如采用线性分析，基于结构体系的弹性变形，可使用下列简化表达式来计算设计地震作用的结构位移：

$$d_s = q_d d_e \qquad (2.8.17)$$

式中　d_s——由设计地震作用下的结构节点位移；

　　　q_d——位移性能系数，除非另有说明，否则假定其等于 q；

　　　d_e——为结构节点位移，通过设计反应谱的线性分析求出。

通常而言，如结构基本周期小于 T_C，则 q_d 大于 q。

计算位移 d_e 时，应考虑地震作用的扭转效应。如采用了静力或动力非线性分析，位移直接从分析中得出而不需修正。

2.8.9 非结构构件

建筑的非结构构件（附属物）(如围护墙、山墙、天线、机械附属物及设备、幕墙、隔板及栏杆) 在受到破坏后，可能会造成人身伤害，或者会影响建筑的主结构或关键设备的功能。因此规范要求检验这些非结构构件及其支承是否能够抵抗设计地震作用。非常重要的或具有特殊危险性的非结构构件，抗震分析应基于结构的真实模型。其他情形下允许对上述要求进行正确合理的简化。

1. 抗震验算

抗震设计时，应对非结构构件及其连接、附属物或锚固加以验证。应考虑通过非结构构件的锚固局部传递到结构上的作用及其对结构性能的影响。

可以通过对非结构构件施加水平力 F_a 来考虑地震作用效应，水平力 F_a 定义如下：

$$F_a = (S_a W_a \gamma_a)/q_a \qquad (2.8.18)$$

式中　F_a——作用于非结构构件的最不利水平地震力；

　　　W_a——构件的重量；

　　　S_a——非结构构件的地震系数（见本小节第 3 条）；

　　　γ_a——构件的重要性系数，见 2.8.9-2；

　　　q_a——构件的性能系数，见表 2.8.1。

地震系数 S_a 可通过下列表达式算出：

$$S_a = \alpha S[3(1+z/H)/(1+(1-T_a/T_1)^2) - 0.5] \qquad (2.8.19)$$

式中　α——A 类场地的设计地震加速度 a_g 与重力加速度 g 的比；

　　　S——场地系数；

　　　T_a——非结构构件的基本振动周期；

　　　T_1——建筑在相关方向上的基本振动周期；

　　　z——非结构构件地震力作用位置的高度（自基础或刚性地基顶部算起）。

　　　H——基础或刚性地基顶部以上的建筑高度。

地震作用系数 S_a 的值不可低于 αS。

2. **重要性系数**

下列非结构构件，重要性系数 γ_a 不应小于 1.5：

1）机械的锚固件以及生命安全保障体系所必需的设备；

2）对公众安全有害的、有毒或爆炸性物质的储罐及容器。

其他所有情况下，非结构构件的重要性系数 γ_a 均可假定为：$\gamma_a = 1.0$。

3. **性能系数**

非结构构件性能系数 q_a 的上限值在表 2.8.1 中给出：

非结构构件的 q_a 值	表 2.8.1
非结构构件类型	q_a
悬臂围护墙或装饰件； 招牌及广告牌； 在沿其总高度一半以上的高度处用作无支承悬臂梁的支脚上的烟囱、天线铁架及储箱	1.0
外墙和内墙； 隔板及立面； 在沿其总高度一半以下的高度处用作无支承悬臂梁的支脚上的烟囱、天线铁架及储箱； 在结构的质量中心处或上方有支承的或用牵索固定的烟囱、天线铁架及储箱，用楼板支承的固定橱柜与书架的锚固件； 用于平顶（吊顶）及灯具的锚固构件	2.0

2.8.10 框架砌体填充墙的抗震措施

1. **概述**

本节内容适用于 DCH（高延性级别）的混凝土框架双重体系或等效混凝土框架双重体系，也适用于带有相互作用的非设计砌体填充墙的 DCH 抗弯钢框架或钢混组合抗弯框架，其应满足以下三个条件：

1）在混凝土框架达到强度要求后或钢框架组装后进行施工；

2）砌体墙与框架直接接触（即无特殊隔离缝），但不带有结构连接件（指拉结钢筋、连系带或剪力连接件）；

3）原则上仍为非结构构件。

上述对本节相关规定的适用范围进行了限制，对于带有砌体填充的 DCM 或 DCL（低延性级别）混凝土、钢或组合结构，采用这些标准是有利的。特别对于易发生面外破坏的墙板，使用拉结措施可以减少砌体掉落的危险。砌体填充墙（板）是抗震结构体系的组成部分，应根据约束砌体的标准及规定进行分析和设计。

混凝土抗震墙体系或等代混凝土抗震墙体系，以及带支撑的钢结构或钢混组合体系，可以忽略与砌体填充墙（板）的相互作用。

2. **基本要求**

应考虑由填充墙可能导致的结构平面不规则和立面不规则，应考虑填充墙性能的较高不确定性（即：其力学特性的可变性、与周围框架连接的可变性、在建筑物使用过程中可能出现的变化及在地震中遭受损坏的程度不同），应考虑框架-填充墙的相互作用可能导致的不利局部效应（例如：柱受到填充墙的约束易导致剪切破坏，即短柱破坏）。

3. 砌体填充墙所导致的结构不规则

1）平面不规则

应避免平面内填充墙极度不规则、不对称或者不均匀的排列方式。若由于填充墙的不对称布置引起平面内的严重不规则，应在结构分析时使用空间模型。填充墙应包括在模型之中，并且应针对填充墙的位置及特性进行不利性分析（例如，通过忽略平面框架内三到四个填充墙（板）其中的某一个，特别是在更柔性的一侧）。应特别注意验证柔性侧（即：离填充墙集中一侧最远的那一侧）的结构构件由填充墙所引起的扭转反应。当结构填充墙（板）有多于一个的明显开口或孔时，分析模型应忽略此墙或板的影响。砌体填充墙不规则分布时（但并不属于平面内严重不规则），可将偶然偏心效应乘以一个系数 2.0 来考虑这些不规则。

2）立面不规则

如立面存在较大的不规则（例如：相对于其他楼层，一个或多个楼层中的填充墙急剧减少），则应增大这些楼层竖向构件的地震作用效应。如不使用更精确的模型，可将地震作用效应放大，放大系数 η 定义如下：

$$\eta = (1 + \Delta V_{Rw} / \sum V_{Ed}) \leqslant q \tag{2.8.20}$$

式中　ΔV_{Rw}——所考虑的楼层砌体墙（板）承载力的折减（与填充墙更多的上部楼层相比）；

　　　　$\sum V_{Ed}$——所考虑的楼层所有主要竖向抗震构件的地震剪力之和。

如式（2.8.20）得出的放大系数 η 小于 1.1，则无需对作用效应进行修正。

4. 填充墙的损伤极限

属于所有延性级别（DCL、DCM 或 DCH）的结构体系（低烈度情形除外），应采取适当的措施避免填充墙的脆性破坏和过早解体（特别是在带有开口或脆性材料的墙板）以及细长墙板的部分或总体倒塌，应特别注意高厚比（较小的高度或宽度与厚度的比）大于 1.5 的墙板。

为提高填充墙的面内及面外整体性和性能，应采取适当措施，如锚固于墙体一侧的轻型金属网、固定于柱上并锚入砌体的连系铁件以及混凝土构造柱和圈梁。若填充墙有较大的开口或孔，应使用圈梁和构造柱加强其边缘。

2.9　抗震设计验算——主要控制指标

2.9.1　基本要求

关于安全性验证，应考虑相关极限状态。非Ⅳ级重要性级别的建筑，如满足下面条件，则视为符合 2.9.2 及 2.9.3 规定的验证：

利用低耗能结构的性能系数计算出的地震作用总基底剪力，小于其他作用组合基于线弹性分析计算出的剪力。考虑了 2.4.4 中的相关具体措施。

2.9.2　承载能力极限状态

为满足抗震设计下的抗倒塌要求（承载能力极限状态），结构应满足下列关于承载力、延性、整体稳定、基础稳定及抗震缝的条件，抗震设计无须考虑疲劳验证。

1. 承载能力条件

1）所有结构构件（包括连接件及相关非结构构件），应满足下式：

$$E_d \leqslant R_d \tag{2.9.1}$$

式中　E_d——地震（见 EN 1990：2002 的 6.4.3.4）作用效应设计值，应包括（如有必要）二阶效应。根据 EN 1992-1-1：2004、EN 1993-1：2004 及 EN 1994-1-1：2004 可以考虑弯矩重分布；

R_d——构件设计承载力。

2）如所有楼层均满足下列条件，则无须考虑二阶效应（P-Δ 效应）：

$$\theta = \frac{P_{tot} d_r}{V_{tot} h} \leqslant 0.10 \tag{2.9.2}$$

式中　θ——二阶效应系数；

P_{tot}——抗震设计中所考虑的楼层及以上楼层的总重力荷载；

d_r——设计层间侧移，根据 2.8.4 计算得出的、楼层顶部及底部处的平均侧向位移 d_s 的差值；

V_{tot}——楼层总地震剪力；

h——楼层高度。

3）若 $0.1 < \theta \leqslant 0.2$，可将地震作用效应乘以一个等于 $\frac{1}{1-\theta}$ 的系数，来近似考虑二阶效应，二阶效应系数 θ 的值不应大于 0.3，否则应调整结构方案。

4）若设计作用效应 E_d 是通过非线性分析法得出的，那么本小节 1）关于作用力方面的规定仅适用于脆性构件。根据延性而详细设计的耗能区，并考虑基于构件变形能力的合适的材料分项系数（参见 EN 1992-1-1：2004 中 5.7（2）及 5.7（4）），通过构件的变形能力（如塑性铰或桁架弦杆转动）来满足表达式 2.9.1。

2. 结构整体及局部延性条件

应检验结构构件及结构整体均具有合适的延性；检验中应考虑基于结构体系和性能系数的结构延性。应满足 EN 1998-1：2004 第 5～9 章中定义的与材料相关的具体要求，其包括：承载力设计规定，确保塑性铰构造并避免脆性破坏模式而设计的各种结构构件的承载能力等级。

如满足下列三个条件，则视为满足上述要求：

1）通过 Pushover 分析得到的塑性机制符合要求；2）利用不同侧向荷载模式的 Pushover 分析中得出的整体延性、层间延性和局部延性以及变形不超过相应的结构承载力；3）设计地震作用下脆性构件仍在弹性范围内。

多层建筑中，应避免形成软弱楼层，因为软弱楼层的柱设计可能需要过多的局部延性。除非在 EN 1998-1：2004 第 5～8 章中另有规定，否则，两层或两层以上的框架建筑（包括框架等代建筑），在主/次抗震梁（带有主抗震柱的）的所有节点处，应满足下列条件：

$$\sum M_{Rc} \geqslant 1.3 \sum M_{Rb} \tag{2.9.3}$$

式中　$\sum M_{Rc}$——节点处柱的设计抗弯承载力之和；

$\sum M_{\text{Rb}}$——节点处梁端的设计抗弯承载力之和。使用部分强度连接件时，$\sum M_{\text{Rb}}$的计算应考虑连接件的抵抗力矩。

在两个正交垂直弯曲平面内，应满足表达式（2.9.3）的条件。对于节点周围的梁端力矩作用的两个方向，均应满足表达式（2.9.3）的条件，而柱端力矩始终与梁端力矩相反。若结构体系仅在结构两个主水平方向的其中一个方向上为框架或与框架等效，则仅应在该方向的竖向平面内要求满足表达式（2.9.3），多层建筑的顶层不要求符合式（2.9.3）的规定。

EN 1998-1：2004 的第 5～7 节给出了避免脆性破坏模式的承载力设计规定。

3. 整体稳定

在抗震设计情形下，建筑结构应保持稳定（包括倾覆或滑动）。特殊情况下，可根据 2.6.6 中定义的地震作用，通过能量平衡法或几何非线性法来验证结构稳定性。

4. 横隔板（楼板）的承载能力

通过足够的结构超强，水平面内楼板及支撑应能够将设计地震作用效应传递到与其相连接的抗侧力体系。对于承载力验证，可将分析所得的楼板地震作用效应乘以一个大于 1.0 的超强系数 γ_{d} 来满足上述要求。不同国家使用的 γ_{d} 值可见其国家版附录。脆性破坏模式的建议值，例如，混凝土楼板剪切破坏模式 γ_{d} 为 1.3，而对于延性破坏模式 γ_{d} 为 1.1。混凝土楼板的设计规定见 EN 1998-1：2004 的第 5.10 节。

5. 基础的承载能力

基础构件的作用效应考虑了可能形成结构超强的承载力设计，但是它们不宜超过设计地震的作用效应，前述这种设计地震作用是基于弹性性能假设（$q=1.0$）。如使用了低耗能结构的性能系数 q 值来确定基础的作用效应，则无须考虑上述的承载力设计要点。

对于单个竖向构件（墙或柱）的基础，若基础上的作用效应 E_{Fd} 的设计值是按下式得出，则视为符合上述的承载力设计要求。

$$E_{\text{Fd}} = E_{\text{F,G}} + \gamma_{\text{Rd}} \Omega E_{\text{F,E}} \tag{2.9.4}$$

式中　γ_{Rd}——超强系数，对于 $q \leqslant 3$，取 1.0；否则取 1.2；

$E_{\text{F,G}}$——设计地震作用组合中非地震作用所产生的作用效应（见 EN 1990：2002 的 6.4.3.4）；

$E_{\text{F,E}}$——设计地震作用效应；

Ω——所考虑的效应 $E_{\text{F,E}}$ 对应的结构耗能区或构件 i 的 Ω 值（$\Omega = R_{\text{di}}/E_{\text{di}}$，$\Omega \leqslant q$）；

R_{di}——耗能区域或构件 i 的设计承载力；

E_{di}——设计地震作用下耗能区域或构件 i 的作用效应设计值。

对于结构墙或抗弯框架结构的柱基础，Ω 是设计地震情形中最小横截面的两个主要正交方向上 $M_{\text{Rd}}/M_{\text{Ed}}$ 的最小比值，其中在最小横截面的竖向构件内可形成塑性铰。对于中心支撑框架结构的柱基础，Ω 是支撑框架的所有受拉斜杆上 $N_{\text{pl,Rd}}/N_{\text{Ed}}$ 的最小比值。对于偏心支撑框架结构的柱基础，Ω 是下列两个值中的最小值：短连杆中 $V_{\text{Pl,Rd}}/V_{\text{ED}}$ 的最小值和中长连杆中 $M_{\text{pl,Rd}}/M_{\text{Ed}}$ 的最小值。

对于包含一个以上竖向构件的普通基础（基础梁、条形基础及筏板基础等），若式（2.9.4）中使用的 Ω 值是从设计地震情形中最大水平剪力的竖向构件中得来，若在式（2.9.4）中使用 $\Omega=1$ 且超强系数值增大至 1.4，则视为满足上述承载力要求。

基础选型和设计还应符合 EN 1998-5：2004 第 5 章及 EN 1997-1：2004 的规定。

6. 抗震缝要求

地震作用下，为避免建筑与相邻结构或同一建筑的独立结构单元相互碰撞，应符合以下条件：

不属于同一业主的建筑或结构独立单元，建筑红线到潜在碰撞点的距离不小于根据式（2.8.17）计算得出的相应楼层的最大水平位移；属于相同业主的建筑或结构独立单元，它们之间的距离不小于根据式（2.8.17）计算得出的两栋建筑或单元相应楼层最大水平位移平方和的平方根（SRSS）。

如正在设计的建筑或独立单元的室内地面标高与相邻建筑或单元的一致，那么上述要求的最小距离可乘以 0.7。

2.9.3　正常使用极限状态

如果采用比"抗倒塌要求"发生概率大的地震，如损伤极限要求的地震，且在此地震作用下，层间侧移满足下列要求，则认为满足"损伤极限要求"。但公众防灾较为重要的建筑或装有敏感设备的建筑，可能要求进行其他的损伤极限验证。

层间侧移极限

除非在 EN 1998-1：2004 的第 5～9 章中另有规定，否则位移应满足下列要求：

对于结构上连接有脆性材料制成的非结构构件的建筑：

$$d_r \cdot v \leqslant 0.005h \tag{2.9.5}$$

对于带有延性非结构构件的建筑：

$$d_r \cdot v \leqslant 0.0075h \tag{2.9.6}$$

非结构构件不影响主体结构的变形，或不带非结构构件的建筑：

$$d_r \cdot v \leqslant 0.010h \tag{2.9.7}$$

式中　d_r——设计层间侧移；

　　　h——层高；

　　　v——考虑与损伤极限要求所对应的较低重现周期的地震作用而采用的折减系数。

折减系数 v 的值也可能取决于建筑的重要性级别。在其使用中，采用如下假设：在某种应满足"损伤极限要求"的地震作用下，此地震作用的弹性反应谱与"承载能力极限状态要求"对应的设计地震作用的弹性反应谱相同。各国使用的 v 值可见其国家版附录。可根据地震危险程度及对财产的保护措施，各国国内不同的地震区可定义不同的 v 值。对于重要性级别为Ⅲ级或Ⅳ级的建筑，建议 v 值为 0.4；对于重要性级别为Ⅰ级或Ⅱ级的建筑，建议 v 值为 0.5。

2.10　钢结构抗震设计的基本规定

钢结构设计除应符合 EN 1998-1 的规定外，还应符合 EN 1993 的相关规定。本节是对 EN 1993 相关规定的补充。对于钢-混凝土组合结构，见 EN 1998-1 第 7 章的规定。

2.10.1　设计方案

钢结构抗震设计可选下列方案之一（见表 2.10.1）：

方案 a）低耗能结构；

方案 b）耗能结构。

设计概念、结构延性级别及性能系数的上限参考值 表 2.10.1

设计方案	结构延性级别	性能系数 q 的参考值范围
方案 a） 低耗能结构	DCL（低）	≤1.5～2
方案 b） 耗能结构	DCM（中）	≤4 由表 2.10.2 中的值加以限制
	DCH（高）	仅由表 2.10.2 中的值加以限制

注：1. 各国内低耗能结构（表 2.10.1）的上限 q 值可见其国家版附录。低耗能结构的上限 q 值的建议值为 1.5。
    2. 特定国家的国家版附录可能对其国内许可的设计概念及延性级别的选择给出限制。

方案 a）中，可基于弹性分析来计算作用效应，而不用考虑明显的非线性材料性能。在使用设计谱分析时，性能系数 q 的参考值上限为 1.5～2。立面不规则结构，性能系数取值 q 折减为参考值乘以 0.8，但其取值不宜小于 1.5。如 q 的参考值上限取值大于 1.5，则结构主抗震构件的截面应属于 1 类、2 类或 3 类截面。应根据 EN1993 来计算构件及连接的承载力。非隔震建筑建议仅对于低烈度情形采用方案 a）进行设计。

方案 b）中，考虑通过结构耗能区的非弹性性能来承载地震作用。使用设计谱时，性能系数 q 的参考值可大于针对低耗能结构而规定的上限值。q 的上限值取决于延性级别及结构类型。当采用方案 b）时，应满足本节相关规定的要求。根据方案 b）设计的结构延性级别归为 DCM 或 DCH，这些级别通过结构的塑性机制提高了结构的耗能能力，延性级别取决于钢构件截面的类别及连接的转动能力。

2.10.2　安全性验证

对于承载能力极限状态的验证，钢材的材料分项系数（$\gamma_s = \gamma_M$）应考虑可能由循环变形引起的强度退化。国家版附录可给出 γ_s 的取值。假设因局部延性规定，折减后的强度与初始强度的比约等于偶然荷载组合情况下与基本荷载组合情况下的 γ_M 之比，那么可推荐采用持久设计情形和短暂设计情形的分项系数 γ_s。承载力设计验证时，还应采用一个材料超强系数 γ_{ov} 来考虑钢材的实际屈服强度高于屈服强度标准值的可能性。

2.10.3　材料要求

（1）结构钢材应符合 EN 1993 规定的标准。结构的材料特性（如屈服强度及韧性）应确保能在设计的预定区域内形成耗能区。发生地震时，预计耗能区会在其他区域进入塑性之前发生屈服。

（2）如果耗能区钢材的屈服强度及结构设计符合下列条件 1）、2）或 3）之一，则认为满足本小节（1）的要求：

1）耗能区钢材的实际最大屈服强度 $f_{y,max}$ 满足：$f_{y,max} \leq 1.1\gamma_{ov}f_y$；

式中　γ_{ov}——设计中使用的超强系数；可见各国的国家版附录，建议 $\gamma_{ov} = 1.25$；

　　　　f_y——钢材的屈服强度标准值。

2）耗能区及非耗能区的结构设计，均以钢材等级和屈服强度标准值 f_y 为基础；并且耗能区的钢材屈服强度上限值为 $f_{y,max}$；非耗能区及连接的钢材屈服强度标准值 f_y 应大于耗能区的屈服强度上限值 $f_{y,max}$。

3）各耗能区的钢材屈服强度 $f_{y,act}$ 应实测确定，且各耗能区的超强系数 $\gamma_{ov,act} = f_{y,act}/f_y$，其中 f_y 为耗能区钢材屈服强度标准值。

（3）如满足本小节 2-2）的条件，则对结构构件进行设计验证时，超强系数 γ_{ov} 取值为 1.00。在适用于连接式（2.10.1）的验证中，超强系数 γ_{ov} 的值与 2-1）中的值相同。如满足本小节 2-3）中的条件，超强系数 γ_{ov} 应取 2.10.6～2.10.9 所规定的验证计算得出的所有 $\gamma_{ov,act}$ 值中的最大值。

（4）对于耗能区，应在图纸上明确规定钢材屈服强度 $f_{y,max}$ 的值符合本小节 2 中的条件。

（5）钢材及焊缝的韧性应满足在工作温度准恒定条件下的地震作用要求（见 EN 1993-1-10：2004）。钢材及焊缝的韧性要求及地震作用组合中采用的最低工作温度还应在项目设计说明中明确。在建筑主要抗震构件的螺栓连接中，应使用等级为 8.8S 或 10.9S 的高强度螺栓。所有材料特性还应符合 2.10.12 的要求。

2.10.4　结构类型及性能系数

1. 结构类型

根据地震作用下钢结构的抗震性能，将钢结构分为以下结构类型（图 2.10.1～图 2.10.8）。

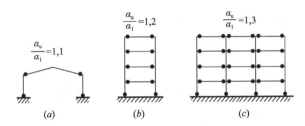

图 2.10.1　抗弯框架（耗能区位于梁内和柱底处）

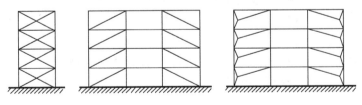

图 2.10.2　中心斜撑框架（耗能区仅位于受拉斜杆内）

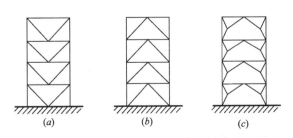

图 2.10.3　中心 V 形或人字斜撑框架（耗能区位于受拉及受压斜杆内）

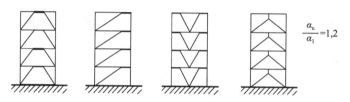

图 2.10.4　偏心支撑框架（耗能区位于弯曲或剪切连杆内）

α_u/α_1 的默认值（见 2.10.4-2 及表 2.10.2）

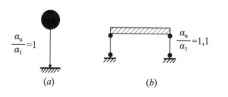

图 2.10.5　倒摆

(a) 耗能区位于柱底处；

(b) 耗能区位于柱（N_{Ed}/N_{pl}，$R_d < 0.3$）内；

α_u/α_1 的默认值见 2.10.4-2 及表 2.10.2

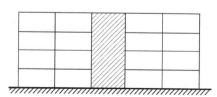

图 2.10.6　带有混凝土核心筒
或混凝土墙的钢结构

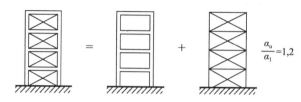

图 2.10.7　中心支撑-抗弯框架（耗能区位于力矩框架和受拉斜杆内）

α_u/α_1 的默认值见 2.10.4-2 及表 2.10.2

1）抗弯框架：水平力主要由受弯构件承担，耗能区主要位于梁或梁柱节点区的塑性铰处，可通过循环弯曲来耗能。

耗能区可位于柱内，框架柱基（柱底）处，多层建筑上部楼层的柱顶处；耗能区也可位于单层建筑的柱底和柱顶处，其中柱的 N_{Ed} 应满足 $N_{Ed}/N_{pl,Rd} < 0.3$。

2）中心支撑框架：水平力主要由支撑构件承担。耗能区应主要位于受拉斜杆内。

该支撑可为下列类型：

主动受拉斜撑，水平力可仅由受拉斜杆承担，忽略受压斜杆；

V 形撑，可同时考虑受拉及受压斜杆来承担水平力。这些斜杆的交叉点位于某一连续的水平构件内。

抗震设计不应采用 K 形撑（图 2.10.9）。

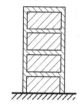　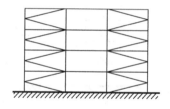

图 2.10.8　填充墙-抗弯框架　图 2.10.9　K 形撑框架（不允许）

3）偏心支撑框架：水平力主要由支撑构件承担，但这种偏心布置的支撑应保证可通过循环弯曲或循环剪切在抗震连杆内耗能。其构造应能够保证所有连杆均为主动连杆，如图 2.10.4 所示。

4）倒摆结构，结构的耗能区位于柱基处（柱底）。如倒摆结构在各抗侧力平面内有一根以上的柱，且所有柱均满足 $N_{Ed}<0.3N_{pl,Rd}$，则可将倒摆结构视为抗弯框架。

5）带有混凝土核心筒或混凝土墙的钢结构：水平力主要由这些混凝土核心筒或混凝土墙承担。

6）中心支撑-抗弯框架。

7）填充墙-抗弯框架。

2. 性能系数

性能系数 q 考虑了结构的耗能能力。对于规则的结构体系，如果满足 2.10.6～2.10.12 的规定，则性能系数 q 应取表 2.10.2 中给出的参考值的上限。如果建筑立面不规则，则应将表 2.10.2 中所列的 q 的上限值折减 20%。

立面规则体系的性能系数 q 参考值上限   表 2.10.2

结构类型	延性级别	
	DCM	DCH
a）抗弯框架	4	$5\alpha_u/\alpha_1$
b）中心支撑框架		
斜撑	4	4
V 形撑	2	2.5
c）偏心支撑框架	4	$5\alpha_u/\alpha_1$
d）倒摆结构	2	$2\alpha_u/\alpha_1$
e）带有混凝土核心筒或混凝土墙的钢结构	见 EN 1998 第 5 节	
f）中心支撑-抗弯框架	4	$4\alpha_u/\alpha_1$
g）填充墙-抗弯框架		
与框架接触、但未与其连接的混凝土墙或砌体填充墙	2	2
与框架连接的钢筋混凝土填充墙	见 EN 1998-1：2004 第 7 节	
与抗弯框架隔离的填充墙（见抗弯框架）	4	$5\alpha_u/\alpha_1$

平面规则建筑，如没有计算 α_u/α_1 的值，可使用图 2.10.1～图 2.10.8 中所给的 α_u/α_1 之比的默认值。参数 α_u 及 α_1 的定义如下：

α_1 为所有其他设计作用不变，结构的任意构件首先达到塑性承载力而得到的水平地震设计作用放大系数；α_u 为所有其他设计作用不变，一系列截面内形成足以造成整体结构不稳定的塑性铰而得到的水平地震设计作用放大系数。可通过非线性静力分析（Pushover 分析）得出系数 α_u。

平面不规则建筑，如没有计算 α_u/α_1 的值，α_u/α_1 的近似值可取 1.0 与图 2.10.1～图 2.10.8 所给出数值的平均值。

允许 α_u/α_1 大于上述规定的值，但应通过整体非线性静力分析（Pushover 分析）对 α_u/α_1 的取值加以确认。任何情况下，α_u/α_1 取值上限为 1.6。

2.10.5 结构分析

楼板的设计应符合 2.9.2-4 的规定。

除非在本小节中另有规定（例如中心支撑框架），否则可假定所有抗震结构的构件均为有效构件来进行结构分析。

2.10.6 耗能结构设计要求及构造要求

采用耗能结构方案的结构其抗震要求应遵循 2.10.6-1 的规定。如果执行了 2.10.6-2～2.10.6-4 的规定，则视为满足 2.10.6-1 规定。

1. 耗能结构设计要求

带有耗能区的结构设计应确保屈服、局部屈曲或其他由滞回性能引起的后果不会影响结构的整体稳定性。表 2.10.2 中给出的 q 系数视为符合本要求。

耗能区应具有足够的延性及承载能力并根据 EN 1993 来验证该承载能力。耗能区可位于结构构件或连接内。如果耗能区位于结构构件内，则非耗能部分以及耗能部分与结构其他部分的连接应具有足够的超强，以便保证耗能部分能形成滞回屈服。当耗能区位于连接内时，连接的构件应具有足够的超强，以便保证连接内能形成滞回屈服。

2. 受压或受弯耗能构件设计要求

应根据 EN 1993-1-1：2004 的 5.5 中所规定的截面类别，通过限制宽厚比 b/t，来保证受压或受弯耗能构件具有足够的局部延性。

根据延性级别及设计中使用的性能系数 q，表 2.10.3 给出了耗能的钢构件截面类别的相关要求。

延性级别对应的性能系数 q 参考值和耗能构件截面类别　　表 2.10.3

延性级别	性能系数 q 的参考值	所要求的截面类别
DCM	$1.5 < q \leqslant 2$	1类、2类或3类
	$2 < q \leqslant 4$	1类或2类
DCH	$q > 4$	1类

3. 受拉构件或部件的设计要求

对于受拉构件或部件，应满足 EN 1993-1-1：2004 的 6.2.3（3）中的延性要求。

4. 耗能区内连接设计要求

连接设计应限制塑性应变和高残余应力的位置并避免制作缺陷。全熔透焊接制成的耗能构件的非耗能连接件可视为满足超强标准。

对于角焊缝或螺栓连接的非耗能连接，应满足下式：

$$R_d \geqslant 1.1 \gamma_{ov} R_{fy} \tag{2.10.1}$$

式中 R_d——符合 EN 1993 规定的连接承载力；

R_{fy}——基于 EN 1993 定义的材料设计屈服应力而计算出的耗能构件的塑性承载力；

γ_{ov}——超强系数。

应使用 EN 1993-1-8：2004 的 3.4.1 中规定的 B 类和 C 类受剪螺栓连接，以及 EN 1993-1-8：2004 的 3.4.2 中规定的 E 类受拉螺栓连接。也允许利用预紧力螺栓进行剪力连接。摩擦面应为 ENV 1090-1 中定义的 A 类或 B 类表面。螺栓抗剪连接时，螺栓的设计抗剪承载力应大于设计抗力的 1.2 倍。

为符合本节中为各结构类型及结构延性级别而规定的具体要求，应通过试验来确定设计是否适当，循环荷载下的构件及其连接的强度和延性也应通过试验加以确认。本规定适用于耗能区内或邻近耗能区的等强及部分强度连接。试验证据可基于现有的数据，否则，应进行测试。

国家版附录可能会给出有关连接设计的参考补充规定。

2.10.7　抗弯框架设计和构造要求

抗弯框架的设计应确保在梁内或梁-柱连接内形成塑性铰，而不是在柱内形成塑性铰。本要求不适用于框架柱底处及多层建筑顶层处和单层建筑上。应通过满足相关规定要求来实现所需的塑性铰形成模式。

1. 梁

根据 EN 1993 的规定，假定梁一端形成了塑性铰，应验证梁具有足够的抗侧向屈曲及抗侧扭屈曲的稳定承载能力，所考虑的梁端应是抗震设计下应力最大的一端。

对于梁内的塑性铰，应验证：全塑性抗弯承载力及转动能力没有因轴力及剪力而折减。因此，对于属于 1 类和 2 类的截面，在预计的塑性铰处应按下式验证：

$$\frac{M_{Ed}}{M_{pl,Rd}} \leqslant 1.0 \tag{2.10.2}$$

$$\frac{N_{Ed}}{N_{pl,Rd}} \leqslant 0.15 \tag{2.10.3}$$

$$\frac{V_{Ed}}{V_{pl,Rd}} \leqslant 0.5 \tag{2.10.4}$$

$$V_{Ed} = V_{Ed,G} + V_{Ed,M} \tag{2.10.5}$$

式中　　　　　　　　N_{Ed}——设计轴力；

M_{Ed}——设计弯矩；

V_{Ed}——设计剪力；

$N_{pl,Rd}$、$M_{pl,Rd}$、$V_{pl,Rd}$——符合 EN 1993 规定的设计承载力；

$V_{Ed,G}$——非地震作用的剪力设计值；

$V_{Ed,M}$——在梁端截面 A 和 B 处施加符号相反的屈服力矩 $M_{pl,Rd,A}$ 及 $M_{pl,Rd,B}$ 而引起的梁端剪力设计值。

$V_{Ed,M} = (M_{pl,Rd,A} + M_{pl,Rd,B})/L$ 为最不利情形，与跨度 L 和位于两端的耗能区相对应。

对于属于 3 类的截面，应用 $N_{el,Rd}$、$M_{el,Rd}$ 和 $V_{el,Rd}$ 代替 $N_{pl,Rd}$，$M_{pl,Rd}$，$V_{pl,Rd}$ 来验证式（2.10.2）~式（2.10.5）。

2. 柱

应考虑轴力与弯矩的不利组合，验证柱的受压状态。N_{Ed}、M_{Ed} 及 V_{Ed} 的计算方法为：

$$N_{Ed} = N_{Ed,G} + 1.1\gamma_{ov} \cdot \Omega \cdot N_{Ed,E}$$

$$M_{Ed} = M_{Ed,G} + 1.1\gamma_{ov} \cdot \Omega \cdot M_{Ed,E}$$

$$V_{Ed} = V_{Ed,G} + 1.1\gamma_{ov} \cdot \Omega \cdot V_{Ed,E} \tag{2.10.6}$$

式中　$N_{Ed,G}$、$M_{Ed,G}$、$V_{Ed,G}$——抗震设计作用组合中的非地震作用引起的柱轴力、弯矩和剪力；

$N_{Ed,E}$、$M_{Ed,E}$、$V_{Ed,E}$——设计地震作用引起的柱轴力、弯矩和剪力；

γ_{ov}——超强系数。

Ω——耗能区所有梁的 Ω_i（$\Omega_i = M_{pl,Rd,i}/M_{Ed,i}$）的最小值，$M_{Ed,i}$ 为抗震设计下梁 i 弯矩设计值，$M_{pl,Rd,i}$ 为相应的屈服弯矩。

如果在柱内以规定的方式形成了塑性铰，那么验证时应考虑到：在这些塑性铰内的作用弯矩等于 $M_{pl,Rd}$。应根据 EN 1993-1-1：2004 第 2.10 节的要求来进行柱承载力验证。

结构分析算出的柱剪力 V_{Ed} 应满足下式：

$$\frac{V_{Ed}}{V_{pl,Rd}} \leqslant 0.5 \qquad (2.10.7)$$

从梁到柱力的传递应符合 EN 1993-1-1：2004 第 2.10 节中给出的设计规定。

梁、柱连接节点域的抗剪承载力应满足下式：

$$\frac{V_{wp,Ed}}{V_{wp,Rd}} \leqslant 1.0 \qquad (2.10.8)$$

式中　$V_{wp,Ed}$——节点域腹板由作用效应引起的设计剪力；

$V_{wp,Rd}$——符合 EN 1993-1-8：2004 中 6.2.4.1 规定的腹板抗剪承载力。不需考虑轴力和弯矩所产生的应力对抗剪承载力的影响。

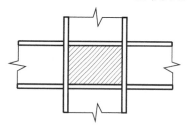

图 2.10.10　由翼缘和横向加劲肋构成的节点域腹板

应验证节点域腹板（图 2.10.10）的剪切屈曲承载力，保证符合 EN 1993-1-5：2004 第 5 节的规定：

$$V_{wp,Ed} < V_{wb,Rd} \qquad (2.10.9)$$

式中　$V_{wb,Rd}$——节点域腹板的剪切屈曲承载力。

3. 梁-柱连接

梁按结构耗能设计时，应考虑按 2.10.7-1 求出的屈服弯矩 $M_{pl,Rd}$ 和剪力（$V_{Ed,G} + V_{Ed,M}$）来设计梁-柱连接，以达到所需的超强。

如果满足下列三个要求，则允许使用耗能半刚性连接和（或）部分强度连接：

1）连接具有与整体变形一致的转动能力；2）构成连接的构件在承载能力极限状态（ULS）下是稳定的；3）通过整体非线性静力分析（Pushover 分析）或非线性时程分析，考虑了连接变形对整体侧移的影响。

连接设计应确保塑性铰区的转动能力 θ_p 对于延性级别为 DCH 的结构不小于 0.035rad；对于延性级别为 DCM 的结构不小于 0.025rad，且 $q > 2$。该转动 θ_p 的定义为：

$$\theta_p = \delta/0.5L \qquad (2.10.10)$$

式中　δ——梁跨中的挠度；

L——梁的跨度。

不论耗能区在何处，循环荷载作用且强度和刚度未发生大于 20% 的折减时，应确保塑性铰区的转动能力 θ_p。在 θ_p 的评估试验中，柱节点域腹板的抗剪承载力应满足式（2.10.8）且柱节点域腹板的剪切变形对塑性转动能力 θ_p 的影响不应大于 30%。θ_p 不应包括柱的弹性变形。

当使用部分强度连接时，应根据连接的塑性承载力来设计柱。

2.10.8　中心支撑框架设计和构造要求

中心支撑框架设计应确保受拉斜杆的屈服先于连接破坏及梁或柱屈服或屈曲出现。支撑斜构件的布置方式应立面上对称或近似对称，即正反方向布置的支撑其刚度、承载力尽可能均匀。为此，每一楼层支撑均应符合下列规定：

$$\frac{|A^+ - A^-|}{A^+ + A^-} \leqslant 0.05 \qquad (2.10.11)$$

式中　A^+，A^-——水平地震作用正、负方向时，对应的受拉斜杆横截面的水平投影面积。

1. 结构分析

应仅考虑梁和柱构件承担重力荷载，而不考虑支撑构件承担重力荷载。地震作用下，结构采用弹性分析时，在带有单斜撑的框架内，应仅考虑受拉斜杆；在带有 V 形撑的框架内，应同时考虑受拉及受压斜杆。

如果满足下列所有条件，则允许在任何类型的中心支撑分析中同时考虑受拉和受压斜杆：

使用非线性静力整体分析（Pushover 分析）或非线性时程分析；建模分析时，同时考虑斜杆屈曲前和屈曲后的情形；提供相关资料，可以用来验证分析模型中的斜杆性能

2. 斜撑构件

交叉斜撑框架，无量纲长细比 $\bar{\lambda}$ 限定为 $1.3 < \bar{\lambda} \leqslant 2.0$。对于 1、2、3 类截面 $\bar{\lambda} = \sqrt{\dfrac{Af_y}{N_{cr}}}$，对于 4 类截面 $\bar{\lambda} = \sqrt{\dfrac{A_{eff}f_y}{N_{cr}}}$。$N_{cr}$ 为基于构件毛截面的相关屈曲模态对应的屈曲承载力；A 为截面面积；A_{eff} 为截面有效面积。

非交叉支撑框架，无量纲长细比 $\bar{\lambda}$ 应小于或等于 2.0。V 形斜撑框架，无量纲长细比 $\bar{\lambda}$ 应小于或等于 2.0。低于或等于两层的结构，不限制 $\bar{\lambda}$。

斜杆毛截面的屈服承载力 $N_{pl,Rd}$ 应满足 $N_{pl,Rd} \geqslant N_{Ed}$；V 形撑框架，应根据 EN 1993 中的抗压承载力来设计受压斜杆。斜杆与任何其他构件的连接应符合耗能区连接设计要求，为保证斜杆的均匀耗能性能，应复核 2.10.8-3 中定义的最大超强 Ω_i 与最小 Ω 值之间的差值不会超过 25%。

如果满足下列所有条件，则允许使用耗能半刚性连接和（或）部分强度连接：

连接具有与整体变形一致的变形承载能力；利用整体非线性静力分析（Pushover 分析）或非线性时程分析，考虑了连接变形对总体侧移的影响。

3. 梁和柱

有轴力的梁和柱应符合下列最小承载力要求：

$$N_{pl,Rd}(M_{Ed}) \geqslant N_{Ed,G} + 1.1\gamma_{ov} \cdot \Omega \cdot N_{Ed,E} \qquad (2.10.12)$$

式中　$N_{pl,Rd}(M_{Ed})$——考虑了屈曲承载力与弯矩 M_{Ed} 之间的相互作用且符合 EN 1993 规定的梁或柱的设计屈曲承载力，在抗震设计情形下定义为其设计值；

　　　　$N_{Ed,G}$——梁或柱内由抗震设计作用组合中的非地震作用引起的轴力；

　　　　$N_{Ed,E}$——梁或柱内由设计地震作用引起的轴力；

　　　　γ_{ov}——超强系数；

　　　　Ω——支撑框架体系的所有斜杆 Ω_i（$\Omega_i = N_{pl,Rd,i}/N_{Ed,i}$）的最小值；

$N_{\text{pl,Rd},i}$——斜杆 i 的设计承载力；

$N_{\text{Ed},i}$——抗震设计情形下，同一斜杆 i 的轴力设计值。

V 形斜撑框架，梁的设计应符合下列要求：

非地震作用下，不考虑斜杆对梁的支撑；受压斜杆屈曲后，梁应考虑由支撑施加到梁上的垂直方向的不平衡地震作用效应。对于受拉支撑，此作用效应为 $N_{\text{pl,Rd}}$；对于受压支撑为 $\gamma_{\text{pb}} N_{\text{pl,Rd}}$。

系数 γ_{pb} 用于受压斜杆的屈曲承载力估算。各国国内使用的 γ_{pb} 值可见其国家版附录，建议值为 0.3。在带有斜撑（单斜杆）且受拉和受压斜杆不相交的框架内，设计应考虑在受压斜杆的相邻柱内形成的拉力和压力，并考虑这些斜杆压力达到设计屈曲承载力时对应的柱内力。

2.10.9　偏心支撑框架设计及构造要求

1. 设计要求

偏心支撑框架设计应确保某些称为"抗震连梁"的特殊构件或构件的部分能通过塑性弯曲和或塑性剪切机制来进行结构耗能。下文中给出的规定旨在保证在任何其他部位出现屈服或破坏之前，抗震连梁内会先出现屈服。结构体系的设计应确保能实现整组抗震连梁的均匀耗能性能。

抗震连梁可以是水平或竖向构件（图 2.10.4）。中国抗震规范只给出了水平耗能梁段这种形式，并给出了相关设计规定，这些规定基本和欧洲规范一致。

2. 抗震连梁

（1）连梁的腹板应等厚度，腹板上无加强板且无开口或穿孔。根据连梁所形成的塑性机制类型，抗震连梁分为 3 类：

■ 短连梁，主要通过剪切屈服来耗能；

■ 长连梁，主要通过弯曲屈服来耗能；

■ 中等长度连梁，通过弯曲和剪切屈服来耗能。

（2）对于 I 型截面，使用下列参数来定义抗弯、抗剪设计承载力和连梁类型：

$$M_{\text{p,link}} = f_y b t_f (d - t_f) \qquad (2.10.13)$$

$$V_{\text{p,link}} = (f_y / \sqrt{3}) t_w (d - t_f) \qquad (2.10.14)$$

式中　d——截面高度；

　　　b——截面宽度；

　　　t_f——翼缘厚度；

　　　t_w——腹板厚度。

如 $N_{\text{Ed}} / N_{\text{pl,Rd}} \leqslant 0.15$，那么在连梁两端，设计承载力应同时满足下列关系：

$$V_{\text{Ed}} \leqslant V_{\text{p,link}} \qquad (2.10.15)$$

$$M_{\text{Ed}} \leqslant M_{\text{p,link}} \qquad (2.10.16)$$

式中　N_{Ed}，M_{Ed}，V_{Ed}——设计作用效应，分别为连梁两端的设计轴力、设计弯矩及设计剪力。

如 $N_{\text{Ed}} / N_{\text{Rd}} > 0.15$，则应使用下列折减值 $V_{\text{p,link,r}}$ 和 $M_{\text{p,link,r}}$，而不是 $V_{\text{p,link}}$ 和 $M_{\text{p,link}}$ 来满足式（2.10.15）和式（2.10.16）。

$$V_{\text{p,link,r}} = V_{\text{p,link}} \left[1 - (N_{\text{Ed}}/N_{\text{pl,Rd}})^2 \right]^{0.5} \tag{2.10.17}$$

$$M_{\text{p,link,r}} = M_{\text{p,link}} \left[1 - (N_{\text{Ed}}/N_{\text{pl,Rd}}) \right] \tag{2.10.18}$$

如 $N_{\text{Ed}}/N_{\text{Rd}} \geqslant 0.15$，则连梁长度 e 不应超过：

当 $R < 0.3$ 时，$e \leqslant 1.6 M_{\text{p,link}}/V_{\text{p,link}}$ \hfill (2.10.19)

或当 $R \geqslant 0.3$ 时，$e \leqslant (1.15 - 0.5R) \, 1.6 M_{\text{p,link}}/V_{\text{p,link}}$ \hfill (2.10.20)

其中 $R = N_{\text{Ed}} t_{\text{w}} (d - 2t_{\text{f}})/V_{\text{Ed}} A$，$A$ 为连梁的毛截面面积。

（3）为保证结构的整体耗能性能，Ω_i 的值不超过所有 Ω 最小值的 25%。

（4）当连梁两端会同时形成相等弯矩（图 2.10.11a）时，可根据长度 e 来对连梁进行分类。对于 I 型截面，种类有：

短连梁 $e < e_{\text{s}} = 1.6 M_{\text{p,link}}/V_{\text{p,link}}$ \hfill (2.10.21)

长连梁 $e > e_{\text{L}} = 3.0 M_{\text{p,link}}/V_{\text{p,link}}$ \hfill (2.10.22)

中等长度连梁 $e_{\text{s}} < e < e_{\text{L}}$ \hfill (2.10.23)

（5）当仅会在连梁一端形成塑性铰时（图 2.10.11b），可根据长度 e 的值确定连梁的种类。对于 I 型截面，种类有：

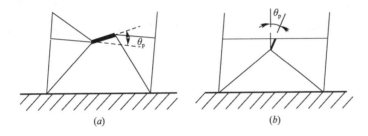

图 2.10.11　连梁端部的相等力矩和不等力矩

短连梁 $e < e_{\text{s}} = 0.8(1 + \alpha) M_{\text{p,link}}/V_{\text{p,link}}$ \hfill (2.10.24)

长连梁 $e > e_{\text{L}} = 1.5(1 + \alpha) M_{\text{p,link}}/V_{\text{p,link}}$ \hfill (2.10.25)

中等长度连梁 $e_{\text{s}} < e < e_{\text{L}}$ \hfill (2.10.26)

其中 α 为抗震设计时连梁一端处的较小弯矩 $M_{\text{Ed,A}}$ 与会形成塑性铰的另一端处的较大弯矩 $M_{\text{Ed,B}}$ 之比，两个弯矩均取绝对值。

（6）连梁与连梁外侧构件之间的转角 θ_{p} 应与整体变形一致。且其不应大于下列数值：

短连梁 $\theta_{\text{p}} \leqslant \theta_{\text{pR}} = 0.08 \text{rad}$ \hfill (2.10.27)

长连梁 $\theta_{\text{p}} \leqslant \theta_{\text{pR}} = 0.02 \text{rad}$ \hfill (2.10.28)

中等长度连梁 $\theta_{\text{p}} \leqslant \theta_{\text{pR}}$（等于在上述数值之间进行线性插值所确定的值） \hfill (2.10.29)

（7）应在斜撑端部处的连梁腹板两侧配置全高腹板加劲肋。这些加劲肋的总宽度不应小于（$b_{\text{f}} - 2t_{\text{w}}$）、厚度不应小于 $0.75t_{\text{w}}$ 或 10mm（取二者中的较大值）。

（8）连梁配置中间腹板加劲肋的要求：

1）连梁转角 θ_{p} 为 0.08rad 时，短连梁应配有间距不大于（$30t_{\text{w}} - d/5$）的中间腹板加劲肋；连梁转角 θ_{p} 为 0.02rad 或更小弧度时，应配有间距不大于（$52t_{\text{w}} - d/5$）的中间腹板加劲肋。对于 θ_{p} 值在 0.08rad 和 0.02rad 之间时，应使用线性插值法。

2）长连梁应配有一道中间腹板加劲肋，此加劲肋位于可能形成塑性铰的连梁端部距离 $1.5b$ 处。

3）中等长度连梁应配有符合上述（1）和（2）要求的中间腹板加劲肋。

4）长度 e 大于 $5M_p/V_p$ 的连梁无须配置中间腹板加劲肋。

5）中间腹板加劲肋应全高配置。对于高度 d 小于 600mm 的连梁，仅需在连梁腹板的一侧配置加劲肋。一侧加劲肋的厚度不应小于 t_w 或 10mm（取二者中的较大值）、其宽度不应小于 $(b/2)-t_w$。对于高度 d 等于或大于 600mm 的连梁，应在腹板的两侧同时配置类似的中间加劲肋。

（9）连梁加劲肋和连梁腹板的连接角焊缝的设计强度应足以承担大小为 $\gamma_{ov}f_yA_{st}$ 的力，其中 A_{st} 为加劲肋的面积。连梁加劲肋和翼缘连接角焊缝的设计强度应承担大小为 $\gamma_{ov}f_yA_{st}/4$ 的力。

（10）连梁端部处的连杆上下翼缘均应配有侧向支承。连梁端部侧向支承的设计轴向承载力为 6% 连梁翼缘轴向承载力（f_ybt_f）。

（11）应检验抗震连梁的梁内，但在连梁以外的梁腹板的剪切屈曲承载力，以保证其符合 EN 1993-1-5：2004 第 5 节的要求。

3. 不含抗震连梁的构件

应考虑轴力与弯矩的最不利组合来对受压状态下的不含抗震连梁的构件（例如：若使用了梁内水平连梁，则这类构件包括柱和斜撑构件；若使用了竖向连梁，则这类构件还包括梁构件）进行验证：

$$N_{Rd}(M_{Ed},V_{Ed})\geqslant N_{Ed,G}+1.1\gamma_{ov}\Omega N_{ER,E} \qquad (2.10.30)$$

式中　$N_{Rd}(M_{Ed}，V_{Ed})$——考虑弯矩 M_{Ed} 与剪力 V_{Ed}（两者在抗震情形下均取设计值）
的相互作用、符合 EN 1993 规定的柱或斜撑构件的轴向设计
承载力；

$N_{Ed,G}$——抗震设计时柱或斜撑构件作用组合中的非地震作用轴力；

$N_{Ed,E}$——柱或斜撑构件由设计地震作用引起的轴力；

γ_{ov}——超强系数；

Ω——乘法因子，为下列数值的最小值：

所有短连梁中 Ω_i（$\Omega_i=1.5V_{p,link,i}/V_{Ed,i}$）的最小值；

所有中等长度连梁和长连梁中 Ω_i（$\Omega_i=1.5M_{p,link,i}/M_{Ed,i}$）的最小值；

$V_{Ed,i}$，$M_{Ed,i}$ 为抗震设计情形下，连杆 i 内的剪力设计值和弯矩设计值；

$V_{p,link,i}$，$M_{p,link,i}$ 为 2.10.9-2 所述的抗震连梁 i 内的抗剪塑性承载力和抗弯塑性承载力。

4. 抗震连梁的连接

为在抗震连梁内耗散能量，应按下式计算得出的作用效应 E_d 来设计连梁连接或含有连梁的构件连接：

$$E_d\geqslant E_{d,G}1.1\gamma_{ov}\Omega_iE_{d,E} \qquad (2.10.31)$$

式中　$E_{d,G}$——抗震设计时连接内所有作用组合中的非地震作用效应；

$E_{d,E}$——连接内设计地震作用效应；

γ_{ov}——超强系数；

Ω_i——根据 2.10.8-3 计算的连梁超强系数。

在半刚性连接和（或）部分强度连接时，可假定能量耗散仅源于连接，但需满足下列所有条件：

连接的转动承载力足以满足相关的变形需求；证明组成连接节点的构件在 ULS 下保持稳定；考虑了连接变形对整体侧移的影响。

2.10.10 倒摆结构设计要求

设计倒摆结构时，应考虑轴力与弯矩的最不利组合来验证受压柱。应根据抗弯框架柱的要求来计算 N_{Ed}、M_{Ed} 和 V_{Ed}。柱的无量纲长细比应限制为 $\bar{\lambda} \leqslant 1.5$。层间侧移系数 $\theta \leqslant 0.20$。

2.10.11 其他结构形式的设计及构造要求

1. 带有混凝土核心筒或混凝土墙的钢结构

应根据本节以及 EN 1993 的要求验证钢构件，且应根据 EN 1998-1：2004 第 5 节的要求设计混凝土构件。应根据 EN 1998-1：2004 第 7 节的要求验证钢—混凝土组合构件。

2. 抗弯框架中心支撑

同一方向上具有抗弯框架和支撑框架的双重结构，其设计应使用单一性能系数 q。应根据不同框架之间的侧向刚度，将水平力分配在这些不同的框架之间。抗弯框架和支撑框架应符合上面相关小节的要求。

3. 填充墙-抗弯框架

若抗弯框架内的钢筋混凝土填充墙完全与钢结构连接，则此抗弯框架应根据 EN 1998-1：2004 第 7 节的要求进行设计。若抗弯框架内的填充墙在侧边和顶边与钢框架从结构上分开，则此抗弯框架应作为钢结构来设计。若抗弯框架内的填充墙与钢框架接触、但不是完全连接到该框架上，则此抗弯框架应满足下列规定：

填充墙应在立面内均匀分布，以避免局部增大框架构件的延性需求。如本状况未经验证，则此建筑应为立面不规则；应考虑到框架与填充墙之间的相互作用。应考虑到梁和柱中由填充墙的斜压杆作用引起的内力。可应用 EN 1998-1：2004 第 5.9 中的规定；应根据本小节的规定来对钢框架进行验证，并应根据 EN 1992-1-1：2004 以及 EN 1998-1：2004 第 5 或第 9 节的要求来设计钢筋混凝土或砌体填充墙。

2.10.12 设计和施工要求

设计和施工应能够确保实际结构与设计结构的一致。为此，除应符合 EN 1993 中的规定外，还应满足下列要求：

制作及安装图纸应标明连接的细节、构件的钢材等级、螺栓和焊缝的大小及质量要求，并注明制作人员在耗能区内拟使用的钢材所允许的最大屈服应力 $f_{y,max}$；检查材料是否符合 2.10.3 的规定；螺栓紧固及焊缝质量的要求应符合 EN 1090 的规定；施工过程中，应保证耗能区实际所用钢材的屈服应力不超过图纸上所注明的 $f_{y,max}$ 的 10%。

上述任一条件无法满足时，均应进行整改或提供证明，以满足 EN 1998-1 中的要求并确保结构的安全性。

第3章 钢结构设计流程及管理

（作者：路文辉　武笑平）

3.1 欧洲钢结构设计流程

本节主要介绍采用欧洲规范进行国际钢结构项目设计的具体工作流程，按投标阶段、确定中标到详细设计前，以及详细设计三个不同阶段来说明。简要流程图见图 3.1.1。

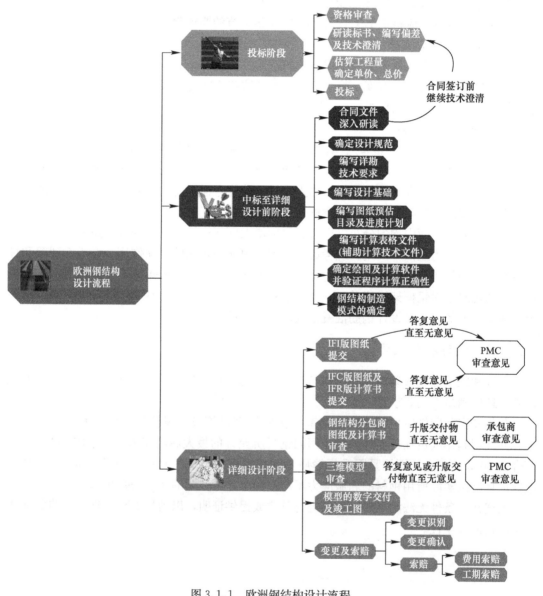

图 3.1.1 欧洲钢结构设计流程

3.1.1　投标阶段

项目投标阶段应着重就如下活动开展工作：

1）承包商资格审查资料准备。

2）项目招标文件的研读。

3）编写研读合同文件过程中的发现、偏差及需要技术澄清的事项。

4）估算项目工程量。

5）编写项目投标总价、商务标和技术标等。

6）开标、确定中标、合同签订。

1. 承包商资格审查资料准备

承包商资格审查通常由业主组织，以确认承包商具有相同或相近项目的技术和管理能力，可以进行拟建项目的设计或建设活动。承包商应提供给业主的资格审查资料包括：以往设计和承建的类似项目的业绩证明（尤其是海外项目业绩）；拥有的合格国外项目设计及管理人员的数量、资质、名单及简历；项目管理的成套模板文件（包括项目组织机构图、岗位职责描述、设计管理、采购文件、进度管理、质量管理、变更管理、施工管理、分包商管理、HSE 管理、费用管理等方面）以及承包商财务状况的证明文件等。在必要情况下，可能需要联合当地企业组成联合体进行承包商资格审查，以获得业主对承包商的信任。

2. 项目招标文件的研读

项目能否中标，不仅取决于承包商的实力，也同时取决于投标商对招标文件的理解和把握程度。因为投标方案和报价编制的合理性，以及竞争力在很大程度上取决于承包商对招标文件的熟悉程度。

招标文件的解读一般包含下列内容：

1）了解项目概况、工期要求、截标日期以及各类保函等事项。

2）明确投标人的责任、工作范围和报价要求。

3）明确项目交工需达到的性能指标、项目建设所要求采用的技术标准。

4）明确项目设计的基础条件，比如公用工程条件、地基设计条件、场地地下水位深度及腐蚀情况、风荷载及地震荷载信息等。

5）了解项目要求采用的材料标准、设备标准及供货商清单要求、进行关键设备及大宗材料的市场询价。

6）发现招标文件中的错误、含糊不清及相互矛盾之处，提请招标人澄清。

7）发现招标文件中隐藏的风险及不利因素，进行分析，做出合理的评估及应对措施。

3. 编写研读合同文件过程中的发现、偏差及需要技术澄清的事项

该项工作也就是在对招标文件进行研读过程中，产生的过程文件，应分专业进行。国外工程公司一般均有模板文件，由各专业分别填写完成。这些文件包含（以结构专业为例说明）：

（1）主要设计规定（Main Design Criteria）

1）初勘报告：包含土层分布、拟采用的基础类型、浅基础的允许承载力、桩基类型及桩长、地下水位及施工阶段可能采取的降水措施、土壤及地下水的腐蚀、地震下土的液化判别、土壤回填及运土要求等。

2）地形信息：确认当前地坪标高、最终地坪标高、地上结构的拆除范围等。

3）地下基础设施的拆除：明确需要拆除的基础范围、需要拆除的地管范围、不需要拆除及需要保护的地下设施范围。

4）确定结构、基础设计采用的标准规范及业主的特殊要求。

5）明确风和地震的设计参数。

6）明确钢结构、混凝土及钢筋的材料标准及等级。

7）明确混凝土结构及基础的保护层厚度、基础防腐措施等。

8）确定拟建工程的防火范围。

9）确定拟建场地内道路分布及铺砌要求。

10）确定拟建工程建筑物的尺寸大小、层高、抗爆、空调系统（HVAC）及其他要求。

11）明确拟建工程中地下系统的设计要求。

（2）确定具体设计内容：

1）根据项目平面布置确定拟建工程的单体数量、单体尺寸、标高等信息。

2）根据项目平面布置确定拟建工程设备基础信息。

3）根据项目平面布置及要求确定拟建工程道路、铺砌范围及要求。

4）确定拟建工程的地下设施系统。

（3）主要矛盾及需要招标商澄清的问题：

1）主要设计规定中有自相矛盾需要澄清的问题。

2）具体设计内容中发现有自相矛盾需要澄清的问题。

4. 计算项目工程量

组织各专业参与人员在熟悉项目招标文件、技术要求的基础上进行工程量的估算。在时间允许的情况下，应按相应要求的规范标准，进行各单体结构及基础的初步计算，以期达到估算的工程量基本准确的目的，并与以往同等规模装置工程量进行对比分析，评估报价工程量是否偏高或偏低。

5. 编写项目投标总价、项目商务标和技术标

在确定工程量中各子项单价时，应包含施工费及必要的措施费。必要时应进行项目的实地市场调研或对潜在的设备供应商进行初步询价，尽量使工程量单价能反映当地的人工及机械施工或吊装的价格水平，并根据各子项工程量乘以单价再加上必要的风险费用，进而确定出项目的投标合同总价。

在研读招标文件的基础上，根据标书的技术规定和采用的标准，结合工程经验，编写技术标，尽可能响应招标文件的要求。当与标书要求存在偏差时，应填写偏离表。

6. 开标、确定中标、签订合同文件

该项活动由业主组织进行。

3.1.2 确定中标到详细设计前阶段

从得知项目中标到合同签订一般会有数个月的项目空档期，项目设计技术人员应抓住该阶段进行必要的项目技术准备工作，主要包含以下内容：

1）项目合同文件及其技术要求的深入研读。

2）确定设计标准或规范。

3）编写设计基础。

4）编写详勘技术要求。

5）确定项目要求的计算及绘图软件。

6）编制项目的图纸预估目录及进度计划。

7）根据合同要求的标准规范编写各种计算表格文件。

8）确定钢结构制造分包商的工作方式及范围。

1. 项目合同文件及其技术要求的深入研读

项目投标阶段的技术文件一般会以技术附件的形式成为签订合同文件的一部分，一般情况下，不会发生变化，这需要各专业技术人员再次进行确认，并为后续编写项目的技术文件做必要的准备工作。若在此过程中发现与投标文件要求有偏差之处，应作为专项列举出来，为后续可能发生合同变更或索赔做必要的准备。

2. 确定设计标准或规范

准确理解招标文件有关技术标准的要求，业主技术标准通常是基于所在国的标准或欧洲或美国标准，需要确定编制出专业设计应遵循的标准规范清单。

3. 编写设计基础

设计基础（Design Basis）的编写目的主要是为了提炼和梳理所建项目的结构及土建设计参数。某种程度上讲类似于国内项目的结构设计总说明。设计基础的技术参数除来自规范外，最主要从项目合同的技术文件中获得。主要包含以下内容：

1）钢结构材料（选用材料的标准、型号、力学性能、设计参数等）。

2）混凝土材料（选用材料的标准、强度等级、力学性能、保护层厚度、地脚螺栓、灌浆等）。

3）钢结构设计（采用的规范、允许挠度及水平侧移、钢结构及节点设计原则、防火、柱脚及地脚螺栓设计原则）。

4）混凝土设计（采用的规范、最小配筋率、允许挠度及水平侧移、裂缝限值、钢筋直径及间距）。

5）荷载及荷载组合。荷载指各基本工况的定义及取值，包括恒载、设备荷载、活载、吊车荷载、风及地震作用等。荷载组合指按项目要求采用的规范进行荷载组合。分承载能力极限状态及正常使用极限状态，如有必要需进一步按不同的设计对象，比如钢结构、混凝土及地基分别进行荷载组合。

6）浅基础及深基础（地基设计参数或桩基参数）。

7）道路、场地铺砌及地下设施。

4. 编写详勘技术要求

尽管在投标阶段业主一般会提供场地的《初勘报告》，但也会要求承包商在场地移交后进行详勘工作，以对场地的具体地质情况进行确认。有时场地预处理的工作可能由承包商负责，但也会出现业主自行单独招标进行场地预处理，此时很容易出现承包商详勘结果和业主承诺的地基设计参数出现较大偏差的情况。对于承包商而言，这是非常大的风险，承包商应该在投标阶段着重就场地交付时，预期应达到的承载力及地基设计参数进行书面澄清确认，以备将来出现分歧进行索赔时，留下必要的技术证据文件。

详勘技术要求文件（即详勘招标技术文件）应该在初勘的基础上，根据相关规范、项目技术文件要求以及装置平面布置图进行编写，主要包含以下内容：

1) 详勘布点的间距要求。

2) 关键控制钻孔（Bore hole）的要求（SPT 的间隔、终止原则、估算深度）。

3) 静力触探（CPT）的要求（静力触探仪的要求、终止原则及孔深的要求）。

4) 跨孔（基础动力分析）试验技术要求。

5) 室内土工试验技术要求。

6) 详勘分包商应提交的技术成果文件要求。详勘分包商一般应提供给承包商《详勘报告》及《详勘报告的研究、解释性报告》，其中在《详勘报告的研究、解释性报告》中，应详细解释并建议承包商采用的地基承载力参数、桩基设计参数、沉降计算参数以及防腐设计等基础设计的关键参数。

5. 项目采用的计算及绘图软件

项目需采用的计算设计软件及绘图软件，一般会在合同文件中规定，有时则不然。但无论如何，承包商都应该在项目设计开始之前，把拟采用或合同中规定的计算设计及绘图软件以书面的形式发给业主或 PMC（Project Management Consultant 项目管理顾问）确认。这点与国内要求有较大的差别。由于承包商的设计图纸和计算书要提交业主 PMC 审查批准，有时审查机构要求提供计算模型以便审查，这就更需要加强与业主 PMC、审图机构的沟通，了解他们通常使用的软件，并采用他们认可的计算设计软件及绘图软件。

6. 编制项目图纸预估目录及进度计划

根据拟建工程的平面布置图及包含的单体数及基础数量，预估本项目各专业技术文件的交付物数量，并进行命名和编号，包括不同版次需要提交的计算书、图纸及三维模型文件等，根据此交付物清单及合同文件要求的里程碑进度计划，承包商应编写出详细的设计进度计划，并一起提交业主或 PMC（Project Management Consultant 项目管理顾问）审查批准。这些文件将是业主及承包商测算项目设计进度及业主按进度支付进度款的重要依据。

7. 根据合同要求的标准规范编写各种计算表格及项目标准图文件

除个别项目业主允许承包商采用中国标准进行设计和建设外，更多的项目业主可能要求按国外标准进行设计。因此，对于国内结构工程师而言，不可避免地就需要去学习和研究项目合同所要求采用的规范体系。目前，国际上比较通用、认可度较高的结构设计标准体系主要是由 ASCE、AISC 以及 ACI 组成的美国体系和由 EN 1990~1998 组成的欧洲体系，而这两种标准体系和国内结构设计规范体系区别较大。因而，国内有条件和实力的设计院或工程公司有必要提前或在项目准备的前期阶段花费一定的精力去研究这些规范体系，为将来国外项目的顺利实施做必要的技术准备。本节以欧洲标准规范以及实际项目的具体应用情况，说明需要为荷载计算、钢结构、混凝土以及地基基础设计所做的技术性准备工作。

从得知项目中标到初步设计或详细设计开始前的项目前期阶段，工程师就应该在更加深入研究和熟悉项目合同文件的基础上，对合同规定的具体技术要求进行梳理，并结合合同要求采用的规范体系，编写相应的技术准备文件。所有这些技术文件的准备步骤总结如下：

1) 深入研究要求采用的标准规范体系。

2) 编写必要的荷载、构件设计及基础计算表格。

3) 规范条款与计算设计软件的结合。

4) 编制各类结构单体的计算书模板。

5) 编制项目标准图文件。

深人研究规范体系是基础，也是首先要做的工作。研究规范体系往往需要前后反复学习，也往往需要精读数遍后才能领会理解，并同时要参阅大量规范辅助解释性的书籍或实例，才能正确地编写出计算表格和设计参数。这些计算表格不仅为计算程序的输入参数做准备，同时也为了能更加深入地理解规范、正确设置软件的对应参数以及验证软件设计的正确性做准备。值得一提的是，笔者经历的许多项目，业主均在合同文件中规定，承包商需要提供手算文件以证明软件设计的正确性，这就使得编写计算表格工作变得必不可少了。国外项目设计工作要求追本溯源，设计的每一步都需要提供详细的计算书，即使构造设计，也要有计算书来证明，这点与国内要求有很大不同。

最后，在前两步工作的基础上，研究软件或软件对应参数的正确设置，把规范或合同的具体技术要求在软件中实现。

要把结构设计做到安全、经济、合理，除了必备的结构设计概念和扎实的力学基础之外，上述三个步骤的技术准备工作非常必要，也是极力推荐读者去做的。

编制每类建（构）筑物的计算书模板，包括承重框架、管廊、厂房、立式设备基础、卧式设备基础、独立基础、水池、变电所、抗爆机柜间等。

建议读者编写的计算程序及导则详见表 3.1.1。

编写的计算程序及导则

表 3.1.1

No.	文件名称	参考规范	备注
1	封闭建筑风荷载计算	EN 1991-4-2005	荷载计算及荷载组合
2	开敞结构风荷载计算	EN 1991-4-2005	
3	设备风荷载计算（立式容器、卧室容器、空冷、栏杆等）	EN 1991-4-2005/ASCE 7-10	
4	H 型钢防火重量表	项目规定	
5	地震反应谱	EN 1998-1-2004/ASCE 7-10	
6	混凝土结构荷载工况及组合	EN 1990-2002	
7	钢结构荷载工况及组合	EN 1990-2002	
8	柱脚计算	EN 1993-8-2005/P398	钢结构杆件及节点设计
9	抗剪键计算	EN 1993-8-2005/P398	
10	简支梁分析程序（欧标截面）		
11	H 型钢梁截面及稳定承载力计算程序（欧标型钢）	EN 1993-1-2005	
12	柱子计算长度系数计算程序	NCCI SN008a-EN-EU	
13	端板连接计算程序	EN 1993-8-2005/P398	
14	梁梁连接计算程序	EN 1993-8-2005/P398	
15	钢柱轴心受压稳定计算程序	EN 1993-1-2005	
16	钢柱压弯拉弯计算程序	EN 1993-1-2005	
17	混凝土梁抗弯计算程序	EN 1992-1-2004	混凝土构件及节点设计设计
18	混凝土梁抗剪计算程序	EN 1992-1-2004	
19	混凝土柱拉压弯承载力计算程序（N-M 曲线）	EN 1992-1-2004	
20	混凝土梁裂缝及挠度计算程序	EN 1992-1-2004	
21	混凝土钢筋搭接、锚固长度计算程序	EN 1992-1-2004	
22	混凝土牛腿承载力计算程序	EN 1992-1-2004	
23	混凝土基础底板冲切计算程序	EN 1992-1-2004	
24	预制混凝土构件节点连接承载力计算程序	EN 1992-1-2004	

续表

No.	文件名称	参考规范	备注
25	光滑接触面杯口基础计算程序	Design model and recommendations of column foundation connection through socket with rough interfaces	
26	粗糙接触面杯口基础计算程序	Design of precast columns bases embedded in socket foundations with smooth interfaces	
27	独立基础（双向受弯）计算程序（公式法）	Determination of Base Stresses in Rectangular Footings under Biaxial Bending[†]	基础及特殊结构设计程序及导则
28	立式容器基础计算程序	EN 1991-4-2005/PIP STE03350	
29	换热器及卧式容器基础计算导则	PIP STE03360	
31	大板基础（联合基础）计算导则		
32	地脚螺栓（混凝土拔出）检验程序	ACI 318/EN 1992	
33	离心式动力基础计算导则	DIN 4024	
34	往复式动力基础计算导则	CP 2012	
35	抗爆建筑物设计	ASCE Design of blast resistant buildings in petrochemical facilities	
36	池子计算导则		
37	地勘报告研究	EN 1997	

项目标准图的大体内容详见表 3.1.2。

项目标准图   表 3.1.2

No.	文件名称	备注
1	钢结构设计总说明	
2	钢结构节点连接标准图（如必要）	
3	钢格板	钢结构部分
4	楼梯	
5	直梯	
6	混凝土结构设计总说明	
7	混凝土框架配筋构造详图	
8	楼梯及直梯基础标准图	混凝土部分
9	埋件详图	
10	卧式容器及换热器基础支座详图	
11	预制混凝土构件节点连接详图	

8. 确定钢结构制造分包商的工作方式及范围

钢结构制造一般由专门的钢结构加工厂预制完成，并负责运输到现场。节点连接通常采用高强度螺栓连接。节点设计工作内容是否属于钢结构厂或设计院，应根据合同约定进行。但就设计专业化和国际上比较流行的分工模式来讲，节点设计在钢结构厂进行可能会变成未来的趋势。

钢结构节点设计从工作分工模式来讲分以下三种：

模式一，承包商负责设计节点，提供构件布置图并附带节点详图或节点连接标准图，钢结构分包商仅按图放样加工。

模式二，承包商提供构件布置图和节点设计内力值，钢结构分包商负责节点设计和放样加工。

模式三，承包商提供构件布置图和节点承载力的原则，一般为连接杆件截面强度承载力的特定百分比，钢结构分包商负责节点设计和放样加工。

关于节点设计这里不做详细叙述，设计人员可参考 EN 1993-1-8-2005 Eurocode 3 Design of steel structures Part 1-8 Design of joints、P358 Joints in Steel Construction Simple Joints to Eurocode 3 以及 SCI 编著的设计指南 P398-Joints in Steel Construction Moment-Resisting Joints to Eurocode 3 进行设计。

笔者经历的海外项目主要是采用模式三，即钢结构厂分包商进行节点设计。当采用该方式的节点设计时，承包商提供给分包商节点设计的内力取值原则，可参考表 3.1.3。

节点连接承载力百分比 表 3.1.3

节点类型	设计轴力	设计弯矩	设计剪力
柱拼接		100%	100%
梁柱刚接		85%	50%
垂直支撑处的框架梁柱铰接	30%	50%	
梁柱铰接	10%	50%	
梁梁铰接		50%	
梁梁刚接		30%	50%
垂直支撑	50%		
水平支撑	30%		

注：表中百分比为节点设计内力与截面对应强度承载力的比值。

对于钢结构节点连接方式，国内通常采用焊接或螺栓连接并伴随大量的现场焊接工作量，高强度螺栓一般采用摩擦型连接；国外通常采用焊接或螺栓连接的工厂预制方法，现场组装采用螺栓连接，基本不允许现场焊接；这样安装速度快，而且能保证节点连接质量。有些项目甚至要求采用工厂模块化制作，现场仅剩下接口连接的工作量，模块化制造对运输条件好的工程比较适宜。国外高强度螺栓大多采用承压型连接，除有特殊要求外，没有对节点接触面摩擦的处理要求，没有摩擦系数检测要求。钢结构面漆涂装出厂，大大减少了现场钢结构防腐补漆工作量。

3.1.3 详细设计阶段

在详细设计阶段，承包商应按照业主批准的进度计划，分版次、分阶段提交设计文件供业主或 PMC（Project Management Consultant 项目管理顾问）审查，随之获得相应审查意见代码后，方可进行施工或制造厂制造，最后提交项目竣工图。详细设计阶段的工作主要包括：

1）IFI（Issued for information 发布供参考）图纸的提交。

2）IFC（Issued for construction 发布供施工）图纸及 IFR（Issued for review 发布供审查）计算书的提交。

3）承包商对业主及 PMC 就图纸及计算书审查意见的答复及修改升版 IFI。

4）钢结构分包商图纸及计算书的审查。

5）业主及 PMC 对承包商的三维模型审查（30%、60%、90% 三个阶段）。

6）承包商模型审查意见的答复及模型完善。

7）承包商三维设计模型文件的交付（数字交付）。

8）竣工图。

3.2 欧洲钢结构设计管理

3.2.1 专业的设计管理

国外工程公司的专业设置及分工与国内有部分差别，国外工程公司通常是综合工艺、综合设备、综合土建，造成国内 EPC 承包商与国外 PMC 和业主专业间交流对接不顺。如国外的土建专业包括结构专业、建筑专业、地质勘察专业、总图、地下管道等，要解决国内外专业设置不完全匹配的问题，就要在项目组织机构中增加大土建专业负责人，且该专业负责人不仅要精通结构专业的技术问题，同时也要了解相关其他专业的一般性内容，以避免和对方交流时，不知所云。

国外项目运作中专业负责人是一个很重要的岗位，起承上启下的作用，与国内项目相比，专业负责人要做得工作更多。根据国外 EPC 项目的工作体会，结构专业建议设置两个专业负责人，接受设计经理的领导。一个负责人侧重于组织管理，参加项目会议、协调外部资料、专业人员管理、任务安排和进度控制等；另一位负责人侧重于技术管理，项目开始时负责组织专业设计人员消化合同文件、项目规定和国外标准培训、编制专业设计统一规定，完成各类型设计文件的模板和项目标准图。

工厂设计目前一般都进行三维协同设计，即上部结构、地下结构的多专业协同设计。设计中应充分利用三维模型，在发施工图之前，要组织相关专业进行 3D 模型审查，避免出现现场碰撞的情况，比如基础和基础的碰撞，基础和管沟的碰撞，基础和电气仪表沟的碰撞等。当地面附近要埋设大量地下设施时，一般规定基础底板顶到地坪间的净距为 1.5m，为地下设施提供空间，这通常会作为各相关专业要遵守的原则在项目初期就确定下来。

国外项目通常采用版次设计，按预先规定的版次顺序，按步骤进行，设计周期通常也比较合理。当图纸中出现设计条件目前不能落实的情况，可先将该部分圈云线，标出待定字样（HOLD）后发图。

3.2.2 三维模型文件的审查

工业项目的设计，业主通常要进行三维模型的审查，分 30%、60%、90% 三个阶段进行。模型审查的目的是：

1）检查与项目规定要求的一致性。

2）合同要求的关于安全性、可操作性及可维修性的检查。

3）可施工性检查。

4）管道布置走向是否与工艺流程一致。

5）结构与其他设备及管道的碰撞性检查。

6）结构方案布置与合同要求的一致性及结构与设备间走道的通行性检查。

各 3D 模型审查阶段的内容及深度要求 表 3.2.1

1	设备的定位及方位	30%模型审查意见修改完毕	60%模型审查意见修改完毕
2	结构（可以假定构件大小，不包括防火）	所有地面上大于 DN80 的管道	模型应绝大多数完成，包括仪表等
3	抗爆墙	管道的保温、接地及凝液点	至少 90%的管道支架及厂商资料数据应确定
4	管道布置	楼梯、直梯、平台	
5	主通道及走道	设备及阀门的操作平台	
6	影响设备定位的主管道	桥式吊车、永久吊车及吊梁	
7	混凝土楼板、铺砌及道路	最终的压缩机基础、钢结构及混凝土结构	
8	设备定位及方位	已建模型管道的支架	
9	逃生通道	现场操作柜	
10	主管廊管墩及主要管道支架	消防系统	
11	地下电气、仪表电缆沟的轮廓	仪表信号发送器、接线箱、气动阀、操作柜等	
12	主要电气、仪表电缆槽盒布置	电气的室外操作柜及接闪塔	
13	地下污水系统、收集系统及分离系统	地面上的仪表、电气槽盒走向	
14	建筑物外轮廓	包括设备	
15	换热器抽芯区域	公共工程站	
16	检修区域	操作或远程操作阀（液压或气动）	
17	吊车轮廓	钢结构防火及次要构件	

3.2.3 设计成本的控制

作为设计，尤其是 EPC 项目，如何很好地从源头控制设计成本，对整个项目的盈利能力至关重要。国外承包商在这方面比国内承包商做得要好一些。他们要求设计人员必须在单体设计完成时，填写该单体的设计工程量控制表，包括尺寸信息（平面面积、体积）、恒载、活载、设备各状态总荷载（空重、操作状态重、充水状态重）、风荷载、地震作用、各方向的自振周期及总的用钢量等，从而计算出各方向上单位面积的风荷载、地震系数以及单位用钢量（每平方米或每立方米用钢量）等。计算出这些数据后，通过专业人员与以往条件相近项目的单体进行对比，并与报价时估算的工程量作比较（超出 5%要解释原因），从而评价出该单体设计成本控制的优劣。

作为参考，表 3.2.2 是某海外项目的设计工程量控制表。

设计工程量控制表　　　　　　　　　　　　　　　　　表 3.2.2

QUANTITIES & DESIGN CONTROL FORM					
CONTRACTOR:		XXX			
UNIT & STRUCTURE:		Unit 03 Main Pipe modular -2 Steel structure			
REVISION:			A		
		GLOBAL DIMENSIONS(m)			
		X(hor)	Y(vert)	Z(hor)	
		30.00	20.00	10.00	
CONCRETE STRUCTURE		Concrete Structure 2D Plan Area (m²)		300.00	
		Concrete Structure 3D Total Volume (m³)		6000.00	
		X(hor)	Y(vert)	Z(hor)	
		30.64	7.40	3.50	
		30.64	7.40	3.00	
STEEL STRUCTURE					
		Steel Structure 2D Plan Area (m²)		199.16	
		Steel Structure 3D Total Volume (m³)		1473.78	
			RESULTANT REACTIONS (kN)		
			X(hor)	Y(vert)	Z(hor)
DEAD LOAD	Selfweight			8463.65	
	Fireproofing			268.53	
	Other Dead Load			220.85	
OPERATION/LIVE LOAD	Equipment Load			1808.62	
	Pipe Load (Op. Weight)			5251.50	
	Pipe Load (Friction Load)		389.65		391.62
	Pipe Load (Anchor Load)		214.00		53.00
	Cable & Instrument				
	Uniform Live Load			2197.24	
	Dynamic Load				
	Blast Load				
TEST LOAD	Equipment Load			1775.84	
	Piping Load (Test Weight)			5615.50	
WIND	Wind on Structure X		1145.19		
	Wind Piping Forces		98.08		
	Wind on Structure Z				1318.28
	Wind Piping Forces				259.50
SEISMIC LOAD	Seismic Structure X		1234.41		
	Seismic Pip. Anchor Forces X		306.00		
	Seismic Structure Z				1303.62
	Seismic Pip. Anchor Forces Z				86.00
Wind Pressure (kN/m²)			1.506		4.898
Seismic Base Shear Factor			0.077		0.081
Piping Load Ratio (Anchor Load/Op. Weight)			0.041		0.010
Ratio (Wind on Structure / Wind on Piping)			11.676		5.080
Ratio (Seismic Structure / Seismic Piping Anchor Forces)			4.034		15.158
Ratio (Seismic Anchor Forces / Pipe Op. Weight)			0.058		0.016
Natural Period (sec) (X-Dir)			0.764		
Natural Period (sec) (Z-Dir)			0.718		
			QUANTITIES		
CIVIL & STRUCTURAL QUANTSEITI			BUDGET	PROJECT	
CONCRETE FOUNDATION (m³)					
CONCRETE STRUCTURE (m³)					
STEEL STRUCTURE (Ton) (+15% added*)				79	
(*) 15% added to account for steel connections					
RATIOS					
Concrete Foundation Ratio					
Concrete Structure Ratio					
Steel Structure Ratio				0.054	
COMMENTS OR REMARKS					

3.2.4　变更及索赔

变更和索赔是工程设计特别是 EPC 项目非常重要的工作之一，其直接影响着承包商的项目盈利水平及能否按合同约定的工期交工。所以，越来越受到国内外工程承包商的重视。

变更和索赔主要包括以下内容：

1）变更的识别

各专业负责人应在清楚合同要求的基础上，所有与其不相符的设计条件及要求均可识别为变更。其主要包括以下几个方面：

a. 地基设计条件的变更。

b. 地下水位的变化及场地土及水的腐蚀性。

c. 专利商的变化。

d. 业主要求。

其中，地基设计条件的变化是影响费用及工期最明显的变更之一。报价阶段业主可能做了场地初勘，并作为技术条件附加在招标文件中。随后，尤其是业主负责进行场地处理的项目，场地处理的结果能否达到业主承诺的效果，将是项目很大的风险，也可能是潜在的大的变更。这点必须引起承包商的足够重视。

场地土及水的腐蚀性以及水位的变化，不仅直接影响地下设施的设计及材料选择，同时也可能影响施工的排水措施。分包商的变化影响到承包商的工艺设计进而影响结构方案或结构布置。

业主要求，一般由业主在详细设计阶段，为便于生产、操作及安全提出高于合同的额外要求。

专业负责人在详细设计过程中识别出变更后，应及时准备必要的说明性的文字及图纸，并附带相关的材料费用、设计人工时、总追加费用清单以及影响工期的变更声明信函，提交项目合同部门登记、编号，并向业主书面提交，等待变更确认。

2）变更确认

变更的确认即承包商的变更申请得到业主的书面认可。这个过程往往不会是一帆风顺，尤其对于设计费用及工期较大的变更，可能需要承包商和业主经过数轮的谈判，甚至第三方仲裁后才能得到业主的承认或部分承认甚至失败。作为承包商也应本着对业主负责的态度和正确的职业操守，自认为是变更的内容，就应该对业主提出索赔申请，但在和业主暂时达不成一致意见时，也不能影响其他的设计及总包工作的继续开展。

3）索赔

索赔分为费用索赔、工期索赔两个方面。

第4章 工业建筑设计实例

4.1 欧洲某电厂锅炉钢结构设计

（作者：孙洪鹏）

4.1.1 项目概况

4.1.1.1 项目规模

本项目地处欧洲，占地约500多亩。装备两台660MW燃煤汽轮发电机组，锅炉为超临界压力直流炉，单炉膛、一次再热、平衡通风、露天布置、固态排渣、全钢构架、全悬吊结构锅炉，锅炉房采用侧煤仓布置。电厂锅炉支撑钢结构，承受锅炉本体和各种设备及自身重力，并将这些荷载和结构的风荷载及地震作用通过受力构件传到基础。锅炉房立面图详见图4.1.1。

4.1.1.2 结构体系和布置

为有效承受地震作用，需要合理进行结构布置和节点设计，同时必须按照相应的规范进行结构计算。

锅炉钢架主要由柱、梁、顶板、垂直支撑、水平支撑、轻型屋盖和平台楼梯等几部分组成。柱网布置应满足锅炉本体及附属设备的支吊、安装、运行和维护所需的空间和通道的要求。

锅炉钢架沿炉深方向设7列柱，总跨距为70.00m。沿炉宽方向的总跨距为48.00m。沿炉深方向的柱距主要是根据锅炉吹灰器的布置、大管道的布置、燃烧器的操作检修等要求，并考虑到各柱承载均匀确定的。沿炉宽方向，两个内侧柱之间的间距主要是根据顶护板的宽度等确定。外侧柱间距主要是根据二次风道、烟风道、长伸缩吹灰器等的布置确定的。

锅炉采用岛式露天布置，运转层标高17.00m。运转层锅炉钢构架范围内设置刚性大平台。炉顶采用大罩壳密封结构，设置轻型钢屋盖，钢屋盖须设置天窗，考虑自然采光。

锅炉钢架柱脚采用地脚螺栓铰接连接方式，柱底板下表面标高为−1.00m。与垂直支撑相连的柱底板布置了抗剪键用于传递水平力。地脚螺栓由地锚框定位，地锚框埋置于钢筋混凝土基础短柱内，便于地脚螺栓的安装和抵抗上拔力。柱底板与柱子焊接成整体出厂。

根据锅炉本体运行、检修、管道支吊等工艺需要，锅炉钢架共设了20层平面。考虑荷载传递和结构自身稳定的需要，结构上设置了9层水平刚性层。柱接头布置在水平刚性层附近。相邻柱接头之间柱段及平面梁作为一个安装层。在八个立面内设置连续的从柱底到柱顶的垂直支撑，以形成一个稳定的空间结构，在地震和风荷载作用时将水平力传至基础。垂直支撑的布置同时考虑了避让管道，吹灰器等设备及通行的需要。刚性层内水

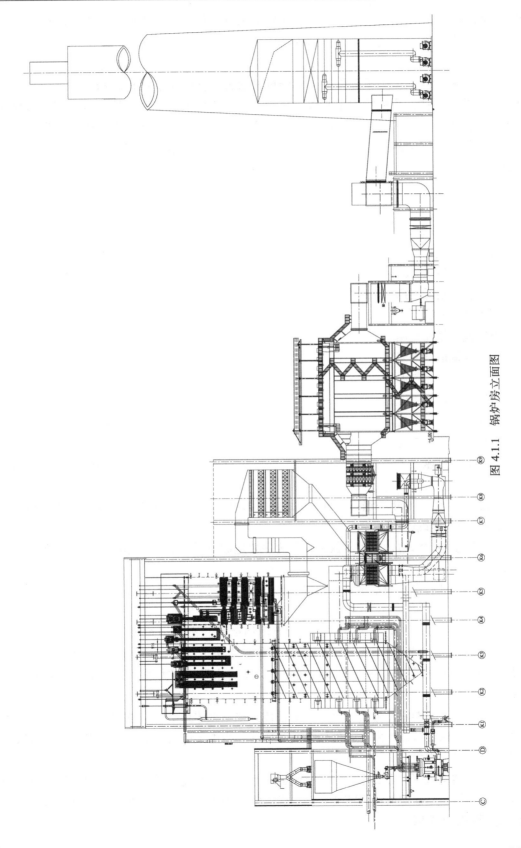

图 4.1.1　锅炉房立面图

平支撑的布置尽量沿锅炉钢架周围形成连续的闭合结构。垂直支撑及水平支撑作为主要受力构件，是安装使用过程中保持结构稳定和确保安全的重要部件，安装的轴线位置须确保无误。考虑到大板梁自身的高度及吊杆扁担梁的布置需要，顶板标高为90.2m。共布置四根大板梁。锅炉受压部件的大部分重量通过吊杆作用于顶板结构，由顶板将大部分荷载传给钢架柱。顶板结构主要由大板梁、小板梁、水平支撑及吊点梁组成。锅炉止晃装置将锅炉本体和水平支撑连接为一个体系，以防止锅炉在有地震及风等产生的水平力作用时晃动。锅炉的立柱与基础采用预埋螺栓连接，该螺栓承担各种受力状态的组合内力。

4.1.2 设计条件

4.1.2.1 气象条件

历年平均气压	1009.4hPa
历年极端最高气压	1031.5hPa
历年极端最低气压	987.7hPa
历年平均气温	18.9℃
历年极端最高气温	41.4℃
历年极端最低气温	−3.5℃
历年平均最高气温	23.7℃
历年平均最低气温	14.5℃
历年平均相对湿度	68.0%
历年最小相对湿度	0%
历年平均风速	2.9m/s
历年最大风速	34.9m/s（SSW）

离地10m高，50年一遇，10min平均最大风速为35m/s，相应风压为0.77kN/m²。

4.1.2.2 地震作用

厂址位于地中海边，周边以低山丘陵为主要地貌单元，地势整体起伏较大，高程一般为0.0～81.0m。

本工程厂址所在地的基本地震加速度为0.45g，位于第一类地震区，地震基本烈度为9度。

电厂锅炉结构，不同于建筑结构，所有本体荷载悬吊在锅炉顶部，并将重力传到基础。按照规范上的建模要求，采用等效水平作用来考虑结构在基底承受的地震剪力。水平作用力在结构的高度方向上均匀线性分布。所有水平作用力的合力与结构的基底剪力V相等。

钢结构节点要能够将地震作用力有效地传到抗侧力体系上。节点的设计要保证节点力的可靠传递，保证节点不发生强度破坏或者变形。当由地震力控制时，节点力设计值取地震作用下的最大内力。

锅炉钢结构采用中心支撑框架为抗侧力体系。对于非建筑结构，若在地震作用下，结构的侧移能够满足锅炉的设计需要，并不影响锅炉平台和锅炉管道的使用，可以对锅炉结构的适用高度放宽限制。

4.1.2.3 荷载及荷载组合

本项目锅炉钢架除承受锅炉本体荷载外，还需承受锅炉范围内及炉前的各汽水管道、烟、风、煤粉管道、吹灰设备、轻型屋盖、炉顶单轨吊或电动葫芦、塔吊、电缆桥架、SCR 脱硝装置、锅炉运转层大平台等的荷载（包括活荷载）、炉前各层平台荷载以及主厂房传给锅炉的水平推力；各停靠层处电梯井、炉后烟道支架、脱硝装置传来的水平及竖向荷载（包括风载、地震作用）。

锅炉钢架承受的荷载主要有静载、活荷载、地震作用、风荷载等。静载包括钢结构及平台自重；锅炉本体荷载（含金属、水、灰等）；空预器荷载；轻型屋盖荷载；锅炉范围内的各汽水管道、烟、风、煤粉管道荷载；除灰设备荷载；炉前运转层平台静载；电缆竖井及桥架荷载；脱硝荷载等。平台、步道和扶梯要有足够的强度和刚度。

运转层大平台的活荷载为 $10kN/m^2$（不包括平台自重），检修平台的活荷载为 $4kN/m^2$；其余各层平台的活荷载为 $2.5kN/m^2$；扶梯的活荷载为 $2kN/m^2$。还要考虑施工过程中的荷载，以及持续压力荷载和瞬态压力荷载。

持续压力荷载是指锅炉在持续设计压力下的空气和烟气侧压力对结构产生的作用。由管道止晃装置或锅炉止晃装置传递到钢架。持续压力荷载对冷灰斗、尾部灰斗、水平烟道炉底管、顶棚管等处的压力作用，通过吊杆传到顶板。尾部灰斗上部的侧墙形成水平方向的不平衡力作用在锅炉钢架上。其他炉膛压力荷载不对锅炉构架形成水平或垂直作用。烟风道的压力荷载形成的不平衡力将作用在锅炉构架上。

瞬态压力荷载是指锅炉瞬态设计压力下的空气和烟气侧压力对结构产生的作用。为临时荷载，短期作用，不与持续压力组合，但与风荷载、地震作用组合。瞬态压力荷载对冷灰斗、尾部灰斗、水平烟道炉底管、顶棚管等处的压力作用，通过吊杆传到顶板。尾部灰斗上部的侧墙形成水平方向的不平衡力作用在锅炉钢架上。其他炉膛压力荷载不对锅炉构架形成水平或垂直作用。烟风道的压力荷载形成的不平衡力作用在锅炉构架上。

本项目锅炉钢架按承载力极限状态进行校核时，荷载组合如下：

$1.35DL$

$1.35DL+1.5LL$

$1.35DL+1.5W+1.5LL$

$1.0DL+0.8LL+1.0E_x+0.3E_y$

$1.0DL+0.8LL+0.3E_x+1.0E_y$

本项目锅炉钢架按正常使用极限状态校核时，荷载组合如下：

$1.0DL+1.0LL$

$1.0DL+1.0W+1.0LL$

式中 DL——恒载；

$\quad\quad LL$——活载；

$\quad\quad W$——风载；

$\quad\quad E$——地震作用。

4.1.2.4 防腐要求

由于本项目建设临近海边，防腐要求相对较高，油漆防腐按 SSPC 标准设计，油漆产品需满足抗高腐蚀性室外 C4～C5-M 的环境要求。

锅炉钢结构、平台、扶梯等部件需在车间进行底漆、中间油漆和第一道饰面漆粉刷，最后一道面漆及补漆在现场完成。钢结构油漆的防腐要求为 15 年。

底漆采用环氧富锌底漆 $60\mu m$，干膜锌粉含量≥膜锌粉，金属锌含量检测值≥75%。

中间漆采用环氧云铁厚浆漆 $150\mu m$，环氧云铁厚浆漆体积固含量≥80%（常温）。

面漆采用可复涂脂肪族聚氨酯面漆 $70\mu m$（第一道工厂面漆的厚度不低于 $30\mu m$）。

钢结构表面喷丸处理至 Sa2.5 级（表面粗糙度 Rz40-70μm）。

4.1.2.5 规范依据

本项目的设计和制作的产品应符合 CE 认证要求，并按 EN 标准、DIN EN 标准、ASME 标准、US Environmental Protection Agency-EPA 标准等执行。在 CE 标准、EN 标准、DIN EN 标准、ASME 标准、EPA 标准范围内未作规定的设备及其附件，按中国国家标准或者中国电力行业标准执行。

CE	欧盟认证
EN	欧盟标准
AISC	美国钢结构学会标准
ANSI	美国国家标准学会
ASTM	美国材料与试验学会标准
AWS	美国焊接学会
NSPS	美国新电厂性能（环保）标准
IEC	国际电工委员会标准
IEEE	国际电气电子工程师学会标准
ISO	国际标准化组织标准
NERC	北美电气可靠性协会
NFPA	美国防火保护协会标准
SSPC	美国钢结构油漆委员会标准
GB	中国国家标准
DL	电力行业标准
JB	机械部（行业）标准

4.1.2.6 认证要求

根据欧盟建筑产品法规（CPR）要求，钢结构产品制造商要求通过 CPR 协调标准 EN 1090-1 和 EN 1090-2 认证。EN 1090 为建筑产品 CPR 法规对钢结构的认证标准。该标准于 2012 年 9 月 1 日开始强制执行，所有进入欧盟市场的钢结构，必须获得 EN 1090 证书方可在欧盟市场销售。

EN 1090 标准分为三个部分：

EN 1090-1：2009＋A1：2011（钢结构和铝结构 第一部分：结构部件一致性评估基本要求）

EN 1090-2：2008（钢结构和铝结构 第二部分：钢结构技术要求）

EN 1090-3：2008（钢结构和铝结构 第三部分：铝结构技术要求）

EN 1090 认证要点：

1）建立工厂生产管控体系 FPC；参考 EN 1090-1。

2）选择执行等级 EX1～4；参考 EN 1090-2。

3）材质证书验证；参考 EN 1090-2。

4）建立焊接体系；参考 EN 1090-1。

5）产品性能参数确定；参考 EN 1090-1。

6）签署符合宣告，使用 CE 标牌。

EN 1090 认证是对钢结构企业体系的审核，审核要点：

1）通用要求：建立工厂管控体系，确保投放市场的产品与制造商宣告的性能参数一致。

2）人员：符合欧盟标准的焊工证书，焊接操作人员证书。

3）设备：检验设备，测试设备的计量与校准。

4）程序文件管控。

5）原材料：材质证书。

6）材质规格：基本性能要求。

7）最终产品检验。

8）不合格品处理程序。

9）焊接工艺（PQR/WPS）。

4.1.3　结构分析

本项目计算采用 STAAD-PRO 设计软件进行设计计算。基本模型见图 4.1.2，典型的平面详见图 4.1.3，立面详见图 4.1.4。

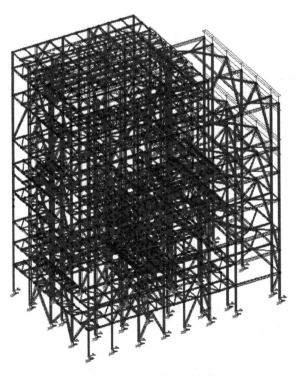

图 4.1.2　锅炉钢结构计算模型

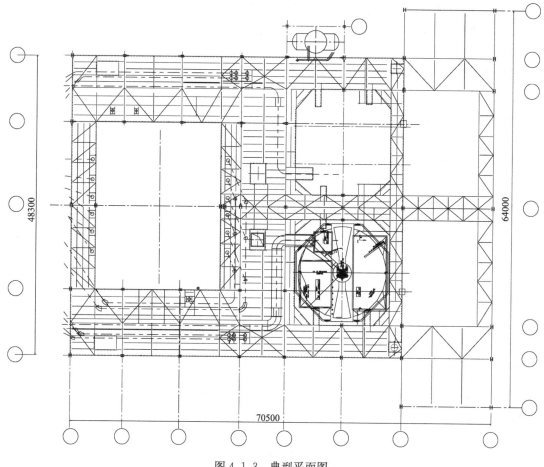

图 4.1.3 典型平面图

4.1.3.1 计算参数

本项目结构构件的应力系数取值，接近以下规定的最大应力系数：

1) 柱、垂直支撑、平面主次梁：最大应力系数取 0.90。

2) 大板梁、顶板承受吊点的次梁：最大应力系数取 0.85。

3) 水平支撑：最大应力系数取 0.95。

各承重梁的挠度与本身跨度的比值不超过以下数值：

1) 大板梁：1/1000

2) 次梁：1/750

3) 一般梁：1/500

4) 空气预热器支承大梁：1/1000

结构侧移要求：

地震和风荷载作用下，满足 1/500 要求。

4.1.3.2 计算及结果分析

本项目的最不利荷载工况为：$1.2G + 1.2Q + 1.4E$

静力分析结果详见图 4.1.5：X 为前后方向，Z 为两侧方向。

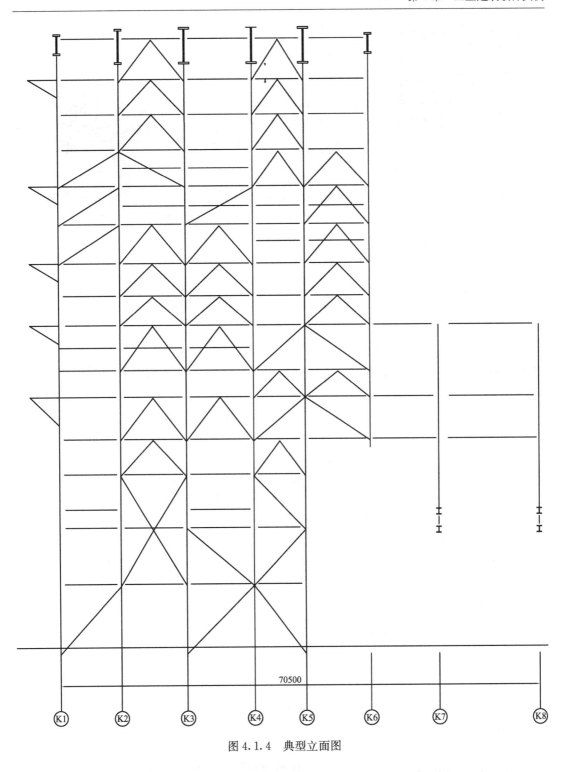

图 4.1.4 典型立面图

钢结构主要构件的接头采用扭剪型高强度螺栓连接。柱与梁的连接采用刚接节点，其他连接采用铰接节点。

经校核，结构构件强度和稳定性满足要求。

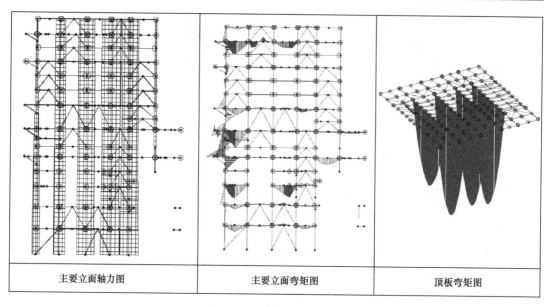

| 主要立面轴力图 | 主要立面弯矩图 | 顶板弯矩图 |

图 4.1.5 静力分析结果

下面是一个主要柱段的校核结果：

ALL UNITS ARE-KG　MMS　（UNLESS OTHERWISE Noted）

MEMBER	TABLE	RESULT/	CRITICAL COND/	RATIO/	LOADING/
		FX	MY	MZ	LOCATION

==

4 ST　580860X20/50（UPT）

　　　　　　　　PASS　　EC-6.3.3-662　　0.683　　47

　　　1788680.50 C　24815228.00　　2217609.00　　9460.00

==

MATERIAL DATA

　　Grade of steel　　　　　＝　S 355

　　Modulus of elasticity　＝　205 kN/mm²

　　Design Strength（py）　＝　335　N/mm²

SECTION PROPERTIES（units-cm）

　　Member Length＝　　946.00

　　Gross Area＝　956.00　　　　　Net Area＝　956.00

		z-axis	y-axis
Moment of inertia	:	624158.875	530078.875
Plastic modulus	:	23941.998	18537.998
Elastic modulus	:	21522.723	12327.418
Shear Area	:	568.000	96.000
Radius of gyration	:	25.552	23.547
Effective Length	:	946.000	946.000

DESIGN DATA（units-kN，m）　　　EUROCODE NO. 3/2005

  Section Class　　　　　　：　CLASS 2

  Squash Load　　　　　　：　32026.00

  Axial force/Squash load　：　0.548

  GM0：　1.00　　GM1　：　1.00　　　　GM2：　1.25

	z-axis	y-axis
Slenderness ratio（KL/r）：	37.0	40.2
Compression Capacity　：	28725.6	26593.5
Tension Capacity　　　：	32026.0	32026.0
Moment Capacity　　　：	8020.6	6210.2
Reduced Moment Capacity：	3819.4	4674.9
Shear Capacity　　　　：	10985.8	1856.8

BUCKLING CALCULATIONS（units-kN，m）

  Lateral Torsional Buckling Moment　　MB=7698.1

  co-efficients C1 & K：C1=1.132 K=1.0，Effective Length=9.460

  Elastic Critical Moment for LTB,　　　　Mcr　=31960.3

  Compression buckling curves：　z-z：　Curve b　y-y：　Curve c

CRITICAL LOADS FOR EACH CLAUSE CHECK（units-kN，m）：

CLAUSE	RATIO	LOAD	FX	VY	VZ	MZ	MY
EC-6.2.3（T）	0.066	1−2121.5	4.7	9.0	44.7	85.3	
EC-6.3.1.1	0.663	4717624.3	2.3	−0.5	−0.0	0.0	
EC-6.2.9.1	0.054	4813199.7	−14.8	−33.9	13.2	−294.1	
EC-6.3.3-661	0.626	4717541.0	10.9	25.7	21.7	243.4	
EC-6.3.3-662	0.683	4717541.0	10.9	25.7	21.7	243.4	
EC-6.2.6-（Z）	0.003	4813276.1	−14.8	−33.9	−0.0	0.0	
EC-6.2.6-（Y）	0.008	4813276.1	−14.8	−33.9	−0.0	0.0	
EC-6.3.2LTB	0.018	4813192.7	1.5	8.7	−139.6	81.9	

ADDITIONAL CLAUSE CHECKS FOR TORSION（units-kN，m）：

CLAUSE	RATIO	LOAD	DIST	FX	VY	VZ	MZ	MY	MX
EC-6.2.7（5）	0.372	47	9.5	17541.0	10.9	25.7	21.7	243.4	−0.2

结构侧移量：64.76/86600=1/1337，满足要求。具体数值详见表 4.1.1。

各层柱顶 X 和 Z 方向位移值（mm）　　　　　表 4.1.1

标高	17.00m		30.00m		52.7m		71.40m		86.6m	
方向	（X向）	（Z向）	（X向）	（Z向）	（X向）	（Z向）	（X向）	（Z向）	（X向）	（Z向）
位移量	9.95	7.55	20.59	13.45	43.47	15.43	52.71	21.11	64.60	29.76

通过分析，计算得到的结构前 30 阶固有频率/周期详见表 4.1.2。从表中可以看出，塔式锅炉钢架结构第一振型周期为 3.37672s，刚度较大。

前 30 阶固有频率/周期					表 4.1.2
自振阶次	频率（Hz）	周期（s）	自振阶次	频率（Hz）	周期（s）
1	0.296	3.37672	16	1.253	0.79814
2	0.316	3.16702	17	1.317	0.75949
3	0.471	2.12094	18	1.327	0.75344
4	0.578	1.72881	19	1.330	0.75202
5	0.738	1.35447	20	1.332	0.75094
6	0.907	1.10215	21	1.334	0.74965
7	0.933	1.07130	22	1.345	0.74324
8	0.947	1.05640	23	1.346	0.74308
9	1.023	0.97753	24	1.426	0.70145
10	1.088	0.91893	25	1.435	0.69707
11	1.110	0.90106	26	1.437	0.69567
12	1.178	0.84900	27	1.447	0.69096
13	1.216	0.82243	28	1.448	0.69077
14	1.229	0.81373	29	1.450	0.68951
15	1.251	0.79941	30	1.480	0.67567

结构的前二十阶振型以水平侧移和扭转振型为主，中间穿插了一些局部结构振动的振型。图 4.1.6 中列出计算所得的结构前四阶振型。

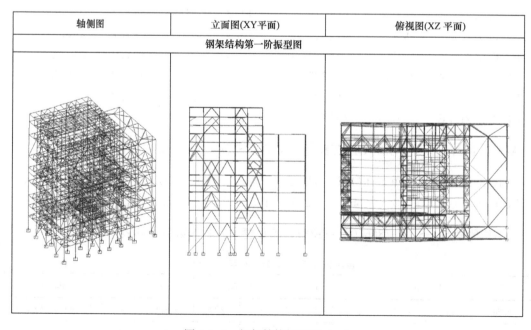

轴侧图	立面图(XY平面)	俯视图(XZ 平面)
钢架结构第一阶振型图		

图 4.1.6　钢架结构振型图（一）

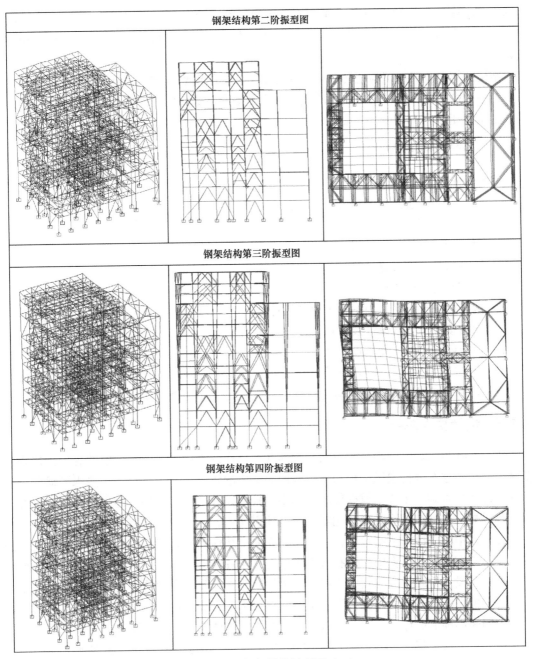

图 4.1.6　钢架结构振型图（二）

　　从图 4.1.6 可以看出，结构的第一阶振型为 Z 向水平弯剪振型，第二阶振型为 X 向水平弯剪振型，第三、四阶振型为 XZ 平面的扭转振型，第五阶振型为上部与下部振动方向相反的 Z 向水平弯剪振型，第六阶振型为上部与下部振动方向相反的 X 向水平弯剪振型，第七阶振型为顶部梁柱水平弯剪局部振型，第八阶振型为上部与下部振动方向相反的 XZ 平面的扭转振型。

　　结构第一、二阶振型分别为两个水平方向的弯剪振型，说明钢架在动力作用下表现出悬臂梁的特性，第一、第二周期比 $T_1/T_2 = 1.0662$，结构纵横两向周期比较接近，说明结构两方向刚度均匀，结构较为规则，抗震性能较好。第一、第三周期比 $T_1/T_3 = 1.592$，第一、第四周期比 $T_1/T_4 = 1.954$，以扭动为主的第三、四周期较小，说明结构抗扭刚度较好。

结构的第三、四振型为扭转振型，这是由于较大的锅炉本体悬吊在钢架顶板上，构架下部的各种荷载布置不均匀，钢架的质心与刚度中心不重合引起的，当有水平力作用时容易产生扭转变形。

4.1.4　设计文件交付

技术设计提交内容：

1）钢架初步布置总图及设计说明文件。

2）锅炉初步基础负荷图。

3）锅炉钢架整体计算及最终基础负荷。

4）锅炉钢架典型节点计算。

5）地脚螺栓及柱脚计算。

6）钢架第一至七层平面图技术设计及计算。

7）钢架顶板层技术设计及计算。

8）顶板层施工设计及节点计算。

施工图经会签后才能投入制造。节点计算书需要提前一周提交。施工图要求使用 TEKLA 软件做三维设计。整个项目完成后，应将完整的 TEKLA 三维模型存档。

4.1.5　设计要点总结

（1）本项目锅炉钢结构，为框架支撑形式。这样的支撑形式，不但能够有效传递垂直荷载，而且能够有效传递风荷载和地震作用等形成的较大水平力，并把这些水平荷载以最短途径传递到基础。中心支撑框架的整体刚度较大，并且承受水平力能力很强，抗侧力体系优势明显，这种结构形式完全能够承受高地震作用。

（2）在中心支撑框架布置中，钢结构在立面上从前到后布置有 5 列垂直支撑，从左到右至少布置有 4 列垂直支撑。所有垂直支撑连续布置，可以将顶部荷载以及锅炉钢结构范围内的各种设备荷载形成的较大水平力，通过这些支撑和相应构件自上而下传递到基础。

（3）根据结构的受力需要，设置了 8 层以上水平支撑刚性层，刚性层水平支撑的布置沿锅炉钢架周围形成连续的闭合结构，保证结构的整体稳定和平面刚度，设置了至少 4 层锅炉本体止晃层，将锅炉的较大地震力作用，通过锅炉的止晃装置传递到钢结构的刚性层，再通过刚性层将水平力传到垂直支撑，通过垂直支撑传递到基础。同时，止晃装置将锅炉本体和水平支撑连接为一个体系，以防止锅炉在有水平力作用时晃动。

（4）钢结构所有构件的节点，应严格按照标准规定进行设计。节点区域的相应构件应满足规范的验算要求。为保证结构的整体刚度和节点刚度，主要节点按照规范要求设计为刚接节点。对于梁柱节点附近的柱子拼接焊缝，采用较为稳妥的全焊透焊缝，满足构造要求，保证节点安全。

（5）钢结构设计时，严格按照标准规范要求进行钢结构的计算和极限承载力验算。按照以往高地震烈度区项目动力分析的经验，锅炉钢结构，在受到 50 年超越概率 10% 的地震作用下，承受所有垂直荷载和地震作用时，锅炉构件整体处于弹性状态；在受到 50 年超越概率 2% 的地震作用下，承受所有垂直荷载和地震作用时，钢结构极少构件进入弹塑性状态，没有构件产生屈服，结构抗震性能良好。

（6）按照业主所在地强制性规范要求，项目设计须由当地政府授权的设计单位进行审核并提交政府有关部门批准。另外，项目需经过第三方认证机构按照欧盟遵循的法规、指令、标准进行认证，并提供第三方认证机构确认的证书。

4.2　东欧某多层工业厂房钢结构设计

（作者：刘正华、张伟青、侯越、徐晓明）

4.2.1　项目概况

本项目为东欧某国多层钢结构工业厂房，建筑总面积为 7670m²，层数 12 层，高度 60m。经双方商议，厂房上部结构由中方按照欧洲结构设计规范进行设计，厂房下部基础由当地设计咨询机构按照中方提供的柱脚反力及柱脚锚栓资料进行设计。并对中方提供的上部结构计算进行校验。

由于本项目为 EPC 模式，因此钢材的采购、钢结构的加工制作均在国内完成。

4.2.2　设计依据

1. 当地合作设计咨询机构及中方工艺建筑等专业提供的设计图、设计任务书及有关资料。

2. 工程设计事前指导书。

3. 欧洲相关规范：

EN 1990：2002：	结构设计基础
EN 1991-1-1：2002：	建筑物的容重、自重和作用荷载
EN 1991-1-2：2002：	火对结构的作用
EN 1991-1-3：2003：	雪荷载作用
EN 1991-1-4：2005：	风荷载作用
EN 1991-1-5：2003：	热力作用
EN 1991-1-6：2005：	施工期间的作用
EN 1991-1-7：2006：	偶然作用
EN 1991-3：2006：	吊机及施工机械产生的作用
EN 1993-1-1：2005：	一般规定及建筑标准
EN 1993-1-2：2005：	结构抗火设计
EN 1993-1-3：2006：	冷成型薄壁构件和薄钢板
EN 1993-1-5：2006：	钢板结构
EN 1993-1-7：2007：	平面外荷载作用下的钢板结构
EN 1993-1-8：2005：	节点设计
EN 1993-1-10：2005：	材料的韧性和厚度方向的特性

EN 1993-1-11：2006： 拉杆结构的设计

EN 1993-1-12：2007： EN 1993 延伸到钢材等级 S700 的补充规定

4. 中国相关规范：

《建筑结构可靠度统一标准》GB 50068—2001

《建筑结构制图标准》GB/T 50105—2010

《钢结构设计规范》GB 50017—2003

《钢结构焊接规范》GB 50661—2011

《钢结构高强度螺栓连接技术规程》JGJ 82—2011

《钢结构工程施工质量验收规范》GB 50205—2001

《工业建筑防腐蚀设计规范》GB 50046—2008

《低合金高强度结构钢》GB/T 1591—2008

《碳素结构钢》GB/T 700—2006

《厚度方向性能钢板》GB/T 5313—2010

《高层建筑结构用钢板》YB 4104—2000

《非合金钢及细晶粒钢焊条》GB/T 5117—2012

《埋弧焊用低合金钢焊丝和焊剂》GB/T 12470—2003

《气体保护电弧焊用碳钢、低合金钢焊丝》GB/T 8110—2008

《钢结构用扭剪型高强度螺栓连接副》GB/T 3632—2008

《六角头螺栓_C级》GB/T 5780—2000

《紧固件机械性能_螺栓、螺钉和螺柱》GB/T 3098.1—2010

4.2.3 设计条件

4.2.3.1 水文气象条件

水文气象表　　　　　　　　　　　　　　　　　　　　　　表 4.2.1

夏季空调室外计算温度	27.6℃	平均年总降水量	501mm
冬季采暖室外计算温度	−23℃	日最大降水量	74mm
极端最低温度	−37℃	最大冻土深度	1.5～1.8m
最热月平均相对湿度	58%	基本雪压	1.38kN/m²
最冷月平均相对湿度	85%		

离地 10m 高，10min 平均最大风速 $V_{bmap}=108$km/h（50 年），基本风压为 0.6kN/m²。

4.2.3.2 荷载

1）结构重要性等级 CC2。

2）本工程为房屋结构及其他普通结构，设计使用年限为 50 年。

3）风荷载：基本风速 $V_{bmap}=108$km/h（50 年）。

4）雪荷载：基本雪压：1.38kN/m²。

5）非地震区：不考虑结构地震作用，不进行抗震设防。

6）活荷载：楼面活载 4.0kN/m²。

屋面活载 2.5kN/m²。

7）荷载组合：

荷载组合表　　　　　　　　　　　　表 4.2.2

主要构件	承载能力 极限状态（ULS）	$1.35G+1.5L$
		$1.35G+1.5W$
		$1.35G+1.5L+0.9W$
		$1.35G+1.05L+1.5W$
		$1.0G+1.5W$
		$1.0G+1.5L$
		$1.0G+1.5L+0.9W$
		$1.0G+1.05L+1.5W$
		$1.35G+1.5S$
		$1.35G+1.5W$
		$1.35G+1.5S+0.9W$
		$1.35G+1.05S+1.5W$
		$1.0G+1.5W$
		$1.0G+1.5S$
		$1.0G+1.5S+0.9W$
		$1.0G+1.05S+1.5W$
	正常使用 极限状态（SLS）	$1.0G+1.0L$
		$1.0G+1.0W$
		$1.0G+1.0S$
		$1.0G+1.0L+0.6W$
		$1.0G+0.7L+1.0W$
		$1.0G+1.0S+0.6W$
		$1.0G+0.7S+1.0W$

注：G—恒载；L—活载；W—风荷载；S—雪荷载。

4.2.3.3　结构方案

主厂房平面尺寸为 57m×36m，柱网尺寸纵向为 8m、14m、16m，8m，11m；横向均为 12m。结构形式为钢结构框架，框架柱采用焊接十字形实腹截面，框架梁采用焊接工字形实腹截面（平面布置图详见图 4.2.1）。

主梁与框架柱采用刚接，柱脚采用锚栓与基础刚性固接，柱脚最大锚栓为 M48。楼面次梁与主梁的连接采用高强度螺栓连接。楼面次梁间距为 800～1000mm，楼面采用花纹钢板铺设，根据各层楼板荷载计算确定钢板的厚度及钢板下加劲肋板的尺寸及间距。围护结构采用实腹型钢及冷弯薄壁型钢檩条及墙梁，外挂金属保温板。

4.2.3.4　结构防腐

根据 EN ISO 8501 钢材表面清洁度的目测评价，钢结构构件表面处理要求达到 Sa2.5 级（非常彻底的喷砂清理）。

钢结构构件的表面涂层采用醇酸系列油漆，钢结构的除锈和涂层要求详见表 4.2.3，面漆颜色见建筑图。现场焊缝两侧各 50mm 及高强度螺栓连接部位在构件安装前暂不涂漆，待现场安装完毕后，再按上述要求补漆。

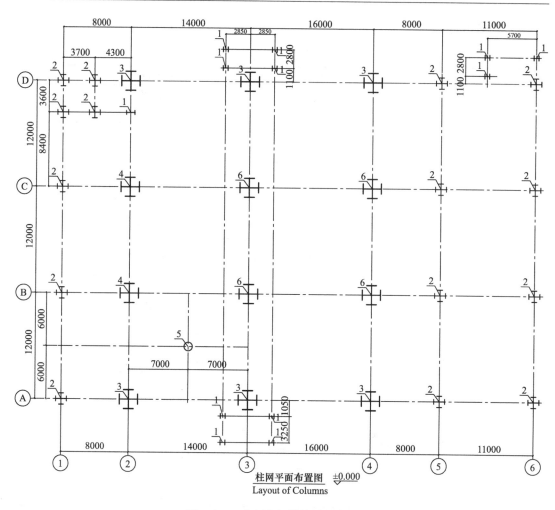

图 4.2.1 主厂房钢结构平面布置图

钢结构的除锈和涂层要求　　　　　表 4.2.3

项目	涂层结构				表面处理
	底漆	中间漆	面漆	修补漆	
涂层名称及型号	C06-1 醇酸铁红底漆	C53-10 醇酸铁红防锈漆	C04-42 醇酸面漆	同左各层	Sa2.5 级表面处理
涂层厚度微米/层数	40～50/2μm	30/1μm	60～70/2μm	130～150/5μm	
作业分工	钢结构制造厂			现场	

4.2.4　结构分析

本工程结构计算软件采用"MIDAS"（V7.95），按照 EC3 标准进行分析，并采用"盈建科"YJK（1.6 欧标版）进行复核计算。在进行结构分析时所有钢材均按照 S355JR 考虑。由于钢材的采购、钢结构的加工制作均在国内进行，加之成本和采购周期等原因，通过谈判并提交《材料代换报告》，最终业主及当地设计咨询机构同意采用国标 Q345B 钢材进行材料代换。具体到设计图中，钢板组焊截面构件及热轧型钢截面构件全部由国内生产的 Q345B 钢材代换。特别是热轧型钢截面代换，尽量选用截面性质相当的国标型钢替换。本着以大代小的原则对国标和欧标型钢的规格、具体尺寸、截面力学特性参数等逐一进行核对，确保万无一失。

4.2.4.1　计算模型

本工程层高信息如表 4.2.4 所示。

层高信息表

表 4.2.4

Floor	Tower	Beams	Columns	Braces	Wall	Floor height(m)	Add up height(m)
14	1	44	12	0	0	4.875	59.250
13	1	15	12	0	0	4.875	54.375
12	1	294	25	0	0	6.280	49.500
11	1	560	25	0	0	3.510	43.220
10	1	34	25	0	0	3.510	39.710
9	1	649	25	0	0	5.400	36.200
8	1	630	25	0	0	4.400	30.800
7	1	34	25	0	0	4.400	26.400
6	1	461	25	0	0	4.200	22.000
5	1	678	29	0	0	3.800	17.800
4	1	141	32	0	0	1.650	14.000
3	1	124	35	0	0	4.320	12.350
2	1	399	40	0	0	3.600	8.030
1	1	239	40	0	0	4.430	4.430

4.2.4.2　材料定义

1. 混凝土

在欧洲规范 EN 1991-1-1 中规定，素混凝土的密度为 24.0kN/m³，钢筋混凝土及未硬化混凝土增加 1.0kN/m³，本工程统一取值为 25.0kN/m³。

中国：立方体抗压强度 f_{cuk}。

欧洲：圆柱体试件强度 f_{ck}。

以圆柱体强度 30MPa 为例，换算强度如下：

中国　24.7MPa（f_{cuk}＝37MPa）。

欧洲　25.5MPa　acc＝0.85。

本工程基础材料选用 EN（RC）中 C35/37 混凝土。

2. 钢材

本工程选用 S355JR 级钢材，主要参数如下：

钢材容重：78.5kN/m³。

钢材弹性模量：2.1×10⁵N/mm²。

钢材剪切模量：8.1×10⁴N/mm²。

钢材线性热膨胀系数：12×10⁻⁶/K（当 $T{\leqslant}1000{℃}$时）。

钢材的主要性能指标详见表 4.2.5 和表 4.2.6。

钢材强度指标　　　　表 4.2.5

Standard and steel grade	Nominal thickness of the element t(mm)			
	$t\leqslant40$mm		$40\text{mm}<t\leqslant80$mm	
	f_y (N/mm²)	f_0 (N/mm²)	f_y (N/mm²)	f_0 (N/mm²)
EN 10025-2				
S 235	235	360	215	360
S 275	275	430	255	410
S 355	355	510	335	470
S 450	440	550	410	550

在 EN 1993-1-10 中规定了钢材 Z 向性能的要求，建议按照表 4.2.6 取用。

钢材 Z 向性能要求（基于 EN 10164）　　　　表 4.2.6

Target value of Z_{Ed} according to EN 1993-1-10	Required value of Z_{Rd} expressed in terms of design Z-values according to EN 10164
$Z_{Ed}\leqslant10$	—
$10<Z_{Ed}\leqslant20$	Z 15
$20<Z_{Ed}\leqslant30$	Z 25
$Z_{Ed}>30$	Z 35

4.2.4.3　荷载组合

在欧洲设计规范中，结构设计分为承载能力极限状态（ULS）和正常使用极限状态（SLS），其中 ULS 包括以下几个方面：

1. EQU 倾覆、滑移等验算。

2. STR 强度有关的承载能力极限状态。

3. GEO 地基承载力计算。

4. FAT 疲劳计算。

对应的分项系数取值详见表 4.2.7。

荷载分项系数表　　　　表 4.2.7

承载能力极限状态	恒荷载		第一可变荷载	其他活荷载
	对结构不利	对结构有利		
EQU	1.1	0.9	1.5	1.5
STR	1.35	1.0	1.5	1.5

5. 荷载组合

荷载组合　　　　表 4.2.8

名称	恒荷载	活荷载	设备、管道荷载	风荷载				地震作用	
				+X	−X	+Y	−Y	X	Y
	LC 01	LC 02	LC 03	LC 04	LC 05	LC 06	LC 07	LC 08	LC 09
sLCB1	1.35	1.50							
sLCB2	1.35	1.35	1.35						
sLCB3	1.0		1.50						
sLCB4	1.35	1.35		1.35					

续表

名称	恒荷载	活荷载	设备、管道荷载	风荷载				地震作用	
				+X	−X	+Y	−Y	X	Y
sLCB5	1.35	1.35			1.35				
sLCB6	1.35	1.35				1.35			
sLCB7	1.35	1.35					1.35		
sLCB8	1.35	1.35		−1.35					
sLCB9	1.35	1.35			−1.35				
sLCB10	1.35	1.35				−1.35			
sLCB11	1.35	1.35					−1.35		
sLCB12	1.0			1.5					
sLCB13	1.0				1.5				
sLCB14	1.0					1.5			
sLCB15	1.0						1.5		
sLCB16	1.0			−1.5					
sLCB17	1.0				−1.5				
sLCB18	1.0					−1.5			
sLCB19	1.0						−1.5		
sLCB20	1.0	1.0		0.6					
sLCB21	1.0	1.0			0.6				
sLCB22	1.0	1.0				0.6			
sLCB23	1.0	1.0					0.6		
sLCB24	1.0	1.0		−0.6					
sLCB25	1.0	1.0			−0.6				
sLCB26	1.0	1.0				−0.6			
sLCB27	1.0	1.0					−0.6		
sLCB28	1.0	0.7		1.0					
sLCB29	1.0	0.7			1.0				
sLCB30	1.0	0.7				1.0			
sLCB31	1.0	0.7					1.0		
sLCB32	1.0	0.7		−1.0					
sLCB33	1.0	0.7			−1.0				
sLCB34	1.0	0.7				−1.0			
sLCB35	1.0	0.7					−1.0		
sLCB36	1.0	0.5							
sLCB37	1.0	0.3		0.2					
sLCB38	1.0	0.3			0.2				
sLCB39	1.0	0.3				0.2			
sLCB40	1.0	0.3					0.2		
sLCB41	1.0	0.3		−0.2					
sLCB42	1.0	0.3			−0.2				
sLCB43	1.0	0.3				−0.2			
sLCB44	1.0	0.3					−0.2		
sLCB45	1.0	0.3							

荷载组合及组合值系数根据欧洲规范 EN 1990：2002 附录 A 采用。

4.2.4.4 荷载取值

1. 自重

钢材重度：78.5kN/m³。

混凝土重度：25kN/m³。

2. 楼面恒荷载

楼面恒荷载根据工程实际荷载计算确定，本工程为 1.5kN/m²。

3. 楼面活荷载

关于活荷载取值，EN 1991-1-1 中 4.3.2.1 条分为存放区和工业区详见表 4.2.9。

存放区和工业区荷载分类 表 4.2.9

Category	Specificuse	Example
E1	Areas susceptible to accumulation of goods, including access areas	Areas for storage use including storage of books and other documents
E2	Industrial use	

本工程类别为 E2，楼面采用工业使用荷载 4.0kN/m²。

在本工程设计中，楼面中有些办公室轻质隔墙可根据不同功能移动，对于隔墙附加荷载取值，EN 1991-1-1：2002 中 6.3.1.2（8）给了详细说明：

隔墙自重≤1.0kN/m 时，附加荷载 $q=0.5$kN/m²。

隔墙自重≤2.0kN/m 时，附加荷载 $q=0.8$kN/m²。

隔墙自重≤3.0kN/m 时，附加荷载 $q=1.2$kN/m²。

4. 风荷载

（1）欧洲规范对于地面粗糙度的规定详见表 4.2.10。

地面粗糙度参数表 表 4.2.10

Terrain category	z_0(m)	z_{min}(m)
0 Sea or coastal area exposed to the open sea	0.003	1
Ⅰ Lakes or flat and horizontal area with negligible vegetation and without obstacles	0.01	1
Ⅱ Area with low vegetation such as grass and isolated obstacles (trees, buildings) with separations of at least 20 obstacle heights	0.05	2
Ⅲ Area with regular cover of vegetation or buildings or with isolated obstacles with separations of maximum 20 obstacle heights (such as villages, suburban terrain, permanent forest)	0.3	5
Ⅳ Area in which at least 15% of the surface is covered with buildings and their average height exceeds 15m	1.0	10

NOTE：The terrain categories are illustrated in A.1.

本工程地面粗糙度选择为Ⅱ类。

（2）风荷载计算方法

基本风速基值的定义为：不考虑风向的情况下，在平坦开阔的乡村地形 10m 处且考虑高度效应时，年超越概率为 2% 的 10 分钟平均风速。

欧洲规范中计算风荷载的主要方法有以下四种：

第一种：以建筑物为中心，以 90°为一个象限，划分为四个象限分别计算，取大值。

第二种：以建筑物为中心，以 30°为一个区域，划分为十二个区域分别计算，取大值。

第三种：以建筑物周围最不利位置风压计算。

第四种：以建筑物为中心，以 45°为一个象限，划分为八个区域分别计算，取大值。

本工程采用第三种方式进行计算，采用当地基本风速为 30m/s（108km/h）进行计算。

（3）风荷载竖向分布

根据欧洲规范 EN 1991-1-4 第 6.2.2 条本工程迎风面荷载可分为三种，分别详见图 4.2.2、图 4.2.3 和图 4.2.4。

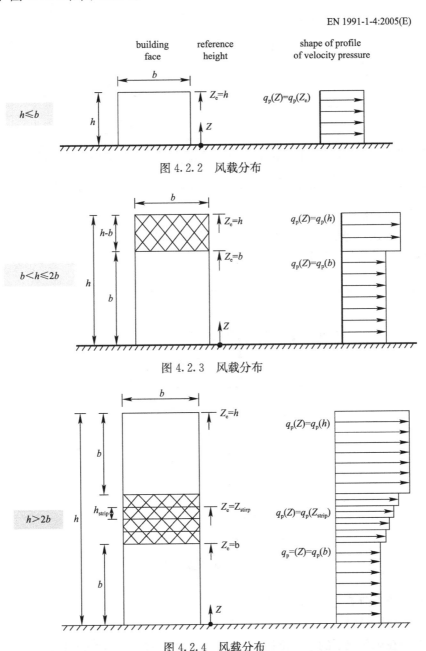

图 4.2.2 风载分布

图 4.2.3 风载分布

图 4.2.4 风载分布

本工程高度为54m，宽度为36m，$b<h<2b$，风荷载压力为图4.2.3所示的形式。
本工程风荷载水平力计算如下：

风荷载水平力表

表4.2.11

Floor	Tower	Wind X	Shear X	moment X	Wind Y	Shear Y	moment Y
14	1	310.0	310.0	1511.1	134.1	134.1	653.5
13	1	310.0	619.9	4533.3	134.1	268.1	1960.6
12	1	437.3	1057.3	11173.0	389.5	657.6	6090.3
11	1	244.4	1301.7	15742.0	217.7	875.3	9162.5
10	1	227.7	1529.4	21110.1	217.7	1093.0	12998.8
9	1	350.2	1879.6	31260.0	304.0	1396.9	20542.2
8	1	285.4	2165.0	40786.0	247.7	1644.6	27778.4
7	1	285.4	2450.4	51567.7	247.7	1892.3	36104.5
6	1	272.4	2722.8	63003.5	236.4	2128.7	45045.1
5	1	246.5	2969.3	74286.7	270.1	2398.8	54160.7
4	1	107.0	3076.3	79362.6	125.3	2524.1	58325.5
3	1	280.2	3356.5	93862.6	328.0	2852.1	70646.4
2	1	233.5	3590.0	106786.5	332.1	3184.2	82109.5
1	1	287.3	3877.3	123963.0	408.7	3592.9	98026.2

（4）屋面雪荷载

根据甲方提供的当地降雪气象参数，本工程采用的雪荷载为1.38kN/m²，因屋顶存在高低跨部分，雪荷载按照欧洲规范 EN 1991-1-3：2003，分布图详见图4.2.5。

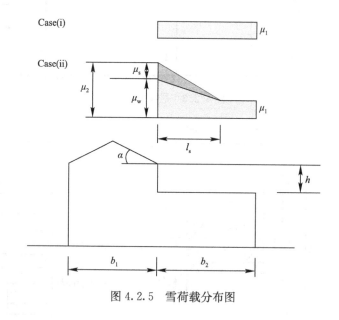

图4.2.5 雪荷载分布图

本工程高跨雪荷载为3.5kN/m²。

4.2.4.5 计算结果

框架结构在风荷载下的水平位移最大，计算位移如图4.2.6和图4.2.7所示。

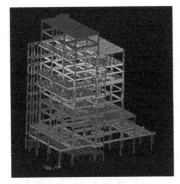
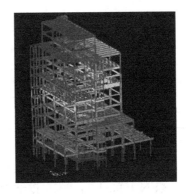

图 4.2.6　X 向最大位移　　　　图 4.2.7　Y 向最大位移

风荷载下 X 向位移见表 4.2.12。

X 向位移　　　　　　　　　　　　　　表 4.2.12

塔号	楼层	节点号	最大层位移	平均层位移
1	屋顶	2796	47.187	23.593
1	14F	2781	43.453	21.727
1	13F	2706	36.931	18.466
1	12F	2261	28.184	14.092
1	11F	2205	24.845	12.423
1	10F	1980	23.145	11.572
1	9F	1715	20.088	10.044
1	8F	1385	17.029	8.514
1	7F	1269	14.348	7.174
1	6F	692	11.729	5.865
1	5F	557	8.775	4.388
1	4F	525	7.544	3.772
1	3F	307	4.195	2.098
1	2F	190	2.237	1.119
1	1F	0	0.000	0.000

风荷载下 Y 向位移见表 4.2.13。

Y 向位移　　　　　　　　　　　　　　表 4.2.13

塔号	楼层	节点号	最大层位移	平均层位移
1	屋顶	2796	36.295	18.147
1	14F	2781	35.245	17.622
1	13F	2583	34.424	17.212
1	12F	2224	29.986	14.993
1	11F	2196	27.872	13.936
1	10F	1785	26.393	13.197
1	9F	1404	23.240	11.620
1	8F	1376	19.981	9.990
1	7F	1077	16.689	8.345
1	6F	669	13.270	6.635

塔号	楼层	节点号	最大层位移	平均层位移
1	5F	560	10.166	5.083
1	4F	547	8.275	4.138
1	3F	456	4.410	2.205
1	2F	189	3.856	1.928
1	1F	0	0.000	0.000

一般情况下，位移限值详见表 4.2.14。

根据《EN 1990：2002-欧洲规范 0：结构设计基础》中附件 A1.4.3 中结构变形和水平位移的规定及《EN 1993-1-1：2005 钢结构设计-一般规定和建筑规定》经同当地甲方及设计审查咨询机构商议，由当地设计审查咨询机构给出了位移限值详见表 4.2.14。

位移限值

表 4.2.14

单元	最大水平变形
单层建筑柱顶	$H/300$
门式刚架柱	$H/350$
多层建筑层间位移	$H/300$

其中，H 为本楼层高度。

可见，本工程柱顶位移满足位移要求。

工程部分计算结果输出详见图 4.2.8～图 4.2.11。

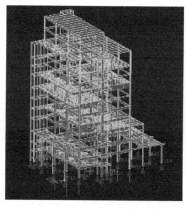

图 4.2.8　柱底轴力包络图　　　　图 4.2.9　柱底弯矩包络图

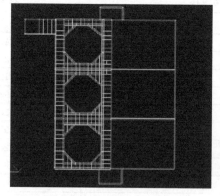
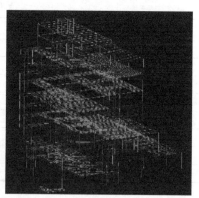

图 4.2.10　某一层平面图　　　　图 4.2.11　梁单元应力图

4.2.5   构件和节点设计实例

4.2.5.1   部分柱计算书举例

工字形柱计算书

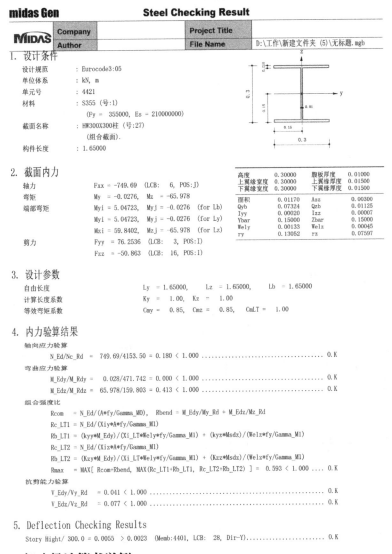

4.2.5.2   部分梁计算书举例

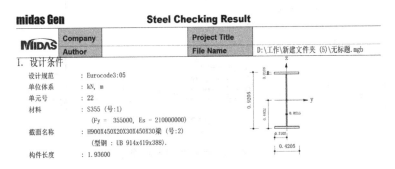

2. 截面内力

轴力	$Fxx = 0.00000$	(LCB: 7, POS:J)

高度	0.92050	腹板厚度	0.02150
上翼缘宽度	0.42050	上翼缘厚度	0.03660
下翼缘宽度	0.42050	下翼缘厚度	0.03660
面积	0.04950	Asz	0.01979
Qyb	0.40610	Qzb	0.02210
Iyy	0.00719	Izz	0.00045
Ybar	0.21025	Zbar	0.46025
Wely	0.01563	Welz	0.00216
ry	0.38100	rz	0.09580

弯矩　　　　　　　$My = -2019.6$,　$Mz = 0.00000$

端部弯矩　　　　　$Myi = -164.17$,　$Myj = -2019.6$　(for Lb)

　　　　　　　　　$Myi = -164.17$,　$Myj = -2019.6$　(for Ly)

　　　　　　　　　$Mzi = 0.00000$,　$Mzj = 0.00000$　(for Lz)

剪力　　　　　　　$Fyy = 0.00000$　(LCB: 32, POS:I)

　　　　　　　　　$Fzz = 974.132$　(LCB: 2, POS:J)

3. 设计参数

自由长度　　　　　$Ly = 1.93600$,　　$Lz = 1.93600$,　　$Lb = 1.93600$

计算长度系数　　　$Ky = 1.00$,　$Kz = 1.00$

等效弯矩系数　　　$Cmy = 1.00$,　$Cmz = 1.00$,　$CmLT = -1.00$

4. 内力验算结果

轴向应力验算

$N\_Ed/Nt\_Rd = 0.0/17572.5 = 0.000 < 1.000$ ……………………………… O.K

弯曲应力验算

$M\_Edy/M\_Rdy = 2019.63/6272.85 = 0.322 < 1.000$ ………………………… O.K

$M\_Edz/M\_Rdz = 0.00/1186.41 = 0.000 < 1.000$ …………………………… O.K

组合强度比

$RNRd = MAX[M\_Edy/Mny\_Rd, M\_Edz/Mnz\_Rd]$

$Rcom = N\_Ed/(A*fy/Gamma\_M0)$,　$Rbend = M\_Edy/My\_Rd + M\_Edz/Mz\_Rd$

$Rmax = MAX[RNRd, (Rcom+Rbend)] = 0.322 < 1.000$ …………………… O.K

抗剪能力验算

$V\_Edy/Vy\_Rd = 0.000 < 1.000$ …………………………………………… O.K

$V\_Edz/Vz\_Rd = 0.217 < 1.000$ …………………………………………… O.K

5. Deflection Checking Results

$L/250.0 = 0.0480 > 0.0050$ (Memb:33, LCB: 25, POS: 6.0m, Dir-Z)………………… O.K

4.2.5.3　部分设计图纸

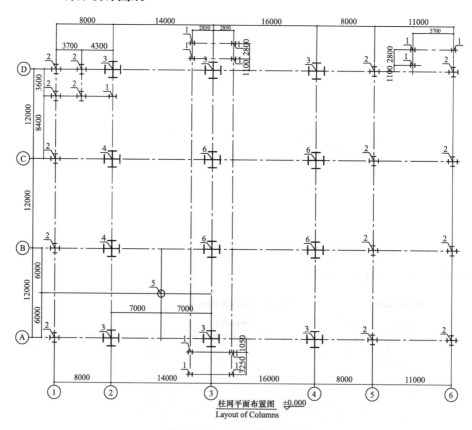

柱网平面布置图　±0.000
Layout of Columns

图 4.2.12　柱网平面布置图

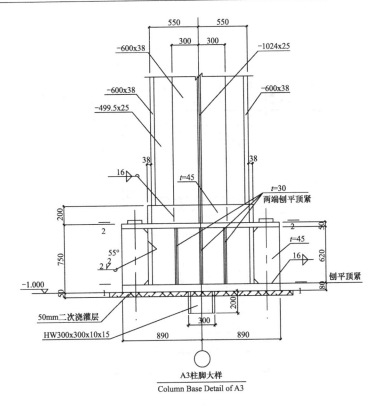

A3柱脚大样
Column Base Detail of A3

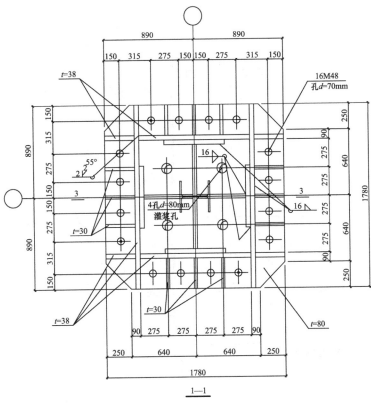

1—1

图 4.2.13 柱脚节点图（一）

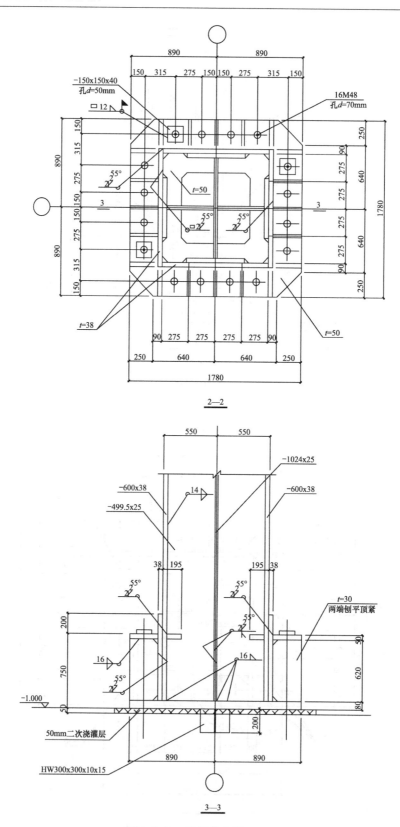

图 4.2.13　柱脚节点图（二）

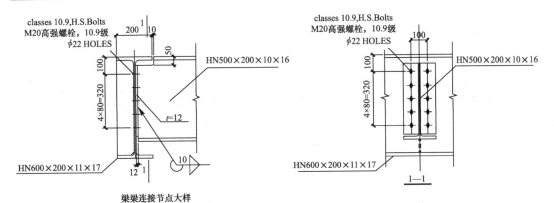

梁梁连接节点大样
Detail Joint for Beam-to-Beam
通用连接(Typical Beams Connection)

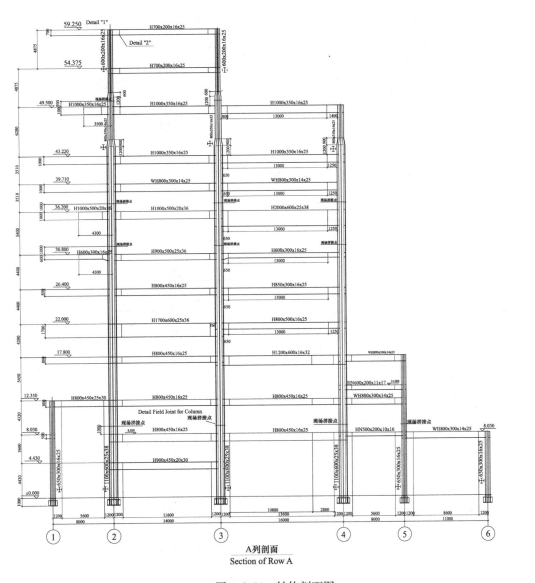

A列剖面
Section of Row A

图 4.2.14 结构剖面图

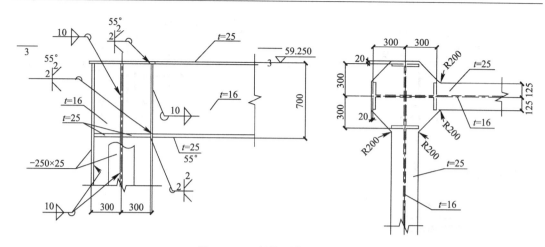

图 4.2.15　梁柱刚接节点详图

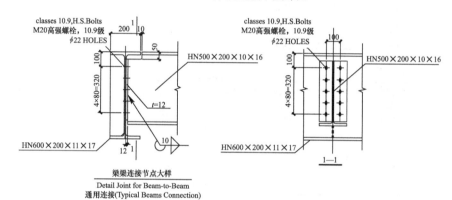

图 4.2.16　梁梁铰接节点详图

断面表 Table of member sections			
标号 Mark	名称 Name	断面 Section	备注 Remark
A1	框架柱	HW400×400×13×21	Q345-B
A2	框架柱	⊞ 650×300×16×25	Q345-B
A3	框架柱	⊞ 1100×600×25×38	Q345-B
A4	框架柱	⊞ 1100×600×38×60	Q345-B
A5	独立柱	○ Ø600×20	Q345-B
A6	框架柱	⊞ 1100×600×45×60	Q345-B

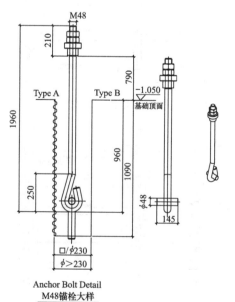

Anchor Bolt Detail
M48锚栓大样
(A3,A4,A6)

图 4.2.17　断面表及锚栓大样

4.2.6　设计文件交付

根据合同要求，按时提交给业主及当地设计审查机构的设计文件包括：中英文对照的设计图纸 2 套及设计计算书 2 套。当设计审查意见返回后，应进行必要的图纸修改并反馈，当得到批准后，最终将设计文件正式交付业主。

提交图纸目录详见表 4.2.15。

提交图纸目录 表 4.2.15

序号	图号	图纸名称	图幅	版次
1	WG06-JBX1-1	图纸首页封面	A1	1.0
2	WG06-JBX1-2	图纸目录	A1	1.0
3	WG06-JBX1-3	钢结构设计总说明	A1	1.0
4	WG06-JBX1-4	柱网平面布置图	A1	1.0
5	WG06-JBX1-5	柱地脚锚栓平面布置图	A1	1.0
6	WG06-JBX1-6	A3，A4 柱脚节点图	A1	1.0
7	WG06-JBX1-7	A1，A2，A5 柱脚节点图	A1	1.0
8	WG06-JBX1-8	框架剖面图之一	A1	1.0
9	WG06-JBX1-9	框架剖面图之二	A1	1.0
10	WG06-JBX1-10	框架剖面图之三	A1	1.0
11	WG06-JBX1-11	框架剖面图之四	A1	1.0
12	WG06-JBX1-12	框架剖面图之五	A1	1.0
13	WG06-JBX1-13	框架剖面图之六	A1	1.0
14	WG06-JBX1-14	框架剖面图之七	A1	1.0
15	WG06-JBX1-15	▼ 4.430m 平台平面布置图	A1	1.0
16	WG06-JBX1-16	▼ 4.430m 平台节点图之一	A1	1.0
17	WG06-JBX1-17	▼ 4.430m 平台节点图之二	A1	1.0
18	WG06-JBX1-18	▼ 4.430m 平台节点图之三	A1	1.0
19	WG06-JBX1-19	▼ 8.030m 平台平面布置图	A1	1.0
20	WG06-JBX1-20	▼ 8.030m 屋面平台布置图	A1	1.0
21	WG06-JBX1-21	▼ 8.030m 平台及屋面节点图	A1	1.0
22	WG06-JBX1-22	▼ 17.800m 平台平面布置图	A1	1.0
23	WG06-JBX1-23	▼ 17.800m 平台吊车轨道及屋面平面布置图	A1	1.0
24	WG06-JBX1-24	▼ 17.800m 平台节点图	A1	1.0
25	WG06-JBX1-245	▼ 12.350m 平台及屋面布置图剖面图	A1	1.0

4.2.7　设计要点总结

4.2.7.1　结构方案选择

根据工艺方提供的条件及建筑平面及结构方案，无法布置其他抗侧力构件，如柱间支撑、剪力墙等，因此最终确定结构体系为框架结构。由于局部屋面布置有管线及管道支架等设施，因此屋面设计为平屋面。

4.2.7.2　结构分析及计算软件的选用

根据《EN 1990：2002-欧洲规范 0：结构设计基础》1.5.6.1 规定，为确定结构每个点上作用效应的过程或算法，结构分析可能需要使用不同的模型采用三种等级的分析，即整体分析、单元分析和局部分析。因此需要选择适用的计算软件进行结构分析。目前国内设计单位常用的有 STAAD-pro、MIDAS、YJK、SAP2000、ETABS 等。

4.2.7.3 确定结构可靠度及设计使用年限

为了划分可靠度，《EN 1990：2002-欧洲规范 0：结构设计基础》中附件 B3.1 给出了重要性等级（CC）详见表 B1，类似于我国《建筑结构可靠度设计统一标准》GB 50068 中的建筑结构安全等级及《工程结构可靠性设计统一标准》GB 50153 中的工程结构安全等级。

可靠度等级分为 RC1、RC2 和 RC31 与重要性等级 CC1、CC2 及 CC3 相关联。《EN 1990：2002-欧洲规范 0：结构设计基础》中附件 B3.3 中表 B3 给出不同的可靠度相对应不同的作用系数 K_{FI}，类似于我国《工程结构可靠性设计统一标准》GB 50153 中的房屋建筑结构重要性系数 γ_0。

《EN 1990：2002-欧洲规范 0：结构设计基础》中给出了结构的设计使用年限。详见表 4.2.16。

设计使用年限　　　　　　　　　　　　表 4.2.16

类别	设计使用年限（年）	示例
1	10	临时结构①
2	10~25	结构可替换部分，例如：刚加横梁、支座
3	15~30	农用及类似结构
4	50	房屋结构和其他普通结构
5	100	纪念性建筑结构，桥梁和其他土木工程结构

①可被拆卸并将重新使用的结构或部分结构，不能视为临时结构。

4.2.7.4 现场拼接节点

根据当地施工方要求，现场梁柱拼接节点全部采用高强度螺栓进行安装。中方在设计图中提供了各种截面梁柱的高强度螺栓等强拼接的标准节点图。但考虑到主框架柱为十字形截面，采用高强度螺栓拼接有一定困难，通过沟通，外方同意仅十字形框架柱采用现场等强焊接，其他均采用高强度螺栓现场拼装。

4.2.7.5 材料代换

随着一带一路的不断发展，越来越多的国内建筑企业走出国门承接海外工程。出于各方面因素的考虑，钢结构工程的加工制作大多数在国内进行。为了最大程度地降低成本，使用国产钢材最有效的方法就是在设计阶段完成钢材的代换。

由于多数国外业主对中国钢材缺乏全面了解，应在设计阶段之前向业主方及当地设计咨询机构提交《材料代换报告》。《报告》中应详细阐述钢材代换的可行性，代换钢材材质的化学成分及机械性能对比，并附有英文版的中华人民共和国国家标准《碳素结构钢》GB/T 700、《低合金高强度结构钢》GB/T 1591、《热轧型钢》GB/T 706、《热轧 H 型钢和部分 T 型钢》GB/T 11263 及《钢结构设计规范》GB 50017。

4.2.7.6 关于结构构件分段运输问题

对于海外 EPC 项目，在国内加工制作的钢结构构件需通过海路及陆路运输到达建设地点，结构构件的装运尺寸需符合船运及卡车运输的经济尺寸要求。因此在进行设计时应综合考虑梁柱的现场拼接节点的位置及构件的长度，并在设计图中做明确的分段标注，以防止在加工制作过程中按照以往习惯自行分段造成运输阶段的经济损失。

4.3　土耳其火力发电厂钢结构主厂房设计

（作者：董涛　邢国雷　李毅男）

4.3.1　项目概况

本实例为土耳其为 2×225MW 燃煤发电厂钢结构主厂房，包括汽机房和除氧煤仓间。钢结构主厂房采用常规的四列式布置，横向长度 43.25m，纵向长度 93.0m。中间层标高 6.05m，运转层标高 12.730m，汽机房屋面标高 31.700m，除氧煤场间屋面标高 51.750m。钢结构主厂房采用框架-支撑结构，楼面采用现浇压型钢板组合楼板（图 4.3.1）。

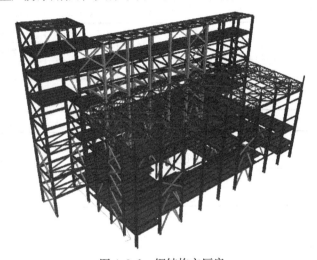

图 4.3.1　钢结构主厂房

4.3.2　设计条件

4.3.2.1　设计所依据的规范

EN 1990：2002　　　　结构设计基础

EN 1991-1-1：2002　　结构作用　第 1-1 部分：一般作用——建筑物的密度、自重和活荷载

EN 1991-1-3：2003　　结构作用　第 1-3 部分：一般作用——雪荷载

EN 1991-1-4：2005　　结构作用第 1-4 部分：一般作用——风荷载

EN 1993-1-1：2005　　钢结构设计第 1-1 部分：建筑物一般规定

EN 1998-1：2004　　　结构抗震设计　第 1 部分：一般规定、地震作用和建筑规定

DL/T 5095—2007　　　火力发电厂主厂房荷载设计技术规程

4.3.2.2　材料

项目合同文件要求采用满足欧洲标准要求的钢材，而钢结构在中国完成加工制造。经与业主工程师的沟通，采用满足中国标准的钢材代换合同中要求的欧标钢材。

结合项目中钢结构最低工作温度、厚度方向性能要求等，最终确定钢结构材料代换如表 4.3.1～表 4.3.3 所示。

钢材质量对比		表 4.3.1
	中国标准钢材	欧洲标准钢材
钢材牌号	Q235B+Z15	S235JR+Z15
规范	GB/T 700—2006 GB/T 5313—2010	EN 10025-2：2004 EN 10164：2004
质量等级	B	JR
脱氧方式	Z（镇定钢）	FN（不得用沸腾钢）
厚度方向性能	Z15（GBT 5313—2010）	Z15（EN 10164：2004）

钢材力学性能对比						表 4.3.2
钢材牌号	Q235B+Z15			S235JR+Z15		
厚度（mm）	设计强度 （N/mm²）	屈服强度 （N/mm²）	最小抗拉强度 （N/mm²）	设计强度 （N/mm²）	最小屈服强度 （N/mm²）	最小抗拉强度 （N/mm²）
$t \leqslant 16$	215	235	370	—	235	360
$16 < t \leqslant 40$	205	225		—	225	
$40 < t \leqslant 60$	200	215		—	215	

钢材物理性能指标		表 4.3.3
钢材牌号	Q235B+Z15	S235JR+Z15
弹性模量	206000N/mm²	210000N/mm²
剪切模量	79000N/mm²	81000N/mm²
热膨胀率	12×10^{-6} perK	12×10^{-6} perK
自重密度	78.5kN/m³	78.5kN/m³

4.3.2.3 荷载

1. 恒荷载(LC 01)

恒荷载主要包括如下几部分：

（1）恒荷载包括结构构件、非结构构件、建筑做法自重，参考 EN 1991-1-1 中的规定。

（2）管道、设备正常运行状态下的自重，具体见设备厂家及相关工艺专业荷载资料。

2. 楼板及屋面活荷载(LC 02)

楼面活荷载依据房间功能及可移动设备的摆放取值，欧洲规范缺少专门针对电厂建筑物楼面活荷载取值方法的规定，本项目执行中国标准 DL/T 5095—2013 相关规定，并在初步设计阶段提交业主工程师审查。

屋面均布活荷载取值方法执行 EN 1991-1-1 中相关要求。

楼面及屋面均布活荷载取值参考			表 4.3.4
楼层位置	房间	框架计算用均 布活荷载	楼板、次梁计算用均 布活荷载
		kN/m²	kN/m²
汽机房中间层	电子设备间	3.0	6.0
	10.5kV 配电室及励磁间	6.0	10.0
	油模块室	3.5	5.0
	其他开敞区域	5.0	6.0

续表

楼层位置	房间	框架计算用均布活荷载	楼板、次梁计算用均布活荷载
		kN/m²	kN/m²
汽机房运转层	汽轮发电机检修区域	21.0	30.0
	低温加热区区域	8.0	10.0
	其他开场区域	8.0	10.0
除氧煤仓间高加层	高温加热器区域	8.0	10.0
	蓄电池室、继电器室	6.0	8.0.0
	消防气瓶间	8	10.0
	其他开敞区域	3.5	5.0
	高温加热器区域	8	10.0
除氧煤仓间除氧层	更衣室、工程师休息室、打印室、主控室	3.5	5.0
	空调室	5	7.0
	卫生间	3.5	5.0
除氧煤仓间 22.300m 层	空调间	5.0	7.0
	其他开敞区域	3.5	5.0
除氧煤仓间 28.000m 层	空调间	5.0	7.0
除氧煤仓间皮带层	驱动装置头部	6.0	8.0
	卫生间	3.5	5.0
	其他开敞区域	3.5	5.0
除氧煤仓间煤仓间转运站	除氧煤仓间煤仓间转运站	6.0	10.0
其他	屋面	1.0	2.0
	汽机房屋面	1.0	2.0

3. 雪荷载(LC 03)

雪荷载计算依据 EN 1991-1-3：

$$S = \mu_i C_e C_t s_k$$

式中　μ_i——雪荷载分布系数，根据屋面坡度确定；

C_e——暴露系数，详见 EN 1991-1-3 第 5.2 节表 5.1；

C_t——热传导系数，详见 EN 1991-1-3 第 5.2 节，本项目取值 1.0；

s_k——地面雪荷载代表值，本项目取值 0.75kN/m²。

4. 风荷载(LC 04~LC 07)

风荷载计算以气象资料中提供的设计风速为基础，采用 EN 1991-1-4 中的方法进行风荷载计算。

(1) 基本风速基础值

根据场址气象资料，对应于 10m 高度处 50 年一遇 10 分钟平均风速值（设计风速基本值）

$$v_{b,0} = 36\text{m/s}$$

(2) 基本风速

$$v_b = C_{dir} \cdot C_{season} \cdot v_{b,0} = 36\text{m/s}$$

其中：根据 EN 1991-1-4 第 4.2 条注 2 和注 3，取方向系数 $C_{dir}=1.0$，季节系数 $C_{season}=1.0$。

（3）粗糙度系数

根据 EN 1991-1-4 第 4.3.2 的式（4.4），粗糙度系数 $C_r(z)$ 由下式确定：

当 $z_{min} \leqslant z \leqslant z_{max}$
$$C_r(z) = k_r \cdot \ln\left(\frac{z}{z_0}\right)$$

当 $z \leqslant z_{min}$
$$C_r(z) = C_r(z_{min})$$

其中：$z_{max}=200mm$；

z_0 和 z_{min} 根据 EN 1991-1-4 表 4.1 确定。

本工程场址地表粗糙度类型为 II 类，则 $z_0=0.05m$，$z_{min}=2.0m$，则地形系数 k_r 根据 EN 1991-1-4 公式（4.5）计算如下：

$$k_r = 0.19 \cdot \left(\frac{z_0}{z_{0,II}}\right)^{0.07} = 0.19$$

其中，$z_{0,II}=z_0=0.05m$。

（4）平均风速

按照 EN 1991-1-4 第 4.3 条计算平均风速：
$$v_m(z) = C_r(z) \cdot C_0(z) \cdot v_b$$

当 $z_{min} \leqslant z \leqslant z_{max}$ $\quad v_m(z) = k_r \cdot \ln\left(\frac{z}{z_0}\right) \cdot C_0(z) \cdot v_b = 6.84 \times \ln\left(\frac{z}{0.05}\right)$

当 $z \leqslant z_{min}$ $\quad v_m(z) = k_r \cdot \ln\left(\frac{z_{min}}{z_0}\right) \cdot C_0(z) \cdot v_b = 6.84 \times \ln\left(\frac{2.0}{0.05}\right) = 25.23$

（5）湍流强度

按照 EN 1991-1-4 公式（4.7）计算湍流强度：

当 $z_{min} \leqslant z \leqslant z_{max}$ $\quad I_v(z) = \dfrac{k_1}{C_0(z) \cdot \ln(z/z_0)} = \dfrac{1.0}{\ln(z/0.05)}$

当 $z \leqslant z_{min}$ $\quad I_v(z) = I_v(z_{min}) = \dfrac{1.0}{\ln(z_{min}/0.05)} = \dfrac{1.0}{\ln(2.0/0.05)} = 0.27$

其中：根据 EN 1991-1-4 第 4.4 条，$k_1=1.0$；

根据 EN 1991-1-4 第 4.3.3（2）条，场地坡度小于 $3°$，$C_0(z)=1.0$。

（6）特征峰值速度风压

根据欧标 EN 1991-1-4 公式（4.8）：
$$q_p(z) = [1+7I_v(z)] \cdot 1/2 \cdot \rho v_m^2(z)$$

当 $z_{min} \leqslant z \leqslant z_{max}$

$$q_p(z) = [1+7I_v(z)] \cdot 1/2 \cdot \rho v_m^2(z) = \left[\ln^2\left(\frac{z}{0.05}\right) + 7.0 \times \ln\left(\frac{z}{0.05}\right)\right]$$
$$\times 0.02924kN/m^2$$

当 $z \leqslant z_{min}$

$$q_p(z) = [1+7I_v(z)] \cdot 1/2 \cdot \rho v_m^2(z) = \left[\ln^2\left(\frac{2.0}{0.05}\right) + 7.0 \times \ln\left(\frac{2.0}{0.05}\right)\right] \times 29.24$$
$$= 1.153kN/m^2$$

其中，根据 EN 1991-1-4 第 4.5（1）注 2 条，取空气密度 $\rho=1.25kg/m^3$。

（7）结构整体风荷载

作用在结构整体上的风荷载根据 EN 1991-1-4 第 5.3（3）中计算方法：

$$F_{\mathrm{w}} = F_{\mathrm{w,e}} + F_{\mathrm{w},i} + F_{\mathrm{fr}} = c_{\mathrm{s}}c_{\mathrm{d}} \cdot \sum_{\text{surfaces}} w_{\mathrm{e}} \cdot A_{\mathrm{ref}}$$

其中：$F_{\mathrm{w},i} = 0$

$F_{\mathrm{fr}} = 0$

$$F_{\mathrm{w,e}} = c_{\mathrm{s}}c_{\mathrm{d}} \cdot \sum_{\text{sufaces}} w_{\mathrm{e}} \cdot A_{\mathrm{ref}} = c_{\mathrm{s}}c_{\mathrm{d}} \cdot \sum_{\text{sufaces}} q_{\mathrm{p}}(z_{\mathrm{e}}) \cdot c_{\mathrm{pe}} \cdot A_{\mathrm{ref}}$$

结合本工程实际情况，取用参数如下：

$c_{\mathrm{s}}c_{\mathrm{d}} = 0$

$c_{\mathrm{pe}} = +0.8$（压力）　　迎风面

$c_{\mathrm{pe}} = -0.7$（吸力）　　背风面

5. 地震作用(LC 08～LC 09)

项目厂址地震基本加速度 $A_{\mathrm{gR}} = 0.40g$，依据 EN 1998-1：2004 的规定，采用振型分解反应谱法计算地震作用。

初步设计阶段，与业主工程师就结构延性性能系数的确定进行了充分沟通，确定钢结构主厂房按照中等延性等级（DCM）进行设计，性能系数：$q = 4.0$。

水平地震反应谱参数　　　　　　　　　　表 4.3.5

地震参数	符号	数值	单位
场地类型	S	1.0	
反应谱常加速度端下限	T_{B}	0.15	s
反应谱常加速度端上限	T_{C}	0.40	s
反应谱位移区段上限	T_{D}	2.0	s
建筑重要性系数	γ_{I}	1.4	
参考地震加速度	A_{gR}	0.4	g
设计地震加速度	A_{R}	0.56	g

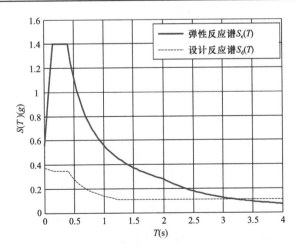

图 4.3.2　地震弹性反应谱及设计反应谱

4.3.2.4　荷载组合

根据 EN 1990 的要求进行承载能力极限状态和正常使用极限状态荷载组合见表 4.3.6。

				风荷载				地震作用	
	恒荷载	活荷载	雪荷载	+X	−X	+Y	−Y	X	Y
	LC 01	LC 02	LC 03	LC 04	LC 05	LC 06	LC 07	LC 08	LC 09
分项系数	1.35/1.0	1.5	1.5	1.5	1.5	1.5	1.5	1.0	1.0
组合系数	0.85	0.7	0.5	0.5	0.5	0.5	0.5	—	—

荷载组合 表 4.3.6

4.3.3 设计文件交付

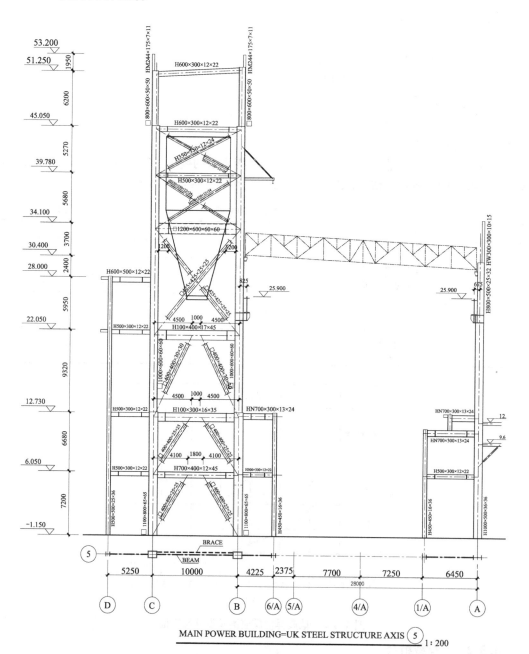

图 4.3.3 5 轴构件截面属性

118

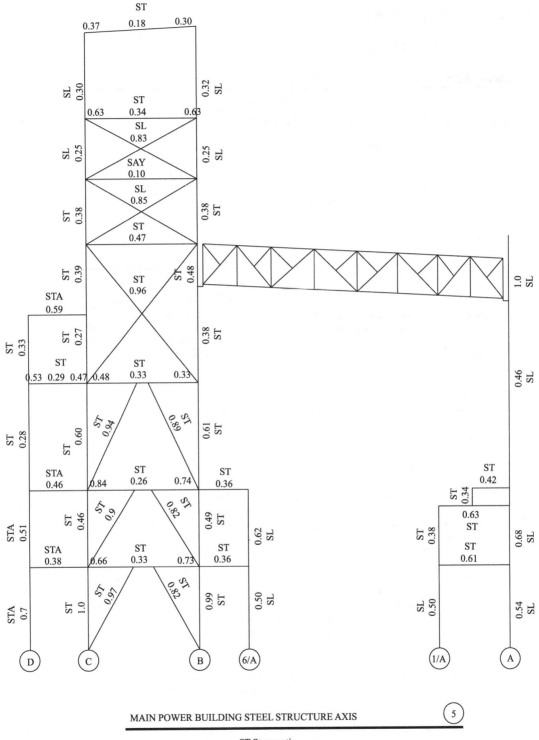

MAIN POWER BUILDING STEEL STRUCTURE AXIS　(5)

ST:Stress ratio
SL:Slenderness ratio
STA:Stability ratio

图 4.3.4　5 轴构件检验结果——应力比

4.3.4 构件和节点设计实例

4.3.4.1 柱构件设计实例

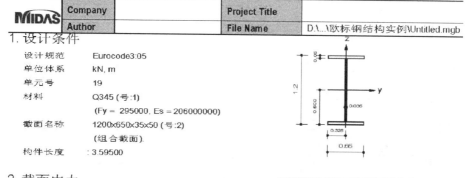

midas Gen　　　　　　　　钢构件验算结果

MIDAS	Company		Project Title	
	Author		File Name	D:\...\欧标钢结构实例\Untitled.mgb

1. 设计条件

设计规范　　　Eurocode3:05
单位体系　　　kN, m
单元号　　　　19
材料　　　　　Q345 (号:1)
　　　　　　　(Fy = 295000, Es = 206000000)
截面名称　　　1200x650x35x50 (号:2)
　　　　　　　(组合截面)
构件长度　　　: 3.59500

2. 截面内力

轴力　　　　Fxx = -18132 (LCB: 1, POS:J)

弯矩　　　　My = -2774.3, Mz = 90.6193

端部弯矩　　Myi = -1898.5, Myj = -2774.3 (for Lb)
　　　　　　Myi = -1898.5, Myj = -2774.3 (for Ly)
　　　　　　Mzi = -157.76, Mzj = 90.6193 (for Lz)

剪力　　　　Fyy = -69.089 (LCB: 1, POS:I)
　　　　　　Fzz = 243.636 (LCB: 1, POS:I)

高度	1.20000	腹板厚度	0.03500
上翼缘宽度	0.65000	上翼缘厚度	0.05000
下翼缘宽度	0.65000	下翼缘厚度	0.05000
面积	0.10350	Asz	0.04200
Qyb	0.68518	Qzb	0.05281
Iyy	0.02539	Izz	0.00229
Ybar	0.32500	Zbar	0.60000
Wely	0.04231	Welz	0.00705
ry	0.49526	rz	0.14883

3. 设计参数

自由长度　　　　　Ly = 3.59500,　Lz = 3.59500,　Lb = 3.59500
计算长度系数　　　Ky = 0.87, Kz = 0.87
等效弯矩系数　　　Cmy = 0.85, Cmz = 0.85, CmLT = 1.00

4. 内力验算结果

长细比
　　KL/r　 = 21.1 < 200.0 (LCB: 1)..................................O.K

轴向应力验算
　　N_Ed/MIN[Nc_Rd, Nb_Rd] = 18132.5/30532.5 = 0.594 < 1.000 ....O.K

弯曲应力验算
　　M_Edy/M_Rdy = 2774.3/14148.9 = 0.196 < 1.000 ....O.K
　　M_Edz/M_Rdz = 90.62/3215.32 = 0.028 < 1.000 ....O.K

组合强度比
　　RNRd　 = MAX[M_Edy/Mny_Rd, M_Edz/Mnz_Rd]
　　Rmax1 = (M_Edy/Mny_Rd)^Alpha + (M_Edz/Mnz_Rd)^Beta
　　Rcom　 = N_Ed/(A*fy/Gamma_M0), Rbend = M_Edy/My_Rd + M_Edz/Mz_Rd
　　Rc_LT1 = N_Ed/(Xiy*A*fy/Gamma_M1)
　　Rb_LT1 = (kyy*M_Edy)/(Xi_LT*Wply*fy/Gamma_M1) + (kyz*Msdz)/(Wplz*fy/Gamma_M1)
　　Rc_LT2 = N_Ed/(Xiz*A*fy/Gamma_M1)
　　Rb_LT2 = (Kzy*M_Edy)/(Xi_LT*Wply*fy/Gamma_M1) + (Kzz*Msdz)/(Wplz*fy/Gamma_M1)
　　Rmax　 = MAX[RNRd, Rmax1, (Rcom+Rbend), MAX(Rc_LT1+Rb_LT1, Rc_LT2+Rb_LT2)] = 0.818 < 1.000 .. O.K

抗剪能力验算
　　V_Edy/Vy_Rd　 = 0.006 < 1.000 ....O.K
　　V_Edz/Vz_Rd　 = 0.031 < 1.000 ....O.K

5. 挠度验算结果

L/ 500.0 = 0.0072 > 0.0022 (Memb:19, LCB: 2, Dir-Y)..................O.K

midas Gen

钢结构截面验算结果输出

PROJECT TITLE :

	Company		Client	
MIDAS	Author		File Name	Untitled.acs

---

midas Gen - Steel Code Checking | Eurocode3:05 |　　　　　　Version 836

```
+=======================================================+
|                                                       |
|  MIDAS(Modeling, Integrated Design & Analysis Software)|
|  midas Gen - Design & checking system for windows     |
+=======================================================+
|  Steel Member Applicable Code Checking                |
|  Based On  GB50017-03, GBJ17-88, AIJ-ASD02,           |
|            AISC(14th)-LRFD10, AISC(14th)-ASD10,        |
|            AISC(13th)-LRFD05, AISC(13th)-ASD05,        |
|            AISC-LRFD2K, AISC-LRFD93, AISC-ASD89,       |
|            AISI-CFSD86, BS5950-90, Eurocode3:05,       |
|            Eurocode3, CSA-S16-01, AIK-CFSD98, AIK-LSD97,|
|            KSCE-ASD96, AIK-ASD83                       |
|                                                       |
|                                                       |
|                               (c)SINCE 1989  |        |
+=======================================================+
|  MIDAS Information Technology Co.,Ltd.   (MIDAS IT)  |
|  MIDAS IT Design Development Team                      |
+=======================================================+
|        HomePage : www.MidasUser.com         |         |
+=======================================================+
|  midas Gen  Version 836                     |         |
+=======================================================+
```

*. DEFINITION OF LOAD COMBINATIONS WITH SCALING UP FACTORS.

LCB C   Loadcase Name(Factor) + Loadcase Name(Factor) + Loadcase Name(Factor)

1	1	DL(1.350) +	LL(1.500)
2	2	DL(1.000) +	LL(1.000)
3	2	DL(1.000) +	LL(0.500)
4	2	DL(1.000) +	LL(0.300)

Modeling, Integrated Design & Analysis Software
http://www.MidasUser.com
midas Gen V.836 LAN

Print Date/Time : 01/09/2018 16:56

-1 / 8 -

121

midas Gen

PROJECT TITLE :

	Company			Client	
MIDAS	Author			File Name	Untitled.acs

---

midas Gen - Steel Code Checking | Eurocode3:05 | Version 836

==

```
 *. PROJECT    :
 *. MEMBER NO  =    19,  ELEMENT TYPE = Beam
 *. LOADCOMB NO =    1,  MATERIAL NO  =    1,  SECTION NO =    2
 *. UNIT SYSTEM : kN, m

 *. SECTION PROPERTIES : Designation = 1200x650x35x50
    Shape    = H - Section. (Built-up)
    Depth    =    1.200,  Top F Width =    0.650,  Bot.F Width =    0.650
    Web Thick =   0.035,  Top F Thick =    0.050,  Bot.F Thick =    0.050

    Area = 1.03500e-001,  Avy = 6.50000e-002,  Avz = 4.62000e-002
    Ybar = 3.25000e-001,  Zbar = 6.00000e-001,  Qyb = 6.85179e-001,  Qzb = 5.28125e-002
    Wely = 4.23104e-002,  Welz = 7.05376e-003,  Wply = 4.79625e-002,  Wplz = 1.08994e-002
    Iyy = 2.53862e-002,  Izz = 2.29247e-003,  Iyz = 0.00000e+000
    iy  = 4.95255e-001,  iz  = 1.48827e-001
    J   = 7.06021e-005,  Cwp = 7.56649e-004

 *. DESIGN PARAMETERS FOR STRENGTH EVALUATION :
    Ly  = 3.59500e+000,  Lz  = 3.59500e+000,  Lu  = 3.59500e+000
    Ky  = 8.74565e-001,  Kz  = 8.74565e-001

 *. MATERIAL PROPERTIES :
    Fy  = 2.95000e+005,  Es  = 2.06000e+008,  MATERIAL NAME = Q345

 *. FORCES AND MOMENTS AT (J) POINT :
    Axial Force     Fxx =-1.81325e+004
    Shear Forces    Fyy =-6.90892e+001,  Fzz = 2.43636e+002
    Bending Moments My  =-2.77432e+003,  Mz  = 9.06193e+001
    End Moments     Myi =-1.89845e+003,  Myj =-2.77432e+003  (for Lb)
                    Myi =-1.89845e+003,  Myj =-2.77432e+003  (for Ly)
                    Mzi =-1.57756e+002,  Mzj = 9.06193e+001  (for Lz)

 *. Sign conventions for stress and axial force.
    - Stress : Compression positive.
    - Axial force: Tension positive.
```

==
||| * ||| CLASSIFY LEFT-TOP FLANGE OF SECTION (BTR).
==

```
 ( ). Determine classification of compression outstand flanges.
    [ Eurocode3:05 Table 5.2 (Sheet 2 of 3), EN 1993-1-5 ]
    -. e      = SQRT( 235/fy ) =   0.89
    -. b/t    = BTR =    6.15
    -. sigma1  = 108930.707 KPa.
    -. sigma2  = 96775.514 KPa.
    -. BTR < 9*e  ( Class 1 : Plastic ).
```

midas Gen   钢结构构截面验算结果输出

PROJECT TITLE :

MIDAS	Company		Client	
	Author		File Name	Untitled.acs

---

midas Gen - Steel Code Checking | Eurocode3:05 | Version 836

===

===
|||*||| CLASSIFY RIGHT-TOP FLANGE OF SECTION (BTR).
===

    ( ). Determine classification of compression outstand flanges.
     [Eurocode3:05 Table 5.2 (Sheet 2 of 3), EN 1993-1-5]
     -. e   = SQRT(235/fy) =   0.89
     -. b/t   = BTR =   6.15
     -. sigma1 = 122469.418 KPa.
     -. sigma2 = 110314.225 KPa.
     -. BTR < 9*e   (Class 1 : Plastic).

===
|||*||| CLASSIFY LEFT-BOTTOM FLANGE OF SECTION (BTR).
===

    ( ). Determine classification of compression outstand flanges.
     [Eurocode3:05 Table 5.2 (Sheet 2 of 3), EN 1993-1-5]
     -. e   = SQRT(235/fy) =   0.89
     -. b/t   = BTR =   6.15
     -. sigma1 = 240072.105 KPa.
     -. sigma2 = 227916.912 KPa.
     -. BTR < 9*e   (Class 1 : Plastic).

===
|||*||| CLASSIFY RIGHT-BOTTOM FLANGE OF SECTION (BTR).
===

    ( ). Determine classification of compression outstand flanges.
     [Eurocode3:05 Table 5.2 (Sheet 2 of 3), EN 1993-1-5]
     -. e   = SQRT(235/fy) =   0.89
     -. b/t   = BTR =   6.15
     -. sigma1 = 253610.816 KPa.
     -. sigma2 = 241455.623 KPa.
     -. BTR < 9*e   (Class 1 : Plastic).

===
|||*||| CLASSIFY WEB OF SECTION (HTR).
===

    ( ). Determine classification of compression Internal Parts.
     [Eurocode3:05 Table 5.2 (Sheet 1 of 3), EN 1993-1-5]
     -. e   = SQRT(235/fy) =   0.89
     -. d/t   = HTR =   31.43
     -. sigma1 = 235299.639 KPa.
     -. sigma2 = 115086.691 KPa.
     -. HTR < 38*e   (Class 2 : Compact).

===
|||*||| APPLIED FACTORS.
===

Modeling, Integrated Design & Analysis Software   Print Date/Time : 01/09/2018 16:56
http://www.MidasUser.com
midas Gen V.836 LAN

midas Gen

钢结构截面验算结果输出

PROJECT TITLE :

MIDAS	Company		Client
	Author		File Name	Untitled.acs

---

midas Gen - Steel Code Checking | Eurocode3:05 | Version 836
==

```
      ( ). Calculate equivalent uniform moment factors (Cmy, Cmz, CmLT).
           [ Eurocode3:05 Annex A. Table A.1, A.2 ]
           -. Cmy,0    = 0.934
           -. Cmz,0    = 0.657
           -. Cmy (Default or User Defined Value) = 0.850
           -. Cmz (Default or User Defined Value) = 0.850
           -. Ncrz     =     471507.40 kN.
           -. NcrT     =     466017.73 kN.
           -. CmLT     = max [ Cmy^2*(aLT/sqrt((1-N_Ed/Ncrz)*(1-N_Ed/NcrT))), 1] = 1.000

      ( ). Partial Factors (Gamma_Mi).
           [ Eurocode3:05 6.1 ]
           -. Gamma_M0 =  1.00
           -. Gamma_M1 =  1.00
           -. Gamma_M2 =  1.25
```

==
|||*||| CHECK AXIAL RESISTANCE.
==

```
      ( ). Check slenderness ratio of axial compression member (Kl/i).
           [ Eurocode3:05  6.3.1 ]
           -. Kl/i  =    21.1 <   200.0 ---> O.K.

      ( ). Calculate axial compressive resistance (Nc_Rd).
           [ Eurocode3:05  6.1, 6.2.4 ]
           -. Nc_Rd    = fy * Area / Gamma_M0 =    30532.50 kN.

      ( ). Check ratio of axial resistance (N_Ed/Nc_Rd).
              N_Ed          18132.49
           -. ----- =  ---------------  =  0.594  <  1.000  --->  O.K.
              Nc_Rd         30532.50

      ( ). Calculate buckling resistance of compression member (Nb_Rdy, Nb_Rdz).
           [ Eurocode3:05  6.3.1.1, 6.3.1.2 ]
           -. Beta_A    = Aeff / Area      =   1.000
           -. Lambda1   = Pi * SQRT(Es/fy) =  83.018
           -. Lambda_by = {(KLy/iy)/Lambda1} * SQRT(Beta_A) =  0.076
           -. Ncry      = Pi^2*Es*Ryy / KLy^2        =    5221352.93 kN.
           -. Lambda_by < 0.2 or N_Ed/Ncry < 0.04 --> No need to check.

           -. Lambda_bz = {(KLz/iz)/Lambda1} * SQRT(Beta_A) =  0.254
           -. Ncrz      = Pi^2*Es*Rzz / KLz^2        =     471507.40 kN.
           -. Lambda_bz < 0.2 or N_Ed/Ncrz < 0.04 --> No need to check.
```

==
|||*||| CHECK SHEAR RESISTANCE.
==

```
      ( ). Calculate shear area
           [ Eurocode3:05  6.2.6, EN1993-1-5:04 5.1 NOTE 2 ]
```

Modeling, Integrated Design & Analysis Software
http://www.MidasUser.com
midas Gen V 836 LAN

Print Date/Time : 01/09/2018 16:56

-4 / 8 -

124

midas Gen

钢结构截面验算结果输出

PROJECT TITLE :

	Company			Client	
MIDAS	Author			File Name	Untitled.acs

```
midas Gen - Steel Code Checking  | Eurocode3:05 |              Version 836
==================================================================
```

```
       -. eta    = 1.2 (Fy < 460 MPa )
       -. Avy    = 2*B*tf     =       0.0650 m^2.
       -. Avz    = eta*hw*tw =        0.0462 m^2.

    ( ). Calculate plastic shear resistance in local-y direction (Vpl_Rdy).
        [ Eurocode3:05  6.1, 6.2.6 ]
        -. Vpl_Rdy = [ Avy*fy/SQRT(3) ] / Gamma_M0 =     11070.69 kN.

    ( ). Check ratio of shear resistance (V_Edy/Vpl_Rdy).
        ( LCB =    1, POS =    J )
        -. Applied shear force : V_Edy  =         69.09 kN.
           V_Edy          69.09
        -. ------  =  --------------- = 0.006  <  1.000  --->  O.K.
           Vpl_Rdy     11070.69

    ( ). Calculate plastic shear resistance in local-z direction (Vpl_Rdz).
        [ Eurocode3:05  6.1, 6.2.6 ]
        -. Vpl_Rdz = [ Avz*fy/SQRT(3) ] / Gamma_M0 =      7868.71 kN.

    ( ). Shear Buckling Check.
        [ Eurocode3:05 6.2.6 ]
        -. HTR < 72*e/Eta  --->  No need to check!

    ( ). Check ratio of shear resistance (V_Edz/Vpl_Rdz).
        ( LCB =    1, POS =    J )
        -. Applied shear force : V_Edz  =        243.64 kN.
           V_Edz         243.64
        -. ------  =  --------------- = 0.031  <  1.000  --->  O.K.
           Vpl_Rdz      7868.71
```

```
==================================================================
|||*|||   CHECK BENDING MOMENT RESISTANCE ABOUT MAJOR AXIS.
==================================================================

    ( ). Calculate plastic resistance moment about major axis.
        [ Eurocode3:05  6.1, 6.2.5 ]
        -. Wply     =       0.0480 m^3.
        -. Mc_Rdy   = Wply * fy / Gamma_M0 =     14148.94 kN-m.

    ( ). Check ratio of moment resistance (M_Edy/Mc_Rdy).
           M_Edy          2774.32
        -. ------  =  --------------- = 0.196  <  1.000  --->  O.K.
           Mc_Rdy        14148.94
```

```
==================================================================
|||*|||   CHECK BENDING MOMENT RESISTANCE ABOUT MINOR AXIS.
==================================================================

    ( ). Calculate plastic resistance moment about minor axis.
        [ Eurocode3:05  6.1, 6.2.5 ]
        -. Wplz     =       0.0109 m^3.
        -. Mc_Rdz   = Wplz * fy / Gamma_M0 =      3215.32 kN-m.
```

PROJECT TITLE :					

钢结构截面验算结果输出

	Company			Client	
MIDAS	Author			File Name	Untitled.acs

```
midas Gen - Steel Code Checking  | Eurocode3:05 |              Version 836
=================================================================================

    ( ). Check ratio of moment resistance (M_Edz/Mc_Rdz).
         M_Edz           90.62
     -. -------  =  ---------------  =  0.028  <  1.000  -->  O.K.
         Mc_Rdz         3215.32

=================================================================================
|||*|||   CHECK LATERAL-TORSIONAL BUCKLING RESISTANCE.
=================================================================================

    ( ). Calculate lateral-torsional buckling resistance (Mb_Rd).
         [ Eurocode3:05  6.1, 6.3.2 ]
     -. Por        =   0.300
     -. Gs         = Es / [ 2*(1+Por) ] =79230769.231 KPa.
     -. Ncr        = Pi^2*Es*Izz / Lu^2 =     360639.42 kN.
     -. psi        =   0.684
     -. C1         =   1.247
     -. Mcr        = C1 * Ncr * SQRT [ (Cwp/Izz) + (Gs*Ixx)/Ncr ] =    264389.99 kN-m.

     -. Lambda_LT_bar  = SQRT [ Wply*fy / Mcr ] =   0.231
     -. Lambda_LT_bar0 =   0.400

     -. Lambda_LT_bar  =    0.231 < Lambda_LT_bar0   =    0.400
     -. M_Ed/Mcr       =    0.010 < Lambda_LT_bar0^2 =    0.160
     If Lambda_LT_bar < Lambda_LT_bar0 or M_Ed/Mcr < Lambda_LT_bar0^2,
     No allowance for lateral-torsional buckling necessary.

=================================================================================
|||*|||   CHECK INTERACTION OF COMBINED RESISTANCE.
=================================================================================

     ( ). Calculate Major reduced design resistance of bending and shear.
          [ Eurocode3:05  6.2.8 (6.30) ]
      -. In case of V_Edz / Vpl_Rdz < 0.5
      -. My_Rd = Mc_Rdy =     14148.94 kN-m.

     ( ). Calculate Minor reduced design resistance of bending and shear.
          [ Eurocode3:05  6.2.8 (6.30) ]
      -. In case of V_Edy / Vpl_Rdy < 0.5
      -. Mz_Rd = Mc_Rdz =      3215.32 kN-m.

     ( ). Check general interaction ratio.
          [ Eurocode3:05  6.2.1 (6.2) ] - Class1 or Class2
                  N_Ed     M_Edy    M_Edz
      -. Rmax1  = -----  + ------ + -------
                  N_Rd     My_Rd    Mz_Rd
                =  0.818  <  1.000  --->  O.K.
```

Modeling, Integrated Design & Analysis Software
http://www.MidasUser.com
midas Gen V 836 LAN

Print Date/Time : 01/09/2018 16:56

-6 / 8 -

126

midas Gen

钢结构截面验算结果输出

PROJECT TITLE :

	Company			Client	
MIDAS	Author			File Name	Untitled.acs

```
midas Gen - Steel Code Checking  | Eurocode3:05 |                    Version 836
```

( ). Check interaction ratio of bending and axial force member.
　　 [Eurocode3:05 6.2.9 (6.31 ~ 6.41)] - Class1 or Class2
　　 -. n   = N_Ed / Npl_Rd = 0.594
　　 -. a   = MIN[(Area-2b*tf)/Area, 0.5] = 0.372
　　 -. Alpha = 2.000
　　 -. Beta   = MAX[5*n, 1.0] = 2.969

　　 -. N_Ed > 0.25*Npl_Rd   =   7633.13 kN.
　　 -. N_Ed > 0.5*hw*tw*fy/Gamma_M0 =   5678.75 kN.
　　　Therefore, Allowance for the effect of axial force.
　　 -. Mny_Rd = MIN[Mply_Rd*(1-n)/(1-0.5*a), Mply_Rd] =   7059.17 kN-m.
　　 -. Rmaxy = M_Edy / Mny_Rd = 0.393 < 1.000 ---> O.K.

　　 -. N_Ed > hw*tw*fy/Gamma_M0 =   16225.00 kN.
　　　Therefore, Allowance for the effect of axial force.

　　 -. In case of n > a
　　 -. Mnz_Rd = Mplz_Rd * [1 - ((n-a)/(1-a))^2] =   2813.92 kN-m.
　　 -. Rmaxz = M_Edz / Mnz_Rd = 0.032 < 1.000 ---> O.K.

$$Rmax2 = \left[\left| \frac{M\_Edy}{Mny\_Rd} \right|^{(Alpha)} + \left| \frac{M\_Edz}{Mnz\_Rd} \right|^{(Beta)} \right]$$

　　　　　　 = 0.154 < 1.000 ---> O.K.

( ). Check interaction ratio of bending and axial compression member.
　　 [Eurocode3:05 6.3.1, 6.2.9.3 (6.61, 6.62), Annex A]
　　 -. N_Ed   =   -18132.49 kN.
　　 -. M_Edy =   -2774.32 kN-m.
　　 -. M_Edz =   90.62 kN-m.
　　 -. kyy   = 0.753
　　 -. kyz   = 0.393
　　 -. kzy   = 0.395
　　 -. kzz   = 0.858
　　 -. Xiy   = 1.000
　　 -. Xiz   = 0.958
　　 -. XiLT   = 0.984
　　 -. N_Rk   = A*fy   =   30532.50 kN.
　　 -. My_Rk = Wply*fy =   14148.94 kN-m.
　　 -. Mz_Rk = Wplz*fy =   3215.32 kN-m.
　　 -. N_Ed*eNy = 0.0 (Not Slender)
　　 -. N_Ed*eNZ = 0.0 (Not Slender)

$$Rmax\_LT1 = \frac{N\_Ed}{Xiy*N\_Rk/Gamma\_M1} + kyy * \frac{M\_Edy + N\_Ed*eNy}{XiLT*My\_Rk/Gamma\_M1} + kyz * \frac{M\_Edz + N\_Ed*eNz}{Mz\_Rk/Gamma\_M1}$$

　　　　　　 = 0.755 < 1.000 ---> O.K.

$$Rmax\_LT2 = \frac{N\_Ed}{Xiz*N\_Rk/Gamma\_M1} + kzy * \frac{M\_Edy + N\_Ed*eNy}{XiLT*My\_Rk/Gamma\_M1} + kzz * \frac{M\_Edz + N\_Ed*eNz}{Mz\_Rk/Gamma\_M1}$$

　　　　　　 = 0.723 < 1.000 ---> O.K.

　　 -. Rmax = MAX[MAX(Rmax1, Rmax2), MAX(Rmax_LT1, Rmax_LT2)] = 0.818 < 1.000 ---> O.K.

---

midas Gen

钢结构截面验算结果输出

PROJECT TITLE :

MIDAS	Company		Client	
	Author		File Name	Untitled.acs

midas Gen - Steel Code Checking | Eurocode3:05 | Version 836

```
|||*|||   CHECK DEFLECTION.
```

```
( ). Compute Maximum Deflection.
    -. LCB      =    2
    -. DAF      =    1.000 (Deflection Amplification Factor).
    -. Def      =    0.002 * DAF =   0.002m (Golbal Y)
    -. Def_Lim  =    0.007m
       Def < Def_Lim   --->  O.K !
```

Modeling, Integrated Design & Analysis Software
http://www.MidasUser.com
midas Gen V 836 LAN

Print Date/Time : 01/09/2018 16:56

-8 / 8 -

128

4.3.4.2 梁构件设计实例

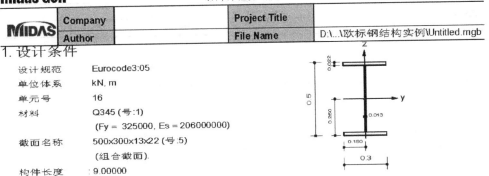

midas Gen 钢构件验算结果

	Company		Project Title	
MIDAS	Author		File Name	D:\...\欧标钢结构实例\Untitled.mgb

1. 设计条件

设计规范	Eurocode3:05
单位体系	kN, m
单元号	16
材料	Q345 (号:1)
	(Fy = 325000, Es = 206000000)
截面名称	500x300x13x22 (号:5)
	(组合截面).
构件长度	: 9.00000

2. 截面内力

轴力	Fxx = -53.049 (LCB: 1, POS:1/2)	
弯矩	My = 861.919, Mz = 0.04442	
端部弯矩	Myi = -176.00, Myj = -335.51 (for Lb)	
	Myi = -176.00, Myj = -335.51 (for Ly)	
	Mzi = -7.5714, Mzj = 7.50765 (for Lz)	
剪力	Fyy = -1.6754 (LCB: 1, POS:I)	
	Fzz = 270.569 (LCB: 1, POS:J)	

高度	0.50000	腹板厚度	0.01300
上翼缘宽度	0.30000	上翼缘厚度	0.02200
下翼缘宽度	0.30000	下翼缘厚度	0.02200
面积	0.01913	Asz	0.00650
Qyb	0.14733	Qzb	0.01125
Iyy	0.00086	Izz	0.00010
Ybar	0.15000	Zbar	0.25000
Wely	0.00343	Welz	0.00066
ry	0.21170	rz	0.07197

3. 设计参数

自由长度	Ly = 9.00000, Lz = 9.00000, Lb = 0.00000
计算长度系数	Ky = 1.00, Kz = 1.00
等效弯矩系数	Cmy = 1.00, Cmz = 1.00, CmLT = 1.00

4. 内力验算结果

长细比

KL/r = 125.0 < 200.0 (LCB: 1)..................................O.K

轴向应力验算

N_Ed/MIN[Nc_Rd, Nb_Rd] = 53.05/6216.60 = 0.009 < 1.000 ....O.K

弯曲应力验算

M_Edy/M_Rdy = 861.92/1244.94 = 0.692 < 1.000 ....O.K

M_Edz/M_Rdz = 0.044/328.011 = 0.000 < 1.000 ....O.K

组合强度比

RNRd = MAX[M_Edy/Mny_Rd, M_Edz/Mnz_Rd]

Rmax1 = (M_Edy/Mny_Rd)^Alpha + (M_Edz/Mnz_Rd)^Beta

Rcom = N_Ed/(A*fy/Gamma_M0), Rbend = M_Edy/My_Rd + M_Edz/Mz_Rd

Rc_LT1 = N_Ed/(Xiy*A*fy/Gamma_M1)

Rb_LT1 = (kyy*M_Edy)/(Xi_LT*Wply*fy/Gamma_M1) + (kyz*Msdz)/(Wplz*fy/Gamma_M1)

Rc_LT2 = N_Ed/(Xiz*A*fy/Gamma_M1)

Rb_LT2 = (Kzy*M_Edy)/(Xi_LT*Wply*fy/Gamma_M1) + (Kzz*Msdz)/(Wplz*fy/Gamma_M1)

Rmax = MAX[RNRd, Rmax1, (Rcom+Rbend), MAX(Rc_LT1+Rb_LT1, Rc_LT2+Rb_LT2)] = 0.706 < 1.000 .. O.K

抗剪能力验算

V_Edy/Vy_Rd = 0.001 < 1.000 ....O.K

V_Edz/Vz_Rd = 0.203 < 1.000 ....O.K

5. 挠度验算结果

L/ 400.0 = 0.0225 > 0.0107 (Memb:16, LCB: 2, POS: 5.0m, Dir-Z).......................O.K

midas Gen

钢结构截面验算结果输出

PROJECT TITLE :

MIDAS	Company		Client	
	Author		File Name	Untitled.acs

---

midas Gen - Steel Code Checking | Eurocode3:05 | Version 836
==

```
+==================================================+
| MIDAS(Modeling, Integrated Design & Analysis Software) |
| midas Gen - Design & checking system for windows |
+==================================================+
| Steel Member Applicable Code Checking            |
| Based On  GB50017-03, GBJ17-88, AIJ-ASD02,       |
|           AISC(14th)-LRFD10, AISC(14th)-ASD10,   |
|           AISC(13th)-LRFD05, AISC(13th)-ASD05,   |
|           AISC-LRFD2K, AISC-LRFD93, AISC-ASD89,  |
|           AISI-CFSD86, BS5950-90, Eurocode3:05,  |
|           Eurocode3, CSA-S16-01, AIK-CFSD98, AIK-LSD97, |
|           KSCE-ASD96, AIK-ASD83                  |
|                                                  |
|                                                  |
|                                  (c)SINCE 1989   |
+==================================================+
| MIDAS Information Technology Co.,Ltd.  (MIDAS IT) |
| MIDAS IT Design Development Team                 |
+==================================================+
|        HomePage : www.MidasUser.com             |
+==================================================+
| midas Gen  Version 836                          |
+==================================================+
```

*. DEFINITION OF LOAD COMBINATIONS WITH SCALING UP FACTORS.

  LCB C   Loadcase Name(Factor) + Loadcase Name(Factor) + Loadcase Name(Factor)
----
   1   1   DL(1.350) +   LL(1.500)
   2   2   DL(1.000) +   LL(1.000)
   3   2   DL(1.000) +   LL(0.500)
   4   2   DL(1.000) +   LL(0.300)

Modeling, Integrated Design &Analysis Software
http://www.MidasUser.com
midas Gen V 836 LAN

Print Date/Time : 01/09/2018 16:56

-1 / 8 -

130

midas Gen

钢结构构截面验算结果输出

PROJECT TITLE :

MIDAS	Company		Client	
	Author		File Name	Untitled.acs

```
midas Gen - Steel Code Checking  | Eurocode3:05 |                    Version 836
================================================================================

   *. PROJECT    :
   *. MEMBER NO  =    16,  ELEMENT TYPE = Beam
   *. LOADCOMB NO =    1,  MATERIAL NO  =    1,  SECTION NO =    5
   *. UNIT SYSTEM : kN, m

   *. SECTION PROPERTIES : Designation = 500x300x13x22
      Shape     = H - Section. (Built-up)
      Depth     =    0.500,  Top F Width =    0.300,  Bot.F Width =    0.300
      Web Thick =    0.013,  Top F Thick =    0.022,  Bot.F Thick =    0.022

      Area = 1.91280e-002,  Avy  = 1.32000e-002,  Avz  = 7.11360e-003
      Ybar = 1.50000e-001,  Zbar = 2.50000e-001,  Qyb  = 1.47330e-001,  Qzb = 1.12500e-002
      Wely = 3.42900e-003,  Welz = 6.60557e-004,  Wply = 3.83059e-003,  Wplz = 1.00927e-003
      Iyy  = 8.57250e-004,  Izz  = 9.90835e-005,  Iyz  = 0.00000e+000
      iy   = 2.11699e-001,  iz   = 7.19724e-002
      J    = 2.47966e-006,  Cwp  = 5.65498e-006

   *. DESIGN PARAMETERS FOR STRENGTH EVALUATION :
      Ly   = 9.00000e+000,  Lz   = 9.00000e+000,  Lu   = 0.00000e+000
      Ky   = 1.00000e+000,  Kz   = 1.00000e+000

   *. MATERIAL PROPERTIES :
      Fy   = 3.25000e+005,  Es   = 2.06000e+008,  MATERIAL NAME  = Q345

   *. FORCES AND MOMENTS AT (1/2) POINT :
      Axial Force     Fxx =-5.30487e+001
      Shear Forces    Fyy =-1.67545e+000,  Fzz = 2.61623e+002
      Bending Moments My  = 8.61919e+002,  Mz  = 4.44239e-002
      End Moments     Myi =-1.76004e+002,  Myj =-3.35514e+002  (for Lb)
                      Myi =-1.76004e+002,  Myj =-3.35514e+002  (for Ly)
                      Mzi =-7.57136e+000,  Mzj = 7.50765e+000  (for Lz)

   *. Sign conventions for stress and axial force.
      - Stress : Compression positive.
      - Axial force: Tension positive.


================================================================================
 |||*|||   CLASSIFY LEFT-TOP FLANGE OF SECTION (BTR).
================================================================================

   ( ). Determine classification of compression outstand flanges.
        [ Eurocode3:05 Table 5.2 (Sheet 2 of 3), EN 1993-1-5 ]
        -.  e     = SQRT( 235/fy ) =    0.85
        -.  b/t   = BTR =     6.52
        -.  sigma1 =  254131.941 KPa.
        -.  sigma2 =  254067.603 KPa.
        -.  BTR < 9*e  ( Class 1 : Plastic ).
```

---

midas Gen   钢结构截面验算结果输出

PROJECT TITLE :

	Company			Client	
MIDAS	Author			File Name	Untitled.acs

---

midas Gen - Steel Code Checking | Eurocode3:05 | Version 836

===
||| * |||　　CLASSIFY RIGHT-TOP FLANGE OF SECTION (BTR).
===

( ). Determine classification of compression outstand flanges.
　　[Eurocode3:05 Table 5.2 (Sheet 2 of 3), EN 1993-1-5]
　　-. e 　　= SQRT(235/fy) = 　0.85
　　-. b/t 　= BTR = 　6.52
　　-. sigma1 = 254202.108 KPa.
　　-. sigma2 = 254137.770 KPa.
　　-. BTR < 9*e 　(Class 1 : Plastic).

===
||| * |||　　CLASSIFY LEFT-BOTTOM FLANGE OF SECTION (BTR).
===

( ). Determine classification of tension outstand flanges.
　　-. Not Checking the Section Classification.

===
||| * |||　　CLASSIFY RIGHT-BOTTOM FLANGE OF SECTION (BTR).
===

( ). Determine classification of tension outstand flanges.
　　-. Not Checking the Section Classification.

===
||| * |||　　CLASSIFY WEB OF SECTION (HTR).
===

( ). Determine classification of bending and compression Internal Parts.
　　[Eurocode3:05 Table 5.2 (Sheet 1 of 3), EN 1993-1-5]
　　-. e 　　= SQRT(235/fy) = 　0.85
　　-. d/t 　= HTR = 　35.08
　　-. sigma1 = 232015.043 KPa.
　　-. sigma2 = -226468.333 KPa.
　　-. Psi 　= [2*(Nsd/A)*(1/fy)]-1 = -0.983
　　-. Alpha = 　0.514 > 0.5
　　-. HTR < 396*e/(13*Alpha-1) 　(Class 1 : Plastic).

===
||| * |||　　APPLIED FACTORS.
===

( ). Calculate equivalent uniform moment factors (Cmy, Cmz, CmLT).
　　[Eurocode3:05 Annex A. Table A.1, A.2]
　　-. Cmy,0 　= 0.999
　　-. Cmz,0 　= 0.572
　　-. Cmy (Default or User Defined Value) = 1.000
　　-. Cmz (Default or User Defined Value) = 1.000
　　-. CmLT 　= 1.000

---

midas Gen

钢结构构截面验算结果输出

PROJECT TITLE :				
MIDAS	Company		Client	
	Author		File Name	Untitled.acs

---

midas Gen - Steel Code Checking | Eurocode3:05 | Version 836
===

( ). Partial Factors (Gamma_Mi).
    [Eurocode3:05 6.1]
    -. Gamma_M0 = 1.00
    -. Gamma_M1 = 1.00
    -. Gamma_M2 = 1.25

===
|||*||| CHECK AXIAL RESISTANCE.
===

( ). Check slenderness ratio of axial compression member (Kl/i).
    [Eurocode3:05 6.3.1]
    -. Kl/i = 125.0 < 200.0 ---> O.K.

( ). Calculate axial compressive resistance (Nc_Rd).
    [Eurocode3:05 6.1, 6.2.4]
    -. Nc_Rd   = fy * Area / Gamma_M0 =   6216.60 kN.

( ). Check ratio of axial resistance (N_Ed/Nc_Rd).
        N_Ed   53.05
    -. ------ = ----------------- = 0.009 < 1.000 ---> O.K.
       Nc_Rd   6216.60

( ). Calculate buckling resistance of compression member (Nb_Rdy, Nb_Rdz).
    [Eurocode3:05 6.3.1.1, 6.3.1.2]
    -. Beta_A   = Aeff / Area   = 1.000
    -. Lambda1 = Pi * SQRT(Es/fy) = 79.094
    -. Lambda_by = {(KLy/iy)/Lambda1} * SQRT(Beta_A) = 0.538
    -. Ncry   = Pi^2*Es*Ryy / KLy^2   =   21517.38 kN.
    -. Lambda_by < 0.2 or N_Ed/Ncry < 0.04 --> No need to check.

    -. Lambda_bz = {(KLz/iz)/Lambda1} * SQRT(Beta_A) = 1.581
    -. Ncrz   = Pi^2*Es*Rzz / KLz^2   =   2487.04 kN.
    -. Lambda_bz < 0.2 or N_Ed/Ncrz < 0.04 --> No need to check.

===
|||*||| CHECK SHEAR RESISTANCE.
===

( ). Calculate shear area.
    [Eurocode3:05 6.2.6, EN1993-1-5:04 5.1 NOTE 2]
    -. eta   = 1.2 (Fy < 460 MPa)
    -. Avy   = 2*B*tf   =   0.0132 m^2.
    -. Avz   = eta*hw*tw =   0.0071 m^2.

( ). Calculate plastic shear resistance in local-y direction (Vpl_Rdy).
    [Eurocode3:05 6.1, 6.2.6]
    -. Vpl_Rdy = [Avy*fy/SQRT(3)] / Gamma_M0 =   2476.83 kN.

---

midas Gen

钢结构截面验算结果输出

PROJECT TITLE :

MIDAS	Company		**Client**	
	Author		**File Name**	Untitled.acs

---

midas Gen - Steel Code Checking | Eurocode3:05 | Version 836
===

( ). Check ratio of shear resistance (V_Edy/Vpl_Rdy).
   (LCB =   1, POS = 1/2)
   -. Applied shear force : V_Edy   =   1.68 kN.
      V_Edy   1.68
   -. ------   =   --------------- =6.764e-004 < 1.000 ---> O.K.
      Vpl_Rdy   2476.83

( ). Calculate plastic shear resistance in local-z direction (Vpl_Rdz).
   [Eurocode3:05 6.1, 6.2.6]
   -. Vpl_Rdz = [Avz*fy/SQRT(3)] / Gamma_M0 =   1334.79 kN.

( ). Shear Buckling Check.
   [Eurocode3:05 6.2.6]
   -. HTR < 72*e/Eta   ---> No need to check!

( ). Check ratio of shear resistance (V_Edz/Vpl_Rdz).
   (LCB =   1, POS =   J)
   -. Applied shear force : V_Edz   =   270.57 kN.
      V_Edz   270.57
   -. ------   =   --------------- = 0.203 < 1.000 ---> O.K.
      Vpl_Rdz   1334.79

===
|||*||| CHECK BENDING MOMENT RESISTANCE ABOUT MAJOR AXIS.
===

( ). Calculate plastic resistance moment about major axis.
   [Eurocode3:05 6.1, 6.2.5]
   -. Wply   =   0.0038 m^3.
   -. Mc_Rdy   = Wply * fy / Gamma_M0 =   1244.94 kN-m.

( ). Check ratio of moment resistance (M_Edy/Mc_Rdy).
      M_Edy   861.92
   -. ------   =   --------------- = 0.692 < 1.000 ---> O.K.
      Mc_Rdy   1244.94

===
|||*||| CHECK BENDING MOMENT RESISTANCE ABOUT MINOR AXIS.
===

( ). Calculate plastic resistance moment about minor axis.
   [Eurocode3:05 6.1, 6.2.5]
   -. Wplz   =   0.0010 m^3.
   -. Mc_Rdz   = Wplz * fy / Gamma_M0 =   328.01 kN-m.

( ). Check ratio of moment resistance (M_Edz/Mc_Rdz).
      M_Edz   0.04
   -. ------   =   --------------- =1.354e-004 < 1.000 ---> O.K.
      Mc_Rdz   328.01

---

midas Gen

钢结构截面验算结果输出

PROJECT TITLE :

	Company		Client	
	Author		File Name	Untitled.acs

---

midas Gen - Steel Code Checking | Eurocode3:05 |　　　　　　　Version 836

```
===============================================================================
|||*|||   CHECK INTERACTION OF COMBINED RESISTANCE.
===============================================================================


    ( ). Calculate Major reduced design resistance of bending and shear.
         [ Eurocode3:05  6.2.8 (6.30) ]
         -. In case of V_Edz / Vpl_Rdz < 0.5
         -. My_Rd = Mc_Rdy =     1244.94 kN-m.

    ( ). Calculate Minor reduced design resistance of bending and shear.
         [ Eurocode3:05  6.2.8 (6.30) ]
         -. In case of V_Edy / Vpl_Rdy < 0.5
         -. Mz_Rd = Mc_Rdz =      328.01 kN-m.

    ( ). Check general interaction ratio.
         [ Eurocode3:05  6.2.1 (6.2) ] - Class1 or Class2
                  N_Ed      M_Edy      M_Edz
         -. Rmax1  = ------- + ------- + -------
                  N_Rd      My_Rd      Mz_Rd
              = 0.701 <  1.000  ---> O.K.

    ( ). Check interaction ratio of bending and axial force member.
         [ Eurocode3:05  6.2.9 (6.31 ~ 6.41) ] - Class1 or Class2
         -. n      = N_Ed / Npl_Rd  = 0.009
         -. a      = MIN[ (Area-2b*tf)/Area, 0.5 ] = 0.310
         -. Alpha  = 2.000
         -. Beta   = MAX[ 5*n, 1.0 ] = 1.000

         -. N_Ed < 0.25*Npl_Rd          =     1554.15 kN.
         -. N_Ed < 0.5*hw*tw*fy/Gamma_M0 =      963.30 kN.
            Therefore, No allowance for the effect of axial force.
         -. Mny_Rd = Mply_Rd        =     1244.94 kN-m.
         -. Rmaxy  = M_Edy / Mny_Rd = 0.692 <  1.000  ---> O.K.

         -. N_Ed < hw*tw*fy/Gamma_M0 =     3260.40 kN.
            Therefore, No allowance for the effect of axial force.
         -. Mnz_Rd = Mplz_Rd        =      328.01 kN-m.
         -. Rmaxz  = M_Edz / Mnz_Rd =1.354e-004 <  1.000  ---> O.K.

                  [ | M_Edy |^(Alpha)   | M_Edz |^(Beta) ]
         -. Rmax2 = [ |-------|      +   |-------|       ]
                  [ | Mny_Rd |          | Mnz_Rd |       ]
              = 0.479 <  1.000  ---> O.K.
```

midas Gen

钢结构截面验算结果输出

PROJECT TITLE :

MIDAS	Company		Client	
	Author		File Name	Untitled.acs

```
midas Gen - Steel Code Checking  | Eurocode3:05 |              Version 836
===================================================================================
```

( ). Check interaction ratio of bending and axial compression member.
  [Eurocode3:05 6.3.1, 6.2.9.3 (6.61, 6.62), Annex A]
  -. N_Ed   =   -53.05 kN.
  -. M_Edy   =   861.92 kN-m.
  -. M_Edz   =   0.04 kN-m.
  -. kyy   =   1.006
  -. kyz   =   0.718
  -. kzy   =   0.521
  -. kzz   =   1.016
  -. Xiy   =   0.867
  -. Xiz   =   0.290
  -. XiLT   =   1.000
  -. N_Rk   = A*fy   =   6216.60 kN.
  -. My_Rk   = Wply*fy =   1244.94 kN-m.
  -. Mz_Rk   = Wplz*fy =   328.01 kN-m.
  -. N_Ed*eNy = 0.0 (Not Slender)
  -. N_Ed*eNZ = 0.0 (Not Slender)

$$Rmax\_LT1 = \frac{N\_Ed}{Xiy*N\_Rk/Gamma\_M1} + kyy * \frac{M\_Edy + N\_Ed*eNy}{XiLT*My\_Rk/Gamma\_M1} + kyz * \frac{M\_Edz + N\_Ed*eNz}{Mz\_Rk/Gamma\_M1}$$
  -.   = 0.706 < 1.000 ---> O.K.

$$Rmax\_LT2 = \frac{N\_Ed}{Xiz*N\_Rk/Gamma\_M1} + kzy * \frac{M\_Edy + N\_Ed*eNy}{XiLT*My\_Rk/Gamma\_M1} + kzz * \frac{M\_Edz + N\_Ed*eNz}{Mz\_Rk/Gamma\_M1}$$
  -.   = 0.390 < 1.000 ---> O.K.

  -. Rmax = MAX[MAX(Rmax1, Rmax2), MAX(Rmax_LT1, Rmax_LT2)] = 0.706 < 1.000 ---> O.K.

```
===================================================================================
|||*|||   CHECK DEFLECTION.
===================================================================================
```

( ). Compute Maximum Deflection.
  -. LCB   =   2
  -. DAF   =   1.000 (Deflection Amplification Factor).
  -. Position =   5.000m From i-end(Node 5).
  -. Def   =   -0.011 * DAF =   -0.011m (Golbal Z)
  -. Def_Lim =   0.022m
     Def < Def_Lim   ---> O.K !

Modeling, Integrated Design & Analysis Software
http://www.MidasUser.com
midas Gen V 836 LAN

Print Date/Time : 01/09/2018 16:58

-7/7-

136

4.3.4.3　梁柱节点设计实例

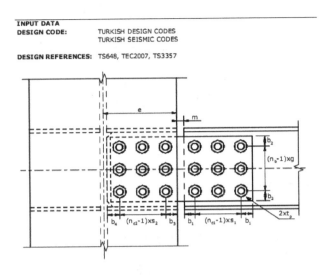

INPUT DATA
DESIGN CODE:　　TURKISH DESIGN CODES
　　　　　　　　TURKISH SEISMIC CODES

DESIGN REFERENCES:　TS648, TEC2007, TS3357

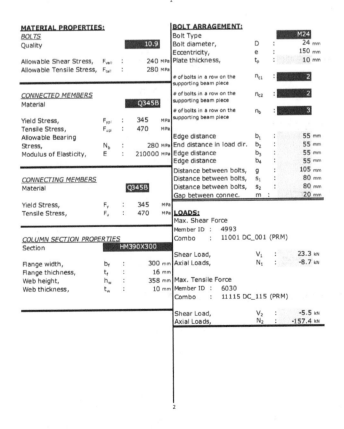

MATERIAL PROPERTIES:		
BOLTS		
Quality		10.9
Allowable Shear Stress, F_{vall}	:	240 MPa
Allowable Tensile Stress, F_{tall}	:	280 MPa
CONNECTED MEMBERS		
Material		Q345B
Yield Stress, F_{ypl}	:	345 MPa
Tensile Stress, F_{upl}	:	470 MPa
Allowable Bearing Stress, N_b	:	280 MPa
Modulus of Elasticity, E	:	210000 MPa
CONNECTING MEMBERS		
Material		Q345B
Yield Stress, F_y	:	345 MPa
Tensile Stress, F_u	:	470 MPa
COLUMN SECTION PROPERTIES		
Section		HM390X300
Flange width, b_f	:	300 mm
Flange thichness, t_f	:	16 mm
Web height, h_w	:	358 mm
Web thickness, t_w	:	10 mm

BOLT ARRAGEMENT:		
Bolt Type		M24
Bolt diameter, D	:	24 mm
Eccentricity, e	:	150 mm
Plate thickness, t_p	:	10 mm
# of bolts in a row on the supporting beam piece n_{c1}	:	2
# of bolts in a row on the supporting beam piece n_{c2}	:	2
# of bolts in a row on the supporting beam piece n_b	:	3
Edge distance b_1	:	55 mm
End distance in load dir. b_2	:	55 mm
Edge distance b_3	:	55 mm
Edge distance b_4	:	55 mm
Distance between bolts, g	:	105 mm
Distance between bolts, s_1	:	80 mm
Distance between bolts, s_2	:	80 mm
Gap between connec. m	:	20 mm

LOADS:
Max. Shear Force
Member ID : 4993
Combo : 11001 DC_001 (PRM)

Shear Load,	V_1	:	23.3 kN
Axial Loads,	N_1	:	-8.7 kN

Max. Tensile Force
Member ID : 6030
Combo : 11115 DC_115 (PRM)

Shear Load,	V_2	:	-5.5 kN
Axial Loads,	N_2	:	-157.4 kN

1) CONNECTED BEAM SPLICE CHECK - MAX. SHEAR FORCE:

i) BOLT SHEAR CHECK:

Moment arm,
$$e_1 = e + m + b_1 + \frac{(n_{c1} - 1)}{2} \times s_1$$

$$e_1 = 265 \quad \text{mm}$$

Torsion due to shear,
$$T_1 = V_1 \times e_1$$
$$T_1 = 6167.6 \quad \text{kN.mm}$$

Polar moment of inertia of bolt group,
$$J_1 = 53700 \quad \text{mm}^2$$

Shear force on a single bolt in x direction due to eccentric acting shear force,
$$V_{x1} = \frac{T_1}{J_1} \times \left[\left(\frac{g}{2} \right) \times (n_b - 1) \right]$$

$$V_{x1} = 12.1 \quad \text{kN}$$

Shear force on a single bolt in x direction due to axial load,
$$V_{x2} = \frac{N_1}{n_{c1} \times n_b}$$

$$V_{x2} = 1.5 \quad \text{kN}$$

Total shear force on a single bolt in x-direction,
$$V_{tx1} = V_{x1} + V_{x2}$$

$$V_{tx1} = 13.5 \quad \text{kN}$$

Shear force on a single bolt in y direction due to eccentric acting shear force,
$$V_{y1} = \frac{T_1}{J_1} \times \left[\left(\frac{s_1}{2} \right) \times (n_{c1} - 1) \right]$$

$$V_{y1} = 4.6 \quad \text{kN}$$

Shear force on a single bolt in y direction due to axial load,
$$V_{y2} = \frac{V_1}{n_{c1} \times n_b}$$

$$V_{y2} = 3.9 \quad \text{kN}$$

Total shear force on a single bolt in y-direction,
$$V_{ty1} = V_{y1} + V_{y2}$$

$$V_{ty1} = 8.5 \quad \text{kN}$$

The resultant shear force
$$V_{r1} = \sqrt{\left(V_{tx1}^2 + V_{ty1}^2 \right)}$$

$$V_{r1} = 16.0 \quad \text{kN}$$

Bolt threaded area of web,
$$A_b = 352.5 \quad \text{mm}^2$$

Shear Capacity of a Single Bolt,
$$V_{all} = 2 \times A_b \times F_{vall} \times 10^{-3}$$
$$V_{all} = 169.2 \quad \text{kN}$$
$$V_{all} > V_{r1}$$

OK

3

ii) PLATE BEARING CHECK:

$$t_{min} = min(t_w, 2 \times t_p)$$

$$t_{min} = 10 \quad \text{mm}$$

Single hole bearing capacity,
$$N_{B1} = D \times t_{min} \times N_b \times 10^{-3}$$
$$N_{B1} = 67.2 \quad \text{kN}$$
$$N_{B1} > V_{r1}$$

OK

iii) PLATE TENSION YIELDING CHECK:

Width of the connected beam splice plate,
$$w_{bsp} = 2 \times b_2 + (n_b - 1) \times g$$
$$w_{bsp} = 320.0 \quad \text{mm}$$

Area of connected beam splice plt.,
$$A_{bsp} = w_{bsp} \times t_p \times 2$$
$$A_{bsp} = 6400.0 \quad \text{mm}^2$$

Allow. tension yield force,
$$T_{ty1} = A_{bsp} \times 0.6 \times F_{ypl} \times 10^{-3}$$
$$T_{ty1} = 1324.8 \quad \text{kN}$$
$$T_{ty1} > N_1$$

OK

iv) MOMENT FLEXURAL CHECK:

Moment,
$$M_1 = V_1 \times (e + m + b_1)$$
$$M_1 = 5236.7 \quad \text{kN.mm}$$

Elastic modulus,
$$S = 2 \times t_p \times \frac{w_{bsp}^2}{6}$$
$$S = 341333.3 \quad \text{mm}^3$$

Stress,
$$\sigma_1 = \frac{M_1 \times 10^3}{S}$$
$$\sigma_1 = 15.3 \quad \text{MPa}$$
$$\sigma_1 < 0.6 \text{x} F_{ypl}$$

OK

v) PLATE SHEAR CHECK:

Area of plate subjected to shear,
$$A_{ps} = 2 \times w_{bsp} \times t_p$$
$$A_{ps} = 6400.0 \quad \text{mm}^2$$

Allow. shear strength,
$$\tau_{all} = \frac{0.6 \times F_{ypl}}{\sqrt{3}}$$
$$\zeta_{all} = 119.5 \quad \text{MPa}$$

Allow. Shear force of splice plate,
$$V_{allsp} = \tau_{all} \times A_{ps} \times 10^{-3}$$
$$V_{allsp} = 764.9 \quad \text{kN}$$
$$V_{allsp} > V_1$$

OK

4

2) CONNECTED BEAM SPLICE CHECK - MAX. TENSILE FORCE:

i) BOLT SHEAR CHECK:

Moment arm,	e_1	$= e + m + b_1 + \dfrac{(n_{c1} - 1)}{2} \times s_1$	
	e_1	$= 265$	mm

Torsion due to shear,	T_2	$= V_2 \times e_1$	
	T_2	$= 6167.6$	kN.mm

Polar moment of inertia of bolt group,	J_1	$= 53700$	mm²

Shear force on a single bolt in x direction due to eccentric acting shear force,

$$V_{x3} = \frac{T_2}{J_1} \times \left[\left(\frac{g}{2} \right) \times (n_b - 1) \right]$$

$$V_{x3} = 0.0 \qquad \text{kN}$$

Shear force on a single bolt in x direction due to axial load,

$$V_{x4} = \frac{N_2}{n_{c1} \times n_b}$$

$$V_{x4} = 26.2 \qquad \text{kN}$$

Total shear force on a single bolt in x-direction,

$$V_{tx2} = V_{x3} + V_{x4}$$

$$V_{tx4} = 26.2 \qquad \text{kN}$$

Shear force on a single bolt in y direction due to eccentric acting shear force,

$$V_{y3} = \frac{T_2}{J_1} \times \left[\left(\frac{s_1}{2} \right) \times (n_{c1} - 1) \right]$$

$$V_{y3} = 0.0 \qquad \text{kN}$$

Shear force on a single bolt in y direction due to axial load,

$$V_{y4} = \frac{V_2}{n_{c1} \times n_b}$$

$$V_{y4} = 0.9 \qquad \text{kN}$$

Total shear force on a single bolt in y-direction,

$$V_{ty2} = V_{y3} + V_{y4}$$

$$V_{ty2} = 0.9 \qquad \text{kN}$$

The resultant shear force

$$V_{r2} = \sqrt{\left(V_{tx2}{}^2 + V_{ty2}{}^2 \right)}$$

$$V_{r2} = 26.3 \qquad \text{kN}$$

Bolt threaded area of web,	A_b	$= 352.5$	mm²

Shear Capacity of a Single Bolt,

$$V_{all} = 2 \times A_b \times F_{vall} \times 10^{-3}$$

$$V_{all} = 169.2 \qquad \text{kN}$$

$$V_{all} > V_{r2}$$

OK

5

ii) PLATE BEARING CHECK:

$$t_{min} = min(t_w, 2 \times t_p)$$

$$t_{min} = 10 \qquad mm$$

Single hole bearing capacity,

$$N_{B1} = D \times t_{min} \times N_b \times 10^{-3}$$

$$N_{B1} = 67.2 \qquad kN$$

$$N_{B1} > V_{r2}$$

OK

iii) PLATE TENSION YIELDING CHECK:

Width of the connected beam splice plate,

$$w_{bsp} = 2 \times b_2 + (n_b - 1) \times g$$

$$W_{bsp} = 320.0 \qquad mm$$

Area of connected beam splice plt.,

$$A_{bsp} = w_{bsp} \times t_p \times 2$$

$$A_{bsp} = 6400.0 \qquad mm^2$$

Allow. tension yield force,

$$T_{ty1} = A_{bsp} \times 0.6 \times F_{ypl} \times 10^{-3}$$

$$T_{ty1} = 1324.8 \qquad kN$$

$$T_{ty1} > N_2$$

OK

iv) MOMENT FLEXURAL CHECK:

Moment,

$$M_2 = V_2 \times (e + m + b_1)$$

$$M_2 = \qquad kN.mm$$

Elastic modulus,

$$S = 2 \times t_p \times \frac{w_{bsp}^2}{6}$$

$$S = 341333.3 \qquad mm^3$$

Stress,

$$\sigma_2 = \frac{M_2 \times 10^3}{S}$$

$$\sigma_2 = 3.6 \qquad MPa$$

$$\sigma_2 < 0.6 \times F_{ypl}$$

OK

v) PLATE SHEAR CHECK:

Area of plate subjected to shear,

$$A_{ps} = 2 \times w_{bsp} \times t_p$$

$$A_{ps} = 6400.0 \qquad mm^2$$

Allow. shear strength,

$$\tau_{all} = \frac{0.6 \times F_{ypl}}{\sqrt{3}}$$

$$\zeta_{all} = 119.5 \qquad MPa$$

Allow. Shear force of splice plate,

$$V_{allsp} = \tau_{all} \times A_{ps} \times 10^{-3}$$

$$V_{allsp} = 764.9 \qquad kN$$

$$V_{allsp} > V_2$$

OK

6

4.4 中东地区某石油化工典型承重钢框架设计

（作者：武笑平 樊兴林）

4.4.1 工程概况

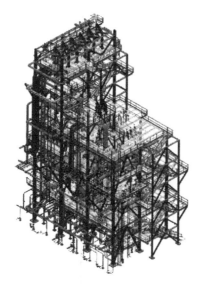

本工程为中东地区某国家新建炼油厂项目，一次原油加工能力为 3150 万吨/年，建成后将成为中东地区规模最大的炼油厂，其中的钢框架属于新建炼油厂中一个工艺装置的一部分。本工程工艺装置由中石化洛阳工程有限公司和国外两家工程公司组成的联合体总承包，PMC（Project Management Consultant 项目管理顾问）为一家欧洲著名的国际工程公司。钢结构框架共 7 层，地面高程为 109.750m，各层平台的梁顶高程分别为 116.750m，124.050m（125.450m，125.965m），131.250m，135.250m，138.250m，142.750m 和 145.150m。钢框架由 3 个纵向轴线和 4 个横向轴线组成。框架结构尺寸：宽度 12m，长度 20.8m，高度为 38.5m。框架柱截面强轴方向沿纵向布置，纵向框架梁与柱刚接，横向框架梁与柱铰接并设置柱间支撑，柱脚按刚接设计。钢结构采用工厂预制，现场高强度螺栓连接。

图 4.4.1 钢框架三维模型图

按照项目招标文件要求，结构设计采用欧洲规范。图 4.4.1 为钢框架的三维模型图。

4.4.2 设计依据和设计条件

4.4.2.1 规范及规定

1. 项目规定

项目规定 表 4.4.1

项目规定	名称
DEP 30.48.00.31	Protective coatings for onshore facilities
P4049N-0000-DE10-VAR-0011	Project Variation to Shell DEP 30.48.00.31
DEP-34.00.01.10-Gen.	Earthquake design for onshore facilities-Seismic hazard assessment
DEP 34.00.01.30-Gen.	Structural design and engineering
P4049N-0000-DD00-VAR-0001	Project Variation to Shell DEP 34.00.01.30
DEP 34.11.00.12-Gen.	Geotechnical and foundation engineering-onshore
P4049N-0000-DD00-VAR-0006	Project Variation to Shell DEP 34.17.00.32
055AZOR-00.10.19.001	Civil& Structural Design Basis

2. 国际标准规范

国际标准规范 表 4.4.2

规范	名称
EN 1990：2002	Eurocode-Basis of structural design
EN 1991-1-1：2002	Eurocode 1：Actions on structures-Part 1-1

规范	名称
EN 1991-1-4：2005	Eurocode 1：Actions on structures-Part 1-4：General actions-Wind actions
EN 1991-1-5：2003	Eurocode 1：Actions on structures-Part 1-5：General actions-Thermal actions
EN 1991-1-6：2005	Eurocode 1：Part 1-6：General actions-Actions during execution
EN 1992	Design of Concrete Structures
EN 1993-1-1：2005	Eurocode 3：General rules and rules for buildings
EN 1993-1-2：2005	Eurocode 3：General rules-Structural fire design
EN 1993-1-8：2005	Eurocode 3：Design of steel structures-Part 1-8：Design of joints
EN 1994-1-2：2005：Part 1-2	General rules-Structural fire design
EN 1998-1：2004：Eurocode 8	Design of structures for earthquake resistance-Part 1：General rules，seismic actions and rules for buildings
ASCE/SEI 7-10	Minimum Design Loads for Buildings and Other Structures

钢框架设计图纸和计算书均要提交给业主 PMC 审批，审查批准后才能施工。

4.4.2.2 设计条件

1. 恒荷载(DL)

恒荷载是结构自重和所有永久附件重（如管道，阀门，照明，电缆槽盒，仪表，采通，防火，保温），设备和机械附件重（管道，阀门，电缆，屋面，槽盒等）。结构自重由 STAAD Pro 用自重命令自动计算。

防火作为构件属性被指定为相应的结构构件。钢结构截面高度不大于 300mm 时被考虑为块体类型，钢结构截面高度大于 300mm 被考虑为轮廓类型，蛭石防火材料按密度 8kN/m³，厚度 40mm 来计算。钢格板按 0.50kN/m² 作用在平台梁上。

2. 设备空载(D_e)

空载指的是管道、储罐和容器的空重，包括所有附件。

3. 操作荷载(D_o)

这个荷载相当于操作恒荷载，为工艺设备或容器和（或）管道的空重加正常操作期间的介质重。

4. 试验荷载(D_t)

试验荷载是设备空载加试验介质等重量。

5. 锚固荷载(A_{fe})

锚固荷载是产生在锚固/导向管道支撑或设备鞍座，伸长组件上的水平荷载。

6. 摩擦力(F_f)

摩擦力是操作期间产生在设备滑动支座和或滑动管道支撑上的水平荷载。

7. 温度作用(T_+，T_-)

由于温度变化而在结构中产生的（膨胀和收缩）内力或变形效应。

$$\Delta T_+ = +28℃$$
$$\Delta T_- = +28℃$$

（温差是基于当地的气象资料，由项目技术文件统一规定的）。

8. 风荷载(W_{+x}，W_{-x}，W_{+z}，W_{-z})

风荷载是由于风压作用在管道、设备、结构构件和其他附件上的荷载。风荷载按照《EN 1991-1-4》计算。设计使用的 10min 平均风速为 35m/s，地面粗糙度类别为 Ⅱ类。

9. 活荷载(LL)

活荷载取值　　　　　　　　　　　　　　　　　　表 4.4.3

描述	数值（kN/m²）
人行通道平台	2.5
操作/维修平台	5.0
楼梯	5.0
储存区域	7.0
管道 $\Phi \leqslant 12''$	2.0
屋面	0.4

10. 地震作用($E_x, E_z; E_{sx}; E_{sz}$)

该国对新炼油厂项目有专门的地震安全性评价报告，该报告是按照美国标准《ASCE 7-10》的模式给出的。图 4.4.2 为地震反应谱曲线，基本参数如下：

峰值地面加速度 S_{PGA}：　　　　　　0.10g

短周期加速度 S_S：　　　　　　　　0.23g

1 秒周期加速度 S_1：　　　　　　　0.13g

反应谱形状系数 n：　　　　　　　0.46

场地类别：　　　　　　　　　　　C 类

最大考虑地震反应谱（MCE）特征参数如下：

$S_{MPGA} = F_{PGA} S_{PGA} = 1.30 \times 0.10 = 0.13g$

$S_{MS} = F_a S_S = 1.30 \times 0.23 = 0.30g$

$S_{M1} = F_V S_1 = 1.67 \times 0.13 = 0.22g$

$T_0 = 0.2(S_{M1}/S_{MS}) = 0.2 \times (0.22/0.30) = 0.15s$

$T_S = (S_{M1}/S_{MS})^{(1/n)} = (0.22/0.30)^{(1/0.36)} = 0.42s$

$T_L = 2s$

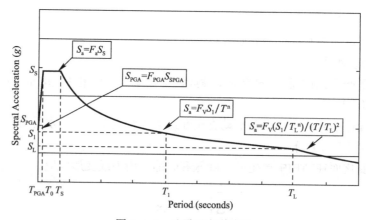

图 4.4.2　地震反应谱曲线

设计基本反应谱（DBE）取最大地震反应谱（MCE）的 2/3。阻尼比 5% 对应的反应谱详见表 4.4.4。

地震反应谱 表 4.4.4

T(s)	$S_a,(g)-\beta=5\%$	
	MCE	DBE
0.01	0.13	0.089
0.10	0.24	0.16
0.15	0.30	0.20
0.20	0.30	0.20
0.30	0.30	0.20
0.40	0.30	0.20
0.43	0.30	0.20
0.5	0.28	0.19
0.75	0.24	0.16
1.0	0.22	0.15
1.5	0.19	0.13
2.0	0.17	0.11
3.0	0.076	0.051
4.0	0.043	0.029

根据项目技术文件规定，结构的重要性类别为Ⅲ类，重要性系数取 $I=1.25$。

结构的性能系数，按照 EN 1998 表 6.2（立式结构的常规系统性能系数上限参考值），项目 SP 规定，钢结构和混凝土结构均按低延性结构设计，性能系数取 $q=1.5$。

结构计算用反应谱，按设计反应谱 DBE 乘以重要性系数 1.25，然后除以性能系数 1.5 得到。

由于采用了的较大的地震作用（较低的性能系数），构件和连接设计中不需要考虑特殊的抗震措施。

4.4.2.3　钢结构变形要求

钢梁的竖向挠度限值应符合：

一般平台梁	$L/250$
支承设备的梁	$L/400$
水平悬臂梁	$L/200$
支承塔或立式设备的梁	$L/600$
支承泵出口管道的梁	$L/600$

钢框架柱顶侧移限值应符合：

风荷载组合	$H/200$
地震作用组合	$H/200$

以上限值来源于项目技术规定。

4.4.2.4　材料和制作安装要求

该框架的主要构件"H"，"I"，"L"，"U"截面和底板采用 S 355 JR 钢材；次要结构杆件（栏杆，钢格板，等）采用 S 275 JR 钢材。钢结构工厂预制采用焊接或螺栓连接，现场组装采用高强度螺栓连接。

4.4.3 结构分析

钢框架设计采用 STAAD PRO 计算分析软件。

4.4.3.1 结构模型与基本假定

建立框架模型计算简图详见图 4.4.3，选定钢框架各杆件截面尺寸，根据构件节点连接形式，释放节点约束，依次输入恒荷载、活荷载、温度作用、风荷载、地震作用等荷载信息。图 4.4.4 为典型平面图，图 4.4.5 为典型立面图。

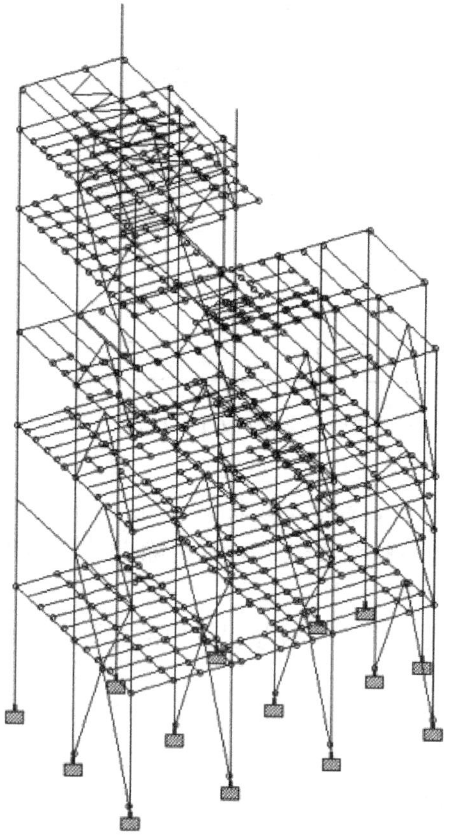

1. 竖向承重体系

平台及设备的竖向荷载通过平台梁和设备梁传至横向铰接的框架梁，并将剪力传至框架柱。

根据承重情况，高度 35.4m 的 6 根钢柱选用 HE500B 型钢，高度 25.5m 的三根钢柱采用 HE400B 型钢，高度 21.5m 的三根边轴线钢柱采用 HE400A 型钢，楼梯间钢柱采用 HE200A 型钢。

2. 侧向支撑体系

沿柱的强轴方向，梁和柱连接采用刚接，形成框架作为侧向支撑体系。

沿柱的弱轴方向，梁和柱连接采用铰接，设置柱间支撑作为侧向支撑体系。支撑采用 H 型钢，根据受力情况截面分别选用 HE280A，HE260A，HE240A 型钢。

3. 楼板

平台铺板采用格栅板。格栅板与钢梁之间采用紧固件进行连接，板的四角均应设紧固件。

格栅板不作为梁侧向支撑，应在平台内设置水平支撑，以减小梁的计算长度。水平支撑采用角钢，按拉杆设计。

图 4.4.3 计算模型简图

4. 设备支座

对于自重（包括充水）比较大的设备，为了减小平台梁的高度，如图 4.4.6 所示，每侧的设备支座下用两根设备梁共同承担重量，并沿设备轴向设置竖向支撑，以传递沿设备轴向的水平力。

5. 连接建模

所有结构构件（包括梁、柱、支撑）均按线性单元建模，单元之间的连接需要根据实际的连接形式进行修改（默认连接形式为刚性）。与铰接连接相比，刚接节点更为复杂，成本高，因此在结构设计时尽量减少刚接连接的数量。

刚性连接的构件主要有：a. 与柱强轴方向连接的主要框架梁；b. 与基础连接的底层钢柱；c. 梁上生根的柱；d. 拼接构件；e. 传递弯矩的悬臂构件。这些构件传递弯矩一端的刚性连接采用默认值，不需要修改。而它们非弯矩传递端及其他构件的两端均要改为铰接连接。

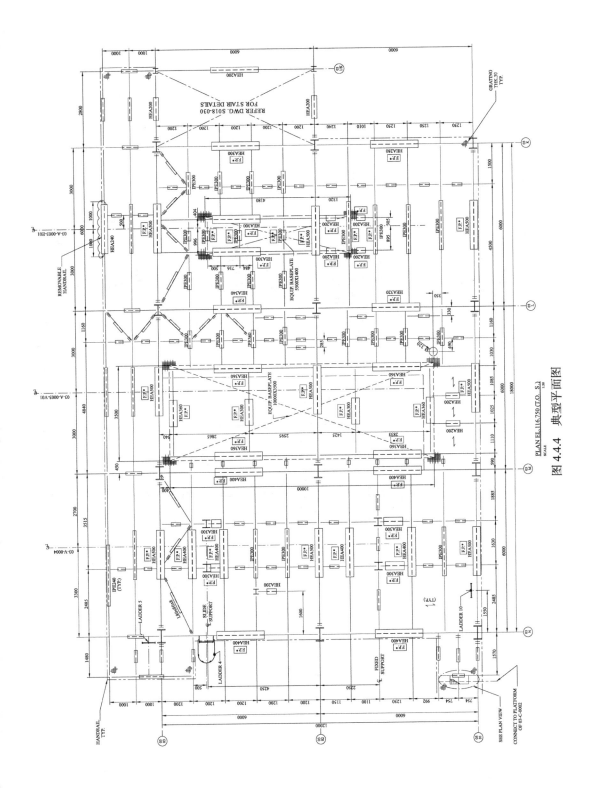

图 4.4.4　典型平面图

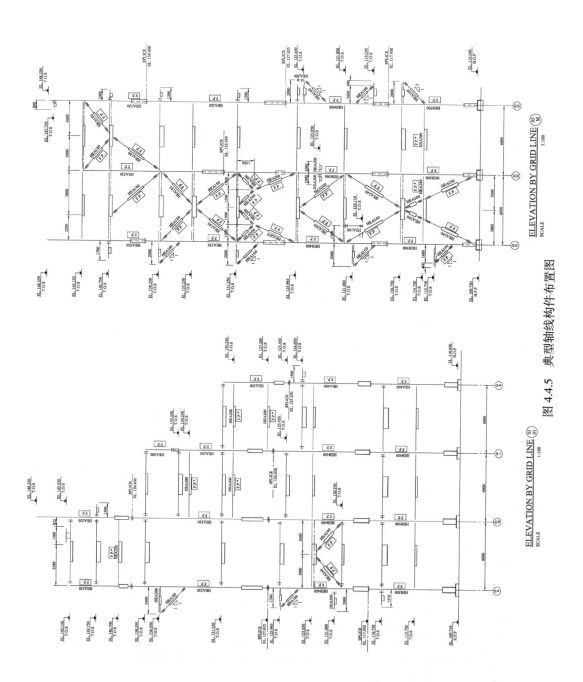

图 4.4.5　典型轴线构件布置图

4.4.3.2　风荷载的施加

风荷载分为作用于设备的风荷载和作用于结构（包括附属结构如未建入计算模型的梯子、栏杆等）的风荷载两部分。

设备风荷载按下式计算：

$$F_w = c_s c_d c_f q_a A_{ref}$$

式中 $c_s c_d = 1$，$c_f = 1.2$；

q_a——设备标高处的峰值风压；

A_{ref}——设备的迎风面积。

该风荷载是作用于设备迎风面形心处的，必要时可在形心高度设节点，并通过主从节点的方式把作用合理地传给结构。

图 4.4.6　设备支座简图

开敞式结构的风荷载，可采用整体体型系数法。按照欧洲规范 EN 1991-1-4 第 7.11 节（格栅结构和脚手架）规定，根据框架迎风面的密实率确定整体体型系数，进而得到不同高度的考虑了各种系数的风压。由程序根据构件迎风面的宽度自动计算转换成作用于构件的线荷载。这种做法可以大大减少风荷载输入的工作量。

4.4.3.3　荷载组合

荷载组合是根据欧标 EN 1990：2002 确定的，其中锚固荷载（A_{fe}）按恒载进行组合，换热器抽芯力仅用于检修工况，按活载进行组合。项目 SP 给出的承载力极限状态（ULS）和正常使用极限状态（SLS），荷载组合详见表 4.4.5。

荷载组合

表 4.4.5

状态	荷载组合	组合工况	主导作用
ULS	$1.35DL + 1.35D_o + 1.35A_{fe} + 1.5F_f + 0.9T + 1.5LL$	正常生产	A_{fe}
	$1.35DL + 1.35D_o + 1.35A_{fe} + 1.5T + 0.9W + 1.5LL$		T
	$1.35DL + 1.35D_o + 1.35A_{fe} + 0.9T + 1.5W + 1.5LL$		W
	$1.35DL + 1.35D_o + 1.5B_u + 0.9T + 0.75W + 1.5LL$	检修	B_u
	$1.35DL + 1.35D_t + 1.5T + 0.75W + 1.5LL$	试验	T
	$1.0DL + 1.0D_o + 1.0A_{fe} + 0.8LL + 1.0E_x + 0.3E_z$	地震	E_x
	$1.0DL + 1.0D_o + 1.0A_{fe} + 0.8LL + 0.3E_x + 1.3E_z$		E_z
SLS	$1.0DL + 1.0D_o + 1.0A_{fe} + 1.0F_f + 0.6T + 1.0LL$	正常生产	Afe
	$1.0DL + 1.0D_o + 1.0A_{fe} + 1.0T + 0.6W + 1.0LL$		T
	$1.0DL + 1.0D_o + 1.0A_{fe} + 0.6T + 1.0W + 1.0LL$		W
	$1.0DL + 1.0D_o + 1.0B_u + 0.6T + 0.W + 1.0LL$	检修	B_u
	$1.0DL + 1.0D_t + 1.0T + 0.5W + 1.0LL$	试验	T

重力荷载和风荷载的作用采用一阶静力分析，地震作用采用振型分解反应谱法的 CQC 组合。各单独工况效应的荷载组合采用代数和方式。

4.4.3.4　整体分析方法

采用一阶分析得到构件内力，然后根据规范 EN 1993-1 第 6.3 节的要求对构件进行验算。以上步骤可由程序自动完成，但压弯构件的计算长度需要通过计算单独或分批取值。柱的弱轴方向有完整的侧向支撑，其计算长度取侧向支撑之间的距离。柱强轴方向的计算长度需要按照柱上、下节点处的梁柱线刚度比计算确定，并以几何长度 L_y、L_z 和长度系数 K_y、K_z 的方式指定给程序。真正影响计算结果的是几何长度与长度系数的乘积，也就是计算长度。实际工作中可根据这一原则简化参数的输入。

通用的长度系数计算表格详见表 4.4.6。

通用的长度系数计算表

表 4.4.6

Framing with Sway

Col effective length calculation

I_y (cm^4)	Upper col.	Length (m)
107200	HE500B	8.7
Upper left		Upper right
HE500A	Node 1	HE500A
I_y (cm^4)	Col. Type	I_y (cm^4)
86970	HE500B	86970
Length (m)		Length (m)
6	I_y (cm^4)	6
far restraint	107200	far restraint
Fixed		Fixed
1.00 I/L	Length (m)	1.00 I/L
	6.7	
	Node 2	
	Base	Fixed

$K_1 = I_1/L_1 = 123218 \ \text{mm}^3$

$K_c = I_c/L_c = 160000 \ \text{mm}^3$

$K_{11} = f_{11}I_{11}/L_{11} = 144950 \ \text{mm}^3$

$K_{12} = f_{12}I_{12}/L_{12} = 144950 \ \text{mm}^3$

$$\eta_1 = \frac{K_c + K_1}{K_c + K_1 + K_{11} + K_{12}}$$

$\eta_1 = 0.494$

$\eta_2 = 0.0$

$$k_c = \frac{L_{cr}}{L} = \sqrt{\frac{1 - 0.2(\eta_1 + \eta_2) - 0.12\eta_1\eta_2}{1 - 0.8(\eta_1 + \eta_2) + 0.6\eta_1\eta_2}}$$

$k_c = 1.221$

Rotation restraint at far end of beam			
Fixed	1.0	Iy/L	Fixed at far end
Pinned	0.75	Iy/L	Pinned at far end
D curvature	1.5	Iy/L	Roration as at near end (double curvature)
S curvature	0.5	Iy/L	Roration equal & opposite to that at near end (singlr curvature)
Ger. Case	$1+0.5 \ \theta_b/\theta_a$	Iy/L	Gerneral case Rotation θ_a at near end & θ_b at far end

θb far end	θa near end	$1+0.5 \ \theta_b/\theta_a$	
0.5	0.5	1.5	Upper left
0.5	0.5	1.5	Upper right

4.4.3.5 梁整体稳定承载力参数的设定

钢梁的整体稳定承载力与梁的侧向无支撑长度以及梁两端的边界条件、荷载类型、作用点的高度有关。在 STAAD-Pro 程序中相关参数如下，详见图 4.4.7 和图 4.4.8。

Table 3.2   *Valnes of factors C_1 and C_2 for cases with transverse loading (for k = 1)*

Loading and support conditions	Bending moment diagram	C_1	C_2
		1.127	0.454

图 4.4.7 参数 C_1、C_2 表（一）

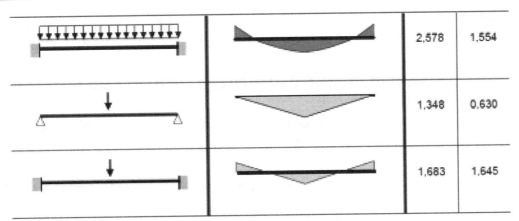

图 4.4.7　参数 C_1、C_2 表（二）

Table 7C.3-Values for the CMM Parameter

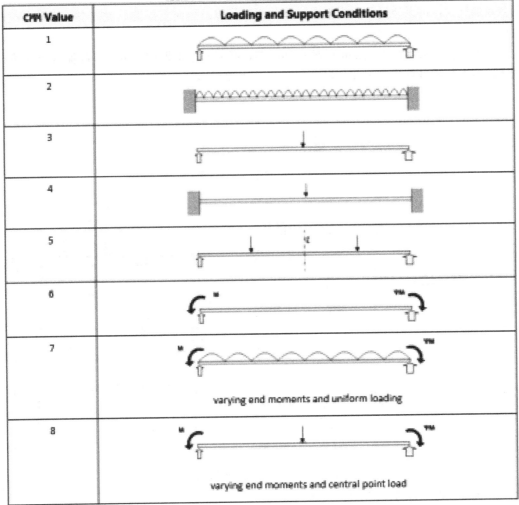

图 4.4.8　参数 CMM 表

梁的侧向无支撑长度：UNL（m），其默认值为构件长度。

梁端边界条件、荷载类型：参数 C_1、C_2 或参数 CMM。

实际上，这两组参数表征的内容是相同的。如果 C_1 或（和）C_2 被赋值，程序只按 C_1 或（和）C_2 的值进行计算，不考虑 CMM 的取值。只有在 C_1 或（和）C_2 未被赋值的情况下，CMM 才起作用。

对于与柱刚性连接的梁，且梁间荷载以均布荷载为主，可直接设定参数 $C_1=2.5$，$C_2=1.5$，这样程序才能得到正确的结果。

沿梁截面高度方向程序默认的荷载作用点为梁的剪切中心 $+0.5$ 倍的梁高。如果个别的梁与此不一致，可以通过参数 Z_g（单位 m）根据实际情况指定。

4.4.3.6　计算结果

STAAD. PRO 分析设计结果，可以通过结果文件查看，也可以通过程序的后处理模块进行可视化的查看。

首先查看节点位移的统计结果，以确保正常使用极限状态下，框架顶点的最大节点位移应在合理的范围之内。一般来说，恰当选择了构件和结构体系，应该与要求的侧移限值不会差别过大，可以通过调整框架梁、柱截面型号以及竖向支撑的设置方案，来满足规范要求。

动力分析结果可以得到结构的振型和周期，必要时增加振型数量，以确保 X 和 Z 两个方向振型参与质量百分比之和各自大于 90%。主要振型列表见图 4.4.9。

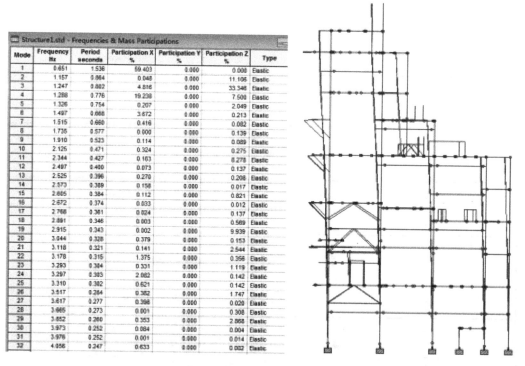

图 4.4.9　结构主要振型列表

1. 构件承载力检验

对构件进行承载能力极限状态组合（ULS）检验。应力比最大的构件见表 4.4.7。所有构件均满足规范要求。

应力比最大构件见图 4.4.10。

最大构件应力比 表 4.4.7

Beam	Analysis Property	Design Property	Actual Ratio	Allowable Ratio	Normalized Ratio (Actual/Allowable)	Clause	L/C
40	HE500B	HE500B	0.955	1.000	0.955	EC-6.3.3-662	1028
41	HE500B	HE500B	0.950	1.000	0.950	EC-6.3.3-662	1022
2209	HE320A	HE320A	0.943	1.000	0.943	EC-6.3.3-662	1021
247	IPE240	IPE240	0.942	1.000	0.942	EC-6.3.3-662	1022
523	IPE240	IPE240	0.936	1.000	0.936	EC-6.3.3-662	1010
1158	L80X80X8	L80X80X8	0.935	1.000	0.935	EC-6.3.1.1	1087
308	IPE400	IPE400	0.928	1.000	0.928	EC-6.3.3-662	1015
314	IPE400	IPE400	0.928	1.000	0.928	EC-6.3.3-662	1015
583	HE300A	HE300A	0.924	1.000	0.924	EC-6.2.9.2/3	1028
316	IPE400	IPE400	0.923	1.000	0.923	EC-6.3.2 LTB	1069
1032	IPE400	IPE400	0.923	1.000	0.923	EC-6.3.2 LTB	1069
300	HE200A	HE200A	0.914	1.000	0.914	EC-6.3.3-662	1076
42	HE400B	HE400B	0.909	1.000	0.909	EC-6.3.3-662	1024
310	IPE400	IPE400	0.903	1.000	0.903	EC-6.3.2 LTB	1069
302	IPE400	IPE400	0.902	1.000	0.902	EC-6.3.3-662	1015
393	IPE400	IPE400	0.902	1.000	0.902	EC-6.3.3-662	1069
419	HE400B	HE400B	0.896	1.000	0.896	EC-6.3.3-662	1024
2156	HE400B	HE400B	0.880	1.000	0.880	EC-6.3.3-661	1028
1058	HE300A	HE300A	0.874	1.000	0.874	EC-6.2.9.2/3	1036
332	HE300A	HE300A	0.873	1.000	0.873	EC-6.2.9.2/3	1036
381	HE400B	HE400B	0.865	1.000	0.865	EC-6.3.3-662	1027
304	IPE400	IPE400	0.864	1.000	0.864	EC-6.3.2 LTB	1069
43	HE400A	HE400A	0.861	1.000	0.861	EC-6.3.3-662	1021
46	HE500B	HE500B	0.857	1.000	0.857	EC-6.3.3-661	1028
1260	IPE240	IPE240	0.855	1.000	0.855	EC-6.3.3-662	1063

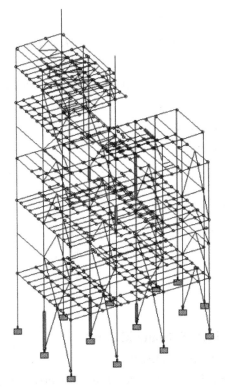

图 4.4.10 最大应力比构件

压弯构件计算：

ALL UNITS ARE - KN METE（UNLESS OTHERWISE Noted）

MEMBER	TABLE	RESULT/	CRITICAL COND/	RATIO/	LOADING/
		FX	MY	MZ	LOCATION

===

41 ST	HE500B	(EUROPEAN SECTIONS)			
		PASS	EC-6. 3. 3-662	0. 936	1022
		2953. 94 C	13. 74	846. 88	0. 00

===

MATERIAL DATA

Grade of steel   = S 355

Modulus of elasticity   = 210kN/mm²

Design Strength（py）   = 355N/mm²

SECTION PROPERTIES（units-cm）

Member Length=   470.00

Gross Area= 239.00   Net Area= 239.00

	z-axis	y-axis
Moment of inertia：	107200.016	12620.001
Plastic modulus ：	4815.000	1292.000
Elastic modulus ：	4288.001	841.333
Shear Area ：	111.997	90.180
Radius of gyration：	21.179	7.267
Effective Length ：	818.070	400.000

DESIGN DATA（units-kN，m）　　EUROCODE NO. 3/2005

Section Class ：   CLASS 2

Squash Load ：   8484.50

Axial force/Squash load   :   0.348

GM0： 1.00   GM1   : 1.00   GM2 ： 1.25

	z-axis	y-axis
Slenderness ratio（KL/r） :	38.6	55.0
Compression Capacity :	7827.2	6550.0
Tension Capacity :	8431.9	8431.9
Moment Capacity :	1709.3	458.7
Reduced Moment Capacity :	1308.6	456.2
Shear Capacity :	2295.5	1848.3

BUCKLING CALCULATIONS（units-kN，m）

Lateral Torsional Buckling Moment   MB=1416.3

co-efficients C1 & K： C1=1.132 K=1.0，Effective Length=4.700

Elastic Critical Moment for LTB,   Mcr = 2816.9

Compression buckling curves：　　z-z：　Curve a　y-y：　Curve b

Critical Load For Torsional Buckling,　　　　　NcrT　=21822.1

Critical Load For Torsional-Flexural Buckling，NcrTF=21822.1

CRITICAL LOADS FOR EACH CLAUSE CHECK（units-kN，m）：

CLAUSE	RATIO	LOAD	FX	VY	VZ	MZ	MY
EC-6.3.1.1	0.576	1036	3773.4	−24.5	1.5	−66.3	−2.5
EC-6.2.9.1	0.647	1022	2953.9	285.2	−5.7	846.9	13.7
EC-6.3.3-661	0.678	1024	3369.7	252.7	−5.3	747.5	11.0
EC-6.3.3-662	0.936	1022	2953.9	285.2	−5.7	846.9	13.7
EC-6.2.6-(Z)	0.006	1030	1808.6	5.3	−13.0	26.6	28.7
EC-6.2.6-(Y)	0.165	1028	2628.1	−304.5	−5.8	−886.5	12.5
EC-6.3.2 LTB	0.626	1028	2628.1	−304.5	−5.8	−886.5	12.5

Torsion and deflections have not been considered in the design.

2. 框架侧向位移

在正常使用极限状态（SLS）以及地震作用下节点位移统计结果见表4.4.8。

节点位移统计 表 4.4.8

	Node	L/C	Horizontal X mm	Vertical Y mm	Horizontal Z mm	Resultant mm	Rotational rX rad	rY rad
Max X	538	2022 1.00DL,	**158.722**	-13.302	-0.230	159.279	-0.001	0.001
Min X	529	2027 1.00DL,	**-149.823**	-2.519	-25.019	151.919	0.002	-0.007
Max Y	746	2021 1.00DL,	108.654	**13.234**	-1.796	109.472	-0.000	-0.002
Min Y	891	2020 1.00DL,	-8.512	**-37.833**	-30.874	49.569	0.003	-0.000
Max Z	339	2074 1.00DL,	-15.393	-28.817	**40.575**	52.093	-0.000	0.003
Min Z	538	2036 1.00DL,	-18.804	-8.354	**-54.601**	58.349	-0.003	-0.000
Max rX	407	2070 1.00DL,	-16.756	-22.732	28.738	40.291	**0.015**	0.002
Min rX	830	2024 1.00DL,	36.045	-13.451	-3.116	38.598	**-0.020**	0.001
Max rY	248	2022 1.00DL,	27.816	-1.576	0.512	27.865	0.000	**0.008**
Min rY	248	2027 1.00DL,	-27.629	0.493	0.221	27.634	-0.000	**-0.008**
Max rZ	920	2028 1.00DL,	-69.440	-3.081	-1.171	69.518	-0.000	0.006
Min rZ	920	2021 1.00DL,	71.161	0.607	-0.766	71.167	-0.000	-0.006
Max Rs	538	2022 1.00DL,	158.722	-13.302	-0.230	**159.279**	-0.001	0.001

	Node	L/C	Horizontal X mm	Vertical Y mm	Horizontal Z mm	Resultant mm	Rotational rX rad	rY rad
Max X	538	1079 1.00DL,	**175.458**	-5.942	-7.063	175.700	-0.001	0.002
Min X	537	1084 1.00DL,	**-168.179**	-3.868	-40.555	173.043	-0.002	0.001
Max Y	746	1079 1.00DL,	114.459	**14.782**	-2.854	115.445	-0.000	0.001
Min Y	890	1092 1.00DL,	-64.435	**-30.342**	-53.576	89.123	0.000	0.002
Max Z	865	1087 1.00DL,	-8.375	1.443	**45.852**	46.633	0.004	-0.000
Min Z	538	1092 1.00DL,	-50.986	-0.303	**-66.868**	84.089	-0.003	0.002
Max rX	407	1082 1.00DL,	-26.024	-22.531	27.824	44.262	**0.014**	0.004
Min rX	830	1080 1.00DL,	24.973	-12.036	-6.380	28.447	**-0.020**	0.000
Max rY	529	1079 1.00DL,	157.433	-6.359	-3.656	157.604	0.002	**0.012**
Min rY	529	1082 1.00DL,	-157.689	-8.571	-14.090	158.549	-0.000	**-0.011**
Max rZ	920	1082 1.00DL,	-37.432	-0.815	0.394	37.443	-0.000	-0.002
Min rZ	920	1079 1.00DL,	39.062	-1.445	-2.135	39.147	0.000	0.001
Max Rs	538	1079 1.00DL,	175.458	-5.942	-7.063	**175.700**	-0.001	0.002

结构的最大位移 175.5mm＜$H/200=38500/200=192.5$mm，满足要求。

3. 梁的竖向挠度

在 STAAD-Pro 程序中需要对不同类型的梁指定不同的 DEF 值（一般平台梁 250，支承设备梁 400 等），梁的挠度验算结果见表 4.4.9。

梁的挠度验算 表 4.4.9

Beam	Analysis Property	Design Property	Actual Ratio	Allowable Ratio	Normalized Ratio (Actual/Allowable)	Clause	L/C
292	HE240A	HE240A	0.993	1.000	0.993		2003
470	HE400A	HE400A	0.966	1.000	0.966		2003
439	HE400A	HE400A	0.947	1.000	0.947		2003
1349	IPE300	IPE300	0.936	1.000	0.936		2003
1316	HE240A	HE240A	0.914	1.000	0.914		2003
1150	HE400A	HE400A	0.895	1.000	0.895		2001
473	HE400A	HE400A	0.886	1.000	0.886		2003
1936	HE300A	HE300A	0.881	1.000	0.881		2001
452	HE400A	HE400A	0.858	1.000	0.858		2001
469	HE400A	HE400A	0.857	1.000	0.857		2004
1937	HE300A	HE300A	0.843	1.000	0.843		2003
438	HE400A	HE400A	0.841	1.000	0.841		2004
1935	HE300A	HE300A	0.838	1.000	0.838		2001
1317	IPE300	IPE300	0.835	1.000	0.835		2003
1781	HE360A	HE360A	0.827	1.000	0.827		2002
2220	HE360A	HE360A	0.811	1.000	0.811		2004
1799	HE300A	HE300A	0.791	1.000	0.791		2004
1893	HE360A	HE360A	0.791	1.000	0.791		2002
1767	HE360A	HE360A	0.790	1.000	0.790		2004
1780	HE360A	HE360A	0.790	1.000	0.790		2003
1800	HE300A	HE300A	0.788	1.000	0.788		2004
472	HE400A	HE400A	0.786	1.000	0.786		2004
758	HE360A	HE360A	0.785	1.000	0.785		2004
615	HE400A	HE400A	0.769	1.000	0.769		2001
1892	HE360A	HE360A	0.764	1.000	0.764		2002
757	HE360A	HE360A	0.755	1.000	0.755		2004
759	HE360A	HE360A	0.746	1.000	0.746		2004
1319	HE240A	HE240A	0.739	1.000	0.739		2003
2216	HE360A	HE360A	0.738	1.000	0.738		2002
1861	HE360A	HE360A	0.735	1.000	0.735		2004

最大变形比例的构件见图 4.4.11。

4.4.4 节点设计

4.4.4.1 设计原则

工厂连接采用焊接连接，现场连接采用螺栓连接。

螺栓采用 8.8 级高强度螺栓，热浸锌防腐处理。螺栓的受力方式为承压型，连接面不作特殊处理。对主要连接节点要求采用可以显示压力的（DTI）垫片，要求螺栓达到全部预拉力。其余连接节点的只需要用扳手适度拧紧。

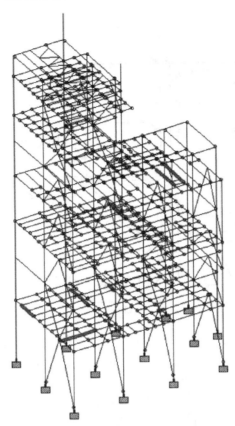

图 4.4.11　最大变形比例的构件

钢结构图纸的深化由钢结构制造厂完成，总包方提交 PMC 审核的工程图，包括所有构件的截面信息、防火要求以及构件之间的连接类型。钢结构制造厂根据工程图纸、设计规定以及连接承载力进行节点设计。

根据工程经验，通常采用的连接承载力要求见表 4.4.10。

连接承载力设计要求　　　　　　　　　　　　　　　　表 4.4.10

连接	节点承载能力（构件承载力的百分比）		
	抗弯	抗剪	抗拉
柱拼接	100%	100%	—
梁与柱刚接	85%	50%	—
梁与柱铰接（带支撑开间）	—	50%	30%
梁与柱铰接（无支撑开间）	—	50%	10%
梁与梁抗剪连接	—	50%	—
梁与梁刚性连接	30%	50%	—
支撑连接	—	—	50%

4.4.4.2　典型的节点计算

梁与柱的端板连接有两种形式，详见图 4.4.12，后者用于有水平支撑处的梁与柱连接。

以第一种节点为例简述节点计算的步骤：

1. 螺栓承载力验算

螺栓受剪、螺栓受拉以及拉剪组合计算。

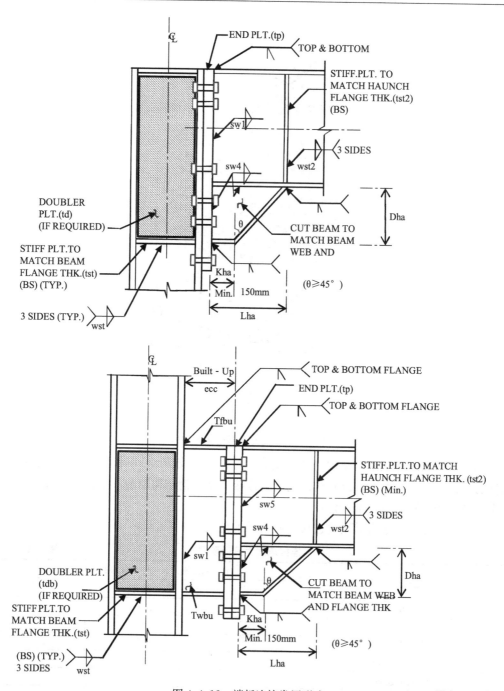

图 4.4.12 端板连接常用形式

2. 端板承载力验算

主要是计算梁上翼缘处端板受弯承载力。

3. 柱承载力验算

计算柱腹板面内抗剪、横向受压、横向受拉以及柱翼缘受弯。

4. 加腋承载力验算（必要时）

计算加腋翼缘受压以及与加腋翼缘对应位置梁的加劲板。

5. 焊缝设计

端板连接中竖向焊缝验算（考虑剪应力与拉应力的组合）、端板连接中梁上翼缘的受拉焊缝验算、加腋翼缘焊缝以及加腋腹板焊缝。

Case	Utilization Ratio
Bolt Capacity (Shear & Bearing), BC	0.19
Bolt Capacity (tension), Ft	0.90
Bolt Combined Tension & Shear	0.63
End Plate Bending	0.26
Column Web Panel Shear, Vt	Doubler Plate Required
Column Web in Transverse Compression, Fcw	Stiffener Plate Required
Column Web in Transverse Tension, Fct	Stiffener Plate Required
Column Flange in Bending	Stiffener Plate not Required
Haunch Flange in Compression, Nha	0.97
Stiffener plate at beam due to haunch, Frha	Stiffener Plate not Required
Welding for beam stiffener plate due to haunch, Wst2	0.00
Welding for column stiffener plate, Wst	0.09
Welding for beam shear, Sw1	0.74
Welding for beam Tension, Sw2	-
Welding for Haunch Flange, Sw3	-
Welding for Haunch Web, Sw4	0.87

Maximum Utilization Ratio	0.97

4.4.5　设计文件提交

施工图钢结构图纸主要内容和计算书目录见表 4.4.11，表 4.4.12。

图纸主要内容　　　　　　　　　　　　　　　　　　　　　表 4.4.11

图纸名称	主要内容
钢柱脚平面布置图	在柱网平面布置图中表示出每个钢柱脚做法，可以用代号表示。不同的柱脚做法分别用详图表示。其关键信息如柱脚板的底标高、底板螺栓孔数量大小、位置信息均应与基础图中的相应信息保持一致
结构平面布置图	结构各层平面布置图，按标高从低到高顺次表示。包括主次梁型号和平面定位，设备支座位置、平台开洞、楼梯走道、平台栏杆等信息。需要防火的结构应逐一标识
轴线构件布置图	主要表示钢柱、垂直支撑以及平台支架信息，包括截面型号、防火标识、连接类型信息
设备支座详图	包括卧式设备和立式设备的支座详图，根据平面图中的支座代号分别给出详图。防火构件，加注相应标识

续表

图纸名称	主要内容
特殊连接详图	特殊的连接详图。比如吊梁的连接详图、柱上牛腿（如果有的话）详图
楼梯间平剖面图	各层楼梯平台的平面图，梯段的起始位置等信息

计算书目录　　　　　　　　　　　　　　　　　　表 4.4.12

4.4.6　设计要点总结

4.4.6.1　结构布置方案

纵向框架梁与柱强轴刚接，横向梁与柱铰接并设置柱间支撑，为增加结构刚度，结构平面内设置水平支撑。

4.4.6.2　钢结构节点连接方式

本项目要求工厂预制采用焊接或螺栓连接，现场组装应采用螺栓连接，尽量避免焊接。螺栓连接采用8.8级高强度螺栓，按承压型设计，热浸锌防腐处理，无需对连接面进行处理。主要节点的连接螺栓采用施加规定预拉力拧紧，如柱的拼接、梁与柱的连接等，没有摩擦系数检测要求。其他次要的节点连接螺栓采用适度拧紧，如竖向柱间支撑、水平支撑和梁与梁铰接等，没有预拉力和摩擦系数检测要求。

4.4.6.3　节点形式容差能力强，易安装

框架梁与柱刚接采用端板连接，当构件安装有偏差时，可采用在柱与端板处间隙填塞

薄钢板处理。柱脚底板地脚螺栓开孔适当加大，对地脚螺栓直径（ϕ），当 $20\text{mm} \leqslant \phi \leqslant 24\text{mm}$，柱脚底板钻孔直径为 $\phi+8\text{mm}$；当 $30\text{mm} \leqslant \phi \leqslant 48\text{mm}$，柱脚底板钻孔直径为 $\phi+12\text{mm}$；当 $56\text{mm} \leqslant \phi \leqslant 75\text{mm}$，柱脚底板钻孔直径为 $\phi+25\text{mm}$。这些措施使节点连接容差能力强，安装方便。

4.4.6.4　构件连接的承载力验算

由上述连接承载力表可知，除柱拼接节点外，其他连接节点都不能达到与构件等强度。结构构件截面的选取需要同时考虑连接的承载力。如有超出规定的特殊连接，必须在工程图中明确表示。

4.4.6.5　TQ 答复、节点计算书和 GA 图纸的审查

钢结构制造厂在深化过程中，会有大量的 TQ 提交给设计部门。其中包括工程图细部的进一步确认、材料代替和技术方案的确认。这些 TQ 需要及时准确的答复。

节点计算书的检查要点是连接承载力的取值。对于工程图纸中有特殊要求的节点需要格外关注。

4.4.6.6　钢结构防火设计

欧洲规范中没有针对石化企业的防火设计行业标准，本项目钢结构防火主要依据美国石油协会标准 API 2218。

钢结构的防火区域是指可能产生足够强度和持续时间的高火灾危险设备的潜在泄漏源区域，其空间大小定义为：以泄漏源为中心，半径 12m 的圆柱体，垂直方向范围从无泄漏平台算起，取 12m 或设备标高两者的大值。

防火区域范围内的设备承重梁、框架梁、框架柱以及柱间支撑均做防火处理。防火做法详见图 4.4.13。

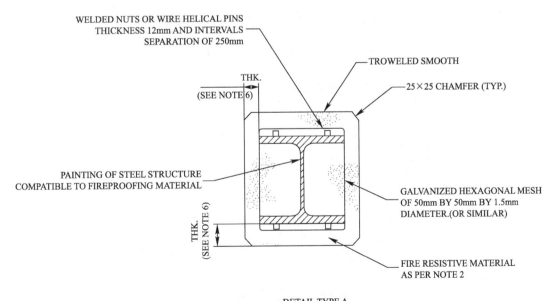

DETAIL TYPE A

FOR MEMBERS WITH DEPTH LESS THAN 300mm

F.P. ON STRUCTURAL DRAWINGS(SEE NOTE 3)

图 4.4.13　钢结构防火详图（一）

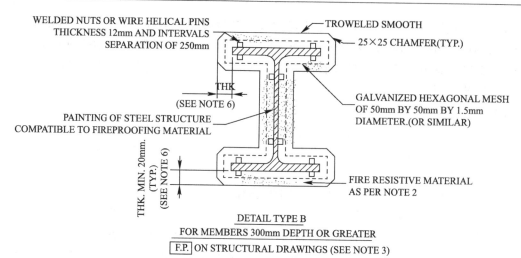

WELDED NUTS OR WIRE HELICAL PINS
THICKNESS 12mm AND INTERVALS
SEPARATION OF 250mm

TROWELED SMOOTH

25×25 CHAMFER(TYP.)

THK
(SEE NOTE 6)

PAINTING OF STEEL STRUCTURE
COMPATIBLE TO FIREPROOFING MATERIAL

GALVANIZED HEXAGONAL MESH
OF 50mm BY 50mm BY 1.5mm
DIAMETER.(OR SIMILAR)

THK. MIN. 20mm.
(TYP.)
(SEE NOTE 6)

FIRE RESISTIVE MATERIAL
AS PER NOTE 2

DETAIL TYPE B
FOR MEMBERS 300mm DEPTH OR GREATER
F.P. ON STRUCTURAL DRAWINGS (SEE NOTE 3)

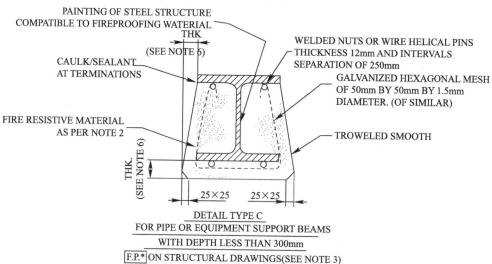

PAINTING OF STEEL STRUCTURE
COMPATIBLE TO FIREPROOFING WATERIAL
THK
(SEE NOTE 6)

WELDED NUTS OR WIRE HELICAL PINS
THICKNESS 12mm AND INTERVALS
SEPARATION OF 250mm

CAULK/SEALANT
AT TERMINATIONS

GALVANIZED HEXAGONAL MESH
OF 50mm BY 50mm BY 1.5mm
DIAMETER. (OF SIMILAR)

FIRE RESISTIVE MATERIAL
AS PER NOTE 2

TROWELED SMOOTH

THK.
(SEE NOTE 6)

25×25   25×25

DETAIL TYPE C
FOR PIPE OR EQUIPMENT SUPPORT BEAMS
WITH DEPTH LESS THAN 300mm
F.P.* ON STRUCTURAL DRAWINGS(SEE NOTE 3)

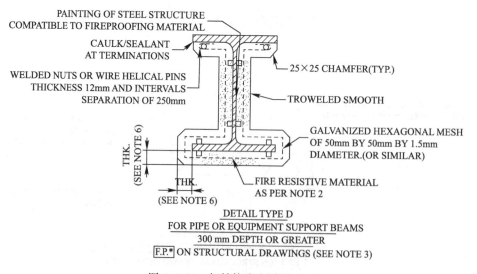

PAINTING OF STEEL STRUCTURE
COMPATIBLE TO FIREPROOFING MATERIAL

CAULK/SEALANT
AT TERMINATIONS

WELDED NUTS OR WIRE HELICAL PINS
THICKNESS 12mm AND INTERVALS
SEPARATION OF 250mm

25×25 CHAMFER(TYP.)

TROWELED SMOOTH

GALVANIZED HEXAGONAL MESH
OF 50mm BY 50mm BY 1.5mm
DIAMETER.(OR SIMILAR)

THK
(SEE NOTE 6)

THK.
(SEE NOTE 6)

FIRE RESISTIVE MATERIAL
AS PER NOTE 2

DETAIL TYPE D
FOR PIPE OR EQUIPMENT SUPPORT BEAMS
300 mm DEPTH OR GREATER
F.P.* ON STRUCTURAL DRAWINGS (SEE NOTE 3)

图 4.4.13　钢结构防火详图（二）

4.5　阿尔及利亚水泥厂机修工程车间设计

（作者：郭余庆　吴耀华）

4.5.1　工程概况

本工程位于阿尔及利亚，是水泥生产厂房，采用门式刚架轻型房屋钢结构。厂房总长度 90m，宽度 12.5m，刚架跨度 12m，柱高 10.8m，柱距 6m，屋面坡度 1∶10。设计采用欧洲结构设计规范。采用中国钢材、中国设备、中国加工制作后运抵现场安装。

4.5.2　设计依据及条件

4.5.2.1　设计规范

1）结构设计基础 EN 1990-2002

2）结构上的作用—第 1-1 部分：一般作用—密度、自重和活荷载 EN 1991-1-1-2002

3）结构上的作用—第 1-3 部分：一般作用—雪荷载 EN 1991-1-3-2003

4）结构上的作用—第 1-4 部分：一般作用—风荷载 EN 1991-1-4-2005

5）结构上的作用—第 3 部分：一般作用—吊车和设备荷载 EN 1991-3-2006

图 4.5.1　施工安装图

6）混凝土结构设计—第 1-1 部分：一般规定和房屋结构规定 EN 1992-1-1：2004

7）钢结构设计—第 1-1 部分：一般规定和房屋结构规定 EN 1993-1-1：2005

8）钢结构设计—第 1-5 部分：板式构件设计 EN 1993-1-5：2006

9）钢结构设计—第 1-8 部分：节点设计 EN 1993-1-8：2005

10）钢结构设计—第 6 部分：支撑吊车结构 EN 1993-6：2007

11）岩土工程—第 1 部分：一般规定 EN 1997-1：2004

12）结构抗震设计—第 1 部分：一般规定和房屋结构的地震作用及规定 EN 1998-1：2004

13）结构抗震设计—第 5 部分：基础、挡土结构和土工工程 EN 1998-5：2004

4.5.2.2　地质情况

根据地勘报告，地基承载力为 180kPa，地震加速度为 0.12g，场地类别为 B 类。10m 高 10min 的平均风速为 29m/s。

4.5.2.3　设计荷载

1）屋面活载：0.5kN/m²。

2）积灰荷载：0.5kN/m²。

3）吊车荷载：见表 4.5.1。

吊车规格及荷载			表 4.5.1	
起重量 Q(t)	32/10	主要尺寸	B(mm)	5600
吊车跨度 S(m)	10.5		W(mm)	5000
吊车总重（t）	15.05		H(mm)	1810
小车重（t）	5.011	最大轮压（kN）		196
吊车纵向水平荷载：最大轮压 5%；吊车横向水平荷载：最大轮压 10%；动力系数按 1.25 考虑。				

4.5.3 结构布置及整体分析

4.5.3.1 结构布置

屋顶结构平面布置图见图 4.5.2，刚架 A 轴和 B 轴结构立面图见图 4.5.3，典型剖面图见图 4.5.4。屋面及墙面为压型钢板，檩条及墙梁为冷弯薄壁 C 型钢，檩条间距为 1.5m，结构钢材采用 Q345B 钢，焊条 E50。主体结构主要材料规格见表 4.5.2。

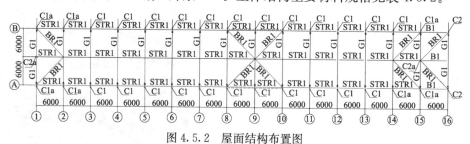

图 4.5.2 屋面结构布置图

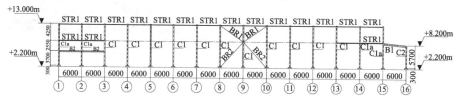

图 4.5.3 A 轴和 B 轴结构立面图

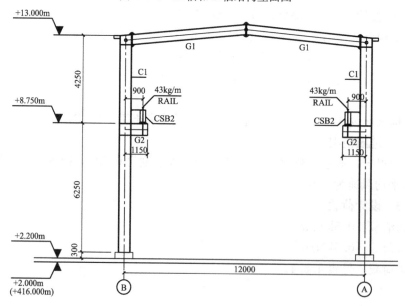

图 4.5.4 典型结构剖面图

主要构件规格表

表 4.5.2

编号	构件规格	材质	备注
C1	BH600×300×12×25	Q345B	
C1a	BH600×250×10×18	Q345B	
C2/C2a	HW300×300×10×15	Q345B	
G1	HN500×200×10×16	Q345B	
B1	HN400×200×8×13	Q345B	
B2	HN300×150×6.5×9	Q345B	
STR1	CHS140×6	Q345B	
BR1	CHS159×6	Q345B	
BR2	CHS219×6	Q345B	

由于欧洲规范的开放性、笼统性并没有规范支撑的布置要求，根据《单跨门式刚架的弹性设计-欧洲规范 3》，竖向支撑布置于接近建筑物中部，屋面支撑布置相应竖向。

4.5.3.2　荷载组合及分项系数

1. 基本组合

$1.35G + 1.5Q_1 + \sum 1.3\varphi_{0i}Q_i$

2. 标准组合

$G + Q_1 + \sum \varphi_{0i}Q_i$

3. 地震组合

$G + Q + E$

$0.8G + E$

$G + Q + 1.2E$

$G + Q + 1.25E$

组合系数部分是按咨询公司意见，没有全部遵守欧洲规范，吊车荷载因其使用次数有限，所以不考虑疲劳设计状况。

4.5.3.3　结构整体分析

1. 整体分析及杆件技术软件采用 SAP2000 V16.1 版本，分析方法采用一阶线弹性法。

2. 杆件验算包括刚架梁、柱、支撑、屋面构件、墙架构件等的强度、稳定和变形。

3. 根据欧洲规范"钢结构设计—第 6 部分：支撑吊车结构"的有关规定，结构的水平位移应小于 $h_c/400$，h_c 为轨顶至柱底的距离。

4. 经计算，整体结构各项指标均满足欧洲规范的有关规定。

5. 整体分析注意事项

(1) 按"EN 993-1-1：2005"第 5.2.1 (4) B 条，式 5.2：$\alpha_{cr} = \left[\dfrac{H_{Ed}}{V_{Ed}}\right]\left[\dfrac{h}{\delta_{H,Ed}}\right]$ 计算各工况组合下 $15 > \alpha_{cr} > 10$，因此可采用一阶线弹性分析方法进行计算。

(2) 按"EN 1993-1-1：2005"第 5.3.2 条，应考虑初始缺陷的影响：

$$\phi = \phi_0 \alpha_h \alpha_m = \frac{1}{200}\alpha_h \alpha_m \approx \frac{1}{300}$$

$$\alpha_h = 0.67$$

$$\alpha_m = 1$$

各工况均应按另加水平力 $H=\phi V_{Ed}$（V_{Ed} 为竖向荷载）作用于柱顶来考虑初始偏心的影响。

（3）风荷载计算

按 EN 991-1-4 第 7.2.5 条计算坡屋面风压系数时，应注意屋面的分区及正负号（压力和及吸力）两种工况作用（见图 4.5.5），图中 b 为房屋宽度，h 为底部到屋脊处高度，e 为 b 或 $2h$ 二者之小值。

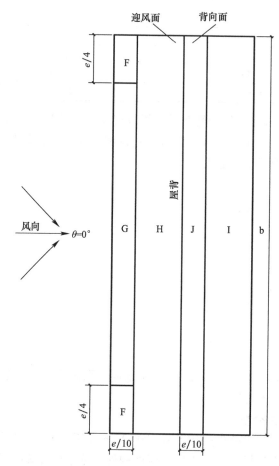

图 4.5.5　屋面风荷载分区图

4.5.3.4　结构分析结果

1. 风荷载作用下水平位移

X 向水平风荷载作用下的最大位移　　　　　表 4.5.3a

Level	d_i(mm)	h_i(mm)	$d_i/h_i<1/400$	result
1	7.7	11000	1/1428<1/400	ok

Y 向水平风荷载作用下的最大位移　　　　　表 4.5.3b

Level	d_i(mm)	h_i(mm)	$d_i/h_i<1/400$	result
1	19.9	11000	1/552<1/400	ok

2. 地震作用下水平位移

X 向水平地震作用下的最大位移				表 4.5.4a
Level	Δe_i(mm)	h_i(mm)	$d_i/h_i<1/200$	result
1	4.4	11000	1/2500<1/200	ok

Y 向水平地震作用下的最大位移				表 4.5.4b
Level	Δe_i(mm)	h_i(mm)	$d_i/h_i<1/200$	result
1	7.8	11000	1/1410<1/200	ok

3. 竖向荷载作用下位移

竖向荷载作用下位移				表 4.5.5
Level	Defl. under D+L di_{max}(mm)	Span Li(mm)	$d_i/L_i<1/250$	result
1	11.5	12000	1/1043<1/250	ok

4. 吊车荷载作用下位移

吊车荷载作用下位移				表 4.5.6
Level	d_i(mm)	h_i(mm)	$d_i/h_i<1/400$	result
1	3.8	11000	1/2895<1/400	ok

注：吊车荷载作用下位移限值见 EN 1993-6，有吊车钢结构。

4.5.3.5　构件计算

构件验算汇总表（SAP 2000）					表 4.5.7
DesignSect		DesignType	Ratio	RatioType	Combo
Text		Text	Unitless	Text	Text
BH600×300×12×25		Column	0.836742	PMM	COMB55
GB-HW200×200×8×12		Column	0.350837	PMM	COMB42
GB-HW300×300×10×15		Column	0.679209	PMM	COMB42
P140×6		Brace	0.304668	PMM	COMB63
P159×6		Brace	0.825925	PMM	COMB5
P219×10		Brace	0.644621	PMM	COMB62
DL1-BH600×300×8×14		Beam	0.577342	PMM	COMB39
DL2-BH600×400×12×25		Beam	0.474483	PMM	COMB39
GB-HM600×300×12×20		Beam	0.554749	PMM	COMB18
GB-HN300×150×6.5×9		Beam	0.86066	PMM	COMB5
GB-HN400×200×8×13		Beam	0.43132	PMM	COMB10
GB-HN500×200×10×16		Beam	0.899279	PMM	COMB41

4.5.4　节点设计

门式刚架连接节点主要有柱脚节点、梁柱连接节点和屋脊节点三类。下面分别对这三种节点的某一工况进行验算（设计中应对各工况进行验算）。其他节点如屋面围护体系节点、墙架围护体系节点、支撑体系节点的专门验算从略。

4.5.4.1　柱脚计算

1. 设计条件

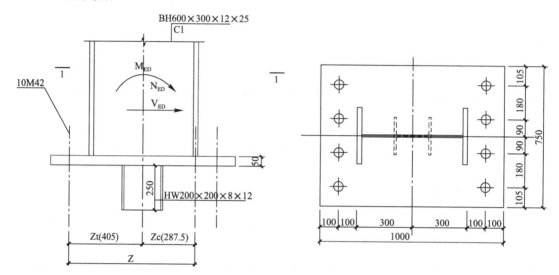

图 4.5.6　柱脚节点

1）设计荷载

$N_{Ed} = -733kN$，$V_{Ed} = 77kN$，$M_{Ed} = 679kN \cdot m$

2）几何参数

柱：$BH600 \times 300 \times 12 \times 2$，$r_c = 8mm$，$A_c = 216.0cm^2$，
$I_{yc} = 140700cm^4$

底板：$h_p = 1000mm$，$b_{g,bp} = 750mm$，$t_{bp} = 50mm$

混凝土：C30/37

锚栓：8.8 级 M24 高强锚栓

3）材料强度

钢柱：$f_{y,c} = 335N/mm^2$，$f_{u,c} = 470N/mm^2$

钢底板：$f_{y,bp} = 325N/mm^2$，$f_{u,bp} = 470N/mm^2$

混凝土：$f_{ck} = 30MPa = 30N/mm^2$，$f_{cd} = 17N/mm^2$

按 EN 1993-1-8：[6.2.5（7）] 取 $f_{jd} = 17N/mm^2$

锚栓：8.8 级 M24 高强度锚栓

$f_{yb} = 640N/mm^2$；$f_{u,b} = 800N/mm^2$　EN993-1-8：[Table]

4）材料及连接分项系数

材料分项系数：$\gamma_{M0} = 1.0$，$\gamma_{M1} = 1.0$，$\gamma_{M2} = 1.1$

连接分项系数：$\gamma_{M2} = 1.25$

2. 节点计算

1) 内力分配

柱翼缘的内力：

$$N_{L,f} = \frac{M_{Ed}}{(h-t_f)} + \frac{N_{Ed}}{2} = \frac{670}{(600-25)} \times 10^3 + \frac{-733}{2} = 798.7 \text{kN}（受拉）$$

$$N_{R,f} = -\frac{M_{Ed}}{(h-t_f)} + \frac{N_{Ed}}{2} = -\frac{670}{(600-25)} \times 10^3 + \frac{-733}{2} = -1963.9 \text{kN}（受压）$$

柱脚等效 T 形件内力：

$$z_t = 800/2 = 400 \text{mm}$$

$$z_c = (600-25)/2 = 287.5 \text{mm}$$

左侧翼缘受拉，右侧翼缘受压，所以

$$z_L = z_t, z_R = z_c$$

$$N_{L,T} = \frac{M_{Ed}}{(z_L+z_R)} + \frac{N_{Ed} \times z_R}{(z_L+z_R)} = \frac{670}{(400+287.5)} \times 10^3 + \frac{-733 \times 287.5}{(400+287.5)} = 668.03 \text{kN}$$

$$N_{R,T} = -\frac{M_{Ed}}{(z_L+z_R)} + \frac{N_{Ed} \times z_R}{(z_L+z_R)} = -\frac{670}{(400+287.5)} \times 10^3$$
$$+ \frac{-733 \times 287.5}{(400+287.5)} = -1281.07 \text{kN}$$

2) 等效 T 形件的抗力

受压 T 形件的抗力：

为混凝土受压承载力（$F_{c,pl,Rd}$）和受压翼缘与腹板（$F_{c,fc,Rd}$）受压抗力的小值。

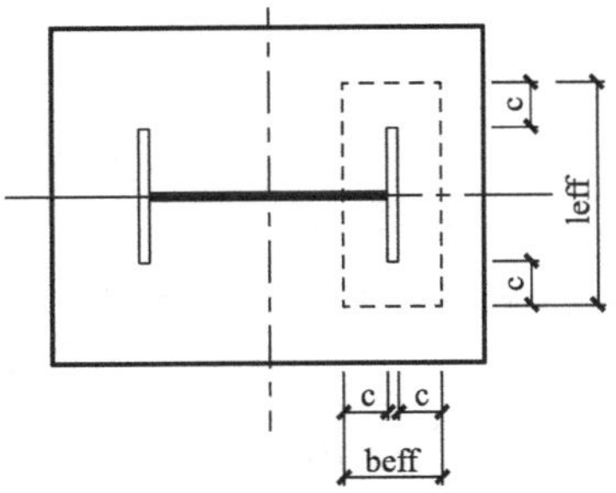

$$c = t_{b,p}\sqrt{\frac{f_{y,bp}}{3f_{jd}\gamma_{M0}}} = 50 \times \sqrt{\frac{325}{3 \times 17 \times 1.0}} = 126.22 \text{mm}$$

忽略焊缝尺寸，偏于安全。

$$b_{eff} = 2c + t_{fc} = 2 \times 126.22 + 25 = 277.44 \text{mm}$$

$$l_{eff} = 2c + h_c = 2 \times 126.22 + 300 = 552.44 \text{mm}$$

图 4.5.7　受压 T 形件

混凝土受压面积

$$A_{eff} = 552.44 \times 277.44 = 153268.95 \text{mm}^2$$

混凝土受压承载力

$$F_{c,pl,Rd} = A_{eff} f_{jd} = 153268.95 \times 17 \times 10^{-3} = 2605 \text{kN} > N_{R,T} = 1281.07 \text{kN} \qquad 满足要求$$

$$V_{RD} = \mu F_{c,pl,Rd} = 0.3 \times 2605 = 781.5 \text{kN} > V_{Ed} = 77 \text{kN} \qquad 满足要求$$

$$A_V = A - 2bt_f + (t_w + r)t_f = 6600 \text{mm}^2 \qquad \textbf{EN 1993-1-1}:\textbf{[6.2.6]}$$

$$V_{pl,Rd} = \frac{A_v(f_y/\sqrt{3})}{\gamma_{M0}} = \frac{6600 \times 325/\sqrt{3}}{1.0} = 1238.42 \text{kN} > 2V_{Ed} \qquad \textbf{EN 1993-1-1}:\textbf{[6.2.6]}$$

受拉翼缘与腹板（$F_{c,fc,Rd}$）受压抗力：

截面分类 1 类　　　　　　　　　　　　　　　　　　　　　　　**EN 1993-1-1**:**[5.5.2]**

截面塑性矩：$W_{pl,y} = 5235.01 \text{cm}^3$　　　　　　　　　**EN 1993-1-1**:**[6.2.5.(2)]**

$$M_{c,Rd} = 1622.85 \text{kN} \cdot \text{m} \qquad \textbf{EN 1993-1-1}:\textbf{[6.2.5]}$$

$$h_{f,y} = h_c - t_{fc} = 575 \text{mm} \qquad \textbf{EN 1993-1-8}:\textbf{[6.2.6.7.(1)]}$$

$F_{c,fc,Rd} = M_{c,Rd}/h_{f,y} = 1622.85/575 = 2822.35\text{kN}$ **EN 1993-1-8：[6. 2. 6. 7. (1)]**

$F_{c,fc,Rd} > N_{R,T} = 1281.07\text{kN}$ 满足要求

受拉 T 形件的抗力：

受拉翼缘与腹板（$F_{t,pl,Rd}$）受拉抗力和左侧翼缘下柱脚底板的承载能力的小值。

左侧翼缘下柱脚底板的承载能力

$F_{t,pl,Rd} = F_{T,Rd} = \min\{F_{T,1-2,Rd}；F_{T,3Rd}\}$ **EN 1993-1-8：[6. 2. 6. 11]**

$F_{T,1-2,Rd} = \dfrac{2M_{pl,1Rd}}{m}$ **EN 1993-1-8：[Table 6. 2]**

$M_{pl,1Rd} = \dfrac{0.25\sum l_{eff,t}t_{bp}^2 f_{y,bp}}{\gamma_{M0}}$ **EN 1993-1-8：[Table 6. 2]**

$\sum l_{eff,1}$ 按 **EN 1993-1-8：[Table 6. 6]** 确定，经计算，本例中 $l_{eff,1} = 375\text{mm}$

$M_{pl,1Rd} = \dfrac{0.25\sum l_{eff,t}t_{bp}^2 f_{y,bp}}{\gamma_{M0}} = \dfrac{0.25 \times 375 \times 50^2 \times 325}{1.0} \times 10^{-6} = 76.17\text{kN} \cdot \text{m}$

$F_{T,1-2,Rd} = \dfrac{2M_{pl,1Rd}}{m} = \dfrac{2 \times 76.17}{75 - 0.8 \times 12} \times 10^3 = 2329\text{kN}$

对于 8.8 级 M24 螺栓

$F_{T,Rd} = 203\text{kN}$

$F_{t,3} = 4 \times 203 = 812\text{kN}$

受拉 T 形件的承载力为

$F_{t,pl,Rd} = F_{T,Rd} = 812\text{kN} > N_{L,T} = 668.03\text{kN}$ 满足要求

3. 焊缝计算

$s = 12\text{mm}$，$a = 8.4\text{mm}$

$F_{nw,Rd} = \dfrac{af_u/\sqrt{3}}{\beta_w \gamma_{M2}} = \dfrac{8.4 \times 470/\sqrt{3}}{0.9 \times 1.25} = 1.82\text{kN/mm}$

$L = 300 - 2 \times 12 + 300 - 12 - 4 \times 12 = 516\text{mm}$

$F_{t,weld,Rd} = 1.82 \times 516 = 929.12\text{kN} > N_{L,f} = 798.7\text{kN}$ 满足要求

受压翼缘焊缝同受拉焊缝。

4.5.4.2 梁柱连接节点计算

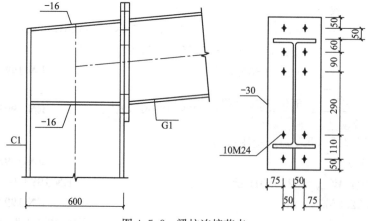

图 4.5.8 梁柱连接节点

1. 设计条件

1）设计荷载

右梁的弯矩：$M_{b1,Ed}=338.00kNm$

右梁的剪力：$V_{b1,Ed}=108.00kN$

右梁的轴力：$N_{b1,Ed}=-128.00kN$

2）几何参数

高强度螺栓：直径 24mm，8.8 级

螺栓列数：$n_h=2$；螺栓排数：$n_v=5$

端板上部第一排螺栓与外边缘的距离：$h_1=50mm$

螺栓水平间距：$e_i=100mm$

螺栓竖向间距 $p_i=100$；110；290；110mm

端板：

$h_p=700mm$；$b_p=250mm$；$t_p=30mm$

柱加劲肋：

$h_{su}=h_{sd}=550mm$；$b_{su}=b_{sd}=144mm$；$t_{hu}=t_{hd}=20mm$

角焊缝：

端板与梁焊缝：$a_w=a_f=14mm$

加劲肋与柱焊缝：$a_s=10mm$

3）材料分项系数

$\gamma_{M0}=1.00$；$\gamma_{M1}=1.00$；$\gamma_{M2}=1.25$；$\gamma_{M3}=1.25$　　　　　　**EN 1993-1-8**：[2.2]

2. 连接节点计算

1）节点的几何参数

柱翼缘的有效长度及相关参数　　　　　　表 4.5.8

Nr	M	m_x	e	e_x	P	$l_{eff,cp}$	$l_{eff,nc}$	$l_{eff,1}$	$l_{eff,2}$	$l_{eff,cp,g}$	$l_{eff,nc,g}$	$l_{eff,1,g}$	$l_{eff,2,g}$
1	38	—	100	—	116	218	240	218	240	0	0	0	0
2	38	—	100	—	110	236	385	236	385	228	302	228	302
3	38	—	100	—	200	236	275	236	275	400	200	200	200
4	38	—	100	—	290	236	372	236	372	408	379	379	379
5	38	—	100	—	131	236	311	236	311	249	238	238	238

注：表中参数详见：**EN 993-1-8**：[6.2.4]

端板的有效长度及相关参数　　　　　　表 4.5.9

Nr	M	m_x	e	e_x	P	$l_{eff,cp}$	$l_{eff,nc}$	$l_{eff,1}$	$l_{eff,2}$	$l_{eff,cp,g}$	$l_{eff,nc,g}$	$l_{eff,1,g}$	$l_{eff,2,g}$
1	29	34	75	50	116	207	125	125	125	—	—	—	—
2	29	—	75	—	110	183	276	183	276	202	226	202	226
3	29	—	75	—	200	183	210	183	210	400	200	200	200
4	29	—	75	—	290	183	210	183	210	382	250	250	250
5	29	41	75	40	131	230	125	125	125	—	—	—	—

注：表中参数详见：**EN 993-1-8**：[6.2.4]

2）节点受压承载力

$N_{j,Rd} = Min(N_{cb,Rd}, 2F_{c,wc,Rd,low}, 2F_{c,wc,Rd,upp}) = 3540.20kN$ **EN 1993-1-8：[6.2]**

$N_{b1,Ed}/N_{j,Rd} = 0.04 < 1.00$ **满足要求**

3）节点的抗弯承载力

螺栓抗拉承载力：$F_{t,Rd} = 203.33kN$ **EN 1993-1-8：[Table 3.4]**

螺栓抗冲切承载力：$B_{p,Rd} = 542.87kN$ **EN 1993-1-8：[Table 3.4]**

$F_{t,fc,Rd}$——柱翼缘受弯承载力；

$F_{t,wc,Rd}$——柱腹板受拉承载力；

$F_{t,ep,Rd}$——端板板受弯的承载力；

$F_{t,wb,Rd}$——腹板的受拉承载力。

$F_{t,fc,Rd} = Min(F_{T,1,fc,Rd}, F_{T,2,fc,Rd}, F_{T,3,fc,Rd})$ **EN 1993-1-8：[6.2.6.4]，[Table 6.2]**

$F_{t,wc,Rd} = \omega_{beff,t,wc} t_{wc} f_{yc} / \gamma_{M0}$ **EN 1993-1-8：[6.2.6.3.(1)]**

$F_{t,ep,Rd} = Min(F_{T,1,ep,Rd}, F_{T,2,ep,Rd}, F_{T,3,ep,Rd})$ **EN 1993-1-8：[6.2.6.5]，[Table 6.2]**

$F_{t,wb,Rd} = b_{eff,t,wb} t_{wb} f_{yb} / \gamma_{M0}$ **EN 1993-1-8：[6.2.6.8.(1)]**

第一排螺栓计算   表 4.5.10

$F_{t1,Rd,comp}$-Formula	$F_{t1,Rd,comp}$	组件
$F_{t1,Rd} = Min(F_{t1,Rd,comp})$	406.66	螺栓排承载力
$F_{t,fc,Rd(1)} = 406.66$	406.66	柱翼缘受拉
$F_{t,wc,Rd(1)} = 751.08$	751.08	柱腹板-受拉
$F_{t,ep,Rd(1)} = 406.66$	406.66	端板-受拉
$B_{p,Rd} = 1085.73$	1085.73	螺栓抗冲切承载力
$V_{wp,Rd}/b = 1274.62$	1274.62	柱腹板-受剪
$F_{c,wc,Rd} = 2441.99$	2441.99	柱腹板-受压
$F_{c,fb,Rd} = 1385.56$	1385.56	梁翼缘-受压

第二排螺栓计算   表 4.5.11

$F_{t2,Rd,comp}$-Formula	$F_{t2,Rd,comp}$	组件
$F_{t2,Rd} = Min(F_{t2,Rd,comp})$	406.66	螺栓排承载力
$F_{t,fc,Rd(2)} = 406.66$	406.66	柱翼缘受拉
$F_{t,wc,Rd(2)} = 803.59$	803.59	柱腹板-受拉
$F_{t,ep,Rd(2)} = 406.66$	406.66	端板-受拉
$F_{t,wb,Rd(2)} = 567.99$	567.99	梁腹板-受拉
$B_{p,Rd} = 1085.73$	1085.73	螺栓抗冲切承载力
$V_{wp,Rd}/\beta - \sum_{1}^{1} F_{ti,Rd} = 1274.62 - 406.66$	867.96	柱腹板-受剪
$F_{c,wc,Rd} - \sum_{1}^{1} F_{tj,Rd} = 2441.99 - 406.66$	2035.33	柱腹板-受压
$F_{c,fb,Rd} - \sum_{1}^{1} F_{tj,Rd} = 1385.56 - 406.66$	978.90	梁翼缘-受压

螺栓承载力的调整

$$F_{t2,Rd} = F_{t1,Rd}h_2/h_1 = 332.00kN$$

EN 1993-1-8:$\left[6.2.7.2.(9)\right]$

第三排螺栓计算

表 4.5.12

$F_{t3,Rd,comp}$-Formula	$F_{t3,Rd,comp}$	组件
$F_{t3,Rd} = \text{Min}(F_{t3,Rd,comp})$	406.66	螺栓排承载力
$F_{t,fc,Rd(3)} = 406.66$	406.66	柱翼缘-受拉
$F_{t,wc,Rd(3)} = 803.59$	803.59	柱腹板-受拉
$F_{t,ep,Rd(3)} = 406.66$	406.66	端板-受拉
$F_{t,wb,Rd(3)} = 567.99$	567.99	梁腹板-受拉
$B_{p,Rd} = 1085.73$	1085.73	螺栓抗冲切承载力
$V_{wp,Rd}/\beta - \sum_1^2 F_{ti,Rd} = 1274.62 - 738.66$	535.96	柱腹板-受剪
$F_{c,wc,Rd} - \sum_1^2 F_{tj,Rd} = 2441.99 - 738.66$	1703.33	柱腹板-受压
$F_{c,fb,Rd} - \sum_1^2 F_{tj,Rd} = 1385.56 - 738.66$	646.90	梁翼缘-受压
$F_{t,fc,Rd(3+2)} - \sum_2^2 F_{tj,Rd} = 813.31 - 332.00$	481.31	柱翼缘-受拉-群
$F_{t,wc,Rd(3+2)} - \sum_2^2 F_{tj,Rd} = 1360.06 - 332.00$	1028.06	柱腹板-受拉-群
$F_{t,fc,Rd(3+2)} - \sum_2^2 F_{tj,Rd} = 813.31 - 332.00$	481.31	柱翼缘-受拉-群
$F_{t,wc,Rd(3+2)} - \sum_2^2 F_{tj,Rd} = 1360.06 - 332.00$	1028.06	柱腹板-受拉-群
$F_{t,ep,Rd(3+2)} - \sum_2^2 F_{tj,Rd} = 813.31 - 332.00$	481.31	端板-受拉-群
$F_{t,wb,Rd(3+2)} - \sum_2^2 F_{tj,Rd} = 1319.05 - 332.00$	987.05	梁腹板-受拉-群
$F_{t,ep,Rd(3+2)} - \sum_2^2 F_{tj,Rd} = 813.31 - 332.00$	481.31	端板-受拉-群
$F_{t,wb,Rd(3+2)} - \sum_2^2 F_{tj,Rd} = 1319.05 - 332.00$	987.05	梁腹板-受拉-群

螺栓承载力的调整

$$F_{t3,Rd} = F_{t1,Rd}h_3/h_1 = 249.88kN$$

EN 1993-1-8:$\left[6.2.7.2.(9)\right]$

第四排螺栓计算

表 4.5.13

$F_{t4,Rd,comp}$-Formula	$F_{t4,Rd,comp}$	组件
$F_{t4,Rd} = \text{Min}(F_{t4,Rd,comp})$	286.08	螺栓排承载力
$F_{t,fc,Rd(4)} = 406.66$	406.66	柱翼缘-受拉
$F_{t,wc,Rd(4)} = 803.59$	803.59	柱腹板-受拉
$F_{t,ep,Rd(4)} = 406.66$	406.66	端板-受拉
$F_{t,wb,Rd(4)} = 567.99$	567.99	梁腹板-受拉

$F_{t4,Rd,comp}$-Formula	$F_{t4,Rd,comp}$	组件
$B_{p,Rd}=1085.73$	1085.73	螺栓抗冲切承载力
$V_{wp,Rd}/\beta-\sum_1^3 F_{ti,Rd}=1274.62-988.54$	286.08	柱腹板-受剪
$F_{c,wc,Rd}-\sum_1^3 F_{tj,Rd}=2441.99-988.54$	1453.45	柱腹板-受压
$F_{c,fb,Rd}-\sum_1^3 F_{tj,Rd}=1385.56-988.54$	397.02	梁翼缘-受压
$F_{t,fc,Rd(4+3)}-\sum_3^3 F_{tj,Rd}=813.31-249.88$	563.43	柱翼缘-受拉-群
$F_{t,wc,Rd(4+3)}-\sum_3^3 F_{tj,Rd}=1459.60-249.88$	1209.72	柱腹板-受拉-群
$F_{t,fc,Rd(4+3+2)}-\sum_3^2 F_{tj,Rd}=1219.97-581.88$	638.09	柱翼缘-受拉-群
$F_{t,wc,Rd(4+3+2)}-\sum_3^2 F_{tj,Rd}=1697.72-581.88$	1115.84	柱腹板-受拉-群
$F_{t,ep,Rd(4+3)}-\sum_3^3 F_{tj,Rd}=813.31-249.88$	563.43	端板-受拉-群
$F_{t,wb,Rd(4+3)}-\sum_3^3 F_{tj,Rd}=1395.61-249.88$	1145.73	梁腹板-受拉-群
$F_{t,ep,Rd(4+3+2)}-\sum_3^2 F_{tj,Rd}=1219.97-581.88$	638.09	端板-受拉-群
$F_{t,wb,Rd(4+3+2)}-\sum_3^2 F_{tj,Rd}=2094.66-581.88$	1512.78	梁腹板-受拉-群

螺栓承载力的调整

$F_{t4,Rd}=F_{t1,Rd}h_4/h_1=33.38kN$ **EN 1993-1-8：[6.2.7.2.(9)]**

其他螺栓不承受载荷，因为这些螺栓的排列位置低于旋转中心。

承载力汇总表   表 4.5.14

Nr	h_j	$F_{tj,Rd}$	$F_{t,fc,Rd}$	$F_{t,wc,Rd}$	$F_{t,ep,Rd}$	$F_{t,wb,Rd}$	$F_{t,Rd}$	$B_{p,Rd}$
1	545	406.66	406.66	751.08	406.66	—	406.66	1085.73
2	445	332.00	406.66	803.59	406.66	567.99	406.66	1085.73
3	335	249.88	406.66	803.59	406.66	567.99	406.66	1085.73
4	45	33.38	406.66	803.59	406.66	567.99	406.66	1085.73
5	−65	—	406.66	803.59	406.66	—	406.66	1085.73

节点抗弯承载力 $M_{j,Rd}$

$M_{j,Rd}=\alpha h_j F_{tj,Rd}=454.28kN \cdot m$ **EN 1993-1-8：[6.2.3]**

$M_{b1,Ed}/M_{j,Rd}=0.74<1.00$ 满足要求

4）节点抗剪承载力

$\alpha_v=0.60$ **EN 1993-1-8：[Table 3.4]**

$\beta_{Lf}=0.95$ **EN 1993-1-8：[3.8]**

单个螺栓的抗剪承载力 $F_{v,Rd}=164.67kN$ **EN 1993-1-8：[Table 3.4]**

单个螺栓的抗拉承载力 $F_{t,Rd,max}=203.33kN$ **EN 1993-1-8：[Table 3.4]**

中间螺栓的抗压承载力 $F_{b,Rd,int}=480.00kN$　　　　　　**EN 1993-1-8:[Table 3.4]**

外排螺栓的抗压承载力 $F_{b,Rd,ext}=369.23kN$　　　　　　**EN 1993-1-8:[Table 3.4]**

抗剪承载力汇总表　　　　　　　　　　　　　　　　表 4.5.15

Nr	$F_{tj,Rd,N}$	$F_{tj,Ed,N}$	$F_{tj,Rd,M}$	$F_{tj,Ed,M}$	$F_{tj,Ed}$	$F_{vj,Rd}$
1	406.66	−25.60	406.66	302.56	276.96	169.12
2	406.66	−25.60	332.00	247.02	221.42	201.25
3	406.66	−25.60	249.88	185.92	160.32	236.60
4	406.66	−25.60	33.38	24.83	−0.77	329.34
5	406.66	−25.60	0.00	0.00	−25.60	329.34

$F_{tj,Rd,N}$——j 排个螺栓的抗拉承载力

$F_{tj,Ed,N}$——j 排个螺栓的轴力设计值

$F_{tj,Rd,M}$——j 排个螺栓的抗弯能力

$F_{tj,Ed,M}$——j 排螺栓抵抗弯矩的轴力

$F_{tj,Ed}$——i 排螺栓的最大拉力设计值

$F_{vj,Rd}$——折减系数

$F_{tj,Ed,N}=N_{j,Ed}F_{tj,Rd,N}/N_{j,Rd}$

$F_{tj,Ed,M}=M_{j,Ed}F_{tj,Rd,M}/M_{j,Rd}$

$F_{tj,Ed}=F_{tj,Ed,N}+F_{tj,Ed,M}$

$F_{vj,Rd}=Min(n_h F_{v,Rd}(1-F_{tj,Ed}/(1.4n_h F_{t,Rd,max}),n_h F_{v,Rd},n_h F_{b,Rd}))$

$$V_{j,Rd}=n_h\sum_1^n F_{vj,Rd}$$　　　　　　　　　　　**EN 1993-1-8:[Table 3.4]**

节点抗剪承载力：$V_{j,Rd}=1265.65kN$　　　　　　　　**EN 1993-1-8:[Table 3.4]**

$V_{b1,Ed}/V_{j,Rd}=0.09<1.0$　　　　　　　　　　　　　　满足要求

5）焊缝计算（略）

4.5.4.3　屋脊节点计算

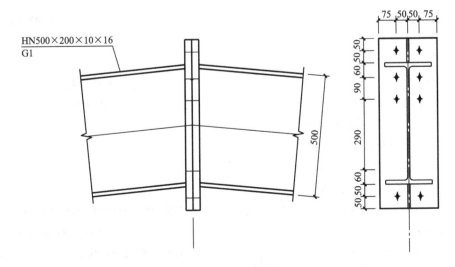

图 4.5.9　屋脊节点

175

1. 设计条件

（1）设计荷载

$M_{b,Ed}=140.00\text{kNm}$，$V_{b,Ed}=27.00\text{kN}$，$N_{b,Ed}=-60.00\text{kN}$

（2）几何参数

梁：HN 500×200×10×16 $A_{bl}=114.20\text{cm}^2$；$I_{xbl}=47800.00\text{cm}^4$

螺栓

螺栓直径 24mm，8.8 级。

螺栓列数：$n_h=2$；螺栓行数：$n_v=5$

第一个螺栓与端板的上部边缘的距离 $h_1=53\text{mm}$。

水平间距 $e_i=100\text{mm}$；垂直间距 $p_i=110$；90；290；110mm

端板：

$h_{pr}=700\text{mm}$；$b_{pr}=250\text{mm}$；$t_{pr}=30\text{mm}$

焊缝

$a_w=a_f=12\text{mm}$

（3）材料分项系数：$\gamma_{M0}=1.00$；$\gamma_{M1}=1.00$；$\gamma_{M2}=1.25$；$\gamma_{M3}=1.25$

端板的几何尺寸及计算参数　　　　　　　　　　　　表 4.5.16

Nr	m	m_x	e	e_x	p	$l_{eff,cp}$	$l_{eff,nc}$	$l_{eff,1}$	$l_{eff,2}$	$l_{eff,cp,g}$	$l_{eff,nc,g}$	$l_{eff,1,g}$	$l_{eff,2,g}$
1	31	33	75	53	110	205	125	125	125	—	—	—	—
2	31	—	75	—	90	197	251	197	251	189	186	186	186
3	31	—	75	—	190	197	219	197	219	380	190	190	190
4	31	—	75	—	290	197	219	197	219	389	255	255	255
5	31	37	75	47	117	215	125	125	125	—	—	—	—

注：表中参数的几何意义详见：**EN 993-1-8**：**[6.2.4]**。

2. 节点计算

1）节点受压承载力：

$N_{j,Rd}=\text{Min}(N_{cb,Rd})=3540.20\text{kN}$　　　　　　　　　　**EN 1993-1-8：[6.2]**

$N_{bl,Ed}/N_{j,Rd}=0.02<1.00$ 满足要求

2）节点受弯承载力

螺栓抗拉承载力：$F_{t,Rd}=203.33\text{kN}$　　　　　　　　　**EN 1993-1-8：[Table 3.4]**

螺栓抗冲切承载力：$B_{p,Rd}=651.44\text{kN}$　　　　　　　**EN 1993-1-8：[Table 3.4]**

$F_{t,fc,Rd}$——柱翼缘受弯承载力

$F_{t,wc,Rd}$——受拉柱腹板承载力

$F_{t,ep,Rd}$——正面板受弯的承载力

$F_{t,wb,Rd}$——腹板的拉伸承载力

$F_{t,fc,Rd}=\text{Min}(F_{T,1,fc,Rd},F_{T,2,fc,Rd},F_{T,3,fc,Rd})$　　　**EN 1993-1-8：[6.2.6.4]，[Table 6.2]**

$F_{t,wc,Rd}=\omega_{beff,t,wc}t_{wc}f_{yc}/\gamma_{M0}$　　　　　　　　　**EN 1993-1-8：[6.2.6.3.(1)]**

$F_{t,ep,Rd}=\text{Min}(F_{T,1,ep,Rd},F_{T,2,ep,Rd},F_{T,3,ep,Rd})$　　**EN 1993-1-8：[6.2.6.5]，[Table 6.2]**

$F_{t,wb,Rd}=b_{eff,t,wb}t_{wb}f_{yb}/\gamma_{M0}$　　　　　　　　　　**EN 1993-1-8：[6.2.6.8.(1)]**

第一排螺栓计算   表 4.5.17

$F_{t1,Rd,comp}$-公式	$F_{t1,Rd,comp}$	组件
$F_{t1,Rd}=Min(F_{t1,Rd,comp})$	406.66	螺栓列承载
$F_{t,ep,Rd(1)}=406.66$	406.66	端板-拉伸
$B_{p,Rd}=1302.88$	1302.88	抗冲切螺栓
$F_{c,fb,Rd}=1393.19$	1393.19	梁翼缘-压缩

第二排螺栓计算   表 4.5.18

$F_{t2,Rd,comp}$-公式	$F_{t2,Rd,comp}$	组件
$F_{t2,Rd}=Min(F_{t2,Rd,comp})$	406.66	螺栓列承载
$F_{t,ep,Rd(2)}=406.66$	406.66	端板-拉伸
$F_{t,wb,Rd(2)}=612.06$	612.06	梁腹板-拉伸
$B_{p,Rd}=1302.88$	1302.88	抗冲切螺栓
$F_{c,fb,Rd}-\sum_1^1 F_{tj,Rd}=1393.19-406.66$	986.53	梁翼缘-压缩

螺栓列承载的调整

$$F_{t2,Rd}=F_{t1,Rd}h_2/h_1=324.08kN$$

EN 1993-1-8:[6.2.7.2.(9)]

第三排螺栓计算   表 4.5.19

$F_{t3,Rd,comp}$-公式	$F_{t3,Rd,comp}$	组件
$F_{t3,Rd}=Min(F_{t3,Rd,comp})$	406.66	螺栓列承载
$F_{t,ep,Rd(3)}=406.66$	406.66	端板-拉伸
$F_{t,wb,Rd(3)}=612.06$	612.06	梁腹板-拉伸
$B_{p,Rd}=1302.88$	1302.88	抗冲切螺栓
$F_{c,fb,Rd}-\sum_1^2 F_{tj,Rd}=1393.19-730.74$	662.45	梁翼缘-压缩
$F_{t,ep,Rd(3+2)}-\sum_2^2 F_{tj,Rd}=813.31-324.08$	489.23	端板-拉伸-群
$F_{t,wb,Rd(3+2)}-\sum_2^2 F_{tj,Rd}=1165.80-324.08$	841.72	梁腹板-拉伸-群
$F_{t,ep,Rd(3+2)}-\sum_2^2 F_{tj,Rd}=813.31-324.08$	489.23	端板-拉伸-群
$F_{t,wb,Rd(3+2)}-\sum_2^2 F_{tj,Rd}=1165.80-324.08$	841.72	梁腹板-拉伸-群

螺栓列承载的调整

$$F_{t3,Rd}=F_{t1,Rd}h_3/h_1=256.52kN$$

EN 1993-1-8:[6.2.7.2.(9)]

第四排螺栓计算   表 4.5.20

$F_{t4,Rd,comp}$-公式	$F_{t4,Rd,comp}$	组件
$F_{t4,Rd}=Min(F_{t4,Rd,comp})$	405.93	螺栓列承载
$F_{t,ep,Rd(4)}=406.66$	406.66	端板-拉伸

续表

$F_{t4,Rd,comp}$-公式	$F_{t4,Rd,comp}$	组件
$F_{t,wb,Rd(4)}=612.06$	612.06	梁腹板-拉伸
$B_{p,Rd}=1302.88$	1302.88	抗冲切螺栓
$F_{c,fb,Rd}-\sum_1^3 F_{tj,Rd}=1393.19-987.25$	405.93	梁翼缘-压缩
$F_{t,ep,Rd(4+3)}-\sum_3^3 F_{tj,Rd}=813.31-256.52$	556.79	端板-拉伸-群
$F_{t,wb,Rd(4+3)}-\sum_3^3 F_{tj,Rd}=1378.64-256.52$	1122.12	梁腹板-拉伸-群
$F_{t,ep,Rd(4+3+2)}-\sum_3^2 F_{tj,Rd}=1219.97-580.60$	639.37	端板-拉伸-群
$F_{t,wb,Rd(4+3+2)}-\sum_3^2 F_{tj,Rd}=1955.44-580.60$	1374.84	梁腹板-拉伸-群

螺栓列承载的调整

$F_{t4,Rd}=F_{t1,Rd}h_4/h_1=38.82kN$ 　　　　　EN 1993-1-8：[6.2.7.2.(9)]

其他螺栓不承受载荷，因为这些螺栓的排列位置低于旋转中心。

承载力的汇总表　　　　　　　　　　　　　　　　　　　　　表 4.5.21

Nr	h_j	$F_{tj,Rd}$	$F_{t,fc,Rd}$	$F_{t,wc,Rd}$	$F_{t,ep,Rd}$	$F_{t,wb,Rd}$	$F_{t,Rd}$	$B_{p,Rd}$
1	542	406.66	—	—	406.66	—	406.66	1302.88
2	432	324.08	—	—	406.66	612.06	406.66	1302.88
3	342	256.52	—	—	406.66	612.06	406.66	1302.88
4	52	38.82	—	—	406.66	612.06	406.66	1302.88
5	−58	—	—	—	406.66	—	406.66	1302.88

节点抗弯承载力 $M_{j,Rd}$

$M_{j,Rd}=\alpha h_j F_{tj,Rd}=449.86kN\cdot m$ 　　　　　EN 1993-1-8：[6.2.3]

$M_{b1,Ed}/M_{j,Rd}=0.67<1.00$ 　　　　　　　　　　满足要求

3）节点抗剪承载力

$\alpha_v=0.60$ 　　　　　　　　　　　　　　　　　EN 1993-1-8：[Table 3.4]

$\beta_{Lf}=0.95$ 　　　　　　　　　　　　　　　　EN 1993-1-8：[3.8]

单个螺栓的抗剪承载力 $F_{v,Rd}=165.03kN$ 　　　EN 1993-1-8：[Table 3.4]

单个螺栓的抗拉承载力 $F_{t,Rd,max}=203.33kN$ 　　EN 1993-1-8：[Table 3.4]

中间螺栓的承压承载力 $F_{b,Rd,int}=520.62kN$ 　　EN 1993-1-8：[Table 3.4]

外排螺栓的承压承载力 $F_{b,Rd,ext}=345.26kN$ 　　EN 1993-1-8：[Table 3.4]

抗剪承载力汇总表　　　　　　　　　　　　　　　　　　　表 4.5.22

Nr	$F_{tj,Rd,N}$	$F_{tj,Ed,N}$	$F_{tj,Rd,M}$	$F_{tj,Ed,M}$	$F_{tj,Ed}$	$F_{vj,Rd}$
1	406.66	−12.00	406.66	126.55	114.55	263.65
2	406.66	−12.00	324.08	100.86	88.86	278.55
3	406.66	−12.00	256.52	79.83	67.83	290.74
4	406.66	−12.00	38.82	12.08	0.08	330.02
5	406.66	−12.00	0.00	0.00	−12.00	330.06

$F_{tj,Rd,N}$——j 排个螺栓的抗拉承载力

$F_{tj,Ed,N}$——j 排个螺栓的轴力设计值

$F_{tj,Rd,M}$——j 排个螺栓的抗弯能力

$F_{tj,Ed,M}$——j 排螺栓抵抗弯矩的轴力

$F_{tj,Ed}$——i 排螺栓的最大拉力设计值

$F_{vj,Rd}$——折减系数

$F_{tj,Ed,N} = N_{j,Ed} F_{tj,Rd,N} / N_{j,Rd}$

$F_{tj,Ed,M} = M_{j,Ed} F_{tj,Rd,M} / M_{j,Rd}$

$F_{tj,Ed} = F_{tj,Ed,N} + F_{tj,Ed,M}$

$F_{vj,Rd} = \mathrm{Min}(n_h F_{v,Rd}(1 - F_{tj,Ed}/(1.4 n_h F_{t,Rd,max}), n_h F_{v,Rd}, n_h F_{b,Rd}))$

$V_{j,Rd} = n_h \sum_1^n F_{vj,Rd}$ 　　　　　　EN 1993-1-8：[Table 3.4]

节点抗剪承载力：$V_{j,Rd} = 1493.02 \mathrm{kN}$ 　　　EN 1993-1-8：[Table 3.4]

$V_{b1,Ed}/V_{j,Rd} = 0.11 < 1.0$ 满足要求

4）焊缝计算

焊缝总面积：$A_w = 192.09 \mathrm{cm}^2$ 　　　　　EN 1993-1-8：[4.5.3.2(2)]

水平焊缝面积：$A_{wy} = 88.80 \mathrm{cm}^2$ 　　　　EN 1993-1-8：[4.5.3.2(2)]

竖向焊缝面积：$A_{wz} = 103.29 \mathrm{cm}^2$ 　　　EN 1993-1-8：[4.5.3.2(2)]

绕水平轴的抵抗矩：$I_{wy} = 69198.33 \mathrm{cm}^4$ 　EN 1993-1-8：[4.5.3.2(5)]

$\sigma_{\perp max} = \tau_{\perp max} = -39.94 \mathrm{MPa}$ 　　　　EN 1993-1-8：[4.5.3.2(5)]

$\sigma_\perp = \tau_\perp = -33.91 \mathrm{MPa}$ 　　　　　　EN 1993-1-8：[4.5.3.2(5)]

$\tau_{\mathrm{II}} = 2.61.55 \mathrm{MPa}$ 　　　　　　　　EN 1993-1-8：[4.5.3.2(5)]

修正系数：$\beta_w = 0.85$ 　　　　　　　EN 1993-1-8：[4.5.3.2(7)]

$\sqrt{\sigma_{\perp max}^2 + 3 * (\tau_{\perp max}^2)} \le \dfrac{f_u}{(\beta_w \gamma_{M2})} = 79.89 < 376.47$ 　　　　满足要求

$\sqrt{\sigma_\perp^2 + 3 * (\tau_\perp^2 + \tau_{\|}^2)} \le \dfrac{f_u}{(\beta_w \gamma_{M2})} = 67.97 < 376.47$ 　　　满足要求

$\sigma_\perp \le 0.9 * f_u / \gamma_{M2} = 39.94 < 288.00$ 　　　　　满足要求

4.5.5　设计要点总结

1. 近年来海外设计项目越来越多，大部分情况下是工业建筑设计，为节约成本，基本上为国内加工、国外安装。因此，材料是采用中国标准制作的。但设计方法为欧洲标准，因此，根据 EN 1990 有关要求，按欧洲标准设计时，相应的材料、施工方法和使用设计均应满足欧洲标准要求。

2. 欧洲结构设计标准是比较笼统的，许多情况下，都没有具体的规定。对于习惯本国做法的工程师来说，是一个严重的挑战；从另一方面说，也能提高我国工程师的设计水平。

3. 本项目从工程设计方面来讲，并没有太多的难点，主要难点在于对欧洲规范的理解、把握以及与当地咨询工程师的沟通。

4.6 中东地区某压缩机厂房设计

（作者：樊兴林　武笑平）

4.6.1 工程概况

本工程为中东地区某国家新建炼油厂项目，一次原油加工能力为 3150 万吨/年，建成后将成为中东地区规模最大的炼厂。该压缩机厂房为该新建炼油厂中一个工艺装置的一部分，该项目工艺装置由中石化洛阳工程有限公司和国外两家工程公司组成的联合体总承包，PMC（Project Management Consultant 项目管理顾问）为一家欧洲著名的国际工程公司。该压缩机厂房由两部分组成：北侧为附属油站的单层厂房，南侧为两层压缩机厂房。压缩机厂房采用门式刚架结构，四周部分用压型钢板围护，横向跨度 12.7m，双坡屋面，坡度 1：10；纵向有四个轴线，长度 18m。检修吊车起重量为 10t。油站保护房采用单坡屋面，坡度 1：10，与主厂房柱连接。

压缩机布置在厂房内钢筋混凝土构架式压缩机基础上，混凝土框架顶高程 115.250m（地面高程 109.750m），该构架式压缩机基础顶板四周与操作平台脱开。厂房设两层检修平台，高程分别为 115.610m 和 118.900m。

厂房横向采用刚接门式刚架结构，牛腿顶高程 122.685m，檐口高程 124.685m。纵向梁与柱铰接，设置柱间支撑。

按照项目招标文件要求，结构设计采用欧洲规范。图 4.6.1 为压缩机厂房的三维模型图。

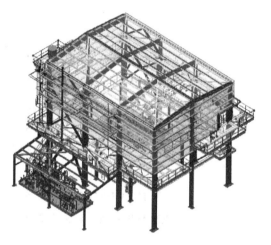

图 4.6.1　压缩机厂房三维模型图

4.6.2 设计依据和设计条件

4.6.2.1 标准规范

1）项目规定

表 4.6.1

项目规定

项目规定	名称
DEP 30.48.00.31	Protective coatings for onshore facilities
P4049N-0000-DE10-VAR-0011	Project Variation to Shell DEP 30.48.00.31
DEP-34.00.01.10-Gen.	Earthquake design for onshore facilities-Seismic hazard assessment
DEP 34.00.01.30-Gen.	Structural design and engineering
P4049N-0000-DD00-VAR-0001	Project Variation to Shell DEP 34.00.01.30
DEP 34.11.00.12-Gen.	Geotechnical and foundation engineering-onshore
P4049N-0000-DD00-VAR-0006	Project Variation to Shell DEP 34.17.00.32
055AZOR-00.10.19.001	CIVIL & STRUCTURAL DESIGN BASIS

2）国际标准规范

国际标准规范

表 4.6.2

规范	名称
EN 1990：2002	Eurocode-Basis of structural design
EN 1991-1-1：2002	Eurocode 1：Actions on structures-Part 1-1
EN 1991-1-4：2005	Eurocode 1：Actions on structures-Part 1-4：General actions-Wind actions
EN 1991-1-5：2003	Eurocode 1：Actions on structures-Part 1-5：General actions-Thermal actions
EN 1991-1-6：2005	Eurocode 1：Part 1-6：General actions-Actions during execution
EN 1992	Design of Concrete Structures
EN 1993-1-1：2005	Eurocode 3：General rules and rules for buildings
EN 1993-1-2：2005	Eurocode 3：General rules-Structural fire design
EN 1993-1-8：2005	Eurocode 3：Design of steel structures-Part 1-8：Design of joints
EN 1994-1-2：2005：Part 1-2	General rules-Structural fire design
EN 1998-1：2004：Eurocode 8	Design of structures for earthquake resistance-Part 1：General rules, seismic actions and rules for buildings
ASCE/SEI 7-10	Minimum Design Loads for Buildings and Other Structures

压缩机厂房设计图纸和计算书均要提交给业主 PMC 审批，审查批准后才能实施。

4.6.2.2　设计条件

1. 恒荷载(DL)

恒荷载是结构自重和所有永久附件重（如管道，电缆槽盒，仪表，防火，保温），设备和机械附件重（管道，电缆，屋面，槽盒等）。

结构自重由 STAAD Pro 用自重命令被自动计算。

防火作为构件属性被指定相应的结构构件，其自重由 STAAD Pro 自动生成。钢结构截面高度不大于 300mm 时被定义为块体类型，钢结构截面高度大于 300mm 被定义为轮廓类型，蛭石防火材料按密度 $8kN/m^3$ 和厚度 40mm 来计算。钢格板按 $0.50kN/m^2$ 作用在平台梁上。

2. 活荷载(LL)

二层平检修活荷载 $5kN/m^2$，屋面活荷载 $0.4kN/m^2$。

3. 风荷载（W）

风荷载是由于风压作用在管道、设备、结构构件和其他附件上的荷载。风荷载按照 EN 1991-1-4 计算。设计使用的 10min，平均风速为 35m/s，地面粗糙度类别为 Ⅱ 类。

4. 吊车荷载(C_r)

吊车起重量 10t。

5. 温度荷载(T)

$\Delta T_+ = 28℃$

$\Delta T_- = 28℃$

6. 地震作用(E)

该国家对新建炼油厂项目有专门的地震安全性评价报告，该报告是按照美国标准 ASCE 7-10 的模式给出的。图 4.6.2 为地震反应谱曲线，基本参数如下：

峰值地面加速度 S_{PGA}：$0.10g$

短周期加速度 S_S：　　　　0.23g

1 秒周期加速度 S_1：　　　0.13g

反应谱形状系数 n：　　　　0.46

场地类别：　　　　　　　　C 类

最大考虑地震反应谱（MCE）特征参数如下：

$S_{MPGA} = F_{PGA}S_{PGA} = 1.30 \times 0.10 = 0.13g$

$S_{MS} = F_a S_S = 1.30 \times 0.23 = 0.30g$

$S_{M1} = F_V S_1 = 1.67 \times 0.13 = 0.22g$

$T_o = 0.2(S_{M1}/S_{MS}) = 0.2 \times (0.20/0.30) = 0.15s$

$T_S = (S_{M1}/S_{MS})^{(1/n)} = (0.22/0.30)^{(1/0.36)} = 0.42s$

$T_L = 2s$

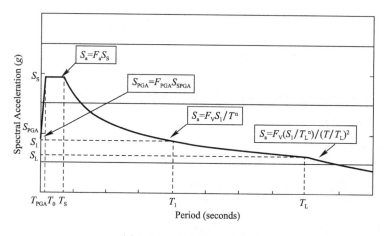

图 4.6.2　地震反应谱曲线

设计基本反应谱（DBE）取最大考虑地震反应谱（MCE）的 2/3。阻尼比 5% 对应的反应谱详见表 4.6.3。

反应谱　　　　　　　　　　　　　　　　　　　　　　　　表 4.6.3

$T(s)$	$S_a,(g) - \beta = 5\%$	
	MCE	DBE
0.01	0.13	0.089
0.10	0.24	0.16
0.15	0.30	0.20
0.20	0.30	0.20
0.30	0.30	0.20
0.40	0.30	0.20
0.43	0.30	0.20
0.50	0.28	0.19
0.75	0.24	0.16
1.00	0.22	0.15

$T(s)$	$S_a,(g)-\beta=5\%$	
	MCE	DBE
1.5	0.19	0.13
2.0	0.17	0.11
3.0	0.076	0.051
4.0	0.043	0.029

结构的重要性为Ⅲ类，重要性系数取 $I=1.25$。

结构的性能系数，按照 EN 1998 表 6.2（立式结构的常规系统性能系数上限参考值），项目 SP 规定，钢结构和混凝土结构均按低延性结构设计，性能系数取 $q=1.5$。

设计反应谱 DBE 乘以重要性系数 1.25，然后除以性能系数 1.5，得到结构计算用反应谱。

4.6.2.3　钢结构变形要求

钢梁的竖向挠度应符合：

一般平台梁	$L/250$
支承设备的梁	$L/400$
水平悬臂梁	$L/200$
吊车梁	$L/400$

门式刚架牛腿顶标高侧移应符合：

风荷载组合	$H/400$
地震作用组合	$H/400$

4.6.2.4　材料和制作安装要求

压缩机厂房的主要构件"H"，"Ⅰ"，"L"，"U"截面和底板采用 S355JR；次要结构杆件（栏杆，钢格板，等）采用 S275JR。钢结构工厂预制采用焊接或栓接，现场组装应采用高强度螺栓连接。

4.6.3　结构分析

压缩机厂房结构分析和设计采用 STA-AD.PRO 设计软件。

4.6.3.1　计算模型

建立框架模型（图 4.6.3），选定钢框架各杆件截面尺寸，根据构件节点连接形式，释放节点约束，依次输入恒荷载、活荷载、温度作用、吊车荷载、风荷载、地震作用等荷载信息。图 4.6.4 为典型平面图，图 4.6.5 为典型立面图，图 4.6.6 为典型剖面图。

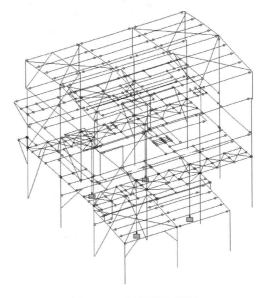

图 4.6.3　计算模型简图

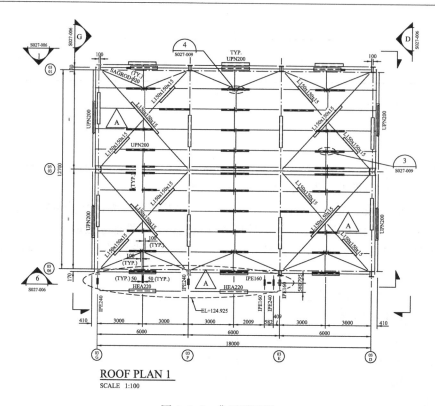

ROOF PLAN 1
SCALE 1:100

图 4.6.4　典型平面图

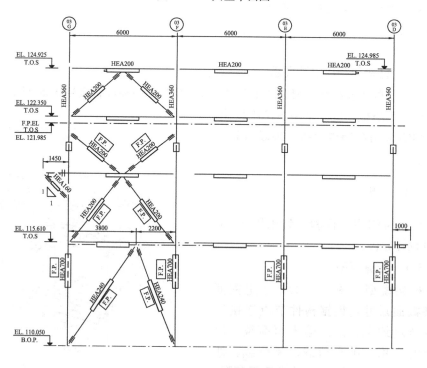

ELEVATION BY GRID LINE (03/01)
SCALE 1:100

图 4.6.5　典型立面图

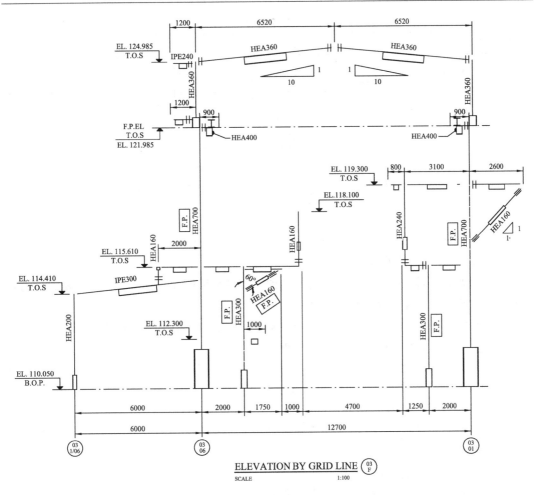

图 4.6.6　典型剖面图

4.6.3.2　主要构件截面

刚架构件的选取主要取决于牛腿顶标高处的侧移。门式刚架的下柱 HE700A 型钢，上柱 HE400A 型钢，屋面梁 HE400A 型钢，抗风柱 HE400A 型钢。屋面檩条 UPN200 型钢，墙梁 UPN200 型钢。

4.6.3.3　连接类型的选择

为减少连接的造价，门式刚架中屋面梁与柱的连接以及柱的拼接采用刚性连接。其他连接均采用简单连接。STAAD.PRO 软件中默认的构件之间的连接是刚性连接，因此需要对门式刚架之外的构件之间的连接进行释放。连接的定义基于构件的局部坐标详见图 4.6.7。构件两个主轴弯矩（M_z 和 M_y）均应释放，但其扭转刚度不能释放。必要时，构件的两端应同时释放。

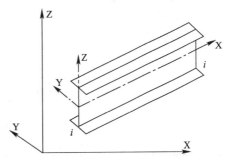

图 4.6.7　构件的局部坐标

4.6.3.4　荷载组合

承载力极限状态（ULS）和正常使用极限状态（SLS），组合详见表 4.6.4。

荷载组合

表 4.6.4

极限状态	组合工况及分项系数	组合工况	主导作用
ULS	$1.35DL+0.9T+1.5LL$	正常生产	LL
	$1.35DL+1.5T+0.9W+1.5LL$		T
	$1.35DL+0.9T+1.5W+1.5LL$		W
	$1.35DL+1.5C_r+0.9T+0.75W+1.5LL$	检修	C_r
	$1.0DL+0.8LL+1.0E_x+0.3E_z$	地震	E_x
	$1.0DL+0.8LL+0.3E_x+1.3E_z$		E_z
SLS	$1.0DL+0.6T+1.0LL$	正常生产	LL
	$1.0DL+1.0T+0.6W+1.0LL$		T
	$1.0DL+0.6T+1.0W+1.0LL$		W
	$1.0DL+1.0C_r+0.6T+0.5W+1.0LL$	检修	C_r

4.6.3.5 分析方法的选择

门式刚架属于对二阶效应比较敏感的结构，如果采用精确或近似的二阶分析，进行构件的稳定检验时，不需要计算柱的屈曲长度。

EN 1993-1-1 第 5.2.1 和 5.2.2 条：根据 α_{cr} 的大小确定结构是否需要做二阶分析：

1）$\alpha_{cr}<3.0$，必须进行精确的二阶分析。

2）$10>\alpha_{cr}\geqslant3$，对于采用近似二阶分析方法：可以在一阶分析中通过把水平荷载 HED（如风荷载）和假想水平作用 ϕV_{Ed} 乘以放大系数 $1/(1-1/\alpha_{cr})$ 来考虑二阶效应。

3）$\alpha_{cr}\geqslant10$，可不考虑二阶效应的影响。

本实例采用近似的二阶分析方法（实际的 α_{cr} 远大于 10，保守地取 $\alpha_{cr}=10$）。结构的整体缺陷采用等效水平力方式。

1. 等效水平力的确定：

根据规范 EN 1993-1-1 第 5.3.3 第 3 条 a）：$\phi=\phi_0\alpha_h\alpha_m=0.00289$

其中：$\phi_0=1/200$；$\alpha_h=2/3$；$\alpha_m=0.866$。

等效水平力按恒载的 0.00289 倍，STAAD. PRO 程序增加工况（IM），通过 Notional 命令自动加载。

2. 水平荷载放大系数 Φ 的确定：

为简单起见：取 $\Phi=1/(1-1/10)=1.11$。

3. 调整荷载组合并加入水平荷载放大系数：

调整后的承载力极限状态（ULS）组合详见表 4.6.5。

调整后的承载力极限状态组合

表 4.6.5

极限状态	组合工况及分项系数	组合工况	主导作用
ULS	$1.35DL+0.9T+1.5LL$	正常生产	LL
	$1.35DL+1.5T+0.9\Phi W+1.5LL+1.35\Phi IM$		T
	$1.35DL+0.9T+1.5\Phi W+1.5LL+1.35\Phi IM$		W

4.6.3.6 构件承载能力检验

对于门式刚架柱，不论是上柱还是下柱，计算长度均取基础顶面到檐口的总长，计算长度系数取 1.0。

对构件进行承载能力极限状态组合（ULS）检验。构件应力比详见表 4.6.6。

构件应力比 表 4.6.6

Beam	Analysis Property	Design Property	Actual Ratio	Allowable Ratio	Normalized Ratio (Actual/Allowable)	Clause	L/C
354	HE200A	HE200A	0.950	1.000	0.950	EC-6.3.3-662	1027
355	HE200A	HE200A	0.943	1.000	0.943	EC-6.3.3-662	1022
103	IPE300	IPE300	0.815	1.000	0.815	EC-6.3.3-662	1036
136	HE240A	HE240A	0.812	1.000	0.812	EC-6.2.7(5)	1075
247	HE220A	HE220A	0.802	1.000	0.802	EC-6.2.7(5)	1035
134	HE300A	HE300A	0.791	1.000	0.791	EC-6.2.7(5)	1076
132	HE300A	HE300A	0.771	1.000	0.771	EC-6.3.3-662	1071
130	HE300A	HE300A	0.764	1.000	0.764	EC-6.3.3-662	1072
352	HE280A	HE280A	0.760	1.000	0.760	EC-6.2.7(5)	1021
131	HE300A	HE300A	0.759	1.000	0.759	EC-6.3.3-662	1036
584	HE240A	HE240A	0.745	1.000	0.745	EC-6.3.2 LTB	1069
256	HE240A	HE240A	0.733	1.000	0.733	EC-6.3.3-662	1005
276	UPN220	UPN220	0.730	1.000	0.730	EC-6.3.2 LTB	1025
285	UPN220	UPN220	0.730	1.000	0.730	EC-6.3.2 LTB	1025
596	HE240A	HE240A	0.730	1.000	0.730	EC-6.3.3-662	1021
275	UPN220	UPN220	0.729	1.000	0.729	EC-6.3.2 LTB	1025
284	UPN220	UPN220	0.729	1.000	0.729	EC-6.3.2 LTB	1025
277	UPN220	UPN220	0.724	1.000	0.724	EC-6.3.2 LTB	1025
286	UPN220	UPN220	0.724	1.000	0.724	EC-6.3.2 LTB	1025
239	IPE240	IPE240	0.718	1.000	0.718	EC-6.3.3-662	1023
493	IPE240	IPE240	0.717	1.000	0.717	EC-6.3.3-662	1070
506	IPE240	IPE240	0.716	1.000	0.716	EC-6.3.3-662	1070
252	IPE240	IPE240	0.715	1.000	0.715	EC-6.3.2 LTB	1008
127	UPN180	UPN180	0.706	1.000	0.706	EC-6.3.3-662	1030
251	IPE240	IPE240	0.702	1.000	0.702	EC-6.3.2 LTB	1012
334	IPE240	IPE240	0.701	1.000	0.701	EC-6.3.3-662	1076

所有构件均满足规范要求。应力比最大构件详见图 4.6.8。

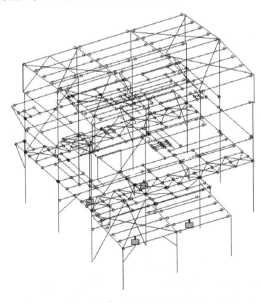

图 4.6.8 应力比最大构件

框架柱验算：

    5 ST HE700A   (EUROPEAN SECTIONS)

                PASS   EC-6. 3. 3-662   0. 618   1035

        732. 30 C   4. 11   768. 19   0. 00

==

MATERIAL DATA

    Grade of steel   = S 355

    Modulus of elasticity   = 205kN/mm^2

    Design Strength（py）   = 355 N/mm^2

SECTION PROPERTIES（units-cm）

    Member Length=   556. 00

    Gross Area= 260. 00   Net Area= 260. 00

		z-axis	y-axis
Moment of inertia	:	215300. 031	12180. 001
Plastic modulus	:	7032. 001	1257. 000
Elastic modulus	:	6240. 581	812. 000
Shear Area	:	107. 997	116. 495
Radius of gyration	:	28. 776	6. 844
Effective Length	:	1420. 000	556. 000

DESIGN DATA（units-kN，m）   EUROCODE NO. 3/2005

    Section Class   :   CLASS 1

    Squash Load   :   9230. 00

    Axial force/Squash load :   0. 079

    GM0： 1. 00   GM1： 1. 00   GM2： 1. 25

		z-axis	y-axis
Slenderness ratio（KL/r）：		49. 3	81. 2
Compression Capacity	:	8046. 0	5145. 4
Tension Capacity	:	9172. 8	9172. 8
Moment Capacity	:	2496. 4	446. 2
Reduced Moment Capacity	:	2496. 4	446. 2
Shear Capacity	:	2213. 5	2387. 7

BUCKLING CALCULATIONS（units-kN，m）

    Lateral Torsional Buckling Moment   MB=1584. 6

    co-efficients C1 & K：C1=1. 132K=1. 0，Effective Length=5. 560

Elastic Critical Moment for LTB，　　　　　　　　Mcr ＝ 2460.8

Compression buckling curves：　　z-z：　Curve a　y-y：　Curve b

Critical Load For Torsional Buckling，　　　　　　NcrT ＝14644.7

Critical Load For Torsional-Flexural Buckling，NcrTF＝14644.7

ALL UNITS ARE-KN　METE（UNLESS OTHERWISE Noted）

MEMBER	TABLE	RESULT/	CRITICAL	COND/	RATIO/	LOADING/
		FX	MY		MZ	LOCATION

==

CRITICAL LOADS FOR EACH CLAUSE CHECK（units-kN，m）：

CLAUSE	RATIO	LOAD	FX	VY	VZ	MZ	MY
EC-6.3.1.1	0.144	1033	742.2	51.6	0.9	610.0	−1.9
EC-6.2.9.1	0.308	1035	732.3	86.6	−1.5	768.2	4.1
EC-6.3.3-661	0.474	1035	732.3	86.6	−1.5	768.2	4.1
EC-6.3.3-662	0.618	1035	732.3	86.6	−1.5	768.2	4.1
EC-6.2.6-(Z)	0.004	1027	450.9	−10.3	9.5	−124.4	0.6
EC-6.2.6-(Y)	0.045	1030	311.0	−108.3	1.0	−658.5	−2.1
EC-6.3.2LTB	0.485	1035	732.3	86.6	−1.5	768.2	4.1

ADDITIONAL CLAUSE CHECKS FOR TORSION（units-kN，m）：

CLAUSE	RATIO	LOAD	DIST	FX	VY	VZ	MZ	MY	MX
EC-6.2.7（5）	0.131	1033	0.0	742.2	51.6	0.9	610.0	−1.9	0.0

4.6.3.7　刚架侧向变位检验

在正常使用极限状态（SLS）以及地震作用下对侧移进行验算。

檐口高度 H＝14.5m，允许侧移：H/200＝72.5mm。节点侧移统计详见表 4.6.7。

节点侧移　　　　　　　　　　　　　　　　　　表 4.6.7

	Node	L/C	Horizontal X mm	Vertical Y mm	Horizontal Z mm	Resultant mm	Rotational rX rad	rY rad
Max X	218	2013 1.00DL,	7.244	-5.653	2.868	9.626	0.000	-0.000
Min X	220	2010 1.00DL,	-7.978	4.418	2.852	9.555	-0.000	-0.000
Max Y	219	2007 1.00DL,	-5.159	4.918	21.439	22.593	0.001	0.000
Min Y	215	2015 1.00DL,	0.678	-5.821	22.874	23.613	-0.000	0.000
Max Z	213	2029 1.00DL,	0.315	2.369	39.111	39.184	0.001	0.000
Min Z	215	2036 1.00DL,	0.048	-3.079	-35.596	35.729	-0.001	0.000
Max rX	219	2029 1.00DL,	-2.898	3.081	35.947	36.195	0.002	-0.000
Min rX	213	2035 1.00DL,	0.048	2.971	-32.657	32.792	-0.002	-0.000
Max rY	213	2074 1.00DL,	-3.097	-5.194	0.337	6.057	-0.000	0.000
Min rY	220	2070 1.00DL,	-7.484	4.399	4.504	9.780	-0.000	-0.000
Max rZ	219	2024 1.00DL,	6.565	-3.143	2.032	7.557	-0.000	-0.000
Min rZ	218	2069 1.00DL,	-3.175	4.631	2.539	6.162	0.000	0.000
Max Rs	213	2029 1.00DL,	0.315	2.369	39.111	39.184	0.001	0.000

最大侧移 39.11mm≤72.5mm 满足要求。

轨顶标高侧移验算详见表 4.6.8，轨顶高度：H＝12.1m。允许侧移：$H/400$＝30.25mm。

			Horizontal	Vertical	Horizontal	Resultant		Rotational
	Node	L/C	X mm	Y mm	Z mm	mm	rX rad	rY rad
Max X	4	2057 1.00DL,	4.874	-2.784	8.643	10.306	0.001	-0.005
Min X	2	2054 1.00DL,	-4.688	1.836	9.123	10.420	0.001	-0.003
Max Y	23	2054 1.00DL,	-0.995	2.110	9.152	9.445	0.001	-0.003
Min Y	25	2057 1.00DL,	1.095	-3.032	8.480	9.072	0.001	-0.000
Max Z	9	2055 1.00DL,	-1.992	1.814	23.206	23.362	0.003	-0.000
Min Z	11	2056 1.00DL,	-1.710	1.889	-8.530	8.903	-0.001	-0.000
Max rX	4	2055 1.00DL,	-2.833	1.951	19.245	19.550	0.003	-0.001
Min rX	2	2056 1.00DL,	-3.146	1.856	-3.722	5.214	-0.001	-0.001
Max rY	4	2054 1.00DL,	-4.594	1.932	6.068	7.853	0.001	0.004
Min rY	4	2057 1.00DL,	4.874	-2.784	6.068	7.853	0.001	-0.005
Max rZ	4	2057 1.00DL,	4.874	-2.784	8.643	10.306	0.001	-0.005
Min rZ	2	2057 1.00DL,	4.416	-2.879	6.084	8.050	0.001	-0.000
Max Rs	9	2055 1.00DL,	-1.992	1.814	23.206	23.362	0.003	-0.000

最大侧移 23.21mm≤30.25mm 满足要求。

4.6.3.8 钢柱脚计算

钢柱与基础为刚性连接，柱脚采用简单形式，不设加劲板。钢柱脚计算书见表4.6.9。

Unstiffened Fixed column base design												
1. Design forces											**Calculate**	
Design compression force					N_{ed} =	-214.7	kN	N_{ed} > 0, tension				
Design Moment					M_{Ed}=	475.72	kN·m	M_{ed}>0 is clockwise				
Design Shear					V_{Ed}=	87.955	kN					
Eccentricity					e =	-2215	mm					
2. Column section information												
Colum	h_c	b_c	t_{wc}	t_{fc}	r_c	Steel	f_{yc}					
	mm	mm	mm	mm	mm	Grade	Mpa					
HE700A	690	300	14.5	27	27	S 355	345					
$\psi=-(1+2N_{Ed}/(Af_y))$	$\alpha=1/2(1-N_{Ed}/(ht_wf_y))$	$\varepsilon=\sqrt{235/f_y}$	c_f	$c_w=d$	$W_{el.y}$	$W_{pl.y}$	A_{vz}	A				
			mm	mm	x10³mm³	x10³mm³	x10²mm²	x10²mm²				
-0.95	0.53	0.83	115.75	582	6241	7032	117	260.5				
3. Base plate information												
Each side	t_{bp}	Steel	f_{yp}	x1	x2	y1	p					
bolt n	mm	Grade	Mpa	mm	mm	mm	mm					
4	45	S 355	335	80	80	80	140					
h_{bp}	b_{bp}	m_x	e_x	e	col flange to base							
mm	mm	mm	mm	mm	effe. weld size a_c (mm)							
1010	580	68.7	80	80	10							
											Base Plate Dimension	
4. Concrete information				FDN information								
Conc.	f_{ck}	α_{cc}	γ_c	$f_{cd}=\alpha_{cc}f_{ck}/\gamma_c$	h_f	b_f	d_f	t_{grout}	t_{grout} <= 0.2*		$C_{f,d}$	
Garde	Mpa			Mpa	mm	mm	mm	mm	min(h_{bp},b_{bp})			
C30	30	1.00	1.5	20.0	1300	900	1500	25	ok		0.55	
It is assumed that grout compressive strength is at least equal to f_{cd} of concrete												

5. Bolt information

Bolt	Thread comp	Bolt	Diameter	f_{yb}	f_{ub}	A_s	A	bolthole	clearance	k_2	normal	oversized
type	w/ EN1090	grade	d	Mpa	Mpa	mm^2	mm^2	d_0	mm		mm	mm
otherwise	Yes	4.6	M42	240	400	1189	1385	44	2	0.9	3	8
bolt shear	Bolt class affect	Shear plane pass	α_v								clearance type	
resistance	shear factor $f_{b,c}$	through portion									normal	
consider	1	threaded	0.6									

6. Partial factors

Structural steel					Parts in Connection (bolts welds, plates in bearing)			
γ_{M0}	γ_{M1}	γ_{M2}			γ_{M2}			
1.00	1.00	1.25			1.25			

7. Distribution of forces at the column base

Assuming that tension is resisted on the line of the bolts and that
compression is resisted concentrically under the flange
in compression, the lever arm from the column center can be calculated
as follows:

			$z_t = h_c/2 + x_1 =$	425	mm
			$z_c = h_c/2 - t_{fc}/2 =$	331.5	mm

The force distribution model is in relation to the moment and the axial force:

Model = d

The force in the two T - Stubs are given by:

$$N_{L,T} = \frac{M_{Ed} + N_{Ed} \times Z_R}{Z_L + Z_R}$$ (Tension positive)

$$N_{R,T} = \frac{-M_{Ed} + N_{Ed} \times Z_L}{Z_L + Z_R}$$ (Tension positive)

d) Left side in tension, right side in compression

Provided:　$N_{Ed} > 0$, $e > Z_{T,L} = Z_L$, or

$N_{Ed} \leq 0$, $e \leq -Z_{C,R} = -Z_R$

			$Z_L = Z_t =$	425	mm
			$Z_R = Z_c =$	331.5	mm
		$N_{L,T} = (M_{Ed} + N_{Ed} \times Z_R)/(Z_L + Z_R) =$		535	kN
		$N_{R,T} = (-M_{Ed} + N_{Ed} \times Z_L)/(Z_L + Z_R) =$		-749	kN
Required design compression force in T-Stub is:			$F_{C,Rd} =$	-749	kN
Required design tension force in T-Stub is:			$F_{T,Rd} =$	535	kN

d) Column base connection in case of a dominant bending moment

8. Resistance of compression T-Stub (Large projection is assumed)

a) Concrete in compression under the column flange ($F_{c,pl,Rd}$)

		$e_h =$	145	mm		$e_b =$	160	mm	base plate edge to FDN edge
$\alpha = \sqrt{(A_{c1}/A_{c0})} = min((1+d_f/max(h_{bp}, b_{bp})), (1+2e_h/h_{bp}), (1+2e_b/b_{bp}), 3) =$							1.29		
							$\beta_j =$	2/3	
Design bearing strength of FDN joint					$f_{jd} = \beta_j \alpha f_{cd} =$		17.2	Mpa	
Required design compression force in T-Stub is:					$F_{C,Rd} =$		749	kN	

Determine the available additional bearing width (c), which depends on the palte thickness, plate and joint strenth:

			$c = t_{bp}\ sqrt(f_{y,bp}/(3f_{jd}\gamma_{M0})) =$		115	mm				
Base plate length direction projection :			$min(x1+x2,c) =$		115	mm				Large Projection
Base plate width direction projection :			$min((b_{bp}-b_c)/2,c) =$		115	mm				Large Projection
			$b_{eff} = c + t_{fc} + min(x1+x2,c) =$		257	mm				
			$l_{eff} = b_c + 2 * min((b_{bp}-b_c)/2,c) =$		530	mm				
Area of bearing is :										
			$A_{eff} = b_{eff} * l_{eff} =$		135875	mm^2				
The compression resistance of the FDN is :			$F_{c,pl,Rd} = A_{eff}f_{jd} =$		2332	kN	≥	$F_{C,Rd} =$	749	kN
							Satisfactory			

b) Column flange and web in compression ($F_{c,fc,Rd}$)

Classification of cross section (1 and 2 class shall be met)

Flange Class Limitation			Flange			Web Class Limitation			Web		Section
λ_{p1}	λ_{p2}	λ_{p3}	c_f/t_f	class		λ_{p1}	λ_{p2}	λ_{p3}	c_w/t_w	class	class
7.43	8.25	11.55	4.29	1		55.353	63.74	97.43	40.14	1	1

Classification of cross section (1 and 2 class shall be met)						Satisfactory				
Considering the reduced moments resistance due to shear										
The design plastic shear resistance:			$V_{pl,Rd} = A_{vz}(f_y/\sqrt{3})/\gamma_{M0} =$		2330	kN				
			$\rho = (2V_{Ed}/V_{pl,Rd}-1)^2 =$		0					
			$(1-\rho)f_y =$		345	Mpa				
Considering the reduced moments resistance due to axial										
			$a = (A-2bt_f)/A =$		0.38					
			$N_{pl,Rd} = Af_y/\gamma_{M0} =$		8987.3	kN		$0.25N_{pl,Rd} =$	2246.8	kN
			$M_{pl,y,Rd} = W_{pl,y}f_y/\gamma_{M0} =$		2426	kN*m		$0.5h_wt_wf_y/\gamma_{M0} =$	1590.8	kN
			$n = N_{Ed}/N_{pl,Rd} =$		0.02					
		$M_{N,y,Rd} = M_{pl,y,Rd}\ (1-n)/(1-0.5\alpha) =$			2426	kN*m				
			$M_{c,Rd} = M_{N,y,Rd} =$		2426	kN*m				
So the resistance of column flange and web in compression is:										
			$F_{c,fc,Rd} = F_{c,fb,Rd} = M_{c,Rd}/(h-t_{fb}) =$		3659.2	kN	≥	$F_{C,Rd} =$	749	kN
							Satisfactory			

9. Resistance of tension T-Stub

a) Resistance of base plate in bending ($F_{t,pl,Rd}$)

Required design Tension force in T-Stub is:			$F_{T,Rd} =$		535	kN				
The mode 1/mode 2 resistance in the absence of prying is										
Circular patterns:										
			$l_{eff,cp} = n\pi m_x =$		863	mm				
			$l_{eff,cp} = n/2(\pi m_x + 2e) =$		752	mm				
Non-circular patterns:										
			$l_{eff,nc} = b_{bp}/2 =$		290	mm				
			$l_{eff,nc} = n/2(4m_x + 1.25e_x) =$		749	mm				
		$l_{eff,nc} = 2m_x + 0.625e_x + e + (n - 2)(2m_x + 0.625e_x) =$			642	mm				
			$l_{eff,nc} = 2m_x + 0.625e_x + (n - 1)p/2 =$		397	mm				
$l_{eff,1}$ is the smallest of the aboved length:			$l_{eff,1} =$		290	mm				

			$M_{pl,1,Rd} = 0.25 \sum l_{eff,1} t_{bp}^2 f_{y,bp}/\gamma_{M0} =$	49.2	kN*m			
			$F_{T,1-2,Rd} = 2M_{pl,1,Rd}/m_x =$	1432.1	kN			
The mode 3 is resistance of bolt failure:								
			$F_{T,3,Rd} = \sum F_{t,Rd} = nk_2 f_{ub} A_s/\gamma_{M2} =$	1370	kN			
Hence the tension resistance of the T-stub is :								
			$F_{t,pl,Rd} = min(F_{T,1-2,Rd}, F_{T,3,Rd}) =$	1370	kN	≥	$F_{T,Rd} =$	535	kN
							Satisfactory	

b) Column web in tension ($F_{t,wc,Rd}$) ignored

10. Resistance of Shear

a) By friction

The total compression force is	$N_{c,Ed} =$	749	kN
Shear resistance by friction is	$F_{f,Rd} = C_{f,d} N_{c,Ed} =$	412.22	kN

b) By bolts combined shear and tension resistance check

Shear resistance per bolt	$F_{1v,Rd} = f_{b,c} \alpha_v f_{ub} A/\gamma_{M2} =$	228.26	kN			
	$F_{2v,Rd} = \alpha_b f_{ub} A/\gamma_{Mb} =$	140	kN			
	$F_{v,Rd} = F_{vb,Rd} = min(F_{1v,Rd}, F_{2v,Rd}) =$	140	kN			
Tension resistance per bolt	$F_{t,Rd} = k_2 f_{ub} A_s/\gamma_{M2} =$	342.4	kN			
The required design shear per bolt	$F_{v,Ed} = (V_{Ed} - F_{f,Rd})/(2*n) =$	0	kN			
The required design tension per bolt	$F_{t,Ed} = F_{T,Rd}/n =$	133.69	kN			
Combined shear and tension check						
	$F_{v,Ed}/F_{v,Rd} + F_{t,Ed}/(1.4*F_{t,Rd}) =$	0.279	≤	1.0	Satisfactory	

4.6.4　节点设计

工厂连接采用焊接连接，现场连接采用螺栓连接。

现场连接采用 8.8 级高强度螺栓，热浸锌防腐处理。螺栓的受力方式为承压型，连接面不作特殊要求。对主要连接节点要求采用可显示压力的（DTI）垫片，要求螺栓达到全部预拉力。其余连接节点的只需要用扳手适度拧紧。

钢结构图纸的深化由钢结构制造厂完成，总包方提交 PMC 审核的工程图，包括所有构件的截面信息、防火要求以及构件之间的连接类型。

钢结构制造厂根据工程图纸、设计规定以及连接承载力进行节点设计。连接承载力见表 4.6.10。

节点连接承载力百分比　　　　表 4.6.10

连接	节点承载能力（构件承载力的百分比）		
	抗弯	抗剪	抗拉
柱拼接	100%	100%	—
梁与柱刚接	85%	50%	—
梁与柱铰接（带支撑开间）	—	50%	30%
梁与柱铰接（无支撑开间）	—	50%	10%
梁与梁抗剪连接	—	50%	—
梁与梁刚性连接	30%	50%	—
支撑连接	—	—	50%

4.6.5 吊车梁的设计

吊车梁承受一组移动的、间距不变的集中荷载。在进行简支吊车梁的设计时，一个重要的内容是计算吊车荷载作用下的梁上各个截面的最大弯矩，这个最大弯矩在梁跨范围内的分布图，就是各种位置的吊车荷载所产生的弯矩图的包络。这部分计算一般都是通过手工计算，对于复杂移动荷载，过程比较烦琐。STAAD.Pro 程序可自动生成移动荷载，设计过程介绍如下：

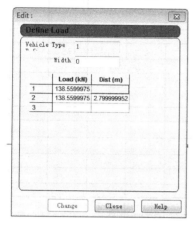

图 4.6.9 定义移动荷载组

1. 定义移动荷载组，定义最大轮压和轮间距（图 4.6.9）。

2. 移动荷载生成，定义移动荷载作用的范围。

图 4.6.10（a）定义移动荷载作用的初始位置、移动步长和移动方向。图 4.6.10（b）定义荷载组数。

3. 得到吊车梁的弯矩包络图（图 4.6.11）。

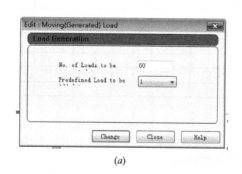

（a）   （b）

图 4.6.10 定义移动荷载作用的范围

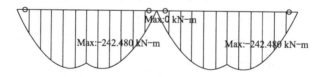

图 4.6.11 吊车梁的弯矩包络图

4. 吊车梁的设计（图 4.6.12）。

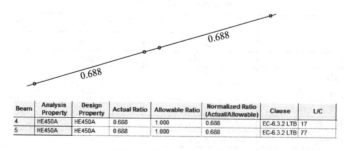

Beam	Analysis Property	Design Property	Actual Ratio	Allowable Ratio	Normalized Ratio (Actual/Allowable)	Clause	L/C
4	HE450A	HE450A	0.688	1.000	0.688	EC-6.3.2 LTB	17
5	HE450A	HE450A	0.688	1.000	0.688	EC-6.3.2 LTB	77

图 4.6.12 吊车梁设计

4.6.6　设计文件交付

1. 图纸交付目录（图 4.6.13）

P055AZOR-05-28-1-S027-001	BASE PLATE &PLANS
P055AZOR-05-28-1-S027-002	STEEL STRUCTURE PLANS
P055AZOR-05-28-1-S027-003	STEEL STRUCTURE ELEVATION 1
P055AZOR-05-28-1-S027-004	STEEL STRUCTURE ELEVATION 2
P055AZOR-05-28-1-S027-005	STEEL STRUCTURE ELEVATION 3
P055AZOR-05-28-1-S027-006	STEEL STRUCTURE PANEL ELEVATION
P055AZOR-05-28-1-S027-007	STEEL STRUCTURE STAIRS & LADDERS
P055AZOR-05-28-1-S027-008	STEEL DETAILS-1
P055AZOR-05-28-1-S027-009	STEEL DETAILS-2
P055AZOR-0005-28C-019	STEEL STRUCTURE CALCULATION REPORT

图 4.6.13　图纸交付目录

2. 计算书目录（表 4.6.11）

计算书目录　　　　　　　　　　　　　　　　　　　　　　表 4.6.11

目录	页码	目录	页码	目录	页码
1　目的	4	10.2　节点编号	13	11.13　地震作用（$E_{\pm x}$，$E_{\pm z}$；$E_{s \pm x}$；$E_{s \pm z}$）	53
2　范围	4	10.3　梁构件	17	12　荷载组合	58
3　定义	4	11　梁构件荷载工况	21	13　钢结构设计	63
4　索引平面	6	11.1　恒荷载（DL）	21	13.1　结构构件验算	63
5　标准规范和引用文件	6	11.2　空载（D_e）	22	13.2　位移验算	65
5.1　项目规定	7	11.3　操作荷载（D_o）	23	13.2.1　水平位移	65
5.2　国际标准规范	7	11.4　试验荷载（D_t）	24	13.2.2　挠度	68
6　参考图纸	8	11.5　锚固荷载（A_{fe}）	25	13.3　钢构件结论	70
7　单位	9	11.6　Anchor Load（A_{ff}）	26	14　底板计算	70
8　结构描述	9	11.7　温度作用（T_+，T_-）	26	15　吊车梁计算	71
9　材料	10	11.8　风荷载（W_{+x}，W_{-x}，W_{+z}，W_{-z}）	28	附录1-极限荷载状态组合	75
9.1　结构钢的机械性能	10	11.9　活荷载（LL）	51	附录2-正常荷载状态组合	76
9.1.1　结构截面	10	11.10　振动荷载（D_{yf}）	52	附录3-底板设计	77
10　结构模型	10	11.11　吊车冲击荷载（C_r）	53	附录4-分项系数	80
10.1　结构三维模型	12	11.12　抽芯荷载（B_u）	53	附录5-结构上的荷载	86

4.6.7　设计要点总结

4.6.7.1　结构方案的优化

由于压缩机放置在钢筋混凝土构架式动力基础上，加上吊车的起吊高度，轨顶相对较高。轨顶标高处侧移成为门式刚架柱截面选择的最大因素。如何有效地控制柱的侧移，减小柱的截面尺寸是类似结构设计优化的主要内容。

本项目联合体国外工程公司在同类结构的设计中采用了整体空间方案有效地解决了

侧移问题,钢柱截面为 HE400B 型钢。主要利用厂房纵向长度不长的特点,在两个端部刚架设竖向支撑,同时在二层平台和屋面层设置完整的水平支撑以形成类似刚性楼盖的平面内刚度,支撑布置详见图 4.6.14。这样中间刚架所受的水平力可以有效地传至两端的刚架,再通过其竖向支撑传至基础。经测算,这样优化后可使结构用钢量减少了 30kg/m^2。

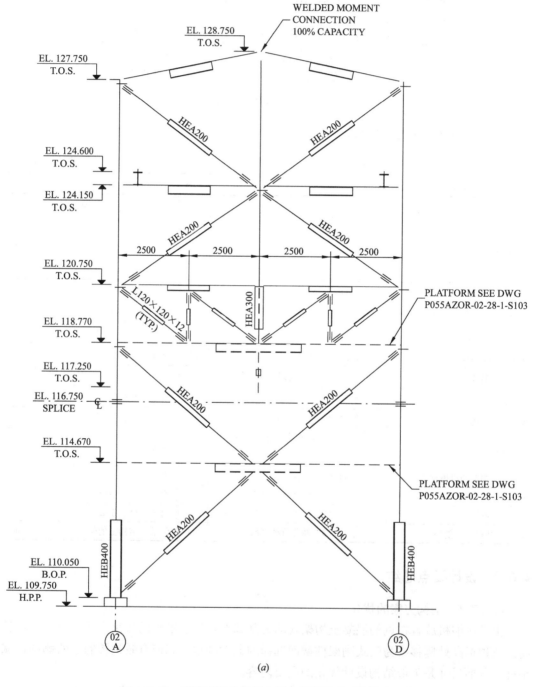

(a)

图 4.6.14　两端刚架的柱间支撑和屋面的水平支撑(一)

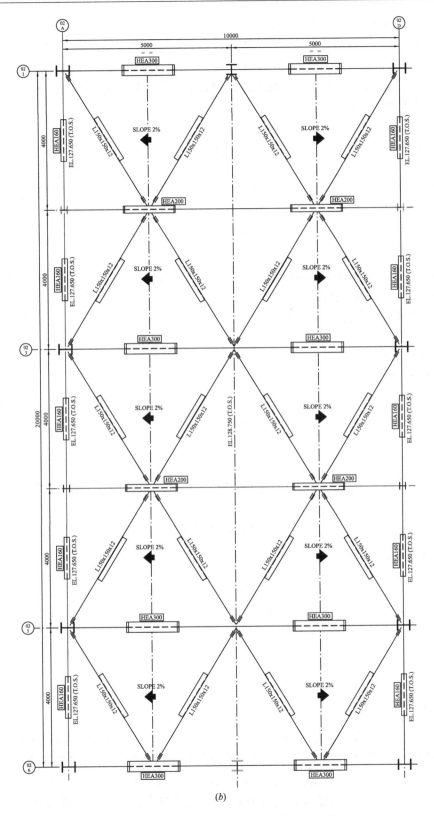

(b)

图 4.6.14　两端刚架的柱间支撑和屋面的水平支撑（二）

4.6.7.2 压缩机厂房的布置更精细合理

国内压缩机厂房通常是把压缩机和附属设备，如油站等布置在同一个厂房内，厂房需要的面积和空间较大。而本工程的压缩机厂房布置改为在满足各个设备需要空间的基础上，将压缩机布置在一个厂房里，而把附属设备油站放在旁边附属的小空间内，使厂房总的占地面积和空间缩小，厂房所用的材料较少，这样布置更经济合理。

4.6.7.3 钢结构节点连接方式

本工程要求工厂预制采用焊接或螺栓连接，现场组装应采用螺栓连接，尽量避免焊接。螺栓连接采用8.8级高强度螺栓按承压型设计，热浸锌防腐处理，无需对连接面进行处理，主要节点连接螺栓采用施加全部预拉力拧紧，如柱的拼接、梁与柱的连接及梁与梁刚接等，没有摩擦系数检测要求。其他次要的节点连接螺栓采用适度拧紧，如竖向柱间支撑、水平支撑和梁与梁铰接等，没有预拉力、摩擦系数检测要求。

4.6.7.4 节点形式容差能力强，易安装

门式刚架梁与柱连接采用端板连接，当构件安装有偏差时，可采用在柱与端板处间隙填塞薄钢板处理。柱脚底板地脚螺栓开孔适当加大，对地脚螺栓直径（ϕ），当20mm$\leqslant\phi\leqslant$24mm，柱脚底板钻孔直径为$\phi+8$mm；当30mm$\leqslant\phi\leqslant$48mm，柱脚底板钻孔直径为$\phi+12$mm；当56mm$\leqslant\phi\leqslant$75mm，柱脚底板钻孔直径为$\phi+25$mm。这些措施使节点连接容差能力强，安装方便。

4.6.7.5 钢柱脚底板采用不带加劲板

国内项目钢柱脚一般设计成带加劲板，而国外项目钢柱脚底板通常不设加劲板，仅采用一块较厚的底板，这样会减少加劲板的下料和焊接工作量，节省了焊接人工费，因为国外的人工费很高。

4.7 北非某70m跨钢铁厂冷DRI堆场厂房设计

（作者：张凤保）

4.7.1 工程概述

北非某钢铁厂冷DRI堆场用来储存冷却后的DRI。厂房长230m，宽70m，面积16100m²。采用门式刚架结构，单跨跨度 $L=70.0$m，柱距10.0m，檐口标高12.500m，柱底标高为1.550m。根据合同技术附件，设计标准采用欧洲结构设计规范，结构材料采用中国钢材标准。钢结构厂房采用中国钢材加工制作后运抵现场由中国工人安装（图4.7.1～图4.7.5）。

4.7.2 结构体系

钢柱钢梁均采用焊接实腹式H形截面，梁柱刚接，柱脚铰接。屋面设置完整的横向和纵向支撑系统，屋面横向支撑与柱间支撑位置对应。在设置横向水平支撑的跨间，屋脊处设置垂直支撑。在梁柱交接处区域采用四肢格构式压杆，以保证结构体系稳定。屋面檩条采用高频焊接H形檩条，设置隔撑，对檩条起支撑作用，并减少屋面梁平面外计算长度。

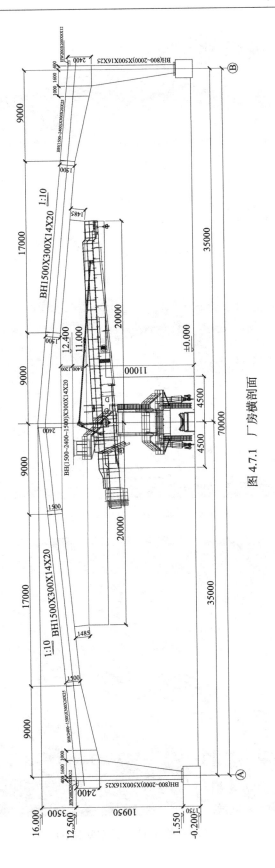

图 4.7.1　厂房横剖面

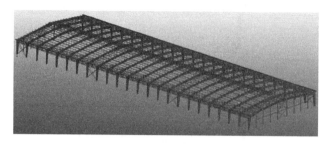

图 4.7.2 三维模型

图 4.7.3 刚架模型

图 4.7.4 现场照片（厂房安装中）

图 4.7.5 现场照片（厂房安装中）

4.7.3　规程规范及参考资料

1. EN 1990 Eurocode：结构设计基础
2. EN 1991 Eurocode 1：结构上的作用
3. EN 1992 Eurocode 2：混凝土结构设计
4. EN 1993 Eurocode 3：钢结构设计
5. EN 1997 Eurocode 7：土工设计
6. EN 1998 Eurocode 8：结构抗震设计
7. GB/T 700—2006：碳素结构钢
8. GB/T 1591—2008：低合金高强度结构钢

4.7.4　材料

根据 **EN 1993-1-1**，**3.2.1** 条，$f_y = R_{eh}$

1. 屈服强度　　　　　　　　Q345　　$f_y = 345 \text{N/mm}^2$；
　　　　　　　　　　　　　Q235　　$f_y = 235 \text{N/mm}^2$；
2. 弹性模量　　　　　　　　$E = 210000 \text{N/mm}^2$
3. 剪变模量　　　　　　　　$G = 81000 \text{N/mm}^2$
4. 线膨胀系数　　　　　　　$\alpha = 12 \times 10^{-6} (T \leqslant 100℃)$
5. 弹性阶段泊松比　　　　　$\nu = 0.3$

4.7.5　设计条件

4.7.5.1　恒荷载
1. 屋面彩板自重 0.15kN/m^2
2. 屋面檩条及支撑自重 0.20kN/m^2

4.7.5.2　屋面活荷载及积灰荷载
1. 屋面活荷载 0.50kN/m^2（主刚架）0.50kN/m^2（檩条）
2. 屋面积灰荷载　　　　　　　　　　0.30kN/m^2
3. 雪荷载 0kN/m^2

4.7.5.3　风对结构的作用
1. 基本风速的基础值：$v_{b,0} = 25 \text{m/s}$

根据 **EN 1991-1-4**　**4.3.2** 条及表 4.1，地形类别 Ⅱ，$z_0 = 0.05 \text{m}$，$z_{min} = 2 \text{m}$，$z_{max} = 200 \text{m}$

2. 基本风速 v_b

根据 **EN 1991-1-4**　**4.2** 条　　　$v_b = c_{dir} \cdot c_{season} \cdot v_{b,0}$
其中，方向系数　　$c_{dir} = 1.0$，季节系数　　$c_{season} = 1.0$
因此，基本风速　　$v_b = 25 \text{m/s}$

3. 影响系数 $c_0(z)$

根据 **EN 1991-1-4**　**4.3.1** 条　　　$c_0(z) = 1.0$

4. 粗糙度系数 $c_r(z)$

根据 EN 1991-1-4　4.3.2 条

$$c_r(z) = k_r \cdot \ln\left(\frac{z}{z_0}\right) \qquad \text{for} \quad z_{\min} \leqslant z \leqslant z_{\max}$$

$$c_r(z) = c_r(z_{\min}) \qquad \text{for} \quad z \leqslant z_{\min}$$

地形系数　$k_r = 0.19 \cdot \ln\left(\frac{z_0}{z_{0,\mathrm{II}}}\right)^{0.07}$

因 $z_{0,\mathrm{II}} = 0.05\mathrm{m}$, $z_0 = 0.05\mathrm{m}$

地形系数　$k_r = 0.19 \cdot \ln\left(\frac{z_0}{z_{0,\mathrm{II}}}\right)^{0.07} = 0.19$

$z_0 = 12.5\mathrm{m}$

因此，$c_r(z) = k_r \cdot \ln\left(\frac{z}{z_0}\right) = 0.19 \times \ln\left(\frac{z}{0.05}\right) = 1.049$

5. 平均风速 $v_m(z)$

根据 EN 1991-1-4　4.3.1 条

$$v_m(z) = c_r(z) \cdot c_0(z) \cdot v_b = 1.049 \times 1.0 \times 25.0 = 26.225\mathrm{m/s}$$

6. 湍流强度 $I_v(z)$

根据 EN 1991-1-4　4.4 条

$$I_v(z) = \frac{k_1}{c_0(z) \cdot \ln(z/z_0)} = \frac{1.0}{\ln(z/0.05)} \qquad \text{for} \quad z_{\min} \leqslant z \leqslant z_{\max}$$

$$I_v(z) = I_v(z_{\min}) \qquad \text{for} \quad z \leqslant z_{\min}$$

$$(\text{EN 1991-1-4}\quad 4.4, \quad k_1 = 1.0)$$

$$z = 12.5\mathrm{m}$$

$$I_v(z) = 0.181$$

7. 最大速度压力 $q_p(z)$　　（空气密度 $\rho = 1.25\mathrm{kg/m^3}$）

根据 EN 1991-1-4　4.5 条

$$q_p(z) = [1 + 7 \cdot I_v(z)] \cdot \frac{1}{2} \cdot \rho \cdot v_m^2(z) = 975\mathrm{N/m^2} = 0.975\mathrm{kN/m^2}$$

8. 结构系数 $c_s c_d$

$$c_s c_d = \frac{1 + 2 \cdot k_p I_v(z_s) \cdot \sqrt{B^2 + R^2}}{1 + 7 \cdot I_v(z_s)}$$

式中　z_s——参考高度。

风力可以使用风力系数进行计算，或根据表面风压来求得。在这两种情况下，都要使用结构系数 $c_s c_d$，对于大多数传统的低层或框架结构建筑，其值可偏于保守，设为 1.0. 即 $c_s c_d = 1.0$

9. 外部压力系数 c_{pe}

根据 EN 1991-1-4　7.2-7.5 条

$$h = 1.25\mathrm{m}, \quad b = 230\mathrm{m}, \quad d = 70\mathrm{m},$$

$$\frac{h}{d} = \frac{12.5}{70} = 0.18 \leqslant 0.25 \quad \frac{h}{d} < 1$$

D 区　　$c_{pe,10} = +0.08$，E 区　　$c_{pe,10} = -0.5$

$$c_{\text{pe+}} = +0.08 \times 0.85 = +0.68, \quad c_{\text{pe-}} = -0.50 \times 0.85 = -0.425$$

10. 风力 F_w

外部风力：

$$F_{w,e} = c_s c_d \cdot \sum [q_p(z_e) \cdot c_{pe} \cdot A_{\text{ref}}]$$

内部风力：

$$F_{w,i} = \sum [q_p(z_e) \cdot c_{pe} \cdot A_{\text{ref}}]$$

式中　z_e，z_i——计算外部风力和内部风力的参考高度。

4.7.5.4　地震作用

1. 地震区域Ⅱa，2（阿尔及利亚抗震规范 RPA99/2003）

2. 地面参考加速度　　$a_{gR} = 0.15g$

3. 建筑重要类别Ⅱ

4. 重要系数　　$\gamma_I = 1.0$

5. 设计地面加速度　　$a_g = \gamma_I a_{gR} = 0.15g$

6. 性能系数　　$q = 1.5$

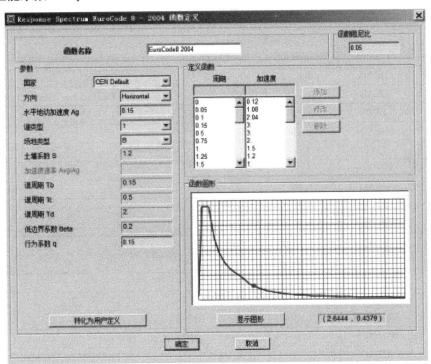

图 4.7.6　反应谱定义

7. 根据 EN 1998-1 第 6.1.2 条，按结构的性能系数 q 确定结构的延性等级，并规定容许采用的截面等级如表 4.7.1 所示。相应的截面分类和定义遵照 EN 1993-1 5.5 条的规定。

性能因子 q 和对应的截面等级　　　　　　　　　　　　　表 4.7.1

延性等级	性能因子 q	容许的截面等级
DCL	$q \leqslant 1.5$	1，2，3，4
DCM	$1.5 < q \leqslant 2$	1，2，3

延性等级	性能因子 q	容许的截面等级
	$2 < q \leqslant 4$	1，2
DCH	$q > 4$	1

注：表中宽厚比限值为 Q235 钢的，其余钢号应乘以 $\sqrt{235/f_y}$。

刚架梁柱截面等级为 3 或 4。因此，在 SAP2000 结构分析时框架类型选择 DCL-MRF，$q = 1.5$。

结构类型　　　　　　　　　　　　　　　　　　　　表 4.7.2

7	框架类型	DCL-MRF
8	Behavior Factor, q	1.5

4.7.5.5 荷载组合

本项目考虑荷载组合如表 4.7.3 所示。

荷载组合　　　　　　　　　　　　　　　　　　　　表 4.7.3

TABLE:				
ComboName	CaseName	ScaleFactor	SteelDesign	Notes
UDSTL1	DEAD	1.35	Strength	Dead Only；Strength
UDSTL2	DEAD	1.35	Strength	Dead+Live；Strength
UDSTL2	LIVE	1.5		
UDSTL3	DEAD	1.35	Strength	
UDSTL3	LIVE	1.5		
UDSTL3	WINDY+	0.9		
UDSTL4	DEAD	1.35	Strength	
UDSTL4	LIVE	1.5		
UDSTL4	WINDY−	0.9		
UDSTL5	DEAD	1.35	Strength	
UDSTL5	LIVE	1.05		
UDSTL5	WINDY+	1.5		
UDSTL6	DEAD	1.35	Strength	
UDSTL6	LIVE	1.05		
UDSTL6	WINDY−	1.5		
UDSTL7	DEAD	1.35	Strength	Dead+Wind；Strength
UDSTL7	WINDY+	1.5		
UDSTL8	DEAD	1.35	Strength	Dead+Wind；Strength
UDSTL8	WINDY−	1.5		
UDSTL9	DEAD	1	Strength	Dead (min)+Wind；Strength
UDSTL9	WINDY+	1.5		
UDSTL10	DEAD	1	Strength	Dead (min)+Wind；Strength
UDSTL10	WINDY−	1.5		
UDSTL11	DEAD	1	Strength	Dead+Live+Response Spectrum；Strength
UDSTL11	LIVE	0.3		

TABLE:				
ComboName	CaseName	ScaleFactor	SteelDesign	Notes
UDSTL11	EY	1		
UDSTL12	DEAD	1	Strength	Dead（min）＋Response Spectrum；Strength
UDSTL12	EY	1		
UDSTL13	DEAD	1	Deflection	Dead Only；Deflection
UDSTL14	DEAD	1	Deflection	Dead＋Live；Deflection
UDSTL14	LIVE	1		

注：DEAD：恒荷载；LIVE：活荷载；WINDY＋，WINDY－：风荷载；EY：地震作用。

4.7.6　结构或构件的变形容许值

1. 根据英国国家附录 NA to EN 1993-1-1：2005　NA.2.23.

NA.2.23　Vertical deflections [BS EN 1993-1-1:2005, 7.2.1(1)B]

The following table gives suggested limits for calculated vertical deflections of certain members under the characteristic load combination due to variable loads and should not include permanent loads. Circumstances may arise where greater or lesser values would be more appropriate. Other members may also need deflection limits.

On low pitch and flat roofs the possibility of ponding should be investigated.

Vertical deflection	
Cantilevers	Length/180
Beams carrying plaster or other brittle finish	Span/360
Other beams (except purlins and sheeting rails)	Span/200
Purlins and sheeting rails	To suit the characteristics of particular cladding

限制屋面梁在可变荷载作用下产生的竖向变形（L 为屋面梁跨度）：$w_z \leqslant L/200$。

2. 根据英国国家附录 NA to EN 1993-1-1：2005　NA.2.24.

NA.2.24　Horizontal deflections [BS EN 1993-1-1:2005, 7.2.2(1)B]

The following table gives suggested limits for calculated horizontal deflections of certain members under the characteristic load combination due to variable load. Circumstances may arise where greater or lesser values would be more appropriate. Other members may also need deflection limits.

Horizontal deflection	
Tops of columns in single-storey buildings except portal frames	Height/300
Columns in portal frame buildings, not supporting crane runways	To suit the characteristics of the particular cladding
In each storey of a building with more than one storey	Height of that storey/300

限制刚架在风荷载作用下产生的柱顶水平位移（H 为自基础顶面至柱顶的总高度）：$\delta_x \leqslant H/300$。

4.7.7 结构整体分析模型及结果

4.7.7.1 结构分析模型

整体分析软件采用 SAP2000 V18.0 版本，分析方法采用一阶线弹性法。杆件验算包括刚架梁、柱等的强度、稳定和变形。

1. 刚架单元编号

2. 刚架构件截面

3. 荷载输入

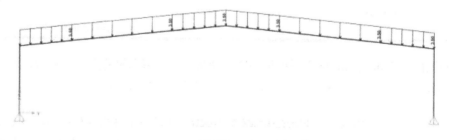

恒荷载(kN/m)

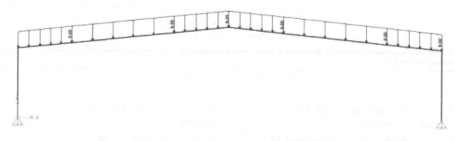

活荷载(kN/m)

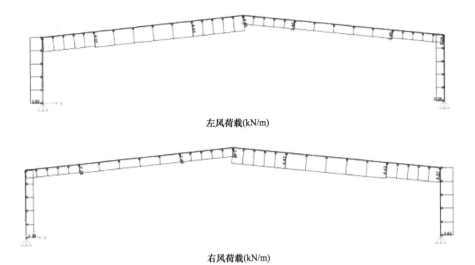

左风荷载(kN/m)

右风荷载(kN/m)

4. 7. 7. 2　SAP2000 结果输出

1. 刚架在可变荷载作用下的竖向变形值

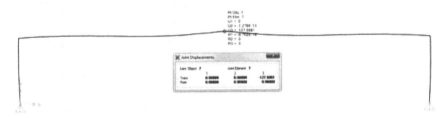

$w_z = 127\text{mm} < 70000/200 = 350\text{mm}$，满足要求。

2. 刚架在风荷载作用下产生的柱顶水平变形值

$\delta_x = 5.2\text{mm} < 10950/300 = 36.5\text{mm}$，满足要求。

3. 构件计算结果

满足要求。

4.7.7.3 设计文件交付

1. 图纸交付示例

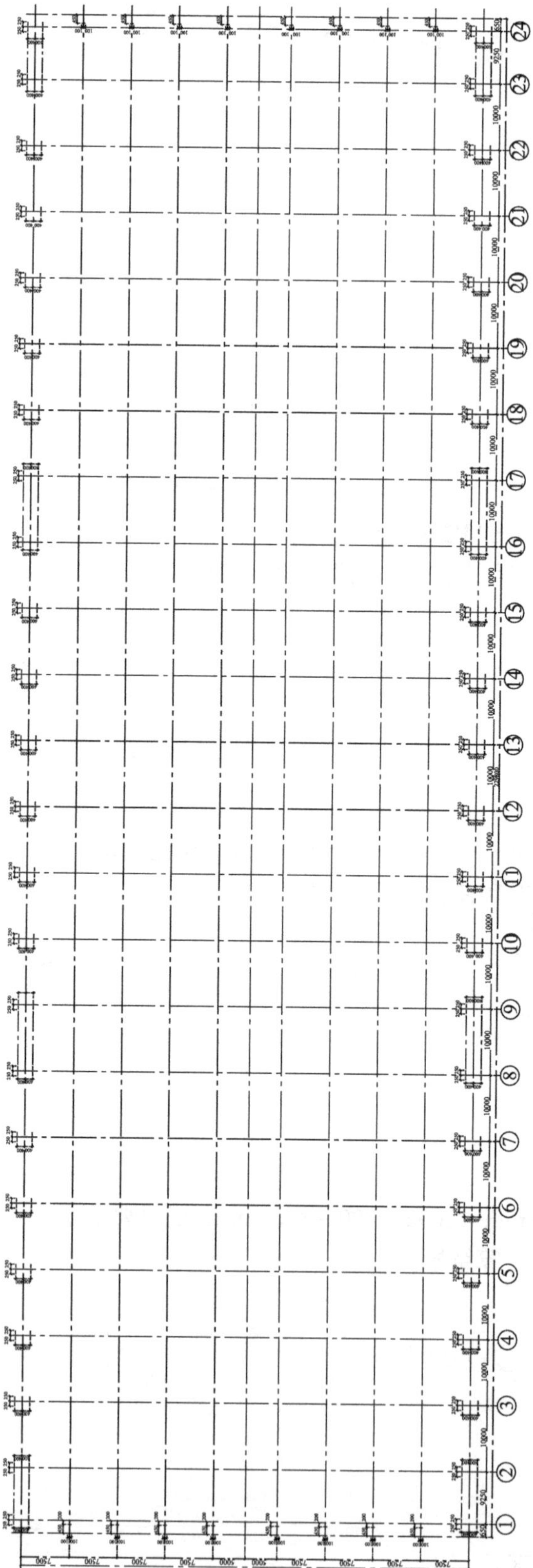

图 4.7.7 柱网平面布置图

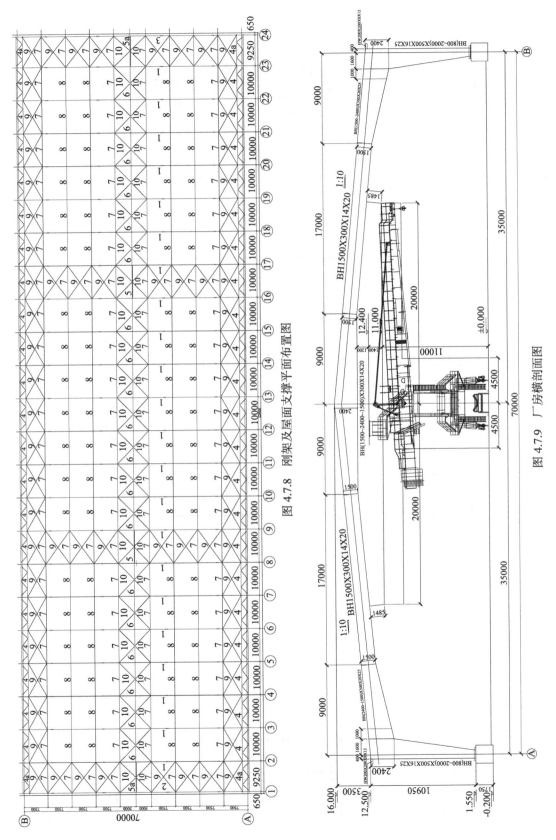

图 4.7.8　刚架及屋面支撑平面布置图

图 4.7.9　厂房横剖面图

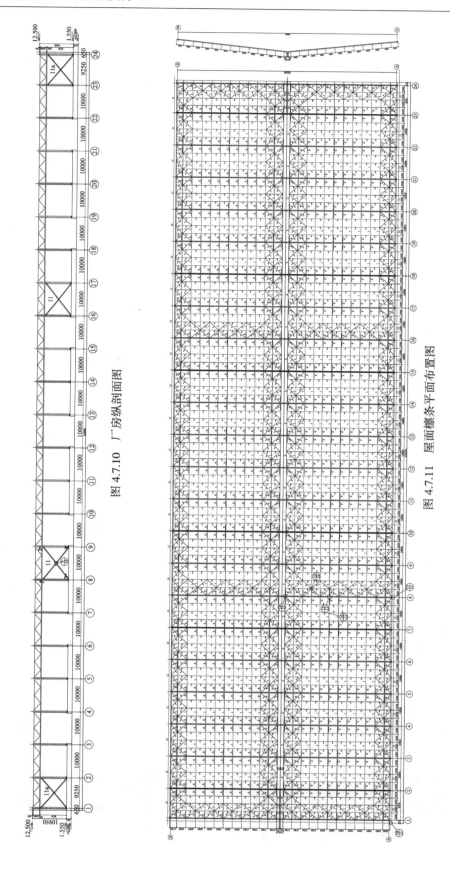

图 4.7.10　厂房纵剖面图

图 4.7.11　屋面檩条平面布置图

2. 结构计算书

供审查使用（略）。

4.7.7.4　设计要点总结

1. 欧洲规范风荷载计算及荷载组合与中国规范差异较大，海外工程中应予以重视。

2. 门式刚架结构梁柱截面通常属于 3 类或 4 类。根据 EN 1998 Eurocode 8 表 6.1 及表 6.3，在 SAP2000 结构分析时框架类型选择 DCL-MRF，性能系数 $q=1.5$。

3. 由于刚架跨度大，屋面梁截面高，为增强结构整体稳定性，除屋面设置完整的横向和纵向支撑系统，在设置横向水平支撑的跨间屋脊处设置垂直支撑，其他跨间屋面梁上下翼缘设置拉杆。在梁柱交接处区域采用四肢格构式压杆。屋面檩条采用高频焊接 H 形檩条，设置隔撑，对檩条起支撑作用，并增强屋面梁下翼缘的稳定性，减少其平面外计算长度。

第5章 民用建筑设计实例

5.1 毛里求斯机场

（作者：赵建国 吴耀华 贾凤苏 王敬烨）

5.1.1 项目概况

本项目是毛里求斯的国家重点项目，是毛里求斯对外的门户和窗口工程。毛里求斯是一个旅游国家，新机场航站楼的建成，对其旅游经济具有重要意义，大幅度提升了该国游客接待能力和国家形象。毛里求斯机场是毛里求斯航空的基地，也是一个枢纽机场，是印度洋上最大最方便的"中途站"，旅客可以通过此站飞往其他航点，如马达加斯加、留尼旺、南非、肯尼亚，甚至前往欧洲、澳洲等国都非常方便。新航站楼还具备停靠A380客机的能力。新航站楼的建成为毛里求斯的外贸和旅游发展作出极大的贡献。

毛里求斯机场项目由旅客大厅（New Passenger Terminal Building）、高架桥（Viaduct）、入口雨篷（Canopies）以及登机桥（Pr-boarding Bridge）、新旧候机大厅连廊（Connection Bridge）几部分组成，均采用钢结构。旅客大厅是主建筑，地下一层，地上二层，每层面积约25000m²，屋面分为三段：两侧低跨屋面（长95m，高出地面18m）和中部高跨屋面（长180m，比两侧低跨屋面高出3.5m），中部高跨屋面跨过了高架桥，总体呈扇形布置（见图5.1.1）。建筑初步设计是法国ADPI公司完成的，中国京冶工程技术有限公司负责钢结构的施工图设计。

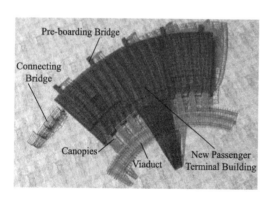

图5.1.1 毛里求斯机场总平面图

（陆侧）

（空侧）

图5.1.2 项目鸟瞰

旅客大厅为框架结构，建筑平面是扇面形状，柱网沿径向和环向布置，一层柱网尺寸为 12~15.5m×11~15.5m，二层部分抽柱，屋面梁最大跨度约 32m。柱采用钢管混凝土柱，钢管直径 700mm。楼面梁采用了钢-混凝土组合梁，环向梁为主梁，径向梁为次梁，次梁间距 2.5~3m。屋面拱梁采用上宽下窄的倒梯形箱形截面，截面高 1600mm，顶部宽 600mm，底部宽 300mm。屋面檩条为 H 型钢和矩形钢管，檩条在主拱梁的位置设了类似隅撑的构件。

5.1.2　设计条件

5.1.2.1　规范和标准

所有设计均基于项目实施时现行的英国和欧洲规范（BSI 规范）如表 5.1.1 所示。

规范和标准　　　　　　　　　　　　　　表 5.1.1

执行标准	名称
BS 6399：Part 1 （1996）	Code of practice for dead and imposed loads
BS 6399：Part 2 （1997）	Code of practice for wind loads
BS 6399：Part 3 （1988）	Code of practice for imposed roof loads
BS 5950：Part 1 （2000）	Code of practice for design-Rolled and welded sections
BS 5950：Part 2 （2001）	Specification for materials, fabrication and erection-Rolled and welded sections
BS 5950：Part 8 （1990）	Code of practice for fire resistant design
EN 1990 （2000）	Basis of structural design
EN 1991-1 （2002）	Actions on structures-General actions
EN 1992-1-1 （2004）	Design of concrete structures-General rules and rules for buildings
EN 1994-1 （2004）	Design of Composite steel and concrete structures
EN 1993-1 （2005）	Design of steel structures

注：本项目对荷载取值和整体刚度指标（侧移、挠度）的取值和判断基于 BS 规范；对组合梁、柱及屋面拱梁的构件验算采用了 EN 相应的内容。

5.1.2.2　荷载及作用

1. 恒荷载

恒载含结构自重：包括混凝土、钢材、建筑做法等如表 5.1.2 所示。

恒荷载　　　　　　　　　　　　　　　表 5.1.2

描述	数值
玻璃幕墙竖向面荷载	1.50kN/m²
屋面系统	0.75kN/m²
屋面天窗	1.00kN/m²
轻质隔墙	1.00kN/m²
砌体墙（20cm 厚）	2.70kN/m²
建筑面层（7cm 厚）	2.00kN/m²
机电吊挂	0.50kN/m²

2. 活荷载

依照 BS 6399 取值如表 5.1.3 所示。

活荷载	表 5.1.3
描述	数值
公共区域	$5.00kN/m^2$
行李处理区域	$10.0kN/m^2$
夹层输送系统面荷载	$2.50kN/m^2$
普通办公室	$2.50kN/m^2$
含设备的办公室	$3.50kN/m^2$
走廊，楼梯，人行天桥（行人）表面负荷	$4.00kN/m^2$
走廊，楼梯，人行天桥（轻型车辆，电车）表面负荷	$5.00kN/m^2$
卫生间	$2.00kN/m^2$
餐厅和厨房	$5.00kN/m^2$
屋面均布荷载	$0.75kN/m^2$
屋面集中荷载	$0.9kN$

3. 风荷载

根据《毛里求斯的气候数据》提供的相关数据，基本风速值（3s 极值风速）如下：

（1）50 年重现期：240km/h（66.7m/s）。

（2）100 年重现期：280km/h（77.8m/s）。

50 年重现期的风荷载用于所有构件承载力极限状态和正常使用极限状态的设计；100 年重现期的风荷载作为偶然荷载工况用于主梁设计，檩条与主梁的连接以及主梁与柱子连接的设计。

风荷载根据"BS 6399 Part 2"进行计算，并基于以下条件：

（1）建设场地距离海岸 2km。

（2）机场位于海平面以上标高 60m。

（3）采用定向方法。

从气象数据中提取的基本风速值为 3s 极值风速，而英国标准 BS 6399-2 中使用的计算方法和系数是以小时平均值为基础的。因此，阵风风速值应除以 BS 6399-2 中定义的峰值阵风系数进行换算，以获得小时平均值。基本风速 $V_b = V_{阵风}/S_b = 66.7/1.55 = 43.1m/s$。计算过程及参数取值详见表 5.1.4。

实际上，本建筑造型独特，其外形并没有涵盖在 BS 6399-2 的典型形式中，所以本项目采用风洞试验确定相关的风载设计参数。在施工图设计阶段，采用了风洞实验报告（包括压力系数和动态增强因子等）进行设计。参考资料如下：

《毛里求斯机场项目风洞测压试验研究报告》，由 CABR 技术有限公司提供，2010/5/5。

《毛里求斯机场（240km/h）风致振动分析报告》，由 CABR 技术有限公司提供，2010/5/21。

《毛里求斯机场（280km/h）风致振动分析报告》，由 CABR 技术有限公司提供，2010/5/21

经比较，根据 BS 6399 的计算结果和风洞试验中表面的压力基本一致。

4. 地震作用

毛里求斯为非地震区。因此，本项目没有考虑地震作用。

风荷载计算

表 5. 1. 4

CHINA JINGYE			Page	
			Job No.	
BS 6399 (Loading for Buildings): Part 2 (Wind Loads): 1997			Made by	
			Date	11-Jun-10
			Checked	

Wind Speed Calculations using Section 3: Directional method

Basic wind speed	Vb		43.1	m/s	From map (Fig 6)
Annual risk of exceedance	Q		0.02		Use 0.02 for standard annual risk
Probability Factor	Sp		1.00		See annex D (UK Only)
Topographic increment	Sh		0		See section 3.2.3.4, figures 7-9 and Table 25
Altitude	60 m				Altitude at site
Altitude factor	Sa		1.06		= 1+0.001 x Altitude (See section 3.2.2)
Wind direction	All ° E of N (or All)				
Direction factor	Sd		1.00		From Table 3 (UK only)
Seasonal factor < 1.00	Ss		1		From Table D.1 (UK Only)
for sub annual exposure					
			---------		Vs =Vb Sa Sd Ss Sp (Sect. 2.2.2.1)
Site wind speed	Vs		45.7	m/s	Mean hourly speed at 10m height
					above open level country
Reference height	Hr		25	m	From 1.7.3.1 or use height AGL of building.
Height of obstructions	Ho		0	m	average upwind of building. (Sect. 1.7.3.3)
Distance of obstructions	X		0	m	from face of building
Effective Height	He		25.0	m	for X > 6 Ho, He = Hr
					for X < 2Ho, He > Hr - 0.8Ho & > 0.4 Hr
					else He > Hr - 1.2Ho + 0.2X & > 0.4 Hr
Upwind distance to sea/lake			2	km	See section 1.7.2
					A lake is 1 km or more wide
Fetch factor	Sc		1.289		From table 22
Turbulence factor	St		0.143		Basic Values for Open Country
Upwind distance to edge of town			0	km	for sites in towns and cities. (See 1.7.2)
					0 kM upwind is country exposure
Fetch adjustment factor	Tc		1.000		From table 23
Turbulence adjustment factor	Tt		1.000		Adjustment factors for town terrain
Mean wind speed	Vm		58.9		Vs Sc Tc
Intensity of turbulence	Iu		0.143		St Tt
Diag. size of loaded area	a		200	m	See figure 5 and sect. 2.1.3.4 for definitions
Gust duration	t		15.29	s	4.5 a/(Vs Sc Tc) > 1s (Equation F.1)
Gust peak factor	Gt		2.29		= 0.42 Ln(3600/ t) < 3.44 (Annex F)
Design Gust Wind Speed	**Ve**		**78.2**	**m/s**	Vm (1 + Gt Iu) = Vs Sb (from sect. 3.2.3)
Design Gust Pressure	**Q**		**3747**	**Pa**	0.613 Ve² (Equation 16)
Consider overall loads for the whole structure					
Overall load　　$P = 0.85QC_p$ =			**2548**	**Pa**	(Cp = 0.8)

5. 温度作用

钢结构安装及使用阶段考虑的温度差：

$$\Delta T_+ = +20℃$$
$$\Delta T_- = -20℃$$

6. 荷载组合

本工程考虑的荷载组合详见表 5.1.5。

荷载组合   表 5.1.5

状态	组合
ULS（承载力极限状态）	$1.4G$ $1.2G+1.6Q$ $1.2G+1.6Q+1.2T$ $1.2G+1.6Q$ $1.2G+1.2Q+1.4W+1.2T$ $1.2G+1.4W+1.2T$ $G+1.6Q+1.2T$ $G+1.2Q+1.4W+1.2T$ $G+1.4W$ $G+1.4W+1.2T$
Accidental ULS（偶然荷载）	$1.2G+1.2Q+1.05W_a$
SLS（正常使用极限状态）	G $G+Q$ $G+W$ $G+0.8Q+0.8W$

注：G—恒载；Q—活载；W—风载；T—温度作用；W_a—偶然风荷载。

5.1.2.3 材料替换

原初步设计采用的是欧洲标准钢材，由于钢结构的加工制作均在国内完成，考虑到原材料的采购周期及价格等因素，施工图设计中对钢材及截面进行了代换。采用国标 Q345 替代原设计的 S355 钢材，型钢截面也采用国内产品规格进行了代换。

5.1.2.4 钢结构变形限值

在正常使用荷载组合工况下，钢结构的最大垂直变形量应符合 BS 5950 表 8 的规定。

单元	最大竖向挠度
悬挑梁	长度/180
支撑石膏或其他易碎面层的梁	跨度/360
其他梁	跨度/200

在正常使用荷载组合工况下，钢结构的最大水平变形量应符合 BS 5950 表 8 的规定。

单元	最大水平变形
单层建筑柱顶（除门式刚架外）	高度/300
门式刚架柱（无吊车）	高度/350
多层建筑层间位移	层高/300

5.1.3 结构分析

5.1.3.1 结构分析模型

结构整体分析采用 MIDAS Gen Ver7.80，结构分析模型见图 5.1.3。

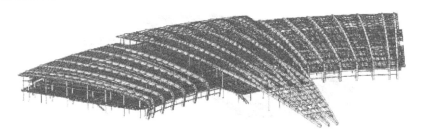

图 5.1.3　结构整体模型

1. 柱

本项目采用了钢管柱和钢管混凝土组合柱，组合柱在外径 700mm 钢管内部浇灌混凝土。钢管混凝土柱便于不同方向的钢梁和柱子连接，同时具有更好的耐火性能，更好的抗侧刚度。钢管材质为 Q345，内部浇灌混凝土为 C37。受力较小的部位采用钢管柱。

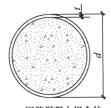
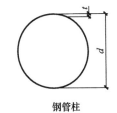

钢管混凝土组合柱　　　　钢管柱

图 5.1.4　典型柱截面

2. 梁

首层和二层楼面采用了钢-混凝土组合梁，组合梁可以有效降低结构高度。主梁沿横向（环向）布置，用于支承与其垂直的次梁，次梁间距 2.5～3.0m。在地面和二层楼面之间，设有 BHS（行李处理系统）夹层。夹层之外的行李系统采用轻型钢结构，悬挂在第一层钢结构之下。国际到达厅和全景平台由悬臂梁支撑，柱距约 15m。结构构成见图 5.1.5～图 5.1.8。

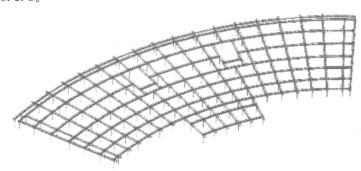

图 5.1.5　一层主结构

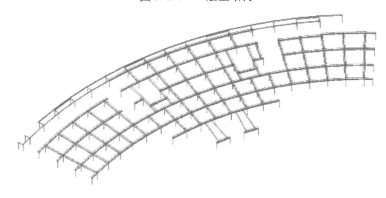

图 5.1.6　二层主结构

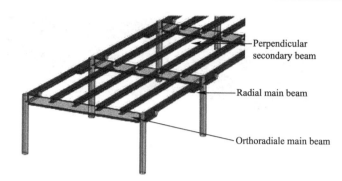

图 5.1.7　典型楼层钢结构布置图

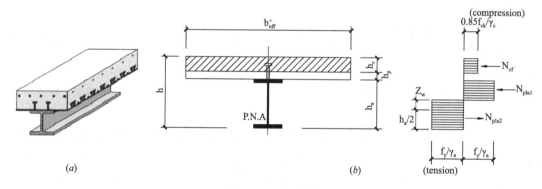

图 5.1.8　组合梁

（a）组合梁；（b）计算简图

3. 楼板

原方案设计采用 200mm 厚的预制混凝土板，施工图改用 150mm 厚的压型钢板组合楼板。见图 5.1.9。

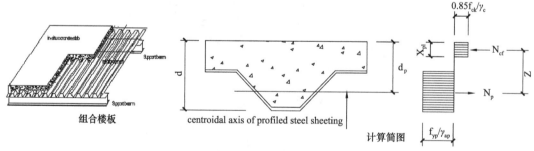

图 5.1.9　组合楼板

4. 屋面结构

屋面拱梁采用倒梯形的箱型截面，截面高 1600mm，顶部宽 600mm，底部宽 300mm，见图 5.1.10。由于运输要求，主梁加工长度不超过 12m，在现场进行拼接。

屋面檩条为 H 型钢和矩形钢管，檩条与主拱梁的连接设了类似隅撑的构件，见图 5.1.12。

5. 边界条件

结构为双向框架体系，两个方向的主梁与柱均为刚接（除了伸缩缝节点位置），次梁与主梁为铰接。柱头与屋面拱梁之间为铰接，柱脚刚接。屋面拱梁落地处为铰接，见图 5.1.14。

图 5.1.10　屋面主结构

图 5.1.11　低跨屋面拱梁

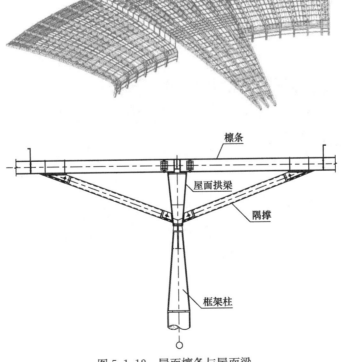

图 5.1.12　屋面檩条与屋面梁

图 5.1.13　屋面天窗架

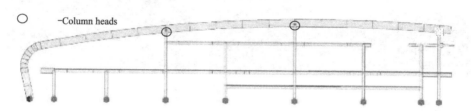

图 5.1.14　典型剖面及约束条件

5.1.3.2　主要计算结果

1. 竖向变形

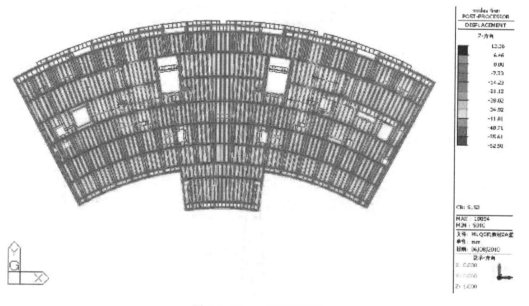

图 5.1.15　一层竖向变形

主梁：$\Delta/L=18/15500=1/860<1/360$，满足要求。

次梁：$\Delta/L=54/13470=1/249<1/200$，满足要求。

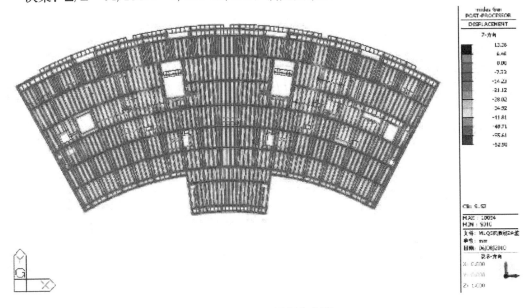

图 5.1.16 二层竖向变形

主梁：$\Delta/L=18/15500=1/860<1/360$，满足要求。

次梁：$\Delta/L=68/15500=1/227<1/200$，满足要求。

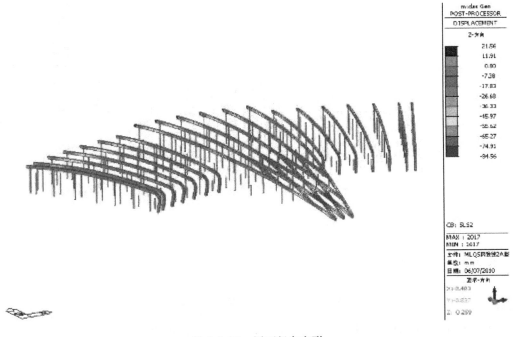

图 5.1.17 屋面竖向变形

主梁：$\Delta/L=84.56/49280=1/580<1/360$，满足要求。

2. 水平变形

根据计算结果判断，150°方向角风作用为水平变形最不利风向。

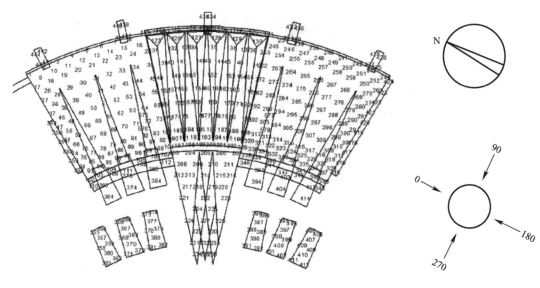

图 5.1.18　风洞试验风向示意

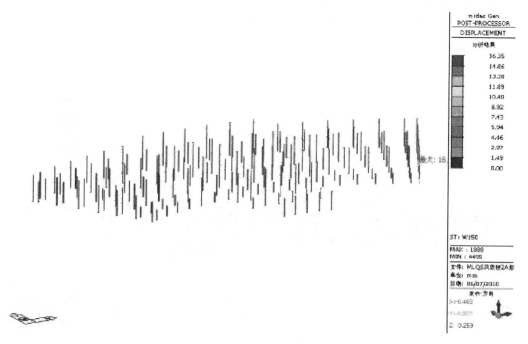

图 5.1.19　150°风作用下水平变形

最大水平变形：$\Delta/H = 16.4/6130 = 1/373 < 1/300$，满足要求。

5.1.4 构件设计

5.1.4.1 组合柱 CHS700×25＋CONCRETE 计算书

		Job Title	Composite Column	Sheet	1 of 2	Rev
MCC 中国京冶 CHINA JINGYE		Job No.		Subject	C1	
		Made by		Date	2010-6-10	
		Checked by		Date		

Design Data
Design Loads

BS EN 1994-1-1:2004
Reference

N_{ed}(kN)	V_y(kN)	V_z(kN)	M_y(kNm)	M_z(kNm)	$N_{G,ed}$(kN)	V_{sd}(kN)
1521	103	619	2060	307	936	627.510956

Column Dimensions

Length   L=   6.5 m

Materials

Steel: China Q345   3.3

f_{yd} =   309 N/mm²   (from 17 up to 35mm)

f_y =   345 N/mm²

E_a =   210 kN/mm²

Concrete: C30   3.1

f_{cd} =   20 N/mm²

f_{ck} =   30 N/mm²   (cylinder)

E_{cm} =   32 kN/mm²

Section Properties

d=   700 mm

t=   25 mm

A_a =   53014.376 mm²

A_c =   331830.724 mm²

I_{az} =   3023476133 mm⁴

I_{cz} =   8762405057 mm⁴

I_{ay} =   3023476133 mm⁴

I_{cy} =   8762405057 mm⁴

Results Sumary

Check	Status	Overall
Local buckling	OK	
0.2<δ<0.9	OK	
λ<2.0	OK	OK
Shear	OK	
Biaxial bending	OK	
Axial Compression	OK	

Local Buckling

d/t=   700/25=   28 <   90ε=   74.27   T.6.3
                                   OK

Axial Desgin Resistance of Column   6.7.3.2

$N_{pl,Rd} = A_a f_{yd} + A_c f_{cd}$ =   53014×309+331830×20=   23018.057 kN

Axial Characteristic Resistance of Column

$N_{pl,Rk} = A_a f_y + A_c f_{ck}$ =   53014×345+331830×30=   28244.881 kN

$δ = A_a f_{yd}/N_{pl,Rd}$ =   53014×309/23018.06=   0.7116779   6.7.3.7(1)
So   0.2<δ<0.9   6.7.1(4)

Composite column design – BS EN 1994

MCC 中国京冶 CHINA JINGYE	Job Title	Composite Column	Sheet	2 of 2	Rev
	Job No.		Subject	C1	
	Made by		Date	2010-6-10	
	Checked by		Date		

Creep Coefficient

					BS EN 1994-1-1:2004
$t=$	∞	d	$\varphi_{RH}=$	1	Reference
$t_0=$	28	d	$\beta_H=$	1500	5.4.2.2(2)
$f_{cm}=$	38	N/mm²			

So $$\phi_t = \phi_{RH}\frac{16.8}{\sqrt{f_{cm}}}\frac{1}{1+t_0^{0.2}}\left(\frac{t-t_0}{\beta_H+t-t_0}\right)^{0.3} = \qquad 0.9246853$$

$$E_{c,eff} = \frac{E_{cm}}{1+(N_{G,Ed}/N_{Ed})\phi_t} = \qquad 20.394674 \text{ kN/mm}^2 \qquad \text{6.7.3.3(4)}$$

Elastic critical normal force

$(EI)_{eff,z} = E_a I_{az} + 0.6E_{c,eff}I_{cz}=$	742153.82 kNm²	6.7.3.3(1)
$N_{cr,z}=\pi^2 (EI)_{eff,z}/L^2=$	173367.21 kN	
$\overline{\lambda}_z = \sqrt{N_{pl,Rk}/N_{cr,z}} =$	0.4036328 <2.0	6.7.3.3(2)
	Use simple method	6.7.3.1(1)
$N_{cr,y}=N_{cr,z}=$	173367.21kN	

Maximum bending moment (including imperfections and second order effects)

Imperfection = L/	300	T.6.5
$r_z=$	1	
$k_z=(0.66+0.44r)/(1-N_{ed}/N_{cr,z})=$	1.10973603	6.7.3.4
Mzed,z=kMnd,z+Ned*L/300/(1-Ned/Ncr,z)=	373.93564 kNm	
$r_y=$	1	
$k_y=(0.66+0.44r_y)/(1-N_{ed}/N_{cr,y})=$	1.10973603	6.7.3.4
Myed,t=kMnd,y+Ned*L/300/(1-Ned/Ncr,y)=	2319.3029 kNm	

Resistance of conctete to compressive

$N_{pmRd}=A_c f_{cd}=$	6636.61448kN

Maximum resistance moment

$h_n=N_{pmRd}/[2df_{cd}+4t(2f_{yd}-f_{cd})]=$	75.5878642 mm
$W_{pcn}=(d-2t)h_n^2=$	3713791.39 mm³
$W_{pan}=dh_n^2-W_{pcn}=$	285676.261 mm³
$M_{nRd}=W_{pan}f_{yd}+W_{pcn}f_{cd}/2=$	125.411879 kNm
$r_c=d/2-t=$	325 mm
$W_{pc}=4r_c^3/3=$	45770833.3 mm³
$W_{pa}=d^3/6-W_{pc}=$	11395833.3 mm³
$M_{maxRd}=W_{pa}f_{yd}+W_{pc}f_{cd}/2=$	3979.02083 kNm

Plastic resistance moment

$M_{plRd}=M_{maxRd}-M_{nRd}=$	3853.60895kNm

M-N Curve   6.7.3.2(5)

$M_A=$	0 kNm	$N_A=N_{plRd}=$	23018.057 kN
$M_C=M_{plRd}=$	3853.60895 kNm	$N_C=N_{pmRd}=$	6636.6145 kN
$M_D=M_{maxRd}=$	3979.02083 kNm	$N_D=N_{pmRd}/2=$	3318.3072 kN
$M_B=M_{plRd}=$	3853.60895 kNm	$N_B=$	0kN
So	$M_{pl,N,Rd}=$	3911.09353 kNm	

Composite column design - BS EN 1994

5.1.4.2 屋面拱梁 RB1 WP（1600×16）×（600×20）×（300×20） 计算书

		Job Title	Steel Beam	Sheet	1 of 2	Rev
MCC 中国京冶 CHINA JINGYE		Job No.		Subject	RB1	
		Made by		Date	2010-6-10	
		Checked by		Date		

BS EN 1993-1-1: 2005

Design Data

Design Moment	$M_{sd}=$	4725 kNm
Design Shear	$V_{sd}=$	828 kN
Design Force	$N_{sd}=$	316 kN

Beam Dimentions

Developed length $L =$ 33 m

Purlines developed Space $S =$ 5.8 m

Materials

Steel: China Q345

Steel: China Q 345

$f_{yk} =$	325 N/mm^2	(from 17 up to 35 mm)
$\gamma_a =$	1.05	
$f_{yd} =$	309 N/mm^2	
$E_a =$	210 kN/mm^2	
$G =$	80.76923077 kN/mm^2	

Section Properties

$h =$	1600 mm	$I_y =$	2.04E+10 mm^4
$b_{f1} =$	600 mm	$I_z =$	2.71E+09 mm^4
$b_{f2} =$	300 mm	$W_{yup} =$	28063572 mm^3
$t_w =$	16 mm	$W_{ydown} =$	23428630 mm^3
$tf_1 =$	20 mm	$W_z =$	9033666.7 mm^3
$tf_2 =$	20 mm	$J =$	7.71E+09 mm^4
$z_{up} =$	727.99 mm	$S_y =$	3.40E+07 mm^3
$c_1 = b_{f1} - 2t_w =$	568 mm	$i_y =$	560.60995 mm
$c_2 = b_{f2} - 2t_w =$	268 mm	$i_z =$	204.18286 mm
$d =$	1560 mm	$W_{ply} =$	35182918 mm^3
$A =$	65005 mm^2	$W_{plz} =$	5399335 mm^3

Section classification

$c_1/t_{f1} =$	28.4 < 32ε =	28.6	calss2
$c_2/t_{f2} =$	13.4 < 28ε =	24.9	calss1
$d/t_w =$	97.5 < 124ε =	102.3	calss3

T. 5.2

Results Sumary

Check	Status	Overall
Shear resistance	OK	
Cross-section capacity	OK	**OK**
Buckling resistance	OK	

MCC 中国京冶 CHINA JINGYE	Job Title	Steel Beam	Sheet	2 of 2	Rev
	Job No.		Subject	RB1	
	Made by		Date	2010-6-10	
	Checked by		Date		

Shear resistance

$\tau_{Ed} = V_{ed} * S_y / (I_y * t_w) =$ 86.16 N/mm²   *BS EN 1993-1-1: 2005*

$f_{yd} / 1.732 =$ 178.4 N/mm²   >Vsd=86.16kN   6.2.6 (4)

OK

Cross-section capacity   6.2.9.2

$N_{sd} / (A * f_{yd}) + M_{sd} / (f_{yd} * W_{ydown}) =$ 0.668406104 <1   OK

Buckling resistance   6.3

$\lambda_1 = \pi \sqrt{\dfrac{E}{f_y}} = 93.9 \varepsilon =$ 77.5

For Compression   6.3.1.3

$L_{cr} =$ 33m

$\overline{\lambda} = \sqrt{\dfrac{A f_y}{N_{cr}}} = \dfrac{L_{cr}}{i_z} \dfrac{1}{\lambda_1} =$ 2.085417245

Imperfection factor, $\alpha =$ 0.49

$\Phi = 0.5[1 + \alpha(\overline{\lambda} - 0.2) + \overline{\lambda}^2] =$ 3.136409768

$\chi = \dfrac{1}{\Phi + \sqrt{\Phi^2 - \overline{\lambda}^2}} =$ 0.182512412

For Bending   6.3.2.4

$L_c =$ 5.8 m

Correction factor, $k_c =$ 0.94

Radius of gyration of the equivalent compression, $i_{f,z} =$ 376mm

$\overline{\lambda}_f = \dfrac{k_c L_c}{i_{f,z} \lambda_1} =$ 0.187096774

Imperfection factor, $\alpha =$ 0.49

$\Phi_{LT} = 0.5[1 + \alpha_{LT}(\overline{\lambda}_{LT} - 0.2) + \overline{\lambda}_{LT}^2] =$ 0.514341311

$\chi_{LT} = \dfrac{1}{\Phi_{LT} + \sqrt{\Phi_{LT}^2 - \overline{\lambda}_{LT}^2}} =$ 1.006596732

So

$N_{Rd} = f_{yd} A =$ 20086.545 kN

$M_{y,Rd} = f_{yd} W_{ydown} =$ 7239.446795 kNm

$\dfrac{N_{Ed}}{\chi N_{Rd}} + \dfrac{M_{y,Ed}}{\chi_{LT} M_{y,Rd}} =$ 0.734593341 <1   6.3.4

OK

5.1.4.3　组合梁 B1 WP（600×16）×（300×20）×（500×30）计算书（正弯矩区）

		Job Title	Composite Beam Design	Sheet	1 of 2	Rev
MCC 中国京冶 CHINA JINGYE		Job No.		Subject	B1+	
		Made by		Date	2010-6-10	
		Checked by		Date		

Design Date				BS EN 1994-1-1:2004
Applied Loading		**ULS**	**SLS**	
Peak Hogging Moment (kNm)		1	1	
Peak Sagging Moment (kNm)		2745	1341	
Redistribution of Hogg Moment		5%	(Max 30%)	T. 5.1
Design Hogging Moment (kNm)		0.95	0.95	
Design Sagging Moment (kNm)		2745.05	1341.05	
Design ULS Shear force =		643 kN		
Construction load on decking =		0.5kN/m^2		

Floor Dimensions

Length of beam	$L =$	15.5 m		
Effective length	$L_e =$	10.85 m	Continous	5.4.1.2
Effective length (hogging)	$L_e =$	3.875 m		
Beam spacing	$b =$	2.8 m		
Slab depth	$h_t =$	150 mm	Perpendicular	
Depth above profile	$h_c =$	85 mm		
Deck profile height	$h_p =$	65 mm	(Q345 YXB65-185-555)	
Troughs spacing	$S_t =$	185 mm		
	$b_0 =$	155 mm		
	$f_{yd} =$	310N/mm^2		
Shear connectors:	Diameter =	19 mm	(h =126mm overall)	
	After welding=	120 mm		
	h/d=	6.31 >4		
	$f_{uk} =$	400N/mm^2		
	$\gamma_v =$	1.25		

Materials

Steel:	China Q 345			3.3
	$f_{yk} =$	325N/mm^2	(from 17 up to 35mm)	
	$\gamma_a =$	1.05		
	$f_{yd} =$	309N/mm^2		
	$E_a =$	210kN/mm^2		
Concrete:	C30			3.1
	$f_{ck} =$	30N/mm^2	(cylinder)	
	$\gamma_c =$	1.5		
	$f_{cd} =$	20N/mm^2		
	$E_{cm} =$	32kN/mm^2		

Section Properties

$h =$	600 mm	$d =$	550 mm	
$b_{f1} =$	300 mm	$A_a =$	29800mm^2	
$b_{f2} =$	500 mm	$I_a =$	1738129139mm^4	
$t_w =$	16 mm	$W_{pl} =$	6004980mm^3	
$tf_1 =$	20 mm	$z_{aup} =$	383.590604 mm	
$tf_2 =$	30 mm	$c_1 =(b_{f1}-t_w)/2=$	142 mm	
$z_{aplup} =$	570.2 mm	$c_2 =(b_{f2}-t_w)/2=$	242 mm	

Composite beam design - BS EN 1994

227

	中国京冶 CHINA JINGYE	Job Title	Composite Beam Design	Sheet	2 of 2	Rev
		Job No.		Subject	B1+	
		Made by		Date	2010-6-10	
		Checked by		Date		

Section Classification

					BS EN 1994-1-1:2004
$c_1/t_{f1} =$	7.1	$< 10\varepsilon =$	8.25 Use Plastic Design		5.5.2
$c_2/t_{f2} =$	8.07	$< 10\varepsilon =$	8.25		
$d/t_w =$	34.38	$< 72\varepsilon =$	59.42		

Results Sumary

Check	Utilisation	Status	Overall
Moment Capacity	0.74	OK	
Degree of Shear Connection	0.83	OK	
Shear(half)	0.82	OK	
Transverse Reinforcement	0.86	OK	
Deflection	0.58	OK	**Sagging**
Steel Stress	0.56	OK	OK
Concrete stress	0.53	OK	
Vibration	0.87	OK	
Construction Moment Capacity	0.2	OK	
Construction Deflection	0.68	OK	
Hogging Moment (SLS)	0.01	OK	**Hogging**
Hogging Moment (ULS)	0.01	OK	OK

Composite Stage Desgin

Moment Resistance of steel beam

$M_{apl,Rd} = W_{pl} \times f_{yd} =$ $6004980 \times 309 =$ 1855.53 kNm

BS EN 1993-1-1:2005
6.2.5

Effective width

BS EN 1994-1-1:2004

Not end support ▼

$b_{ei} = \min(L_e/8, b_i) =$ 1.35625

$b_{eff} = 2 \times \beta_i b_{ei} =$ 2.7125 m

5.4.1.2

Compressive Resistance of Slab

6.2.1.2(1)

$R_c = 0.85 f_{cd} \times b_{eff} \times h_c =$ $0.85 \times 20 \times 2.7125 \times 85 =$ 3919.5625 kN

Tensile Resistance of Steel Section

$Rs = f_{yd} \times A_a =$ $309 \times 29800 =$ 9208.2 kN

Tensile Resistance of Steel Up Flang, Bottom Flang, Web, R_{f1}, R_{f2}, Rw

$R_{f1} = f_{yd} t_{f1} b_{f1} =$	$309 \times 20 \times 300 =$	1854 kN
$R_{f2} = f_{yd} t_{f2} b_{f2} =$	$309 \times 30 \times 500 =$	4635 kN
$R_w = R_s - R_{f1} - R_{f2} =$	$9208.2 - 1854 - 4635 =$	2719.2 kN

Moment Resistance with Full Shear Connector

6.2.1.2

Rc<Rs and Rc+Rf1<Rw+Rf2, In the steel web. $z_{plup} =$ 323.804116 mm

Mpl,Rd = Mapl,Rd+Rc(zaplup+hp+hc/2)-Rc*Rc/Rw*d/4= 3734.96829 kNm

>Msd=2745.05 kNm

OK

Composite beam design - BS EN 1994

5.2 马其顿某学校体育健身馆

（作者：张作运　张庆江　郑浩琴）

5.2.1 工程概述

本项目为中国援建马其顿学校扩建项目，该设施是运动及相关小学生体育活动和休闲活动场所，如篮球、排球、体操、手球、乒乓球等。项目地点位于马其顿首都斯科普里，马其顿共和国位于欧洲东南部巴尔干半岛。本项目分为两个结构单元，钢结构体育健身馆及旁边的钢筋混凝土单层框架配楼。本节着重介绍钢结构体育场部分按欧标设计的过程。欧标在设计时具有更高的安全富裕度，通过对实例的计算分析，为类似项目的设计提供有益参考。

工程平面图见图 5.2.1，剖面图见图 5.2.2。

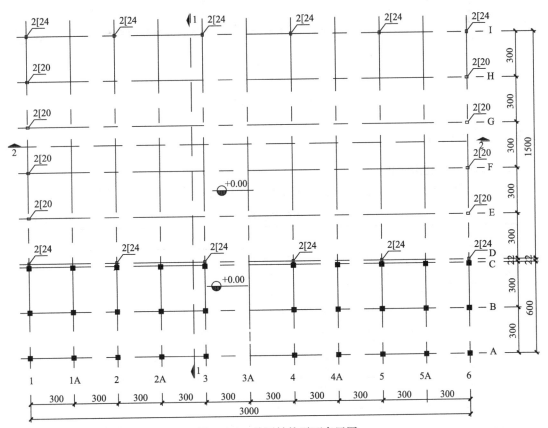

图 5.2.1 首层结构平面布置图

本项目中钢结构体育健身馆为单层结构且平、立面比较简单规整，设计中采用平面排架体系进行复核计算，排架柱上端与屋架铰接，下端与基础刚性连接，屋面桁架均按照铰接，横向荷载均由排架柱承担；纵向在房屋端部设置柱间支撑，柱间支撑承受全部纵向水平力，复核计算中将横向排架柱底应力与纵向支撑柱底应力叠加。该结构屋架跨度 15m，柱距 6m，柱高 8.25m，屋面坡度 8°，沿纵向共六榀排架；柱为口对口焊接双槽钢截面

[24，屋面梁为矩形钢管桁架，上弦：100×5方管，下弦：80×5方管，腹杆：50×5方管，屋面檩条为：100×140×5方管，屋架上弦设有四道横向水平支撑、檐口部位设置两道纵向水平支撑，截面采用50×5方管。屋架屋脊竖杆及两侧端部竖杆处按构造设置三道纵向竖向支撑。

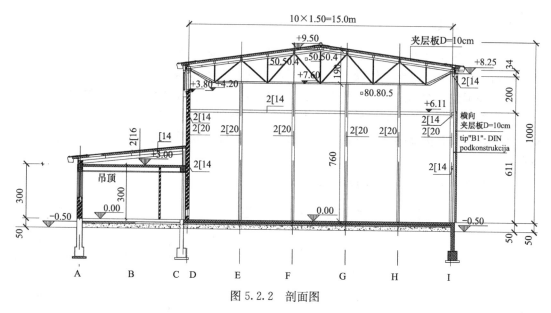

图 5.2.2　剖面图

5.2.2　设计条件

5.2.2.1　规范和标准

设计中采用及参考的当时现行的欧洲标准（EN）或英国标准（BS）如表5.2.1所示。

规范和标准　　　　　　　　　　　　　　　　　　表 5.2.1

执行标准	名称
BS 6399：Part 1（1996）	Code of practice for dead and imposed loads
BS 6399：Part 2（1997）	Code of practice for wind loads
BS 6399：Part 3（1988）	Code of practice for imposed roof loads
BS 5950：Part 1（2000）	Code of practice for design-Rolled and welded sections
BS 5950：Part 2（2001）	Specification for materials，fabrication and erection-Rolled and welded sections
BS 5950：Part 8（1990）	Code of practice for fire resistant design
EN 1990：2002	Basis of structural design
EN 1991-1：2002	Actions on structures-General actions
EN 1993-1：2005	Design of steel structures
EN 1998-1：2004	Design of structures for earthquake resistance-part1：General rules，seismic actions and rules for buildings

5.2.2.2　荷载标准值取值

1. 恒荷载

恒荷载包括屋面（屋面板、檩条及支撑、吊挂荷载）重量、排架自重、墙面重量。本项目屋面恒载标准值：$0.7kN/m^2$。

2. 活荷载

活荷载标准值：$1.0kN/m^2$。

3. 雪荷载

依据 EN 1991-1-3 中 5.1 $\qquad\qquad s=\mu_1 C_e C_i s_k$

C_e 为暴露系数；C_i 为导热系数；$s_k=0.75kN/m^2$，屋面坡度 $\alpha=\alpha_1=\alpha_2=8°$，无漂积情况。计算得 $s=0.6kN/m^2$。

4. 风荷载

当地基本风荷载见表 5.2.2。

基本风荷载　　　　　表 5.2.2

Building hight	Degree of exposure	Wind load
	Protected	0.40kN
$H \leqslant 10m$	Semi exposed	0.55kN
	Exposed	0.70kN
10m$<H \leqslant 30m$	Semi exposed	0.75kN
	Exposed	0.90kN

依据 EN 1991-1-4：2005 5.1 $W_e=q_p(z)c_{pe}$，峰值风压 $q_p(z)=c_e(z)\cdot q_b$。

场地类别Ⅲ，得出：$C_e(10m)=1.7$。

$$q_p(10)=1.7×0.70=1.20kN/m^2。$$

本建筑按欧洲规范分为 A-J 十个分区，不同分区对应的外部风压系数 C_{pe} 如表 5.2.3 所示。从而得到不同分区的风荷载标准值如表 5.2.4 所示。

各区域外部风压系数　表 5.2.3

A	B	C	D	E
−1.2	−0.8	−0.5	0.74	−0.42
F	G	H	I	J
−1.46	−1.08	−0.51	−0.54	−0.16

各区域风荷载标准值　表 5.2.4

A	B	C	D	E
−1.43	−0.96	−0.6	0.89	−0.50
F	G	H	I	J
−1.75	−1.30	−0.61	−0.65	−0.19

注：表中正为风压力，负为风吸力。

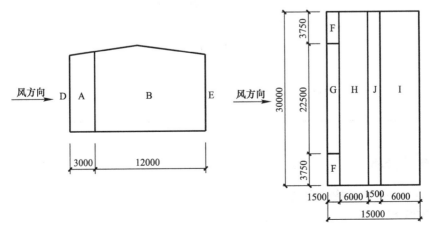

图 5.2.3　欧洲规范风压分区示意

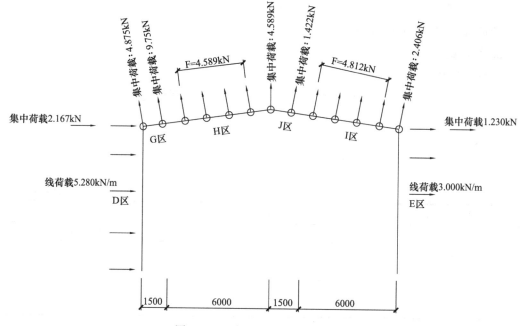

图 5.2.4　欧洲规范左风荷载分布

5. 地震作用

根据外方提供资料，马其顿地震地面加速度相当于 500 年超越概率 10% 的地震加速度 $0.2g$。

6. 荷载组合

本工程荷载组合如表 5.2.5 所示。

荷载组合　　　　　　　　　　　　　　　　　　　　　表 5.2.5

状态	组合
ULS（承载力极限状态）	$1.35D$ $1.35D+1.5L$ $1.35D+1.5L+0.9W$ $1.35D+1.05L+1.5W$ $1.35D+1.5W$ $1.0D+1.5W$ $1.0D+0.3L+1.0E$ $1.0D+1.0E$
SLS（正常使用极限状态）	D $D+L$ $D+W$

注：D—恒载；L—活载；W—风载；E—地震作用。

5.2.3　结构分析

1. 计算模型简图及构件定义

2. 结构钢材

采用 S235（相关材料力学性能见 EN 1993-1-1：2005 第 3.2 条）。

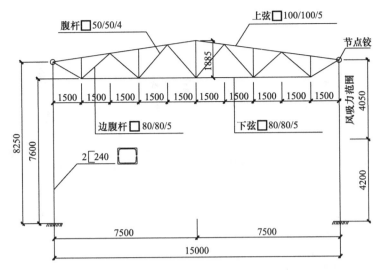

图 5.2.5　钢排架中间榀截面简图

3. 荷载布置简图

（1）恒载

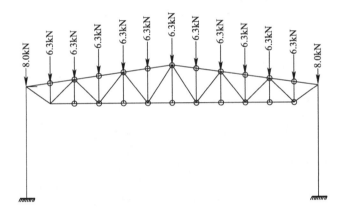

图 5.2.6　恒载分布图

（2）活载

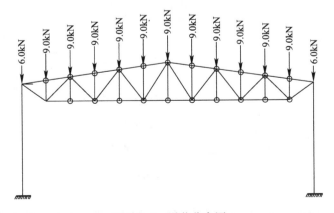

图 5.2.7　活载分布图

233

（3）风荷载

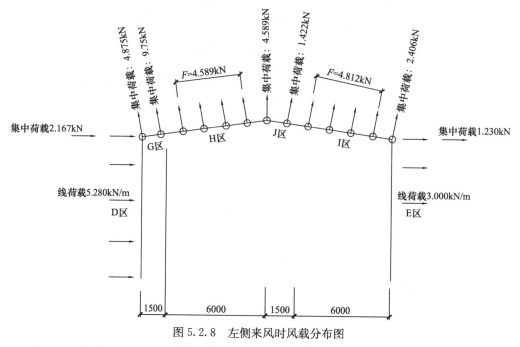

图 5.2.8　左侧来风时风载分布图

（4）地震作用

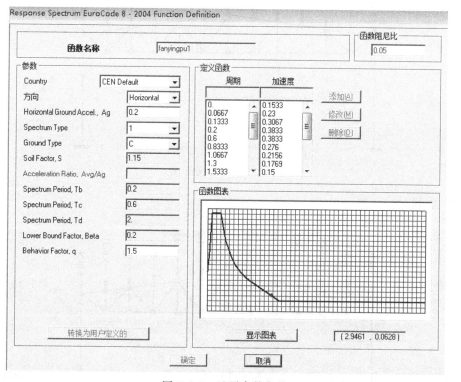

图 5.2.9　地震参数定义

4. 内力计算

应用 SAP2000 软件，建立模型，定义材料、构件、荷载和相关参数进行分析。

5. 整体分析计算结果

主排架按照单榀排架计算，考虑地震、风、恒、活荷载作用及组合，分析结果如下。

（1）结构振型及周期

结构振型及周期

表 5.2.6

TABLE:	Response Spectrum Modal Information				
OutputCase	ModalCase	StepType	StepNum	Period	DampRatio
Text	Text	Text	Unitless	Sec	Unitless
EX	MODAL	Mode	1	0.639682	0.035
EX	MODAL	Mode	2	0.05797	0.035
EX	MODAL	Mode	3	0.038961	0.035
EX	MODAL	Mode	4	0.038184	0.035
EX	MODAL	Mode	5	0.020565	0.035
EX	MODAL	Mode	6	0.012345	0.035
EX	MODAL	Mode	7	0.011945	0.035
EX	MODAL	Mode	8	0.011569	0.035
EX	MODAL	Mode	9	0.009051	0.035
EX	MODAL	Mode	10	0.008186	0.035
EX	MODAL	Mode	11	0.007068	0.035
EX	MODAL	Mode	12	0.006505	0.035

（2）结构位移

恒＋活作用下屋架中部位移最大为 1.3mm。

水平地震下排架柱顶部位移最大为 21mm。

风荷载作用下排架柱顶部位移最大为 33mm。

5.2.4　桁架计算

排架柱、桁架设计时，风荷载组合为控制组合。

5.2.4.1　柱计算

排架立柱计算（压弯构件）

根据截面积相等原则，将双槽钢截面等效为 $300 \times 200 \times 10 \times 16$ 的箱形柱。

内力设计值：$N_{Ed} = -163.15kN$　　$M_{y,Ed} = -215.838kN \cdot m$

压弯构件包含截面承载力校核和屈曲承载力计算。

强度验算：

对于 1 类和 2 类截面　$M_{Ed} \leqslant M_{N,Rd}$ EN 1993-1-1：6.2.9.1（1）

$M_{N,Rd}$ 是由于轴力 N_{Rd} 所引起折减后的设计塑性弯矩抗力。

对焊接箱形截面对强轴 $M_{N,y,Rd} = M_{pl,y,Rd} \dfrac{(1-n)}{(1-0.5a_w)} \cdot a_w = (A - 2bt_f)/A$ 且 $a_w \leqslant 0.5$

（EN 1993-1-1：2005 6.2.9 6.39）其中塑性弯矩抗力设计值 $M_{pl,Rd} = W_{pl} f_y / \gamma_{M0}$，$W_{pl}$ 为塑性截面模量。

立柱：$c/t = 268/10 = 26.8 < 33$　属于 1 类截面。

对焊接箱形截面对强轴 $M_{N,y,Rd} = M_{pl,y,Rd} \dfrac{(1-n)}{(1-0.5a_w)} \cdot a_w = (A-2bt_f)/A$ 且 $a_w \leqslant 0.5$
(EN 1993-1-1：2005 6.2.9 6.39)。

其中塑性弯矩抗力设计值

(EN 1993-1-1：2005 6.13) $M_{pl,Rd} = W_{pl}f_y/\gamma_{M0}$，

$$M_{pl,Rd} = 1267920 \times 235/1.0 = 298 \text{kN} \cdot \text{m}$$

$$N_{pl,Rd} = \frac{Af_y}{\gamma_{M0}} = \frac{1500 \times 235}{1.0} = 352.5 \text{kN}$$

$$a_w = \frac{11760 - 2 \times 200 \times 16}{11760} = 0.456$$

$$n = N_{Ed}/N_{pl,Rd} = 163150/235 \times 11760 = 0.059$$

$$M_{N,y,Rd} = M_{pl,y,Rd} \frac{(1-n)}{(1-0.5a_w)} = 298 \times \frac{1-0.059}{1-0.5 \times 0.456} = 363.24 \text{kN} \cdot \text{m}$$

$$215.838 \text{kN} \cdot \text{m} < 363.24 \text{kN} \cdot \text{m}$$

稳定性验算：

压弯构件屈曲抗力验算：

$$\frac{N_{Ed}}{\dfrac{\chi_y N_{Rk}}{\gamma_{M1}}} + k_{yy}\frac{M_{y,Ed}+\Delta M_{y,Ed}}{\dfrac{\chi_{LT}M_{y,Rk}}{\gamma_{M1}}} + k_{yz}\frac{M_{z,Ed}+\Delta M_{z,Ed}}{\dfrac{M_{z,Rk}}{\gamma_{M1}}} \leqslant 1$$

(EN 1993-1-1：2005 6.3.3 6.61)

$$\frac{N_{Ed}}{\dfrac{\chi_z N_{Rk}}{\gamma_{M1}}} + k_{zy}\frac{M_{y,Ed}+\Delta M_{y,Ed}}{\dfrac{\chi_{LT}M_{y,Rk}}{\gamma_{M1}}} + k_{zz}\frac{M_{z,Ed}+\Delta M_{z,Ed}}{\dfrac{M_{z,Rk}}{\gamma_{M1}}} \leqslant 1$$

(EN 1993-1-1：2005 6.3.3 6.62)

χ_x，χ_y 为弯曲屈曲产生的折减系数，χ_{LT} 为侧向扭转屈曲折减系数。

$$\varepsilon = \sqrt{235/f_y} = 1$$

计算长度系数取 2.0

$$l_{oy} = l \times \mu = 8250 \times 2.0 = 16747.5$$

$$\lambda_y = l_{oy}/i_y = 16747.5/117.1 = 143.02 \quad \lambda_1 = \pi\sqrt{\frac{E}{f_y}} = 93.0$$

$$\overline{\lambda_y} = \frac{\lambda_y}{\lambda_1} = \frac{143.02}{93.0} = 1.538$$

采用屈曲曲线 c，$\partial = 0.34$

$$\Phi_y = 0.5[1 + \alpha\ (\overline{\lambda_y}-0.2) + \overline{\lambda_y}^2] = 1.917$$

$$\chi_y = \frac{1}{\Phi_y + \sqrt{\Phi_y^2 - \lambda_y^2}} = 0.327$$

$$\frac{N_{Ed}}{\dfrac{\chi_y N_{Rk}}{\gamma_{M1}}} = \frac{163.15 \times 10^3}{0.327 \times 11760 \times 235} = 0.180$$

$$\Delta M_{y,Ed} = 0, \quad M_{z,Ed} = 0, \quad \Delta M_{z,Ed} = 0$$

$$\chi_{LT} = 1$$

$$k_{yy} \frac{M_{y,Ed}}{\chi_{LT} \frac{M_{y,Rk}}{\gamma_{M1}}} = 1.043 \times \frac{215.838 \times 10^6}{1 \times 1267920 \times 235} = 0.7555$$

$$\frac{N_{Ed}}{\chi_y N_{Rk}} + k_{yy} \frac{M_{y,Ed}}{\chi_{LT} \frac{M_{y,Rk}}{\gamma_{M1}}} = 0.94$$

排架柱承载力计算满足要求。

5.2.4.2　桁架上弦、下弦、腹杆计算

受压腹杆计算

$N = -111.2$kN（压力），截面尺寸　$80 \times 80 \times 5$（S235）

1）截面分类

$c/t = 65/5 = 13 < 33$ 为第 I 类截面

2）截面受压承载力

由 EN 1993-1-1 第 6.2.4 条

$N_{c,Rd} = Af_y/\gamma_{M0} = 1500 \times 235/1 = 352.5$kN > 111.2kN，受压满足条件。

3）构件抗弯屈曲承载力

屈曲长度 $L_{cr} = 0.9 \times L = 0.9 \times 1970 = 1773$mm

屈曲承载力为

$$N_{b,Rd} = \frac{\chi A f_y}{\gamma_{M1}} \quad \chi = \frac{1}{\phi + \sqrt{\phi^2 - \lambda^2}},$$

$$\chi \leqslant 1.0$$

$$\partial = 0.21$$

$$N_{cr} = \frac{\pi^2 EI}{L_{cr}^2} = \frac{\pi^2 \times 210000 \times 1412500}{1773^2} = 930.356\text{kN}$$

$$\bar{\lambda} = \sqrt{\frac{Af_y}{N_{cr}}} = \sqrt{\frac{1500 \times 235}{930356}} = 0.6155$$

$$\phi = 0.5[1 + \partial(\bar{\lambda} - 0.2) + \bar{\lambda}^2] = 0.733$$

$$\chi = \frac{1}{\phi + \sqrt{\phi^2 - \bar{\lambda}^2}} = \frac{1}{0.733 + \sqrt{0.733^2 - 0.6155^2}} = 0.884$$

$$N_{b,Rd} = \frac{\chi A f_y}{\gamma_{M1}} = \frac{0.884 \times 1500 \times 235}{1.0} = 311.6\text{kN}$$

$311.6 > 111.2$kN，构件屈曲满足要求。应力比为 0.357。

下弦计算（受拉构件）

依据 6.2.3 条：$N_{t,Rd}$ 取毛截面的塑性承载力设计值 $N_{pl,Rd}$ 和净截面极限承载力设计值 $N_{u,Rd}$ 中的较小值。

$$N_{pl,Rd} = \frac{Af_y}{\gamma_{M0}} = \frac{1500 \times 235}{1.0} = 352.5\text{kN}$$

$$N_{u,Rd} = \frac{0.9 A f_y}{\gamma_{M2}} = \frac{0.9 \times 1500 \times 360}{1.25} = 388.8\text{kN}$$

$N_{t,Rd} = 352.5$kN > 294kN 应力比为 0.834。

5.2.5 设计文件

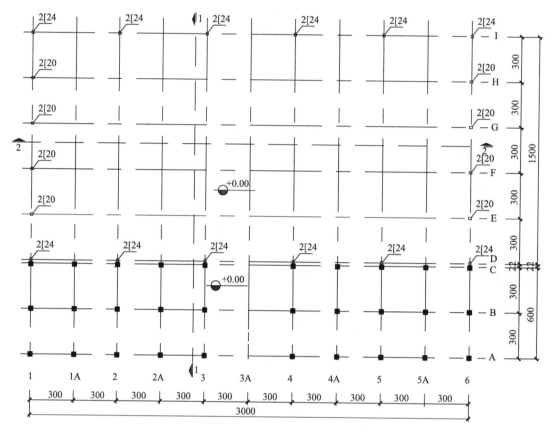

图 5.2.10 首层柱布置图

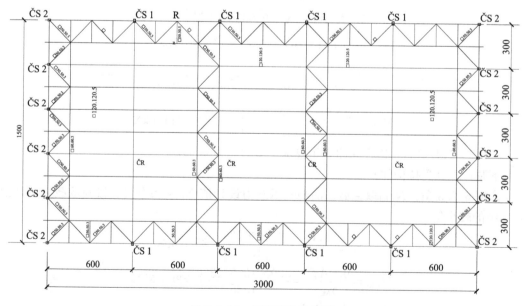

图 5.2.11 屋面结构布置图

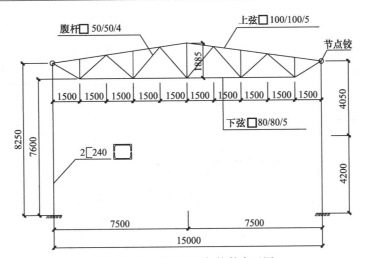

图 5.2.12　中间榀屋架构件布置图

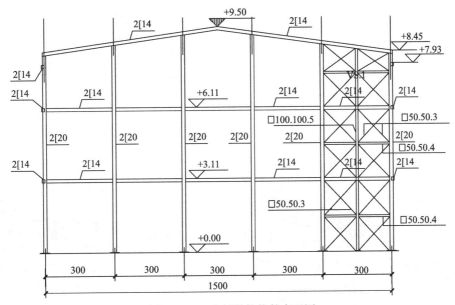

图 5.2.13　山墙结构构件布置图

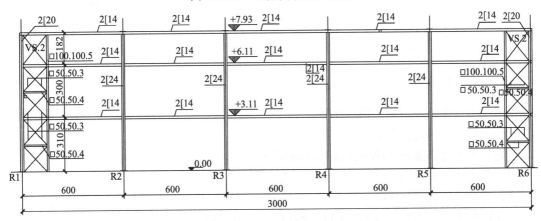

图 5.2.14　纵立面图

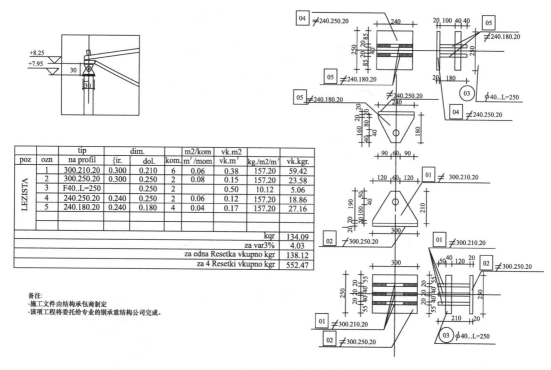

poz	ozn	tip na profil	dim. {ir.	dol.	kom.	m2/kom m²/mom	vk.m2 vk.m²	kg./m2/m'	vk.kgr.
LEZISTA	1	300.210.20	0.300	0.210	6	0.06	0.38	157.20	59.42
	2	300.250.20	0.300	0.250	2	0.08	0.15	157.20	23.58
	3	F40..L=250		0.250	2		0.50	10.12	5.06
	4	240.250.20	0.240	0.250	2	0.06	0.12	157.20	18.86
	5	240.180.20	0.240	0.180	4	0.04	0.17	157.20	27.16
							kqr		134.09
							za var3%		4.03
							za edna Resetka vkupno kgr		138.12
							za 4 Resetki vkupno kgr		552.47

备注：
-施工文件由结构承包商制定
-该项工程将委托给专业的钢承重结构公司完成。

图 5.2.15 屋架支座节点

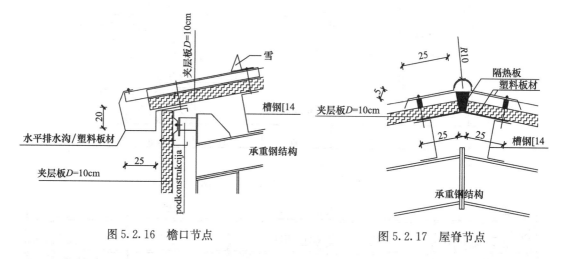

图 5.2.16 檐口节点

图 5.2.17 屋脊节点

5.2.6 设计要点总结

5.2.6.1 中欧规范相关内容比较

所涉及相关中国规范如下：

《建筑结构可靠度设计统一标准》（GB 50068—2001）

《建筑结构荷载规范》（GB 50009—2012）

《钢结构设计规范》（GB 50017—2003）

《建筑抗震设计规范》（GB 50011—2010）（2016 年版）

中欧规范相关内容比较　　　　　　　　　　　　　　　　　　　　　　表 5.2.7

情况	中国规范	欧洲规范
材料分项系数	$1.087\sim1.111$	截面承载力极限状态的抗力，材料分项系数取 1.0
延性要求	强屈 $f_u/f_y\geqslant1.2$；延伸率 $\delta_s\geqslant15\%$；拉伸强度 f_u 对应的应变 ε_u 不小于 20 倍屈服点应变 ε_y	强屈比大于 1.0，延伸率大于等于 15%，$\varepsilon_u\geqslant15\varepsilon_y$
常用对永久荷载和可变荷载组合系数	1.2 和 1.4	1.35 和 1.5
结构安全等级	我国规范对应的安全等级一级、二级和三级的可靠度指标分别为 3.3、3.7 和 4.2	欧洲规范建议承载力极限状态的目标可靠度对应的安全等级 RC1、RC2 和 RC3 的值分别为 3.3、3.8 和 4.3
轴心受拉构件	按"毛截面屈服"和"净截面拉断的准则"进行计算	通过考虑按毛截面计算的轴向设计塑性抗力毛截面和在螺栓孔洞处的净截面轴向设计极限抗力两种情况，取较小值作为构件受拉承载力。C 型钢和只有一个角肢连接的角钢受拉强度计算另有详细的规定
整体稳定	我国规范也是通过构件的极限荷载理论进行轴心受压构件的整体稳定计算，考虑了截面的不同形式和尺寸、不同的加工条件及相应的残余应力图式，并考虑 0.1% 的初弯矩，得出大量的柱子曲线，即 $\lambda\text{-}\phi$ 曲线，对于组成板件小于 40mm 的归纳为 a、b、c 三类，对于组成板件大于等于 40mm 的归为 d 类截面曲线。我国规范的 a 类曲线介于欧洲规范的 a0 与 a 类之间，b 类基本一致，c、d 类略低于欧洲规范的 c、d 类	通过构件的极限荷载理论进行轴心受压构件的整体稳定计算，在实验的基础上，取 5 类截面的残余应力分布图式，计及构件长度 0.1% 的初弯曲，最终得到 5 条 x-曲线（a0、a、b、c、d）
变形限值	GB 50017—2003 中建议受弯构件挠度容许值和立柱水平位移容许值	给出了水平位移与挠度的计算方法与技术要求，但没有给出推荐值，具体限值由国家附件给出。一般由业主、设计方和主管机构共同商定，可视具体情况进行调整

5.2.6.2　风荷载相关参数对比

中欧规范风荷载对比　　　　　　　　　　　　　　　　　　　　　　表 5.2.8

情况	中国规范（GB 50009—2012）	欧洲规范（EN 1991-1-4：2005）
风荷载标准值	$w_k=\beta_z\cdot\mu_s\cdot\mu_z\cdot w_0$	$w_e=c_sc_d\cdot q_p(z_e)\cdot c_{pe}$ 峰值速度压力：$q_p(z_e)=c_e(z_e)\cdot q_b$
系数 1	基本风压：$w_0=v_0\cdot v_0/1600$	基本风压：$q_b=v_b\cdot v_b/1600$
系数 2	基本风速：v_0 离地 10m 高，10min 平均年最大风速，经统计分析确定重现期为 50 年的最大风速	基本风速：v_p 离地 10m 高，10min 平均年最大风速，经统计分析确定重现期为 50 年的最大风速，并考虑方向系数和季节系数
系数 3	风振系数：β_z	结构系数：c_sc_d 尺寸系数：c_s 动荷载系数：c_d
系数 4	体型系数：μ_s	外部压力系数：c_{pe}
系数 5	风压高度变化系数：μ_z 与高度和地面粗糙类别有关	暴露系数：$c_e(z_e)$ 与高度和地面粗糙类别有关

本例工程中欧规范风荷载取值对比　　　　　　表 5.2.9

情况	中国规范（GB 50009—2012）	欧洲标准（EN 1991-1-4：2005）
风荷载标准值	$w_k = \beta_z \cdot \mu_s \cdot \mu_z \cdot w_0$	$w_e = q_p(z_e) \cdot c_{pe}$ 峰值速度压力：$q_p(z_e) = c_e(z_e) \cdot q_b$
系数 1	基本风压：$w_0 = 0.7\text{kN/m}^2$	基本风压：$q_b = 0.7\text{kN/m}^2$
系数 2	基本风速：$v_0 = 33.5\text{m/s}$	基本风速：$v_p = 33.5\text{m/s}$
系数 3	风振系数：$\beta_z = 1$	结构系数：$c_s c_d = 1$（高度小于 15m）
系数 4	体型系数：μ_s 风方向 0.8　−0.6　−0.6　−0.6　−0.5　−0.5	外部压力系数：c_{pe} 风方向 0.74　−1.08 −0.51　−0.16 −0.54　−0.42
系数 5	风压高度变化系数：$\mu_z = 1$	暴露系数：$c_e(z_e) = 1.7$
系数 6	地面粗糙类别：B 类指田野，乡村，丛林、丘陵以及房屋比较稀疏的城镇和城市郊区。	地形类别：Ⅲ 间隔最大不超过 20 倍高度的正常植被，建筑，或障碍物（例如乡村，郊区，森林）
风荷载标准值	−0.42　−0.42　−0.42 0.56 风荷载标准值 w_k	−1.29 −0.607　−0.19 −0.643　−0.500 0.881 风荷载标准值 w_e
风荷载加载简图		

5.3　西非某钢框架瞭望塔工程

（作者：戴夫聪　徐琳）

5.3.1　工程概况

本工程为西非某国机场附属设施——技术楼与瞭望塔，业主为该国机场管理局，方案设计为法国某著名总包集团，投资方为非洲银行，监理方为 AECOM，我国某总包集团以

EPC 方式承揽并实施，设计团队以设计分包的身份进入项目。

工程主体结构由单层的技术楼和多层的瞭望塔两部分组成（见图 5.3.1），外方在原方案中建议采用钢框架结构体系。技术楼为一层裙房，檐高 4.315m，建筑面积 790.56m²；瞭望塔主体 7 层，1 至 6 层平面为矩形，7 层平面为六边形，檐高 26.19m，建筑面积 309.68m²。技术楼为单层钢框架结构，柱网尺寸为 5300mm×4630mm 或 6690mm，梁截面采用 H300×300×10×15、H300×150×10×15 和 H150×75×5×7，柱截面采用 CHS299×10 和 B300×300×14×14，钢柱以外包柱脚和柱下独立基础相连。瞭望塔为多层钢框架结构，柱网尺寸为 4100mm×2600mm，主要梁截面尺寸为 H300×300×10×15、H300×150×10×15 和 H150×75×5×7，柱截面尺寸为 B300×300×14×14 和 CHS325×10，钢柱采用外包柱脚和筏板基础连接。

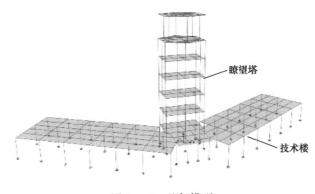

图 5.3.1　几何模型

5.3.2　设计依据和设计条件

因为多年战乱，该国没有建立完备的工程建设规范体系，并且没有官方可供直接使用的地震和风荷载参数，合同约定采用欧洲规范体系进行设计，但由于前期工作资料交接不完善导致我方获得设计资料不全，设计深度参差不一，方案设计资料不完备，这为前期设计带来困扰，但同时也为使用中国标准创造了条件。设计团队与监理方以实质推进工程进度且保障结构安全、经济、耐久性为原则进行沟通，补充约定本项目根据美国地震台网历史地震记录不考虑抗震作用，根据当地气象部门近十年的记录数据近似考虑风荷载作用，其他相关设计标准以一事一议的方式协商解决。该方式为后续顺利推进设计成果验证与工程进度起到了重要作用。

5.3.2.1　防火和防腐

经设计团队与监理沟通，监理同意按照中国规范和中国材料进行防火和防腐设计。

本工程设置一个防火分区，钢结构构件采用厚涂型防火涂料，并达到不小于 3 小时的防火要求。

防腐做法满足 25 年防腐年限的要求，采用涂装材料：底漆（水性无机富锌底漆，干膜厚度 80μm，锌粉含量 80%）、中间漆（环氧中间漆，干膜厚度 120μm）、面漆（脂肪族聚氨酯面漆，干膜厚度 80μm）。防腐涂料与防火涂料须相互匹配，有防火涂料处取消面漆。

5.3.2.2 材料替换

本工程合同条件为采用欧洲标准设计，由于承包商为中国企业，拟从国内采购钢材，设计团队建议按照强度指标进行材料替换，并争得监理同意。将原设计要求的欧标 S355 钢材替换为国标 Q345 钢材。

钢材屈服强度对比 表 5.3.1

钢材标准与等级	屈服强度 f_y（N/mm²）
欧标 S355	355
国标 Q345	345

与此同时，设计团队对比得出中国结构规范所采用的可靠度设计方法与欧洲规范基本相同，按照混凝土的抗压和抗拉强度指标进行材料替换。将欧标的 C20/C25 混凝土近似替换为国标 C30 强度等级的混凝土。

遵循钢筋在力学性能上接近以及在国际适用标准（ISO 标准）上接近的原则，通过对比、说明屈服强度保证率、材料分项系数、弹性模量、强屈比和伸长率等力学性能，我方争取到在设计时直接采用中国钢材 HRB400 和 HPB300，但未对比化学成分、工艺性能、实验方法、检验规则、包装、标牌和质量证明书等内容。

中欧规范关于钢筋技术要求的对比 表 5.3.2

对比内容	欧标	国标	结论
屈服强度保证率	95%	95%	基本相同
材料分项系数	1.15 和 1.00	1.11	基本相同
弹性模量	200GPa	200GPa	相同
强屈比	A 级：1.05 B 级：1.08 C 级：1.15-1.35	1/0.85＝1.1765	国标对应欧洲规范的 C 级
伸长率	极限拉应变： A：0.025 B：0.05 C：0.075	伸长率 $\delta_{10} \geqslant 20\%$；交货条件还包括最大力下的最大延伸率，光圆钢筋 $A_{gt}＝10\%$，带肋钢筋 $A_{gt}＝7.5\%$。（延伸率＝极限拉应变）	国标对应欧洲规范的 C 级

5.3.2.3 荷载

1. 恒载（DEAD LOAD）

恒载在本工程中为自重，自重由程序根据材料密度自动统计，包括框架和楼板的自重。

2. 附加恒载（SUPER DEAD）

（1）面荷载

附加恒载——面荷载 表 5.3.3

建筑部分	楼层	面荷载（kN/m²）
技术楼	1 层	5
瞭望塔	1 层	5
	2~5 层	5
	6 层	6
	屋顶	6

（2）线荷载

附加恒载——线荷载　　　　　　　　　　　　表 5.3.4

建筑部分	楼层	线荷载（kN/m）	说明
技术楼	1 层	10、8	边梁考虑悬挑檐口
瞭望塔	1 层	16	隔墙荷载
	2 层	10	隔墙荷载
	3～5 层	15	隔墙荷载
	6 层	3、5	幕墙荷载，马道荷载
	屋顶	3	建筑翻边做法重量

3. 活荷载

活荷载　　　　　　　　　　　　表 5.3.5

		活荷载（kN/m²）
技术楼	屋顶	2
瞭望塔	1～6 层	2.5
	屋顶	2

4. 风荷载

根据 EN 1991-1-4：2005 中规定，基本风速为在不考虑风向的情况下，在平坦开阔地区 10m 高度处且如果有要求考虑高度效应，年超越概率为 0.02 的 10 分钟的平均风速。此概念与国标（GB 50009—2012 §8.1）中基本风速的规定基本相同。

按结构最高点 26.19m 计算结构顶部风荷载，参数与计算结果如下，软件加载详见表 5.3.6。

风荷载参数　　　　　　　　　　　　表 5.3.6

场地类别	Ⅱ	类	
粗糙高度	$z_0 =$	0.05	m
最小高度	$z_{min} =$	2	m
Ⅱ类场地粗糙高度	$z_{0,Ⅱ} =$	0.05	m
计算高度	$z =$	26.19	m
场地系数	$k_r =$	0.190	
粗糙度系数	$C_r =$	1.190	
迎风坡度	$\Phi =$	0	
地形系数	$C_0 =$	1	
湍流系数	$k_Ⅰ =$	1	
暴露系数	$c_e =$	2.118	
基本风速	$v_b =$	29	m/s
空气密度	$\rho =$	1.25	kg/m³
速度压力基本值	$q_b =$	0.53	kN/m²
峰值速度压力特征值	$q_p =$	1.58	kN/m²

5.3.3　结构分析

5.3.3.1　平面布置

如图 5.3.2～图 5.3.4 所示，一层技术楼部分呈 V 形，1-6 层瞭望塔部分为 8.2m×

5.2m 的矩形，瞭望塔七层为六边形。

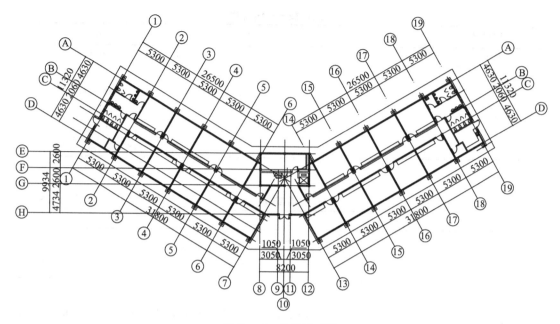

图 5.3.2 首层平面图

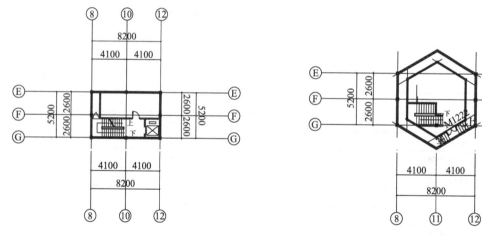

图 5.3.3 标准层平面图

图 5.3.4 七层平面图

5.3.3.2 建模过程

1. 分析软件

ETABS 版本号：Version 15.2.1 Build 1303，用于建模和分析。

EXCEL 2016，用于数据处理，编程，构件验算计算。

2. 几何模型（平面）

出于习惯和建模方便，先用 MIDAS 软件模拟本工程建筑，建立三维模型，再由 MIDAS 导出几何框架的 DXF 文件，并导入 ETABS 中，在 ETABS 中输入楼层信息，生成模型建立模型，进行结构分析。

3. 材料和截面

钢材按照国标采用 Q345 钢材，混凝土按国标采用 C30 混凝土。截面类型详见 §5.3.1。

4. 约束

在柱底端设置固定约束，次梁连接主梁的梁端设置梁端释放约束。

5. 楼板加载

ETABS 在板属性中使用 Membrane 单元类型模拟板，并将板设置为准刚性隔板，再在 membrane 上加载面荷载（附加恒载，活荷载）。

6. 风荷载加载

1) 参数设置

在本工程模型中，使用 Exposure from Extents of Diaphragms 的方式加载风荷载，并且根据工程实际风荷载参数在 ETABS 中输入设置值：迎风系数 0.8，背风系数 0.7，基本风速 29m/s，场地类别 II 类，地形系数、湍流系数、结构系数均设置为 1，空气密度为 1.25kg/m³。

2) ETABS 有两种风荷载的加载方式，分别为 Exposure from Extents of Diaphragms 和 Exposure from Shell Objects。为了验证两种加载方式的正确性，设置了一个简单的钢框架模型分别进行两种风荷载模式的加载。

根据欧洲风荷载规范（EN 1991-1-4：2005）对简单钢框架模型进行风荷载手算验算，并将手算结果和 ETABS 两种风荷载加载方式的结果及对比列在表 5.3.7 中。通过表中数据对比可知，Object 方式和 Diaphragm 方式风荷载模拟作用效果基本相等，且其作用力与理论计算值也相差甚小。

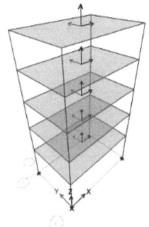

图 5.3.5　简单钢框架模型

				风荷载手算和 ETABS 两种加载方式对比	表 5.3.7

	手算（kN）	Object 方式（kN）	Diaphragm（kN）	对比	
				C vs D	O vs D
受风面	W1(9m×15.6m)			C vs D	O vs D
F2 风荷载作用力	49.3	37.52	36.61	34.7%	2.5%
F3 风荷载作用力	44.82	41.04	40.83	9.8%	0.5%
F4 风荷载作用力	49.25	45.52	45.47	8.3%	0.1%
F5 风荷载作用力	51.84	49	48.93	6.0%	0.1%
roof 风荷载作用力	25.92	25.88	25.43	1.9%	1.8%
F1 柱子剪力	55.28	49.74	49.32	12.1%	0.9%
F2 柱子剪力	42.96	40.36	40.17	6.9%	0.5%
F3 柱子剪力	31.75	30.1	29.96	6.0%	0.5%
F4 柱子剪力	19.44	18.72	18.59	4.6%	0.7%
F5 柱子剪力	6.48	6.47	6.36	1.9%	1.8%

5.3.3.3　荷载组合

结构设计应考虑不能使结构失效的各种极限状态，并在承载能力极限状态（Ultimate Limit States）和正常使用极限状态（Serviceability Limit States）中使用合适的分项系数。

设计中实际考虑的工况有：

1) 永久荷载（D）。

2）可变荷载（L）。

3）风荷载（W）。

荷载组合中"＋"表示叠加。

1. 承载能力极限状态 A 组——EQU（静力平衡）

规范基本公式：

$$\sum(1.1G_{kj,sup}+0.9G_{kj,inf})+1.5Q_{k,1}+\sum1.5\,\psi_{0,i}Q_{k,i} \tag{5.3.1}$$

承载能力极限状态荷载组合——EQU（静力平衡） 表 5.3.8

序号	组合	备注
1	$1.1D$	恒载起不利作用
2	$0.9D$	恒载起有利作用
3	$1.1D+1.5L$	恒载起不利作用
4	$0.9D+1.5L$	恒载起有利作用
5	$1.1D+1.5W$	恒载起不利作用
6	$0.9D+1.5W$	恒载起有利作用
7	$1.1D+1.5L+1.5\times0.6W$	恒载起不利作用，活载起主要作用
8	$0.9D+1.5L+1.5\times0.6W$	恒载起有利作用，活载起主要作用
9	$1.1D+1.5W+1.5\times0.7L$	恒载起不利作用，风荷载起主要作用
10	$0.9D+1.5W+1.5\times0.7L$	恒载起有利作用，风荷载起主要作用

注：适用于校核结构的静力平衡。

2. 承载能力极限状态 B 组——STR/GEO（结构承载力与地基承载力）

规范基本公式：

$$\sum(1.35G_{kj,sup}+1.0G_{kj,inf})+1.5Q_{k,1}+\sum1.5\,\psi_{0,i}Q_{k,i} \tag{5.3.2}$$

或者

$$\sum(1.35G_{kj,sup}+1.0G_{kj,inf})+1.5\,\psi_{01}Q_{k,1}+\sum1.5\,\psi_{0,i}Q_{k,i} \tag{5.3.3a}$$

$$\sum(1.15G_{kj,sup}+1.0G_{kj,inf})+1.5Q_{k,1}+\sum1.5\,\psi_{0,i}Q_{k,i} \tag{5.3.3b}$$

承载能力极限状态 B 组——STR/GEO（结构承载力与地基承载力） 表 5.3.9

序号	组合	备注
1	$1.35D$	恒载起不利作用
2	$1.0D$	恒载起有利作用
3	$1.35D+1.5L$	恒载起不利作用
4	$1.0D+1.5L$	恒载起有利作用
5	$1.35D+1.5W$	恒载起不利作用
6	$1.0D+1.5W$	恒载起有利作用
7	$1.35D+1.5L+1.5\times0.6W$	恒载起不利作用
8	$1.0D+1.5L+1.5\times0.6W$	恒载起有利作用
9	$1.35D+1.5W+1.5\times0.7L$	恒载起不利作用
10	$1.0D+1.5W+1.5\times0.7L$	恒载起有利作用

注：非基础构件设计，以及基础构件承载力验算时选用公式（5.3.3）。

3. 承载能力极限状态 C 组——STR/GEO（结构承载力与地基承载力）

规范基本公式：

$$\sum(1.0G_{kj,sup}+1.0G_{kj,inf})+1.3Q_{k,1}+\sum1.3\,\psi_{0,i}Q_{k,i} \tag{5.3.4}$$

承载能力极限状态 C 组——**STR/GEO**（结构承载力与地基承载力）　　表 5.3.10

序号	组合
1	$1.0D$
2	$1.0D+1.3L$

5.3.3.4　弹性内力分析结果

1. 自振周期

自振周期　　　　　　　表 5.3.11

模态	周期（s）	质量参与系数	
		UX	UY
1	0.881	0.4488	0.0016
2	0.851	0.0016	0.4503
3	0.558	0.0024	0.0001
4	0.401	0.0002	0.0011
5	0.369	0.1037	0.3953
6	0.368	0.3938	0.103
7	0.257	4.53E-06	0.0254
8	0.239	0.0295	8.03E-06
9	0.197	3.01E-05	9.28E-07
10	0.19	2.97E-06	0.002
11	0.165	0.0038	4.85E-06
12	0.149	1.28E-06	0.0052
累计		0.98	0.98

2. 侧向位移

以风荷载单工况作用下水平位移为例，按照欧洲规范的英国国家附录 NA.2.24 的建议值 height/300 控制水平位移量，考虑工程的整体分析结果。如图 5.3.6 所示，—●折线表示在 Y 轴向 W1 风荷载作用下，在不同楼层标高处发生的水平位移；—■折线表示在 X 轴向 W2 风荷载作用下，在不同楼层标高处发生的水平变形量；—▲直线表示水平位移容许值。因此由图可看出水平位移量均未超过该建筑水平位移容许值，整体位移分析满足要求。

5.3.4　构件验算

实际工程中，用 ETABS 进行分析，所有构件和整体验算均符合要求，但本工程也提供手算验证文件。本工程只有梁、柱、柱脚三种构件，因此选取典型构件进行手算验证，所选构件如图 5.3.7 所示。

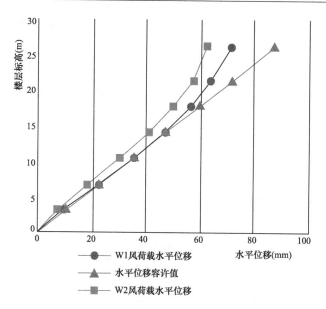

图 5.3.6 风荷载作用下水平位移

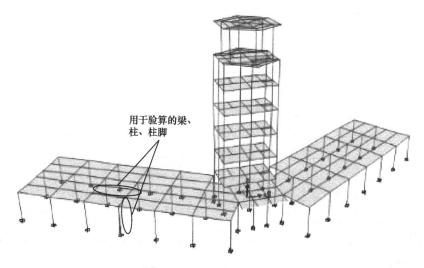

图 5.3.7 选择分析的构件

5.3.4.1 梁、柱内力

选取在单一组合工况（$1.35D + 1.35S_D + 1.5L + 1.5 \times 0.6W_1$）下，梁、柱的内力，作为该构件的设计承载力。选取技术楼中一根次梁和一根边柱读取其内力：

梁弯矩：100kN·m

梁剪力：64kN

梁轴力：3kN

柱弯矩：76kN·m

柱轴力：284kN

5.3.4.2　梁、柱构件计算书

Job Title	Beam (H 300×150×10×15)			Sheet	1 of 1
Beam Dimensions					BS EN 1993-1-1:2005
Length　L=	5300	mm			
Partial factors					
γ_{M0}:　1.0	γ_{M1}:　1.0				

Properties of section

h=	300	mm
b=	150	mm
t_w=	10	mm
t_f=	15	mm
c_f/t_f=	5	
c_w/t_w=	27	
i_y=	122.4	mm
i_z=	34.3	mm
$W_{pl,y}$=	823500	mm^3
$W_{el,y}$=	719100	mm^3
A=	14400	mm^2

Material properties

Steel:　China　Q345

f_y=　345　N/mm^2　(For I section,t_f<40mm)　　Table 3.1

Check cross-section classification

ε　　=	$(235/f_y)^{0.5}$=		0.83			Table 5.2
$c_f/(t_f\varepsilon)$=	6.02	<	9			Table 5.2; 5.5.2(1)
			Class 1		OK	
$c_w/(t_w\varepsilon)$=	32.50	<	72			Table 5.2; 5.5.2(1)
			Class 1		OK	

Shear resistance

A_v=A-2bt_f+(t_w+2r)t_f=	2850	mm^2			OK	
$\eta h_w t_w$=	2700	mm^2	<	A_v		6.2.6(3)
$V_{pl,Rd}$=A_v($f_y/3^{0.5}$)/γ_{M0}=	568	kN	>	64kN=	V_{Ed}	OK 6.2.6(2)
$V_{sd}/V_{pl,Rd}$=	0.11		<	0.5		6.2.8(2)

It will have no effect on the moment resistance of the section.

Resistance of corss-section

$N_{pl,Rd}$=　Af_y/γ_{M0}=	2484	kN			6.2.4(2)
N_{Ed}=	3	kN	<	$0.25N_{pl,Rd}$	
$h_w t_w f_y/\gamma_{m0}$=	932	kN			6.2.9.1(4)
N_{Ed}=	3	kN	<	$0.5h_w t_w f_y/\gamma_{m0}$	

The effect of the axial load need not be considered further.

Deflection

Deflection=	17	mm	<	span/200=26.5mm	OK NA.2.23

Job Title	Column (CHS 299×10)		Sheet	1 of 1

		BS EN 1993-1-1:2005

Column Dimensions

Length　L=　　3230　　mm

Partial factors

γ_{M0}:　1.0　　γ_{M1}:　1.0

Properties of section

d=	299	mm
t=	10	mm
d/t=	30	
A=	9080	mm^2
$W_{pl,y}$	835.5	cm^3
$W_{el,y}$	634.8	cm^3
I_y	9490.2	cm^4
I_y	9490.2	cm^4
i_y	102.2	mm
i_y	102.2	mm

Material properties

Steel:　　China　　Q345

f_y=　345　N/mm^2　(For I section,t_f<40mm)　　　Table 3.1

Check cross-section classification

ε=　　　$(235/f_y)^{0.5}$=　　　0.83　　Table 5.2

$c_f/(t_f\varepsilon)$=　　36.00　　　<　　50　　OK　Table 5.2; 5.5.2(1)

section

(Af_y=9080*345/1000=3133kN) that section is Class 1 under combined loading.

Column buckling resistances

$L_{cr,y}$=　　　1.0×L=　　　3230　　mm

$$\lambda_1 = \pi\sqrt{\frac{E}{f_y}} = 76.8$$　　6.3.1.2(1)

$$\overline{\lambda}_y = \frac{\lambda_y}{\lambda_1} = \frac{L_{cr,y}/i_y}{\lambda_1} = 0.412$$

Bucklilng curves:

For rolled section CHS 299×10, the "curve a" should be selected, and α=0.21.　　Table 6.2; Table 6.1

$$\phi_y = 0.5\left[1 + \alpha\left(\overline{\lambda}_y - 0.2\right) + \overline{\lambda}_y^2\right] = 0.607$$　　6.3.1.2(1)

$$x_y = \frac{1}{\Phi_y + \sqrt{\Phi_y^2 - \overline{\lambda}_y^2}} = 0.95 < 1$$　　OK　　6.3.1.1

Column buckling resistances:

$$N_{b,y,Rd} = \frac{\chi_y A f_y}{\gamma_{M1}} = 2976KN > 284KN = N_{Ed}$$　　6.3.1.1(3)

OK　6.3.1.1(1)

5.3.4.3　外包柱脚计算书

1. 柱脚模拟

在 ETABS 中，按照外包柱脚轮廓尺寸 550mm×550mm，以钢筋混凝土柱模拟柱脚，长度 800mm，柱底为固定约束。

2. 柱脚验算

柱脚使用 N-M 包络曲线进行承载力验算，柱脚的设计使用 EXCEL 中 VISUAL BASIC 编程设计，N-M 包络曲线实现思路详见图 5.3.9，在 EXCEL 中输入柱脚的基本设计参数（见表 5.3.12），由 ETABS 导出各验算工况的轴力和弯矩值，得出的内力设计值与包络曲线进行比较（详见图 5.3.10）。

图 5.3.8　柱脚模拟 3D 图

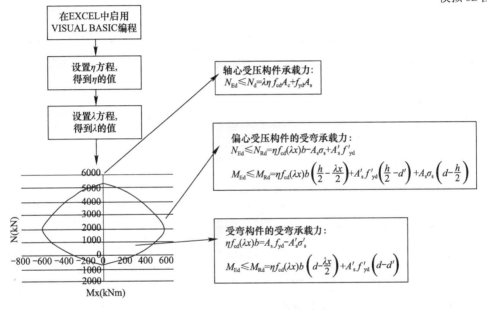

图 5.3.9　N-M 包络曲线实现思路

柱脚基本参数　　　　　　　　　　　　　　　表 5.3.12

***** N-M Relationship of Rectangular Column*****					
Load Style	Long Term	γcc/γct:	1	Importance:	1.0
Sect Width:	550	mm	Sect Depth:	550	mm
Length:	800	mm	Co _ Length:	1	
Concrete:	C30		Rebar:	HRB400	
Tie diameter:	12	mm	Cover:	40	mm
Reinf Numb（X）:	4		Diameter:	25	mm
First R Numb:	4		Second R Numb:	0	
Reinf Numb（Y）:	4		Diameter:	25	mm
First R Numb:	4		Second R Numb:	0	
Ratio（X）:	0.65	%	Ratio（Y）:	0.65	%
Sect Ratio:	1.95	%			

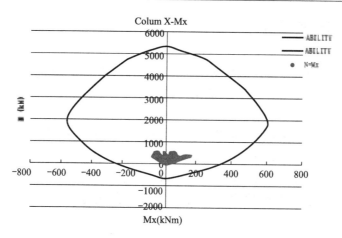

图 5.3.10　柱脚 N-M 包络曲线

由图 5.3.10 可知，所有计算内力值均在包络曲线内，表明柱脚设计满足要求。

5.3.5　设计文件

5.3.5.1　图纸

图纸主要包括设计总说明、结构布置图、埋件、柱脚、钢柱、钢梁等图纸。

5.3.5.2　计算书目录

计算书标准模板目录如表 5.3.13 所示。

计算书标准模板目录

表 5.3.13

名称	页码	名称	页码	名称	页码
1　工程概况	1	4.3.2　可变荷载（L）	6	4.8.2　承载能力极限状态 B 组——STR/GEO（结构承载力与地基承载力）	11
2　设计依据	1	4.4　风荷载（W）	6	4.8.3　承载能力极限状态 C 组——STR/GEO（结构承载力与地基承载力）	11
2.1　初步设计文件	1	4.5　温度作用（T）	7	4.8.4　承载能力极限状态——地震设计组合	12
2.2　地基勘探资料	1	4.6　支座不均匀沉降（S）	7	4.8.5　使用极限状态——特征组合（结构变形与裂缝）	13
3　设计规范、标准及规程	1	4.7　Seismic Loads	7	4.8.6　使用极限状态——准永久组合	13
4　荷载、作用及组合	2	4.7.1　Design spectrum for elastic analysis-Horizental Spectrum	7	5　材料规格及性能	13
4.1　设计使用年限	2	4.7.2　Design spectrum for elastic analysis-Vertical Spectrum	8	5.1　混凝土	13
4.2　可靠度等级	2	4.7.3　地震作用效应的组合	9	5.1.1　构件混凝土强度等级	14
4.3　恒荷载及活荷载（D&L）	2	4.8　荷载组合	10	5.1.2　地下部分混凝土的抗渗要求	14
4.3.1　永久荷载（D）	2	4.8.1　承载能力极限状态 A 组——EQU（静力平衡）	10	5.2　钢筋	14

5.3.6　设计要点总结

1. 技术条件与技术标准的确认

关于技术标准的搜集、解读、沟通、实现工作，贯穿 EPC 总承包项目的始终；越早沟通明确技术条件和标准对工程越有利。如沟通过程中遇到阻碍或者困难，建议设计团队从业主和工程的实质需要出发，从安全、耐久、经济、美观等设计本质需求推论出可以实现的技术条件和标准，并以此征得业主和业主顾问的认可。本项目在获得监理方的认可后采用了美国地震台网、当地气象部门数据依据和部分中国规范要求的内容就是一个较为成功的案例。但是本项目同时遇到监理方要求"独立柱基底部钢筋在端头做 10 倍钢筋直径九十度向上弯钩"这一"无理"构造要求。这显然按国内惯例是不需要设置的，但是从工程技术和钢筋混凝土理论层面如何说服监理方，设计团队从钢筋应力与锚固需求角度做了细致的理论分析和数值计算，但是最终总承包商认为此构造要求带来造价增加不多，反而说服设计团队选择妥协。

2. 技术信任的建立

无论使用哪个国家的技术规范和标准体系，均不可能对所有的技术细节作出详尽的表述。而工程实践中是会实际经历并践行所有的技术细节。技术信任的建立和维护，将最大限度地降低工程技术风险从而保证总承包商的利益。关于建立技术信任，建议注意以下环节：

（1）充分了解工程所需使用的规范和标准内容。

（2）充分了解工程的技术需求。

（3）主动建立适用于本工程的技术标准体系和细则并提前与业主技术顾问沟通。

（4）设计和工程实施过程中，在每一步实施之前均提前沟通和报告，并明确注明需要对方反馈的时限。

（5）所有书面沟通的文档的格式应尽可能地体现本企业完备的质量管理体系、风险管理体系流程；如严格执行文件编码，标题，内容格式，回执，签收等管理流程，会给对方带来我方工作态度严谨的印象。

本项目官方语言是法语，但是设计团队介入后采用了英文版本套用总承包方的法文发文模板，摒弃了通常的由不懂技术的法语翻译所有文档的方式，变通地解决了技术沟通和管理体系衔接的细节问题；且技术团队约定监理方提出的任何问题，在 8 小时内一定书面反馈，复杂问题处理时间不超过两个自然天；上述细节处理对技术信任的建立起到了积极作用。

3. 国际通用设计辅助工具

采用国际通用设计软件，可以规避很多设计技术细节。在这种情况下，只要向业主和业主顾问证明自己的输入条件正确，就不必在设计结果正确性方面多做解释。

本项目采用 CSI ETABS, CSI Safe 作为主要结构分析软件。在需要展示计算过程的部分，采用 MathCAD 编制计算书模板，输入输出数据一目了然，且无数值计算错误的担忧。这些设计辅助工具的使用会增加审核方对我们设计成果的认可度。

4. 材料替换

中国的总承包商出于多方面考虑通常会提出用中国国标材料替换原设计材料的需求。材料替换在技术上和理论上也许可行的，但是设计人员必须明确材料替换不仅仅是技术问题，而技术人员只能解决技术问题，其他问题则无能为力。

本项目钢结构采用国内生产加工并海运至现场组装。设计团队曾经尝试联系土耳其或其他渠道，虽然成本、质量、周期等因素有可能综合优于从国内采购，但是综合评价后无法改变最初采购设定。

第6章 钢结构深化设计和施工实例

6.1 阿布扎比国际机场

（作者：陈振明　舒涛　吴曦　杜振中　张彦红）

6.1.1 工程概况

本工程位于阿联酋阿布扎比酋长国的首府阿布扎比市，为阿布扎比国际机场航站楼。从空中俯视，航站楼的设计看起来像一个巨大的字母"X"，其建成后将成为阿布扎比最大的机场和当地标志性建筑之一。机场航站楼占地面积在63000m²和702369m²之间，可视范围超过1.5公里。航站楼的中心地带可以容纳3个足球场那么大，建筑最高点达52m高。

图 6.1.1　鸟瞰图

该项目的设计、施工和监理均采用欧洲规范或英国标准，设计和监理由国外公司承担，整个钢结构工程的深化设计、制作和安装由中国建筑总公司钢结构公司承担。钢结构工程钢材用量约为4.5万吨，被业界誉为"世界上设计、施工难度最大、复杂程度最高"的工程之一。其中央候机大厅由18个弧形钢结构主拱构成，最大钢结构屋面主拱单跨达到180m，高50m，重约800吨。

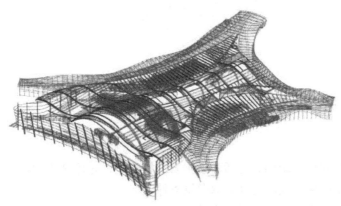

图 6.1.2　结构简图

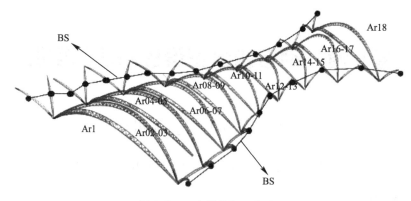

图 6.1.3 主拱桁架和背撑

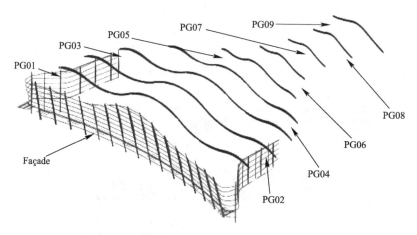

图 6.1.4 墙面和屋顶主梁

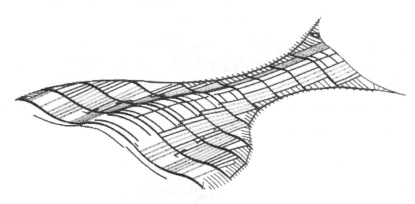

图 6.1.5 屋面次梁（FG）

6.1.2 钢结构体系介绍

1. 屋顶结构

候机大厅屋顶采用钢结构。包括两个主要结构单元，壳体结构支撑二级钢结构和外围护面层，壳体由横跨候机大厅宽度的双斜拱支撑。

壳体为波浪形，壳体的曲线几何是 B-spines 曲线。壳体为梁板结构，跨度在 36m 至

42m 之间，并跨过拱的顶部。允许拱暴露在候机大厅的天花板下面，外壳在候机大厅的中心线处与拱顶分离约 2m。拱上支撑的成对斜柱为屋顶网格布置的主梁提供中间支撑，这些主梁与候机大厅中心线垂直。

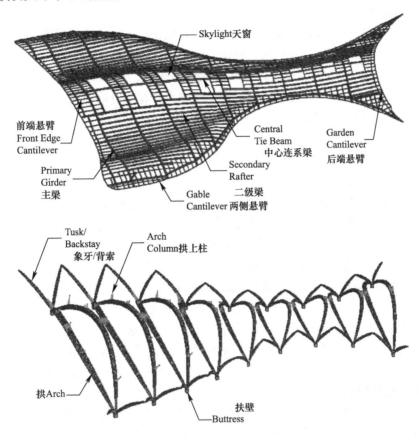

图 6.1.6　屋面结构单元索引图

扶壁支撑的成对拱沿建筑物的长度方向间隔 36～42m 布置。拱形结构以不同的角度倾斜，成对的两个拱在顶点处相互接近至两米。拱的跨度是变化的，这取决于它们在候机大厅中的位置，在端部入口处最大跨度 180m，中心区域最小跨度 65m。

拱为倒三角形截面形式的桁架结构，顶部弦杆由 H 形截面板梁组成，底部弦杆为加劲的 T 形截面。顶部板件最大厚度为 100mm，底部板件最大厚度为 80mm，这些板厚度用于最大跨度的拱，较小跨度的拱采用较薄的板件和较小的截面。拱的形状取决于建筑外形；很可能是近似抛物线。拱桁架截面的大小随跨度的变化而变化，拱的受力随着拱的不同而变化。

拱脚的扶壁支撑排成一行固定在下部混凝土结构上，扶壁为设置垂直支撑的 T 形截面柱。拱脚采用理论上的销轴支座，以减少对扶壁支撑的作用力，销轴理论上可提供弹性转动。

2. 屋面变形节点

倾斜的拱沿着建筑物的长度方向形成一个框架。每一对拱对屋顶沿候机大厅中心线的温度变形提供了约束。所有方向上均避免接头，屋顶钢结构的设计应能抵抗温度变形而导致的内力。

候机大厅屋顶宽度方向不需要接头，由于没有限制变形，因此温度应力会减少。典型情况下，立面设计将允许上面的屋顶自由变形。在候机大厅周边，玻璃幕墙竖框为屋顶悬臂边缘提供垂直支撑，这些竖框与垂直于玻璃平面的屋顶固定。

3. 屋面稳定性

拱和"象牙"提供了屋面稳定性。在候机大厅屋顶结构梁的边缘设置圆形空心截面支撑，使屋顶梁格结构成为一个刚性板，能够将侧向荷载传递到拱顶与屋面连接的节点上。

候机大厅长度方向稳定性是由斜拱和纵向梁提供的。每一对拱和纵向梁形成一个框架。荷载转化为推力、拉力传递到拱和地面。候机大厅宽度方向，通过拱的框架作用来抵抗横向荷载。横向荷载引起拱弯曲，并作为剪力传递至拱脚和地面。

6.1.3　制作和安装

6.1.3.1　设计施工要求

欧标项目对钢结构承包商的要求与国内不同。钢结构承包商不仅仅是承担制作、安装，一般还要承担必要的节点和连接的深化设计内容（节点和连接的设计国内通常是由设计院完成的），具体约定见合同，明确承包范围是必要的。以下是本项目设计文件对钢结构承包商的工作范围要求和相关技术要求。

1. 所有钢结构均应符合合同细则要求，除非另外指出，钢材应为符合最新版本的钢结构规范 EN 10025 规定的 S355 级。热轧截面的钢材应为符合规范 EN 10210 规定的 S355级。钢结构承包商负责确定钢材的缺口韧性和夏比冲击要求。

2. 工程承包商负责确保钢材的性能并满足焊接工艺的要求；钢结构承包商负责确定钢材的质量等级，其性能要求与所选择的设计施工方法相一致；在订购钢材至少六星期之前，钢结构承包商应提交审查文件。

3. 除非图纸上特别注明"工程师设计"，否则图纸上所示的所有螺栓、加劲板和焊缝尺寸仅供参考。所有的连接都应该由钢结构制造商完成二次深化设计，设计单位提供连接设计承载力的要求。

4. 钢结构与混凝土结构的连接由结构工程师设计。板的厚度、地脚螺栓、加劲肋、焊缝尺寸、抗剪螺栓在图纸上均有详细表达。符合钢材等级要求的焊接程序经审议后由制造商确定。钢梁制造商在接头和截断处应保证连接单元具有充分的强度和刚度。

5. 钢结构连接设计计算应基于 BS5950：Part1：2000，和"Joints in Simple Construction"，"Jointsin Steelwork Construction"。EN 1993-1-8：2005 可用于钢结构设计施工研究指南范围之外的连接设计。应在制造开始之前至少 12 周和在车间生产图纸提交前至少 6周将计算书提交给独立检验工程师检查、签证并提交审核，然后由承包人提供给阿布扎比市批准。

6. 关于不锈钢的详细图纸中应用的所有螺栓应按照 HSFG（摩擦型连接）执行，除非监理工程师批准。普通螺栓、螺母和垫圈依据 BS 3692：2001 标准均为 8.8 级，除非另有说明。HSFG 螺栓应按照 BS 4395：Part1 和 EN 14399 装配。HSFG 螺栓均应为 8.8 级，除非另有说明。根据制造商关于腐蚀防护和安装的建议，允许使用张力控制螺栓。所有的螺栓接触面应为无涂层，除非工程师另有约定。HSFG 螺栓应设计满足超低速防滑。

7. 所有尺寸和标高，包括钢结构的螺栓，都应由钢结构承包商现场检查并在车间生产图纸中表示。所有焊接工作均应由依据 BS 4871：Part1 进行考核并合格的焊工完成。所有焊接工作均要求符合 BS 5135。现场焊接只有经过合同管理员事先书面同意方可进行。钢结构承包商应在制作开始前六周内提交车间制造图纸和焊接工艺程序。

8. 工程承包商负责所有垫片/包装，并符合连接公差的要求。埋入混凝土的钢材不应涂装涂层。钢结构应按照瑞典标准 SIS 055900 按达到 Sa2.5 级别进行喷砂清理。所有焊缝最小厚度为 6mm CFW-UNO。没有明确起拱的钢梁应预先起拱。

9. 建筑上外露的钢结构已在图纸中标明。关于建筑外露的结构钢材的特殊要求见钢结构规范。任何钢结构之间的连接，要求至少两个 8.8 级 M16 的螺栓。钢与混凝土连接的抗剪栓钉长为 100mm，直径为 25mm，屈服强度为 $350N/mm^2$，极限抗拉强度为 $450N/mm^2$。所有钢结构均应有防腐保护系统，具体见钢结构规范要求。钢结构防火保护见建筑图纸。在地脚螺栓组件和钢结构预埋件安装过程中不允许切割和弯曲混凝土内部的钢筋，除非得到合同管理员的书面许可。

10. 球面轴承连接件的钢销应符合下列规定：

1）销的直径小于或等于 320mm，依据 EN 10083-1，满足下列机械性能：

屈服强度：　　　　　　600MPa

极限拉伸强度：　　　　800～950MPa

伸长率：　　　　　　　12%

2）销直径大于 320mm，销应具有满足下列机械性能：

屈服强度：　　　　　　350MPa

极限拉伸强度：　　　　430MPa

伸长：　　　　　　　　12%

销的尺寸公差和表面硬度应符合球面轴承制造商的要求。

11. 钢屋盖结构的移动和公差应由承包商根据图纸和规范加以说明。在执行前应符合顾问的要求并提交细节进行审核。所有管型钢件要完全密封。如果有孔或类似物，必须做好密封，以保护内部钢表面不受腐蚀。根据工作报告或其他约定，可对钢构件进行预弯或预设定起拱以抵消恒载和静载引起的挠度影响。预起拱和预调整在制造之前应由顾问审核并提交审查。

12. 附属结构

1）如有可能，应提供足够长度的钢板，以保证钢板至少 3 跨连续布置。端部应在与钢板跨度垂直的支座上终止，除非在开口处或建筑边缘处，这些端部可能是悬臂的。

2）金属板钢结构固定件

端部支撑时；射钉每三片最少 300c/c。

中间支撑时（板连续支撑）：射钉每两片最少 600c/c。

平行与板跨度的支座：射钉在每两片最少 600c/c。

3）侧边搭接连接

如板支撑混凝土，可参考每个制造商的建议。

如板用于没有混凝土的屋面，接缝应采用 TEK GEM7.1 螺钉连接，或等同 300c/c 的射钉。

板最小屈服应力不低于 $350N/mm^2$，总锌镀层最少为 $275g/m^2$。

4）抗剪栓钉规格为直径 19mm，125mm 长，名义屈服强度 350N/mm²，极限抗拉强度 450N/mm²。所有封闭的金属板应符合 B. S. 2989-Z35-G275 的规定。所有金属楼、屋面板的安装应依据制造商的建议。柱子周边位置，所有单元的端部承包商均应提供并安装防水板和封闭板。

5）屋顶钢结构模型和试验组件

提供一些结构构件的模型（清单和要求见图纸），并由 SCADIA 和他们的代表审核，审核通过的模型将作为后续加工制作程序的基准。提供要求的试验组件由 SCADIA 和他们的代表进行审查。

6.1.3.2 材料和构件

1. 执行标准

整个项目的设计，制作和安装均执行欧标。钢材均国外采购，国外加工制作。具体如表 6.1.1 所示。

主要的钢结构原材料执行标准 表 6.1.1

类别	钢材牌号	材质执行标准	尺寸偏差标准	Z 向性能	备注
钢板	S355J0/S355J2	EN 10025—2	EN 10029	EN 1993-1-10 EN 10164	TMCP
钢管	S355J0H（用于钢板压制 SAW 成型）	EN 10219—1/ EN 10210—1	EN 10219—2/ EN 10210—2	—	壁厚≤12mm ERW 成型，壁厚＞12mm 用无缝管

注：TMCP—热机械轧制；ERW—高频电阻焊；SAW—埋弧焊。

国标和欧标关于钢材 Z 向性能的规定存在较大差异，国标和欧标对于 Z 向性能均分成三个等级 Z15，Z25 和 Z35。国标仅根据板厚来确定 Z 向性能，欧标中针对板厚方向受拉的钢板根据板厚和焊缝有效高度、焊缝形式、被焊接板厚度、焊接约束情况、是否焊接预热五个条件多个要素确定 Z 向性能。Z 向性能是否要求以及要求的等级由承包人根据欧洲规范 EN 1993-1-10 和 EN 10164 自己确定，并在报价和加工制作时考虑。

2. 材料清单

材料包括 H 形截面梁、SHS、CHS、UB、UC 和钢板等。钢材等级 S355 和 S460，辅助材料主要包括焊接材料，涂料、螺栓、栓钉、压型钢板、杆件，材料清单列于表 6.1.2 和表 6.1.3。

结构材料清单 表 6.1.2

截面	截面尺寸	位置	材质
	HI500×100—100×550 HI400×50—50×400 HI350×40—40×430 HI2200×25—65×950 HI1000×15—25×300 HI1700×20—50×850 HI1800×20—55×900	Arch1—Arch18 SG	S355
	UC254×254×73 UC305×305×137 UC356×368×177 UC203×203×52	BackStay-1A BackStay-18A BackStay-1B BackStay-18B	S355

截面	截面尺寸	位置	材质
	SHS300×16 SHS350×12.5 SHS250×8 SHS300×14.2 SHS200×12.5 SHS100×5 SHS120×10 SHS180×16 SHS100×27.4	Arch1—Arch18 BackStay-1A BackStay-18A BackStay-1B BackStay-18B	S355
	PL15，PL20，PL25，PL30， PL35，PL40，PL45，PL50， PL55，PL60，PL65，PL70， PL75，PL80，PL90，PL100， PL135，PL250	Arch1—Arch18 BackStay-1A BackStay-18A BackStay-1B-BackStay-18B PG1——PG9 Buttress	S355 S460
	CHS139.7×5.0 CHS168.3×5.0 CHS114.3×4.0 CHS219.1×5.0 CHS193.7×5.0	Arch1—Arch18 SG	S355

辅助材料清单　　　　　　　　　　表 6.1.3

材料	说明	尺寸和规格
焊接材料	手工电弧焊条	ϕ4.0\3.2
	气体保护金属弧焊丝	ϕ1.2
	药芯焊丝	ϕ1.2
	锯	ϕ4.8
	助熔剂	10～60
涂装/防火	底漆	Penguard HSP ZP
	二道底漆	Penguard Midocat MIO
	终涂	Hardtop AS
	膨胀型防火涂料	Steelmaster 120 SB/Steelmaster 60 SB
螺栓	高强螺栓	8.8s hot galvanizing
	六角头螺栓	8.8s hot galvanizing
	轴承紧固螺栓	M4.6/M8.8 black finished
栓钉	栓钉	25×125mm
压型钢板	压型钢板	PL1.2mm，galvanizing
杆件	麦克罗依公司	S520，S460

3. 产品标识和溯源性

1）溯源性简介

项目上的材料应该按照框架类型进行整理，这些具有可溯源性的设备需要相应的标记出来。材料库存、进场检查和分发记录都应当及时更新。

这部分管理制度是应用于 MTC 项目钢结构构件的加工制造。

2）材料溯源性

钢结构材料确定之后，物资管理部门应该立刻记录其编号（辅助材料标识号），并反馈和改变不符合要求的材料。

3）零件检定

零件切割完之后，要将其信息清晰、准确、工整地标记在上面，必要时还应标记零件数量。

4）过程检定

过程标识（组装、焊接和爆破）包括构件号和制作号，分为两排：上排和下排。前面记录制作编号，后面记录构件编号。上面一排用阿拉伯数字记录，代表工段号。

在拼装、焊接过程中，车间应填写可追溯性表并追踪零件盒材料。在施工日志上应记录材料代码和涂料代码。

材料可追溯性表应完成后报质量部门发出文件，并保存在现场和车间。

5）装配和焊接

图 6.1.7　试件标识

6）抛丸处理

图 6.1.8　抛丸处理

7）构件成品鉴定

成品构件（涂层和交付）的识别包括公司名称，构件数量和构件代码。确保钢构件编号的清晰。喷涂之后，记录下构件的编号。鉴定标识要用条形码喷涂在标准模板上。

材料跟踪表标准格式见表 6.1.4。

材料跟踪表标准格式　　　　　　　　　　　　　　　　　　表 6.1.4

	项目名称			制造商		8 区
构件编号	段号	规格	构件数量	材料	熔炉编号	备注
填写：				审查：		

4. 储存和保护

材料和钢构件的储存和处理，应按照相关规定（详见 BS 5950-2）。堆货场应该妥善管理，商品和商标应相互匹配一致。

材料应该盖上篷布以防水防尘。在覆盖材料之前，确认运输过程中油漆的损坏经过修补，并符合标准和修补流程。

5. 交货和运输

屋面钢结构的钢构件均在当地工厂制造。运输路线如表 6.1.5 所示。

道路限制条件　　　　　　　　　　　　　　　　　　　　　　表 6.1.5

编号	行驶路段	限高	限重	最长	最宽
1	D53	4m	100t	17.0m	3.5m
2	E311	4m	100t	17.0m	3.5m
3	Truck RD	4m	100t	17.0m	3.5m
4	E20	4m	100t	17.0m	3.5m
5	Entrance	4m	100t	17.0m	3.5m

从当地工厂到现场的钢构件运输：

工厂在阿布扎比和迪拜。所有用于运输的挂车应经过检查并满足项目要求。所有司机应进行所需的项目培训，在驾驶大货车前熟悉所有的路线。项目外的构件运到项目堆场储存和监管。构件进场要进行事先通知以便安排。通道和坡道的架设位置要进行评估考察，以确保送货卡车能顺利到达。需要安装注释的构件将被转移到行走塔吊附近，不要储存在现场。现场转移时，构件应适当固定在平板车上，特别是在斜坡上。现场的运输路线和位置之前应经过确定。运输和卸货的过程中对结构构件进行适当的保护。在拆除过程中，拆掉的部分应立即转移到堆场。

图 6.1.9　构件运输

6.1.3.3 深化设计

依据合同要求，中建钢结构承担详图深化设计，深化设计的基本要求见 6.1.3.1。另根据欧洲钢结构规范 EN 1090-2 和 EN 1990，此结构制作的等级定义为最高级别 EXC4，对于焊缝质量和精度控制要求都最为严格。我公司承担的深化设计除了制作安装详图外，还需要对相关节点进行设计并报请业主或相关部门审核，节点设计依据设计方提供的内力表格和欧标相关规范和设计手册进行，深化详图软件采用国际通用的 TEKLA 公司的 X-STEEL 软件。

1. 构件和节点深化设计实例

本节介绍了主桁架 PG1（构件编号见前面图 6.1.4）部分连接节点的设计和计算。它包括 PG1 后拉索连接：ID1-9 和 ID1-55 连接节点。

连接节点设计说明见相关文档，节点内力参见 IFC（Issued for construction 发布供施工）相关文档和协作过程中由工程师列出的单独内力表格。为方便参考，所有内力的参考文件和相关的 RFI（Requisition for inquiry 询价单）的澄清均装订成文档，中建总公司生产车间的图纸是应提交文档的一部分。

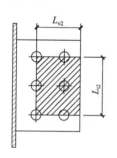

图 6.1.10　加劲板抗剪计算

1）某加劲板抗剪设计

剪切平面（BS 5950—1，Sect. 3.4），（BS 5950—1，Sect. 6.2.4）

（1）轴向剪力板

$$L_{t2.net} = (n_{cw} - 1) \cdot (g_{1w} - d_0) = 378\text{mm}$$

$$L_{v2} = 2 \cdot \left(\frac{p_{1wj} - s}{2} + (n_{rw} - 1) \cdot p_{1w} \right) = 110\text{mm}$$

螺栓孔净系数 $K_e = \text{if}(S = \text{"S275"}, 1.2, 1.1) = 1.1$

加劲板抗剪承载力

$$P_{r2} = 0.6 \cdot p_{ysp} \cdot t_s (L_{v2} + K_e L_{t2.net}) = 3265.2\text{kN}$$

$$P_{r2} = 3265.2\text{kN} > |F_{xt}| = 396.4\text{kN}$$

（2）加劲板剪切与弯曲相互作用的校核

a. 垂直剪切

加劲板剪切面积 $Av = 0.9 \cdot Ls \cdot ts = 83457\text{mm}^2$

加劲板抗剪承载力

$$P_v = 0.6 \cdot p_{ysp} \cdot A_v = 17275.6\text{kN} > F_z = \max(|F_{zc}| |F_{zt}|) = 207\text{kN}$$

第一螺栓线上的力矩

$$M_{yc} = |F_{zc}| \cdot (a + X) + a_w \text{abs}(\tan a) \cdot \text{abs}(F_{xc}) = 77.8\text{kN} \cdot \text{m}$$

加劲板强轴截面（弹性）模量

$$Z_y = \frac{t_s Ls^2}{6} = 47771405\text{mm}^3$$

加劲板弯矩承载力

$$M_{cy} = Z_y \cdot p_{ysp} = 16481.1\text{kN} \cdot \text{m}$$

考虑抗剪时加劲板的弯矩承载力

$$M_{c.1c} = \text{if}\left(F_{zc} \leqslant 0.75 \cdot P_v, M_{cy}, M_{cy} \cdot \sqrt{1 - \left(\frac{F_{zc}}{P_v} \right)^2} \right) = 16481.1\text{kN} \cdot \text{m}$$

b. 水平剪切

第一螺栓线上的力矩 $Mz = Fy \cdot (a + X) = 0\text{kN} \cdot \text{m}$

加劲板有效长度

$$b_{\text{eff.s}} = a + (n_{\text{rw}} - 1) \cdot p_{1\text{w}} = 397\text{mm}$$

$$h_{\text{eff.s}} = \text{if}(2 \cdot b_{\text{eff.s}} \cdot \tan30° < (n_{\text{cw}} - 1) \cdot g_{1\text{w}},$$

$$4 \cdot b_{\text{eff.s}} \cdot \tan30°, 2 \cdot b_{\text{eff.s}} \cdot \tan30° + (n_{\text{cw}} - 1) \cdot g_{1\text{w}})$$

$$h_{\text{eff.s}} = \min(L_{\text{s}}, h_{\text{eff.s}}) = 916.8\text{mm}$$

加劲板剪切面积 $A_{\text{y}} = 0.9 \cdot h_{\text{eff.s}} \cdot t_{\text{s}} = 24754.5\text{mm}^2$

加劲板抗剪承载力 $P_{\text{y}} = 0.6 \cdot p_{\text{ysp}} \cdot A_{\text{y}} = 5124.2\text{kN}$，$P_{\text{y}} = 5124.2\text{kN} > F_{\text{y}} = 0\text{kN}$

弱轴截面（弹性）模量

$$Z_{\text{z}} = \frac{h_{\text{eff.s}} \cdot t_{\text{s}}^2}{6} = 137524.8 \text{ mm}^3$$

加劲板弯矩承载力 $M_{\text{cz}} = Z_{\text{z}} \cdot p_{\text{ysp}} = 47.4\text{kN} \cdot \text{m}$

考虑抗剪时加劲板弯矩承载力

$$M_{\text{c.2}} = \text{if}\left(F_{\text{y}} \leqslant 0.75 \cdot P_{\text{y}}, M_{\text{cz}}, M_{\text{cz}} \cdot \sqrt{1 - \left(\frac{F_{\text{y}}}{P_{\text{y}}}\right)^2}\right) = 47.4\text{kN} \cdot \text{m}$$

$M_{\text{y}} \& M_{\text{z}}$ 相互作用

$$\max\left(\frac{M_{\text{yc}}}{M_{\text{c.1c}}}, \frac{M_{\text{yt}}}{M_{\text{c.1t}}}\right) + \frac{M_{\text{z}}}{M_{\text{c.2}}} = 0.005 < 1$$

2）梁拼接连接设计

Joint ID：ID1-27-37

端部设计力

轴向力可以是"压力"和"拉力"。这个连接板承担拉力。

构件轴向力 $N_{\text{a}} = -325\text{kN}$（"＋"代表压力，"－"代表拉力）　约束力 $F_{\text{Tie}} = -200\text{kN}$

垂直剪切 $F_{\text{z}} = 200\text{kN}$　　力矩 $M_{\text{y}} = 550\text{kN} \cdot \text{m}$

水平剪切 $F_{\text{y}} = 30\text{kN}$　　杆端弯矩 $M_{\text{z}} = 50\text{kN} \cdot \text{m}$

构件轴向力 $N_{\text{a}} = -325\text{kN}$　　扭转力矩 $M_{\text{x}} = 0\text{kN} \cdot \text{m}$

截面特性

截面采用 UB $610 \times 229 \times 101$

$D_{\text{b}} = 602.6\text{mm}$，$W_{\text{b}} = 227.6\text{mm}$，$T_{\text{b}} = 14.8\text{mm}$，$t_{\text{b}} = 10.5\text{mm}$，$r_{\text{b}} = 12.7\text{mm}$，$d_{\text{b}} = 547.6\text{mm}$，$A_{\text{b}} = 12890\text{mm}^2$，$I_{\text{y}} = 75780\text{cm}^4$，$I_{\text{z}} = 2915\text{cm}^4$。

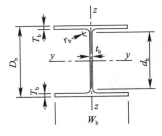

图 6.1.11　截面属性

参考图例：BS 5950-1：2000 钢结构中的 MC 节点——弯矩连接。

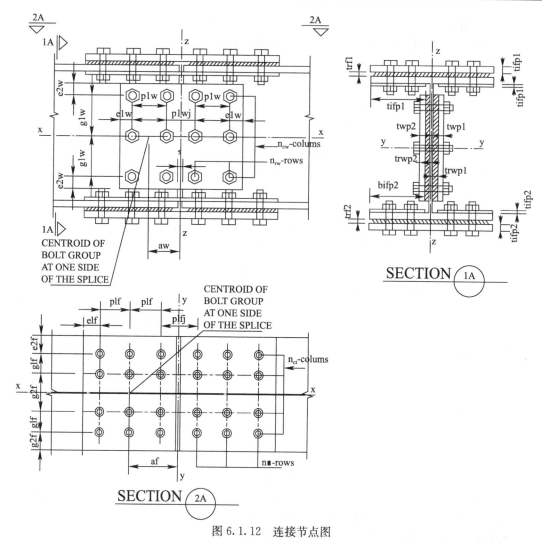

图 6.1.12　连接节点图

2. 典型节点深化设计模型图

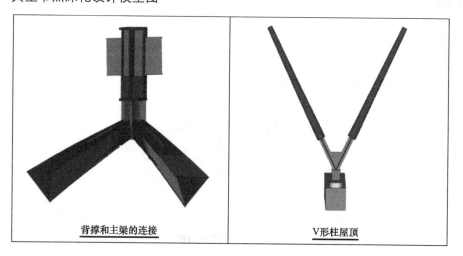

背撑和主梁的连接　　　　　V形柱屋顶

图 6.1.13　典型节点深化模型图（一）

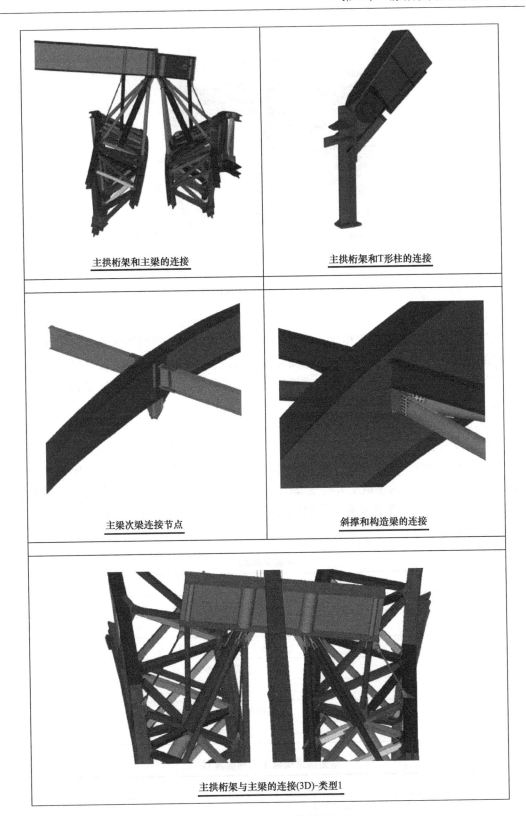

主拱桁架和主梁的连接

主拱桁架和T形柱的连接

主梁次梁连接节点

斜撑和构造梁的连接

主拱桁架与主梁的连接(3D)-类型1

图 6.1.13　典型节点深化模型图（二）

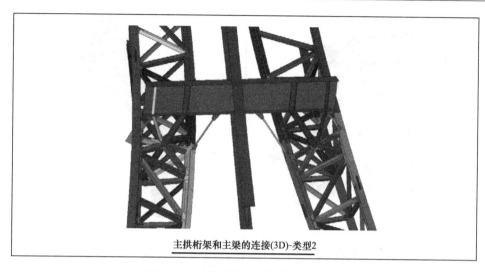

主拱桁架和主梁的连接(3D)-类型2

图 6.1.13 典型节点深化模型图（三）

6.1.3.4 安装

钢结构的安装和国内工程相比，除了依据的施工规范和流程控制质量控制更加严格外并无大的差别。本工程现场施工采用地面分段拼装，设置临时支撑架分段吊装，高空对接的方案进行施工，现场连接均为螺栓或销轴连接，提高了安装速度，保证了施工安装质量和精度。本节摘要介绍构件安装和施工的主要流程。

1. 人员配备

屋面主体钢结构施工的劳务人员主要分为两个部分：中国技术人员（包括铆工，焊工，吊装工，电工，测量工，架子工）和当地建筑工人。中国技术人员将在 2013 年 6 月开始陆续进入施工现场，当地的建筑工人将在 2013 年 8 月陆续进入施工现场。劳务人员最多的时候大约能达到 500 人。受过专业训练的高空作业和安装人员的比重大约能达到 15%。

2. 施工顺序

安装次序表 表 6.1.6

顺序	工作/阶段
1	安装主拱支座钢结构
2	安装临时胎架
3	安装主拱桁架和背撑钢结构
4	安装主梁钢结构
5	安装次梁钢结构
6	安装荷叶状屋顶的钢结构
7	安装阶梯式天窗的钢结构

屋面钢结构施工的简要流程 表 6.1.7

阶段	操作内容
1	安装支座 5、6、7、8 和行走塔吊 2
2	安装行走塔吊 1、3、4

续表

阶段	操作内容
3	安装临时胎架及主拱桁架 7、8 和其背撑的第一部分
4	继续安装临时胎架及主拱桁架 7、8 和其背撑的其他部分
5	继续安装临时胎架和 7、8 主拱桁架的其他部分
6	继续安装主拱桁架 7、8、5、6 和支座 9-12，开始安装 9、10 主拱桁架和背撑
7	继续安装主拱桁架 7、8、6、9 和背撑 6、9
8	继续安装主拱桁架 6、9 和开始安装主梁 4
9	继续安装主拱桁架 6、9 和主梁 4、5
10	继续安装主拱桁架 6、9 和主梁 4、5
11	继续安装主拱桁架 5、6 和主梁 4、5
12	完成主拱桁架 6、7、8、9 的安装　继续安装主拱桁架 5、10 和主梁 4、5
13	开始安装主梁 4、5 之间的次梁（次梁 45）
14	完成次梁 45、主拱桁架 6、7、8、9 的临时支撑胎架及主梁 4、5 的安装
15	去掉支撑后，从两边向中间安装其余次梁和斜撑，一块一块安装所有天窗
16	开始建造酒店、办公室，安装支座 13、14、15、16 和主拱桁架 3、4、11、12 的第一部分
17	继续安装主拱桁架 4、5、10、11，开始安装主梁 3、6 及酒店、办公室的建造
18	继续安装主拱桁架 4、5、10、11 和主梁 3、6 及酒店、办公室的建造
19	完成主拱桁架 4、5、10、11，主梁 3、6 的安装和办公室、酒店的建造，开始安装支架 1、2 和主拱桁架 3、12
20	继续安装主拱桁架 3、12，完成次梁 34 和次梁 67 的安装
21	开始主拱桁架 2、主梁 2、阶梯式天窗和荷叶状屋面的安装
22	完成主拱桁架 2、3、14 和次梁 67 的安装，开始安装主拱桁架 15 和支座 17、18，继续安装阶梯式天窗和荷叶状屋面
23	完成主拱桁架 15 和主梁 2、8 的安装，开始安装次梁 78 和次梁 23，继续安装阶梯式天窗和荷叶状屋面
24	完成主拱桁架 1 和主梁 1 和次梁 89 的安装，开始安装次梁 12 和主拱桁架 18，继续安装阶梯式天窗和荷叶状屋面
25	完成次梁 12，次梁 01 和次梁 90、主拱桁架 18 的安装，继续安装阶梯式天窗和荷叶状屋面，开始鱼腹梁的安装
26	继续阶梯式天窗，荷叶状屋面和鱼腹梁的安装
27	完成阶梯式天窗和荷叶状屋面和鱼腹梁的安装

主拱桁架编号见图 6.1.15。

3. 现场物流方案

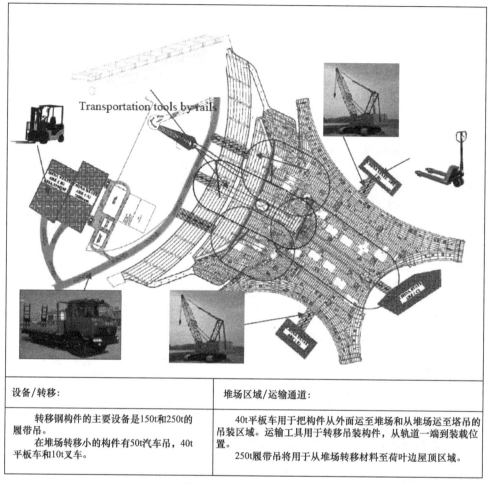

设备/转移:	堆场区域/运输通道:
转移钢构件的主要设备是150t和250t的履带吊。 在堆场转移小的构件有50t汽车吊，40t平板车和10t叉车。	40t平板车用于把构件从外面运至堆场和从堆场运至塔吊的吊装区域。运输工具用于转移吊装构件，从轨道一端到装载位置。 250t履带吊将用于从堆场转移材料至荷叶边屋顶区域。

图 6.1.14 施工平面图

4. 主拱架和背撑的安装

1) 概述

◆　中央大厅钢结构主要由钢板制成的三角桁架和转换梁组合而成。主拱桁架的最大跨度 179.4m，最高 4.5m，最大标高处 47.1m。

◆　BS（背撑）的总数 36 个，分为南北两侧，安置在混凝土结构二楼楼板上（标高＋23.35m）

◆　背撑连接支座，通过顶部的短柱支撑着主梁。在结构上，背撑将被分为三个部分。

◆　背撑尺寸最大的一段重 36.8t，长 27.8m，高 2.7m。

◆　吊装分析后起重机要经过检查和第三方认证。

◆　起重机操作员和装配工应经培训得到第三方认证。

◆　检查地面上履带吊的位置。

◆　正确使用支腿垫。

◆　按照吊装方案在准确的位置安装起重机。

◆ 所有载重超过 20t 或超过承载能力 75％的吊装和超起工况和抬吊，吊装工程要准备吊装方案。并要从总包吊装工程师得到批准。

◆ 由第三方单位提供所有的临时措施，进行计算或现场测试。计算报告单独上交。

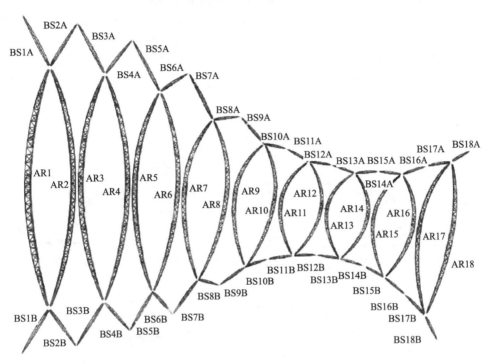

图 6.1.15 主拱桁架和背撑布置

2）主拱桁架和背撑的分段

所有分段重量超过 20t 或 75％的承载能力将需要准备吊装方案。超起工况和抬吊也需要。吊装前所有这些都需要准备并从总包吊装工程师那获得许可。

18 根单跨拱柱是空间桁架柱，9 根大梁是弯曲的。根据设备起重能力进行分段后的构件，每一个都有不同的跨度和重量。所以，节点位置对于每个分段是不同的。

综合考虑运输，组装，吊装，塔吊的吊装性能等因素进行合理的分段，一般背撑会被分为 2～6 段。

3）主拱桁架和背撑的安装

利用平板拖车将每段主拱桁架和背撑运送到现场，利用行走塔吊将材料卸载到堆放和拼装区域。

举人车用作通道和工作平台，在屋面结构安装之前还需确定胎架里的通道。主拱桁架的通道须在地面拼装好，并随每段主拱桁架一起吊装。这样一来，工人就可以通过胎架里的垂直通道向上走并且在主拱桁架的通道里工作。

行走塔吊应按照吊装分析里面规定的进行检查；行走塔吊操作工和装配工应接受第三方培训；行走塔吊应在吊装分析里规定的准确位置进行装配。

吊装方案和吊装分析必须在吊装前事先准备好，同样道理，高空作业许可证和动火许可证也是如此。

4）临时支撑措施

主拱桁架和背撑的安装过程中除需要吊车外，还需要临时支撑措施，临时支撑采用竖向格构柱，所有临时支撑构件必须经过设计验算并报请监理批准。

转换梁用于支撑临时胎架，一部分转换梁处于支撑 buttress 的转换楼板上，剩下的处于混凝土梁上，支撑转换梁旭经过施工设计和验算以满足支撑胎架的要求。支撑胎架顶部设置两个支撑点，分别支撑顶部和底部弦杆。在 arch 弦杆和顶部工装上焊接临时连接板，吊装 arch，并用螺栓连接临时连接板。PG 的支撑胎架上设一个支撑点，临时连接板用于连接，四个斜撑用于保证 PG 的稳定性。

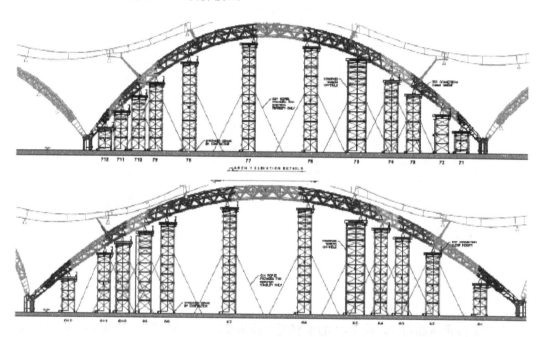

图 6.1.16 主拱临时支撑里立面布置图（1）

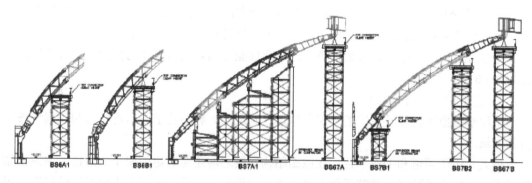

图 6.1.17 主拱临时支撑里立面布置图（2）

6.1.3.5 钢结构卸载

1. 卸载原则

大型空间钢结构在安装过程中需要设置必须的临时支撑，在钢结构安装合拢并按设计要求固定所有连接后，需要拆除临时支撑以便让结构自己承担荷载，拆除临时支撑的过程即为卸载。

屋顶钢结构卸载的施工应该建立在施工过程仿真分析的基础上。主桁架跨度大、卸载位移量大，结构卸载是本工程的关键，施工过程采用液压千斤顶分区、分步骤、同步整体卸载法进行卸载。一组主拱背撑和主梁设置为一个施工单元，此单元卸载可形成稳定可靠的受力体系。此单元安装完毕并检验合格后，开始卸载施工。

◆ 卸载原理：分层同步卸载。

◆ 卸载要求：建立在理论计算的基础上；将变形控制作为核心；通过测量控制；旨在平稳的过度。

◆ 确保在压力作用下胎架不会有大的变形和损坏的现象

◆ 结构应力不能超过钢结构设计规范的规定，防止因为结构内力出现的破坏现象。

◆ 结构的位移不能超过钢结构设计规范的规定，不能造成在安全和印象上造成不良影响。

◆ 确保应力转换的结构体系是可靠和稳定的。

◆ 在卸载之前必须完成除了檩条以外的屋面施工。

2. 卸载顺序

1）卸载阶段和位移

依照施工模拟计算的结果，在卸载前显示出支撑点的位移，同时，必须遵循变形和结构安全的兼容性；

在每个区域，卸载步骤都如下：分阶段卸载，第一阶段卸载完成（1/4）→第二阶段卸载完成（1/4）→第三阶段卸载完成（1/4）→第四阶段卸载完成（1/4）。

2）第一阶段卸载顺序如下：

第一步：卸载 Arch transition 的临时措施，移除顶部工装，支撑胎架和转换梁，共有8 个胎架需要卸载见图 6.1.18。

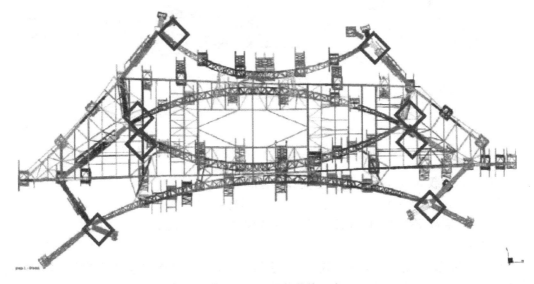

图 6.1.18　主拱卸载第一步

第二步：卸载两侧 FG 的临时措施，共两个支撑点见图 6.1.19。

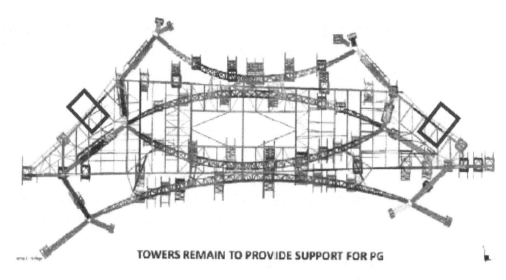

TOWERS REMAIN TO PROVIDE SUPPORT FOR PG

图 6.1.19　主拱卸载第二步

第三步：卸载 PG4&PG5，移除顶部工装，支撑胎架和转换梁，总共有 13 个支撑点见图 6.1.20。

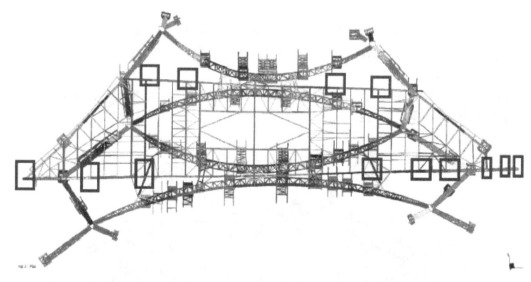

图 6.1.20　主拱卸载第三步

第四步：卸载 backstay，共 13 个支撑点见图 6.1.21。

第五步：卸载 arch 中间部分，共十个支撑点见图 6.1.22。

第六步：卸载剩余部分的 arch，共 20 个支撑点见图 6.1.23。

3. 结论

采用上述卸载原则、方案和卸载顺序，在拆除临时支撑过程和全部拆除后，主拱桁架受力平稳可靠，无异常变形，最后结构位置和形态均满足设计要求。

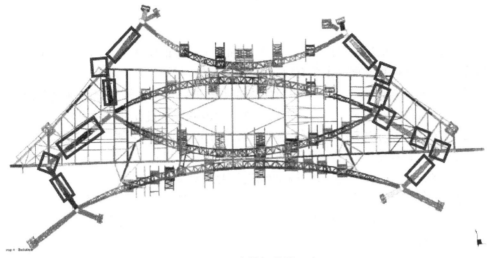

图 6.1.21　主拱卸载第四步

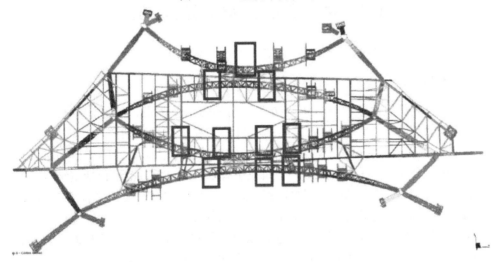

图 6.1.22　主拱卸载第五步

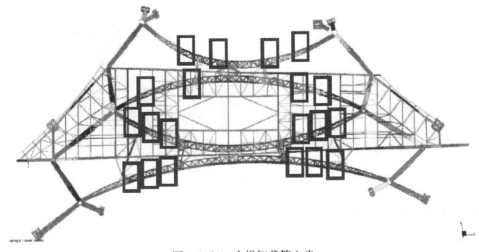

图 6.1.23　主拱卸载第六步

6.1.4 总结

通过对阿布扎比机场项目深化设计、制作和施工技术的阐述，总结了执行欧标承包钢结构项目施工的特点和要求，主要有以下结论：

1. 所有材料均按欧标选购，构件制作国外当地进行，构件深化设计和制作时应考虑运输成本和运输条件的限制，对构件进行合理的分段和连接设计，并做好防护。

2. 工地安装大量采用螺栓或销轴连接，加工制作精度高，必须严格控制质量。

3. 大跨度钢结构的卸载是很重要的一个环节，应采用施工过程仿真模拟分析，并严格控制卸载顺序，保证结构变形、位置和形态满足设计要求。

4. 充分理解设计要求和合同规定，按欧标施工的钢结构项目一般要求钢结构承包商进行节点等相关项目的计算分析和深化设计。充分理解欧标对深化设计、制作安装的要求和验收标准，同时满足业主要求。

6.2 阿尔及尔国际机场新航站楼

（作者：陈振明 舒涛 吴曦 杜振中 武峥）

6.2.1 工程概况

阿尔及尔机场新航站楼项目位于阿尔及利亚的阿尔及尔市，胡阿里·布迈丁机场西侧。项目建筑面积为 192124m²，新航站楼项目的工程包括主航站楼（NTZ）、能源中心（CTF）、VRD 工程。业主单位为阿尔及利亚航空基建服务公司 SGSIA，监理单位和设计单位为 Prointec 公司。总承包商是中国建筑股份有限公司，承包范围包括钢结构工程深化设计、供货及安装。工程质量及验收要达到业主、监理、CTC 及相关权力机构的认可，满足 CCTP，CCA 行政条款里关于质量和环境体系的要求。

结构外形整体呈 T 形流线形，主要包括候机大厅和指廊两部分，新航站楼建成后年吞吐量可达 1 千万人次，将是阿尔及利亚又一新的地标建筑（图 6.2.1）。

图 6.2.1 项目鸟瞰效果图

6.2.2 钢结构体系介绍

1. 概述

本工程钢结构主要分布在候机大厅和指廊。指廊钢结构由一组平行主拱结构排列而成，主拱跨度 36m。候机大厅钢结构由 10 榀主拱桁架，主拱之间的次拱桁架，悬挑结构和幕墙钢柱组成，主拱桁架跨度方向长度 128～198m。构件截面形式主要为圆管和箱形截面，结构钢材材质为 S355。

屋盖次拱位于主拱桁架之间，两个主拱之间算一跨，共有 9 跨，每跨宽度为 36m。结构模型如图 6.2.2 所示，结构轴线示意如图 6.2.3 所示。

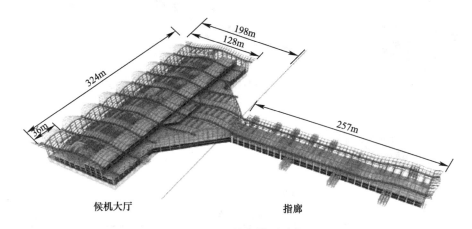

图 6.2.2　结构模型示意

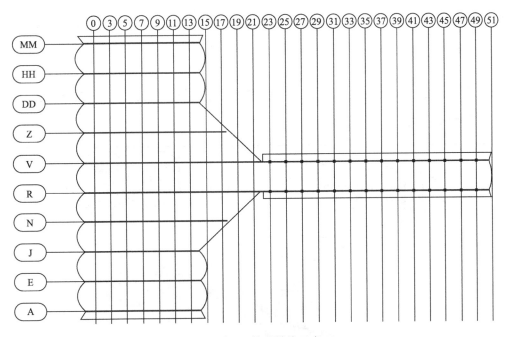

图 6.2.3　结构轴线示意

2. 大厅钢柱

候机大厅共有钢柱 28 件，其中轴线 1 树形钢柱 8 件，轴线 9 有 V 形钢柱 8 件，轴线 13 有 V 形钢柱 8 件，轴线 17、21 各有 V 形钢柱 2 件。钢柱分布及概况如图 6.2.4，图 6.2.5 所示。

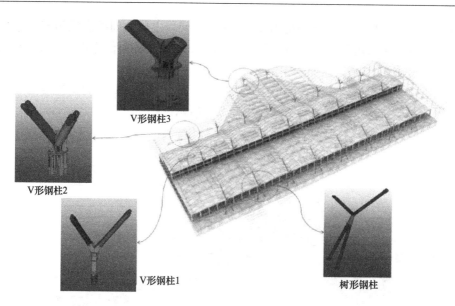

图 6.2.4　柱截面概况图

柱截面规格表　　　　　　　　　　　　　　　　表 6.2.1

序号	类型	位置	数量	标高（m）	规格	材质
1	树形钢柱	轴线 1	8	−0.1	CHS813×25、 CHS813×30、PL50	S355J2、S355K2-Z25＋P
2	V 形钢柱 1	轴线 9	8	13.70	ECO2 _ 1300×800	S355K2、S355J2
3	V 形钢柱 2	轴线 13	8	15.88	CHS1016×40、 CHS1016×30、PL60	S355J2、 S355K2-Z25＋P
4	V 形钢柱 3	轴线 17、21	4	15.34	CHS813×25、PL30 CHS1250×40、PL60	S355J0-Z15＋P S355J2、S355K2-Z25＋P

3. 主桁架、次拱

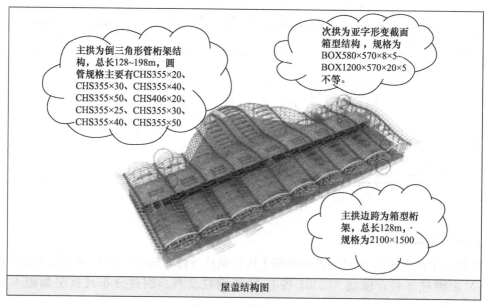

图 6.2.5　桁架截面

主桁架构件统计信息表				表 6.2.2
序号	主桁架轴线	截面规格（mm）	规格（mm）	材质
1	A、MM		2100×1500×128000	S355
2	E、HH		2100×2800×128000	S355
3	J、DD		2100×2800×128000	S355
4	N、Z		2100×2800×158000	S355
5	R、V		2100×2800×198000	S355

4. 指廊

指廊钢结构由一组平行主拱桁架，主拱之间的次拱，悬挑结构及 9 个登机桥组成，主拱桁架长度为 257m，次拱跨度为 36m。主拱桁架、次拱结构与候机大厅结构相同；材料以 S355 材质为主，剖面图与立面图如图 6.2.6 所示。

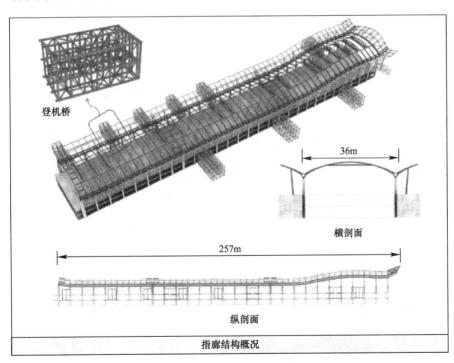

图 6.2.6　指廊结构简图

5. 大厅屋盖立面图
6. 局部钢结构

局部钢结构主要分布在候机大厅北侧 3 层楼面上，主要是一些由方管柱、方管梁构成的框架结构，局部使用了 H 型钢梁，构件截面形式主要为箱形，H 形；材料材质主要为 S355。

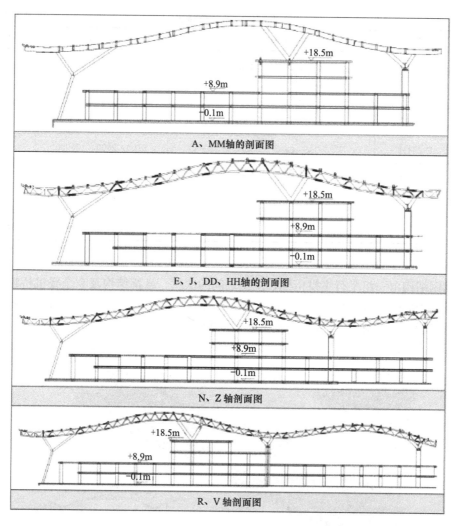

图 6.2.7　大厅结构剖面图

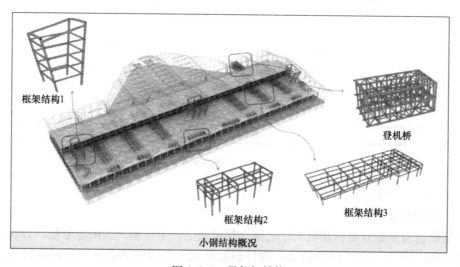

图 6.2.8　局部钢结构

6.2.3　制作和安装

6.2.3.1　设计施工要求

1. 所有工艺和材料应与 EN 1993 和 EN 1090 一致（符合 EXC3 要求）。

2. 制作和安装必须符合 EN 1090-2 规范中的规定。

3. 除非另外指出，所有钢材均应符合规范要求，并根据 FE510 的规则进行设计与计算。其中，钢材厚度 $t \leqslant 100mm$ 时，$f_y = 355MPa$，$f_u = 510MPa$。

4. 除非另有说明，所有钢材必须依据下面的要求，见 EN 1993-1-10。

S355JR　　　　$t \leqslant 20mm$

S355J0　　　　$20 < t \leqslant 35mm$

S355J2　　　　$35 < t \leqslant 50mm$

S355K2　　　　$50 < t \leqslant 60mm$

S355ML　　　　$60 < t \leqslant 90mm$

S460M　　　　$t \leqslant 50mm$

此外，钢柱类别应至少为：J2

5. 除非在结构图上注明或工程师书面批准，否则不得在部分或板上开洞。

6. 圆形空心型材焊接管道的连接（例如，主桁架）：Z15 钢材＋需要预热。主桁架对角线例外。

7. 根据规范文件对钢结构进行涂层。所有暴露的表面或要密封的中空部分应涂漆，否则应提供适当的防腐保护。

8. 水泥灌浆

所有的钢柱和钢底板轴承之间均应注浆，采用水泥无收缩浆料，最小抗压强度在 28d 应达到 $60N/mm^2$。

6.2.3.2　材料和构件

整个项目的设计，制作和安装均执行欧标。钢材均国外采购，国内加工制作。

1. 钢材材质

钢材材质为 S355、S460 等，钢材应符合现行欧洲标准 EN 10025、EN 10113、EN 10029、EN 10163、EN10051、EN 10164。

型材应符合 EN 10025、EN 10210、EN 10219、EN 10029、EN 10034、EN 10163、EN 1993-1-10 的要求。

板材厚度公差为等级 A，表面条件需满足 EN 10163-2 等级 A2 的要求，型钢表面条件需满足 EN 10163-3 等级 C1 的要求。

钢材应满足 EN 10160 的相关超声波探伤要求。

2. 焊接材料

焊材选用一览表　　　　　　　　　　　　　　　　　　表 6.2.3

焊材类型	规格	满足的欧洲标准及对应型号	适用母材
手工电焊条	$\phi 4.0$	ISO 2560-B-E49 15-1 A	S355
CO₂ 气保焊药芯焊丝	$\phi 1.2$	EN ISO 17632-A-T42 2 P C 1 H10	S355
		EN ISO 17632-A-T46 3 1.5Ni P C 1 H10	S460

焊材类型	规格	满足的欧洲标准及对应型号	适用母材
埋弧焊丝	φ4.8	EN 756-S 38 2 FB S3	S355
		EN 756-S 46 2 FB S3Mo	S460
焊剂	10~60目	EN 760-S A FB 1	S355/S460

主要构件的规格和材质 6.2.2 中也有相关描述。需要注意的是国标和欧标关于钢材 Z 向性能的规定存在较大差异，国标和欧标对于 Z 向性能均分成三个等级 Z15，Z25 和 Z35。国标仅根据板厚来确定 Z 向性能，欧标中针对板厚方向受拉的钢板根据板厚和焊缝有效高度、焊缝形式、被焊接板厚度、焊接约束情况、是否焊接预热五个条件多个要素确定 Z 向性能。Z 向性能是否要求以及要求的等级由承包人根据欧洲规范 EN1993-1-10 和 EN10164 自己确定，并在报价和加工制作时考虑。

6.2.3.3　重点难点分析与解决措施

1. 设计图纸通过原设计及 CTC 的批准

结构设计为西班牙设计院 Prointec、总包设计为意大利 Maffeis，思维模式上可能与国内有较大差异，如何顺利地完成深化设计并获得结构设计及 CTC 的批准是重点。

对策：我司海外设计院院长全面负责本项目的设计工作，并抽调设计院的精英人员组成本项目的设计团队到项目现场，方便与总包设计人员对接。加强与总包设计院的沟通联系，提前进行图纸审查，并组织制作、安装人员进行图纸会审。从设计全过程控制图纸质量。

2. 协调管理

本工程钢结构深化设计工作涉及专业广、单位多，协调管理工作是本工程深化设计的重点之一。

对策：建立合理的深化设计组织管理体系，制定科学合理的管理制度和工作流程。制定项目技术协调例会制度，通过定期召开的技术协调例会及时解决发现的技术问题，使各单位、各专业间取得良好的沟通，确保深化设计及时准确考虑各专业的相关技术要求，准确反映到钢结构深化设计图中，为后续各专业顺利实施打下良好的基础。

3. 加工制作

1）制作精度控制

根据 CCTP 的要求，结构的节点处理，基本上为螺栓连接。螺栓连接或销接构造现场调节的余地有限，对制造及安装精度提出了很高的要求。比如，屋面钢结构的主拱结构，采用了倒三角桁架的设计，弦杆、腹杆的对接均为"十字板栓接"，而且主拱与次拱结构及 V 柱之间，也分别采用了栓接难度很大的螺栓连接和销接。

对策：首先，将腹杆与弦杆的连接在工厂进行相贯焊接。将主拱倒三角桁架，按 13.5~20m 做分段分节，在工厂组拼并焊接完成后，以散货船分段运输，减少现场拼装工作量。其次，提高构件制作精度，由制作厂技术人员对圆管进行精确放样并编程，使用数控相贯线切割机切割贯口，提升切割精度、减小变形量；同时，使用三维数控钻床钻孔，精确控制钻孔位置、孔径。其次，在打包运输之前，进行"循环实体预拼装"，保证发运到现场的构件能够顺利安装到位。

2）焊接质量控制

屋盖次拱大量用到 5~8mm 薄板，薄板焊接过程中焊接变形控制是重点，特别是亚字形构件，焊接造成的翼板边缘下挠是质量控制的难点。

对策：针对本项目构件的材质、厚度特点，编制焊接工艺方案，进行焊接工艺评定实验，确定最佳的焊接工艺参数。针对亚字形构件，采取焊接工艺调整和设置反变形的方法减小构件变形。根据本项目的构件规格，进行实验，确定反变形角度。

4. 安装变形与精度控制

1）主桁架高空螺栓连接

本工程结构跨度大，形式复杂，如何精确地将屋盖结构安装到设计要求的空间位置，顺利完成桁架高空螺栓连接，是整个施工过程的重点。

对策：首先，严格控制进场构件质量，保证进场构件的精度，具体检验标准及方法详见质量计划方案。其次，编制详细可行的施工组织设计和专项吊装方案，对主桁架和次拱进行合理的分段，制作可调式主桁架支撑胎架，利用全站仪进行准确定位，防止胎架偏差引起安装误差。最后，将构件在地面进行拼装成较大的吊装单元进行吊装，减少高空对接，降低高空对接引起误差。

2）次桁架安装

屋盖次拱大量用到 5～8mm 薄板，箱形次拱吊装过程变形控制是重点。

对策：首先，为保证构件的吊装精度，制作拼装胎架，利用全站仪进行准确定位，在地面将箱形次拱拼装成合适的吊装单元。其次，设置合理吊点及吊钩数量，根据计算结果显示，设置 6 个吊点可以有效控制吊装变形。

3）现场测量控制

现场交叉作业多，上步工序的安装精度直接影响下一步施工。如何进行精确测量，保证构件安装精度，是本工程测量工作的重难点。

对策：编制测量专项方案，提前对测量仪器进行校核，选用经验丰富的测量工程师进行钢结构测量。

采用全站仪对节点进行空间三维坐标控制，安装到位后，测量控制点的三维坐标，将测量数值与设计预控制值比较，方便调整节点至设计位置。

6.2.3.4　深化设计

深化设计包括：候机大厅 2～3 区，候机大厅 1、4 区，候机大厅 5 区，候机大厅 6～7 区，候机大厅 8 区，候机大厅 9 区，机场指廊，局部钢结构。深化设计采用 Tekla 软件。

1. 深化设计程序

1）报批内容

本项目钢结构深化设计，主要包括两个内容，分别是节点计算和建模出构件详图，所有工作都是依据欧洲标准。项目收到原始设计文件之后，我公司立刻以这两条支线开展钢结构深化设计工作。一方面明确工作范围，另一方面确定图纸分批情况以及预计图纸提交时间。

2）工作顺序

节点设计、报审是否顺利，直接影响建模出图，因此节点设计优先进行。同时，并不受限于节点计算的其他深化工作应同步开始，以加快设计报审进度，例如建筑外形定位，构件分段等。

3）RFI 答疑

对节点计算以及建模深化中发现的问题，在第一时间通过"书面方式"从原设计获得信息，对某些设计不明确的地方，提出备选方案，供设计选择。

RFI 是深化设计方对设计文件中存在的疑问，向设计方提出问题，请求获得必要信息的一种方式。

正式的 RFI 格式一般包含以下内容：

- ◆ 工程名称、工程编号
- ◆ 专业名称
- ◆ 问题涉及区域和图号
- ◆ 存在问题
- ◆ 提交单位
- ◆ 提出人、日期
- ◆ 回复意见
- ◆ 回复单位
- ◆ 回复人、日期
- ◆ RFI 编号
- ◆ 提交日期
- ◆ 要求回复日期

4）工艺会审

在节点设计以及深化建模的过程中，对制作安装的可行性提前会审，确定合理的节点形式。避免设计出来的节点无法加工，或者安装有困难，在源头上对节点设计的质量进行把控。

5）节点计算与建模协调

节点设计与计算依据欧标标准进行。对典型节点的计算结果，在模型中放样核查，并综合考虑制作安装可行性，对节点计算结果进行校核，对不合理的节点需及时反馈节点设计人员修改。

2. 深化设计报审

（1）报审程序

深化设计图纸主要报总包审核，结构设计和监理不审核深化图纸。深化设计图纸报总包审核通过后，提交结构设计和监理备案即可。这点和国内不同，国内一般需要设计审核深化设计图纸，因此本项目和深化设计有关的所有责任均由承包方负责。

（2）报审内容、顺序和深度

1）报审内容

深化详图：具体包含以下内容：a. 平面/立面布置及必要的剖面；b. 典型节点构造；c. 材料等级、构件尺寸/重量、分段分节、拼装构造、螺栓及焊缝的尺寸/类型等。

2）报审顺序注意与整体施工方案保持一致，预埋件先行，分区域报批。同时，考虑整个项目的工期安排，以适应制作、安装的整体工期要求。

3）报审深度

图纸报审深度分为需盖章批准的（For Approval）或仅提供做参考信息的（For Information）。

加工图服务工厂用于构件制作，安装图服务现场用于现场构件安装，由于加工图和安装图的数量巨大，故本项目的加工图及安装图仅提供做参考信息（For Information），而无须盖章批准（For Approval）。

3. 深化节点设计实例

下面是某柱脚节点设计图和节点计算实例，其中板厚：焊接垫圈内板 10mm，内板 40mm，焊接垫圈外板 10mm，外板 40mm，焊接垫圈中间板 8mm，中板 30mm。

其他的柱脚连接只表示结果。它们之间的节点具有相同的几何形状和板的厚度。

柱子受力情况　　　　　　　　　　　　　　　　　　　表 6.2.4

工况	值 kN/kN·m	节点编号	框架编号 Text	输出输入数据 组合	F1 kN	F2 kN	F3 kN	M2 kN·m	M3 kN·m
P_{max}	3718.9	627	4407	G+Q+1.5Ey	3718.9	70.9	1.4	0.0	0.0
P_{min}	-4486.7	628	4407	G+Q+1.5Ey	-4486.7	-60.3	-0.9	0.0	0.0
V_{2max}	162.9	261	4398	CC_95	863.1	162.9	4.8	0.0	0.0
V_{2min}	-175.0	235	4398	CC_69	-1752.0	-175.0	-6.8	0.0	0.0
V_{3max}	24.0	610	4403	CC_136	-73.9	82.8	24.0	0.0	0.0
V_{3min}	-29.3	447	4402	CC_127	-588.6	-8.5	-29.3	0.0	0.0

此外，在设计文件中要求深化设计考虑以下扭矩：

只有 V_2 较高。考虑 $V_{T2}=74/0.318=235$kN 代替 $V_{T2}=22/0.318=70$kN。

已经添加了 $2\times(235-70)=330$kN，V_2 已经包含在内。

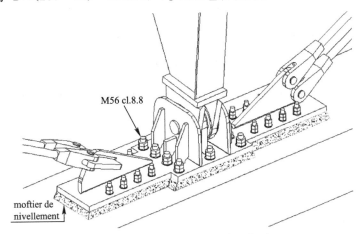

图 6.2.9　某柱脚节点三维示意图

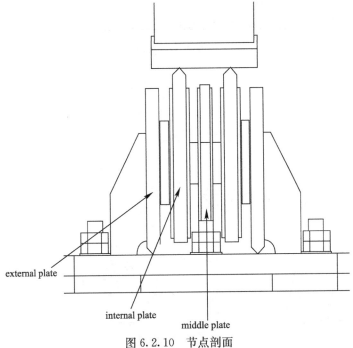

图 6.2.10　节点剖面

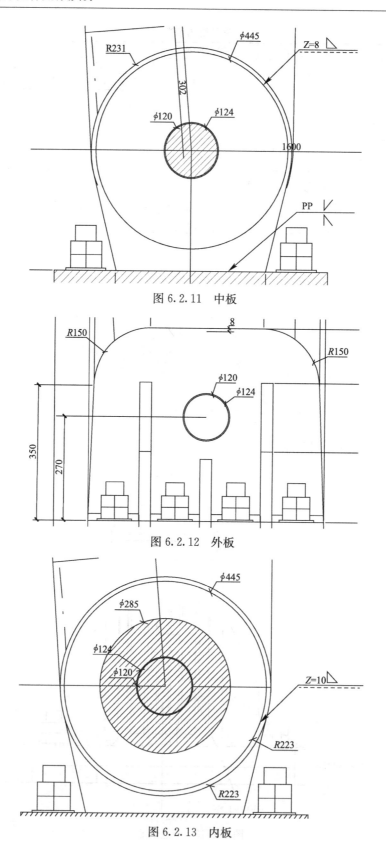

图 6.2.11 中板

图 6.2.12 外板

图 6.2.13 内板

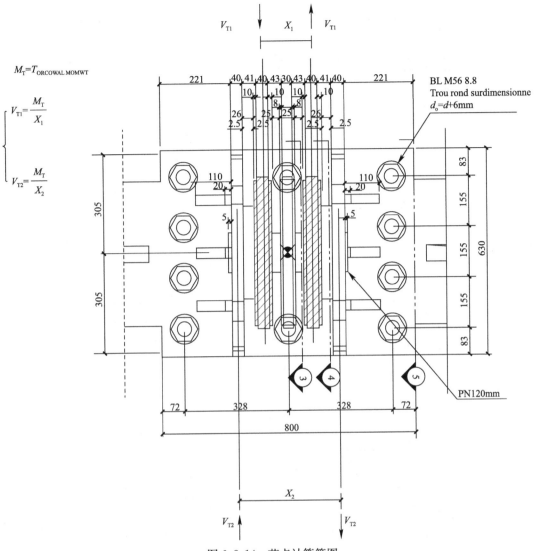

图 6.2.14　节点计算简图

$z_1 = (40/2+43+30+43+40/2)/1000 = 0.156$m

$z_2 = (40/2+41+40+43+30+43+40+41+40/2)/1000 = 0.318$m

扭转：$2 \times$ 空隙$/z_1 + 2 \times$ 空隙$/z_2 = 2 \times 0.002/0.156 + 2 \times 0.002/0.318 = 0.038$rad $= 2.2$degree

$V_{T1} = 74/0.156 = 475$kN

$V_{T2} = 74/0.318 = 235$kN

扭转将考虑到一个简化的方式，通过添加以下虚拟剪切力：

$\Delta V_{\text{Torsion}} = 2 \times V_{T1} = 2 \times 475 = 950$kN

偏安全考虑，设计力 $F = (5610^2 + 950^2)^{0.5} = 5690$kN

节点设计结果表格　　　　　　　　　　　　　　　　　　　表 6.2.5

设计内力	F	5690kN	
销轴轴直径	d	120mm	

续表

外板厚度-板 1 和 5	t_1	40mm	
内板厚度-板 2 和 4	t_2	60mm	
中厚板厚度-钢板 3	t_3	41mm	
板间间隙（保守）	c	31mm	
销轴的承载力检查			
销轴截面	A	11304mm²	
销轴截面模量	W	169560mm³	
拉伸极限应力	f_{uk}	0.800GPa	
屈服应力	f_y	0.640GPa	
连接安全系数	γ	1.25	
材料塑性抗力安全系数	γ	1.10	
M_{A-A}	M_{B-B}	M_{C-C}	M_{D-D}
96730	132293	95782	86061
V_{A-A}	V_{B-B}	V_{C-C}	V_{D-D}
1897	474	948	0
最大剪切	T	1896.7kN	
最大弯矩	M	132293kN·mm	
销的剪切阻力	F_{Vrd}	4341kN	
抗弯	M_{Rd}	147980kN·mm	
设计检查 A-A	0.62	≤1	验证满足
设计检查 B-B	0.81	≤1	验证满足
设计检查 C-C	0.47	≤1	验证满足
设计检查 D-D	0.34	≤1	验证满足
外板 1 和 5 的承载力			
屈服应力	f_y	0.355kN/mm²	
剪切力	$T=F/3$	1896.67kN	
板的厚度	t_1	40mm	
承载力	$F_{b,Rd}$	2324kN	
	0.82	≤1	验证满足
内板 2 和 4 的承载力			
屈服应力	f_y	0.355kN/mm²	
2 剪切力	$T=F/2$	2845kN	
板的厚度	t_2	60mm	
承载力	$F_{b,Rd}$	3485kN	
	0.82	≤1	验证满足

6.2.3.5 加工制作和运输

1. 概述

本工程结构复杂，构件体型庞大，不便于运输。更由于构件在国内制作，考虑海外运输的条件和成本，钢柱、主桁架、次拱桁架必须合理分段，运输至现场地面后进行拼装。根据减少倒运、就近拼装、方便吊装的原则，实际施工时，需设置多处构件拼装场地，以满足安装需求。另外，根据安装需要在大厅和指廊外围设置吊机行走环路，道路宽 15m，另需增设 10m 宽的运输道路。

根据实际情况，为保证安装工期，钢构件提前进场，需设置堆放场 20000m²，设置钢结构拼装场地分阶段布置，先布置钢柱和部分主桁架拼装场地，钢柱安装过程中在进行其余主桁架和次拱的拼装。为此，大厅区域设置拼装场地 10 块，8 块约 300m²，2 块约 600m²，构件临时堆场 2 块，每块 400m²；指廊区域设置拼装场地 3 块，每块约 600m²，构件临时堆场 3 块，每块 400m²。

钢结构水平段主要分为候机大厅和指廊两大区域，土建提供工作面后施工。候机大厅按主体结构分为 9 个施工区域，按从东向西施工；指廊分 3 个小区，按从北向南施工。

2. 加工制作

依据深化设计详图、排版图、零件加工单、和放样图进行号料、切割、装配焊接、制孔和矫正。

1）应先根据 EN ISO 8501-1 标准进行评估（铁锈级别 A、B、C、D），锈蚀等级为 D 的钢材不允许使用。号料的母材必须平直无损伤及其他缺陷，否则应先矫正或剔除。

2）对切割质量的检查严格遵照 EN 1090-2 第 6.4 节的要求进行。尺寸控制偏差等根据 EN ISO 9013：2003 确定。

3）根据 EN 1090-2 第 6.2 节要求，钢板拼接前，核查零件的可追溯性标识、尺寸、需拼接长度及坡口尺寸是否满足加工图及排版图要求。

4）本项目 EXC3 级构件对接焊缝质量标准符合 EN ISO 5817 B 评估组。

5）制孔严格执行 EN 1090-2 中 6.6.3 节、技术条款 ALG-EX-L12-PT-17 E02 基础与结构 5.4.3.5 的要求，本工程使用机械钻螺栓孔的工艺，不允许使用冲孔工艺。

6）构件矫正需遵守 EN 1090-2 的相关要求。

7）根据 EN 1090-2 及图纸核查零件信息，工程名称、零件号、炉批号等信息无误后，才可进行组装，装配间隙和尺寸精度也需符合 EN 1090-2 的要求。

3. 运输

1）运输计划

本工程所有钢构件在中建钢构江苏制作厂制作，为满足总工期要求，确保现场吊装计划顺利实施，本项目运输总体思路是主拱采用散货船运输，其他杆件采用集装箱运输。针对主拱，由于散货船船期较少，需优先完成主拱桁架构件的制作和打包，并按规定时间完成集港任务。其余杆件严格执行制作工期计划，按时完成构件打包和集装箱装箱工作，如此以保证所有批次构件制作均满足海运船期要求。海运到港后，完成清关，按计划通过陆运安全运抵项目现场。

2）运输线路

运输路线本工程建设地点为阿尔及利亚首都阿尔及尔，成品构件从中建钢构江苏制作厂运输至施工现场，共分为 3 个阶段。第 1 阶段为国内运输，由中建钢构江苏厂（靖江）运至上海港，第 2 阶段为海运，由上海港运至阿尔及尔港，第 3 阶段为阿国国内运输，由阿尔及尔港运至胡阿里机场施工现场。

中建钢构江苏厂（靖江）→上海港，此段路线采用汽车陆运，全程约 152km。上海港→阿尔及尔港，此段路线为海运，时间约为 50d。阿尔及尔港→胡阿里机场项目现场，此段路线采用汽车陆运，全程约 20km。

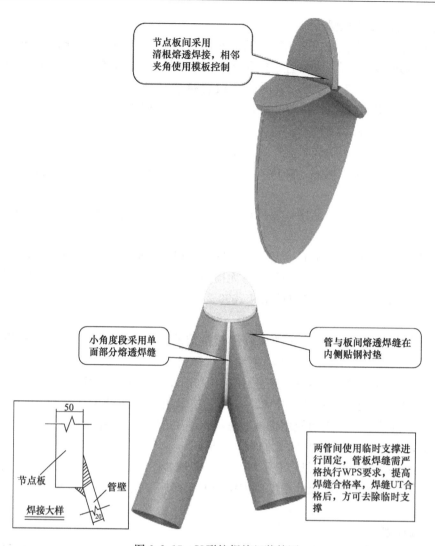

节点板间采用清根熔透焊接，相邻夹角使用模板控制

小角度段采用单面部分熔透焊缝

管与板间熔透焊缝在内侧贴钢衬垫

50

节点板

管壁

焊接大样

20

两管间使用临时支撑进行固定，管板焊缝需严格执行WPS要求，提高焊缝合格率，焊缝UT合格后，方可去除临时支撑

图 6.2.15　Y 形柱焊接组装简图

本项目构件质量要求高，项目工期紧，考虑到集装箱运输不仅便利，且对构件运输过程保护到位，船期较为密集，因此，本项目海运船舶主要以集装箱船为主。对于截面运输尺寸超出集装箱规格的主拱，采用散货船运输。

6.2.3.6　安装

本工程钢结构安装内容主要包括地脚锚栓及支座安装、钢柱安装、屋盖钢结构安装及附属结构安装。

大厅总体安装顺序为：先安装地脚锚栓，后安装钢柱，安装屋盖（包括主桁架和次桁架），后安装幕墙钢柱及拉杆，后安装小钢结构。

指廊总体安装顺序：先安装主桁架，后安装次拱、幕墙柱、拉杆。

1. 安装临时支撑胎架

根据安装单元分类，现场使用的胎架分为两种类型：一是用于大厅部分主拱结构安装的支撑胎架，二是用于施工现场主拱、次拱预拼装的支撑胎架。

散货船

集装箱船

集装箱工厂装货   散货船船舱装货

图 6.2.16 运输工具示意

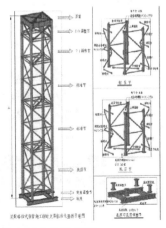

图 6.2.17 支撑胎架效果图和标准节示意图

图 6.2.18　与拼装支撑胎架示意图

（1）主拱胎架

现场安装的主拱单元，标高精度很难一次就位，需要在顶部工装设计标高调节装置。主拱结构安装后，胎架需拆除周转使用，主拱桁架的上弦支撑装置，需具有可拆卸功能。

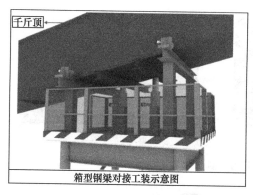

箱型钢梁对接工装示意图

倒三角主桁架顶部工装示意图

胎架底座示意图

图 6.2.19　主拱支撑胎架顶部底部工装示意图

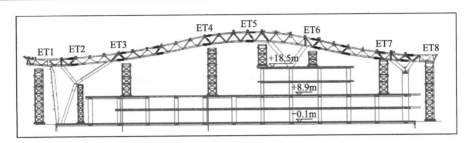

图 6.2.20　主拱胎架支撑布置示意图

本工程中用于主拱安装的支撑胎架按照中建钢构有限公司标准化进行加工制作，分为 4m 标准节和 6m 标准节，胎架顶部工装，根据主拱桁架特点进行制作。胎架标准化的优点是可按需要选择性拼装、多次周转，降低成本。

标准节胎架由 4 根立杆形成整体框架，12 根横缀杆和 8 根斜缀杆用于将立杆连成整体，增强结构刚度，标准节之间通过 M30×250 的连接销螺栓进行连接。此种标准化胎架整体结构较轻，能够承担很大承载力，在国内大跨度结构施工中得到广泛应用。另，项目部将根据现场施工需求，选用更适合本工程安装使用的胎架，在本方案中，涉及胎架的计算将以此标准化胎架为模型进行计算。

综上所示，候机大厅主桁架安装支撑胎架需要标准节段共 1084m，需要 6m 节段 154 件，4m 节段 40 件。按照主桁架五榀周转使用，需要制作胎架 542m，包含 6m 节段 77 件，4m 节段 20 件，胎架顶部安装辅助工装 39 件，胎架底部加固工装 39 件，合计 223 吨。现场通过叉车转运胎架。

（2）预拼装胎架

1）顶部工装设计

根据现场吊装单元，本工程存在大量地面预拼装结构，由于拼装节点均为螺栓连接，这对预拼装胎架提出了很高的要求。拼装胎架要具备很强的灵活性和精确的精度控制装置。为克服精度控制这一难点，项目部对预拼装胎架顶部工装进行创新设计。

胎架在制作工程中，根据吊装单元分段，利用 AUTOCAD 放样出预拼装单元视高，并定位出拼装胎架位置，在胎架支撑立柱上设置标高定位孔，并在连接坐梁上设置千斤顶用于预拼装构件对接节点处的标高微调，待结构标高调节定位后，将标高定位圆钢插入标高定位孔，并在结构上弦位置塞入三角形楔块，使结构紧固。

2）预拼装胎架制作

根据现场吊装单元分类情况，本工程需要使用大量预拼装胎架。拼装胎架在使用过程中需要根据吊装单元的截面尺寸、构件重量进行合理设置，胎架在使用过程中需要轻便易行、结构稳定。预拼装胎架支撑立柱、标高调节装置由圆管制作组成，立柱连接坐梁采用 H 型钢制作，另在连接坐梁上设置千斤顶用于预拼装单元的节点处标高微调。为使预拼胎架具备较好的稳定性，构件现场预拼装过程中，相邻胎架通过拉杆连成整体，保证在施工使用过程中不会失稳倾翻。

2. 大厅安装

1）概述

候机大厅分为 9 个流水段，采用 1 台 600t 履带吊＋1 台 200t 履带吊跨外吊装；同时采用 4 台 50t 汽车吊辅助卸车、转运及拼装。

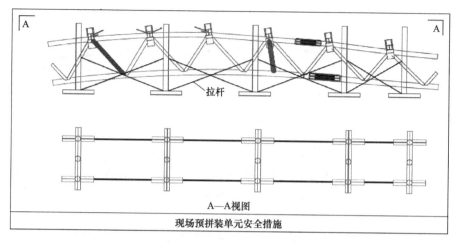

图 6.2.21 预拼装胎架工装示意图

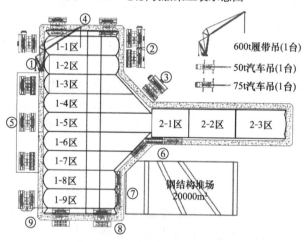

图 6.2.22 大厅安装施工布置

2) 构件分段及地面拼装

将屋盖结构分为主桁架、次拱、雨篷、幕墙钢柱、拉杆。主桁架安装采用点式胎架支撑，分段吊装；根据吊装设备选型和吊装能力、运输条件和现场情况等，将次拱划分为小单元进行吊装；雨篷分为花瓣形悬挑雨篷和长条形悬挑雨篷，雨篷地面拼装后分块吊装；幕墙钢柱整根吊装即可；屋盖拉杆在次拱地面拼装时安装到次拱杆件，幕墙竖拉杆和斜拉杆在幕墙钢柱安装完成后，最后安装。

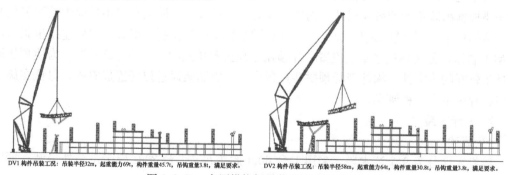

DV1 构件吊装工况：吊装半径32m，起重能力69t，构件重量45.7t，吊钩重量3.8t，满足要求。　　DV2 构件吊装工况：吊装半径58m，起重能力64t，构件重量30.8t，吊钩重量3.8t，满足要求。

图 6.2.23 大厅拱桁架吊装顺序示意（一）

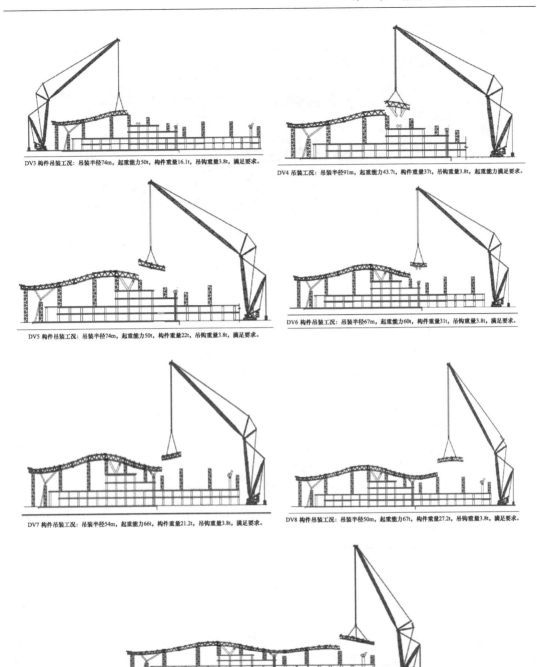

DV3 构件吊装工况：吊装半径74m，起重能力50t，构件重量16.1t，吊钩重量3.8t，满足要求。

DV4 吊装工况：吊装半径91m，起重能力43.7t，构件重量37t，吊钩重量3.8t，起重能力满足要求。

DV5 构件吊装工况：吊装半径74m，起重能力50t，构件重量22t，吊钩重量3.8t，满足要求。

DV6 构件吊装工况：吊装半径67m，起重能力60t，构件重量31t，吊钩重量3.8t，满足要求。

DV7 构件吊装工况：吊装半径54m，起重能力66t，构件重量21.2t，吊钩重量3.8t，满足要求。

DV8 构件吊装工况：吊装半径50m，起重能力67t，构件重量27.2t，吊钩重量3.8t，满足要求。

DV9 构件吊装工况：吊装半径54m，起重能力66t，构件重量43.4t，吊钩重量3.8t，满足要求。

图 6.2.23 大厅拱桁架吊装顺序示意（二）

3. 指廊安装

1）概述

指廊区域钢结构安装，采用"1 台 200t 履带吊"在场外吊装；同时采用 2 台 50t 汽车吊参与桁架拼装、构件卸车与转运。安装按"从西向东"的顺序，按先主桁架后次拱的先后次序进行。安装示意如图 6.2.24 所示。

图 6.2.24 指廊安装示意图

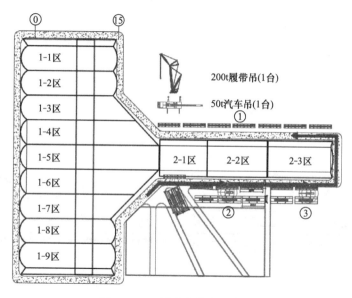

图 6.2.25 指廊安装施工布置

2）构件吊装分段

与大厅屋盖安装相同，指廊屋盖结构分为主桁架、次拱、附属结构（包括雨篷、幕墙结构等），主桁架位于混凝土柱顶端，分段进行吊装；根据吊装设备选型、运输条件和现场情况等，将次拱划分单元进行吊装。

6.2.4 总结

通过对阿尔及尔机场项目深化设计、制作和施工技术的阐述，总结了执行欧标承包钢结构项目施工的特点和要求，主要有以下结论：

1. 所有材料均按欧标选购，构件制作国内进行，制作完成的构件需跨国运输到工地。构件深化设计和制作时应考虑运输成本和运输条件的限制，对构件进行合理的分段和连接设计，并做好防护。

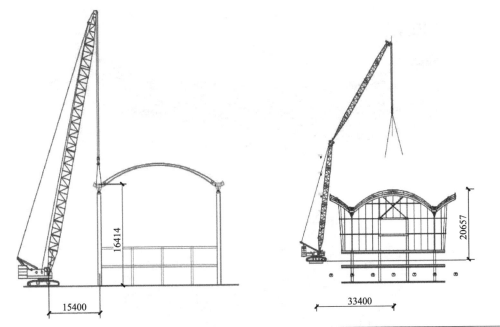

最不利主桁架吊装工况：吊装半径15.4m，起重能力62t，构件重量56.7t，吊钩重量1.8t，满足要求：　　最不利次桁架吊装工况：吊装半径33.4m，起重能力22t，构件重量17t，吊钩重量1.8t，满足要求：

图 6.2.26　指廊拱桁架吊装顺序示意

2. 工地安装大量采用螺栓或销轴连接，加工制作精度高，必须严格控制质量。

3. 在施工中，设计制作标准化并可按需装配的临时支撑单元以满足钢结构施工过程中不同条件下的支撑需求。

4. 充分理解设计要求和合同规定，按欧标施工的钢结构项目一般要求钢结构承包商进行节点等相关项目的计算分析和深化设计。充分理解欧标对深化设计、制作安装的要求和验收标准，同时满足业主要求。

6.3　阿尔及利亚巴哈吉体育场钢结构的制作和安装技术

（作者：陈国栋　王煦　郭静　宁贵康　李淑娴　胡勇）

6.3.1　项目概况

巴哈吉体育场位于阿尔及利亚民主人民共和国首都阿尔及尔，为可容纳 4 万人的体育场。建筑平面布局呈椭圆形，长轴为 258m，短轴为 198.5m，总建筑面积 62686.3m²。

屋盖为混凝土塔柱支承的大跨度空间钢桁架结构体系。屋盖呈全封闭环形布置，结构 1/4 对称，主要由主桁架、径向次桁架、环桁架、周围摇摆柱组成。

主桁架共 4 榀，置于 4 个巨型混凝土塔柱上，围合成近似矩形的结构，长轴方向跨度为 200m，短轴方向跨度为 72m。主桁架为梯形空间桁架，长轴方向梯形桁架截面最大高度 14.1m，最大宽度 26m，矢高 10m；次桁架为 68 榀放射状布置的平面桁架，桁架高度 2.6m，一端上弦与主桁架下弦相贯连接，并跨过主桁架向内悬挑；另一端下弦与摇摆柱铰接，连接于看台。桁架间布置檩条及横向支撑，外侧布置环桁架。竖向由 4 根混凝土塔柱和 60 个摇摆柱组成承重体系。

图 6.3.1　巴哈吉体育场效果图

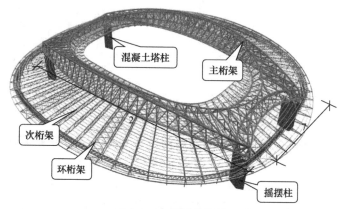

图 6.3.2　钢屋盖结构

　　桁架弦杆、腹杆均采用圆管，弦杆最大截面 $\phi1300\text{mm} \times 45\text{mm}$，腹杆最大截面 $\phi900\text{mm} \times 20\text{mm}$，相贯焊接连接，弦杆变截面采用锥管过渡。摇摆柱上下采用相互垂直的销轴连接，檩条与桁架螺栓连接，隅撑采用销轴节点。

　　主桁架与混凝土塔柱连接是本工程最关键节点，采用盆式支座，支座在施工阶段沿长轴方向可单向滑动、双向转动，待结构整体卸载，自重产生的水平位移完全自由释放后，固定滑动方向，支座仅能够转动，支座最大滑移量 145mm，最大转角 0.04rad。

图 6.3.3　盆式滑动支座

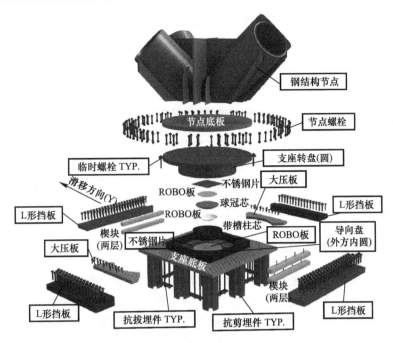

图 6.3.4　盆式支座分解图

6.3.2　钢结构材料选择

整个项目的设计，制作和安装均执行欧洲规范。主要钢材均在国内采购，执行欧洲标准，具体如表 6.3.1 所示。

主要的钢结构原材料执行标准　　　　　　　　　表 6.3.1

原材料名称	规格要求	钢材牌号	材质执行标准	尺寸偏差标准	Z 向性能	备注
钢板	6～100mm	S355J0/S355J2	EN 10025-2	EN 10029	EN 1993-1-10 EN 10164	TMCP
钢管	250×150×8 250×150×10 $\phi32×2.5～\phi426×16$	S355J0H	EN 10219-1/EN 10210-1	EN 10219-2/EN 10210-2	—	壁厚≤12mm 采用 ERW 成型，壁厚>12mm 采用无缝管
大直径圆管	$\phi465×16～\phi1300*45$	S355J0H	EN 10219-1	EN 10219-2	EN 1993-1-10 EN 10164	钢板压制，SAW 焊接成型

注：TMCP—热机械轧制，ERW—高频电阻焊，SAW—埋弧焊。

在钢材 Z 向性能的选择中，国标和欧标存在较大的差异。国标和欧标对于 Z 向性能均分成三个等级 Z15，Z25 和 Z35。但是国标对 Z 向性能设计要求没有明确的规定，仅根据板厚来确定 Z 向性能。欧标中根据多个要素确定 Z 向性能，Z 向性能板的前提是板厚方向受拉。然后再根据板厚和焊缝有效高度、焊缝形式、被焊接板厚度、焊接约束情况、是否焊接预热、工作温度等条件最终确定 Z 向性能的具体要求。

Z 向性能是否要求以及要求的等级对于钢板的原材料价格有一些影响。因此在执行欧

301

标的海外项目中，Z 向性能需要各投标人根据欧洲规范 EN 1993—1—10 和 EN10164 计算和确定 Z 向性能的要求。表 6.3.2 是此项目中根据欧洲规范计算得到的 Z 向性能的要求。由此表可以看出，20mm 到 30mm 壁厚的钢管，当构件为弦杆时，有 Z 向性能的要求；当构件为腹杆时，不需要 Z 向性能要求。

主要的钢结构原材料 Z 向性能要求   表 6.3.2

构件类型	类别	厚度（mm）				
		$t<20$	$20{\leqslant}t{\leqslant}30$	$30<t{\leqslant}40$	$40<t{\leqslant}100$	$t{\geqslant}100$
钢板		S355J0	S355J0-Z15	S355J2-Z15	S355J2-Z25	S355J2-Z35
钢管	弦杆	S355J0H	S355J0H-Z15	S355J2H-Z15	S355J2H-Z25	—
	腹杆	S355J0H	S355J0H	S355J2H-Z15	S355J2H-Z25	—

6.3.3 结构整体预变形的实现

阿尔及利亚为地震多发地带，位于地中海沿岸，地下水位高，地质条件较差。体育场屋盖的荷载主要由四个混凝土塔柱承担。为了减小屋盖对塔柱的水平推力从而解决塔柱基础及塔柱的设计难题，设计提出释放钢结构自重作用下水平推力，释放后的结构位形为设计要求的位形。滑动支座滑移完成以后，固定支座仅作为能够转到的球铰支座，抵抗各种荷载。

预变形的位置

在钢结构自重下每个支座滑移沿长轴 145mm

设计要求的位置

图 6.3.5 卸载中支座滑移图

整个钢屋盖在自重作用下的变形是不规则的，既要满足设计要求，实现结构的反变形，又要拟合不规则的反变形的曲线，保证构件在加工中实现并保证加工精度，是此项目的关键点。

具体实施时，采用在整体结构上施加反向的自重荷载，得到变形后的曲线，按照变形后的曲线拟合新的形状，进行结构的深化设计、制作和安装，从而实现所有钢结构安装完毕滑移后，位形与设计要求位形一致。下部为设计要求的位置，上部为预变形的位置。

深化设计总体原则：基于在反向的自重荷载作用下，得到变形后各控制点节点坐标，采用多段平面圆弧拟合主桁架弦杆，形成光滑空间曲线，在保证 4 个塔柱柱顶支座、摇摆柱顶、柱底位置支座的坐标点的基础上，再进行环桁架，次桁架等结构的拟合。结合具体结构的受力特点，拟合的原则是先主要构件，后次要构件进行拟合，兼顾相互连接点位置，主要步骤如下：

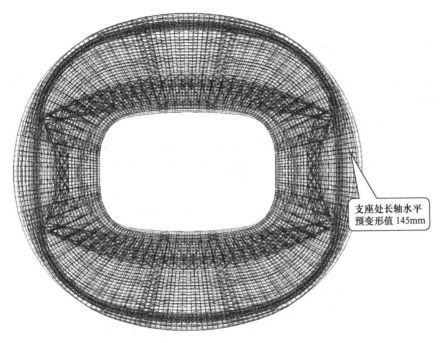

图 6.3.6 预变形和设计要求平面图

图 6.3.7 预变形和设计要求立面图

1）首先拟合主桁架的曲线，保证与径向次桁架连接点的位置，保证支座中心点位置。

2）其次拟合环桁架，并保证环桁架与径向次桁架连接点的位置，环桁架与钢屋面支撑斜柱连接点的位置。

3）再次拟合径向次桁架，次桁架预拱曲线的最大面外变形为 10mm，径向次桁架预拱曲线不考虑面外变形的影响。

4）最后拟合其他构件，如连杆，檩条，隔撑等。

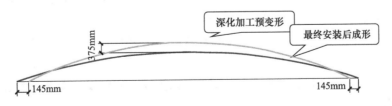

图 6.3.8 深化设计预变形原理图

深化设计基于结构的预变形曲线，在安装阶段，未形成所有结构，支座未滑移前，结构均处于预变形状态，此时的结构曲线不规则。只有所有结构安装完成后，支座滑移到位后，结构的位形与目前设计提供的图纸相一致。

6.3.4　支座滑移的实现和可更换

根据设计要求，支座在钢结构自重作用下沿长轴滑移 145mm，滑移到位后释放其对混凝土塔柱的水平推力，然后固定支座，转化为仅能够转动的支座。

6.3.4.1　支座的构造组成

巴哈吉体育场塔柱上的支座由以下主要部分组成：上顶板，下底板，凸球冠，凹球冠，下底板以下的抗剪钢骨和栓钉，大压板，楔形块。支座上底板直径 2600mm，高度 622mm（不包含抗剪件部分）。在支座安装时采用临时楔块固定支座，在钢屋盖安装完成后卸载前采用千斤顶打开支座，整体卸载支座随屋盖滑移到位后，采用永久楔块固定，完成钢屋盖施工。

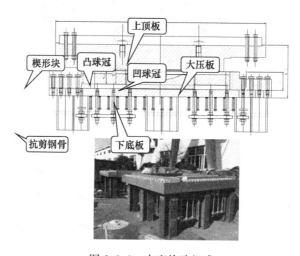

图 6.3.9　支座构造组成

6.3.4.2　支座设计考虑因素

支座设计时除了保证使用中的安全，同时要结合项目特点兼顾施工中对支座的要求，考虑了下述因素：

1）设计计算要求支座的转角满足 0.015rad，考虑到施工中支座的角度预偏实现起来困难，故在设计支座时将转角增大为 0.04rad，避免因安装误差导致的支座转角超出限值，保证使用中支座的转角要求。

2）在施工中，理论的沿长轴的水平滑移为 145mm，考虑到滑移存在不确定性，设计支座时考虑滑移距离的允许的调整范围 120～170mm。

3）考虑施工中需要滑移，在凹球冠的侧面增加了铜基涂层要求，保证支座滑移过程中的顺滑。

4）欧标 EN 1337 中对于盆式支座，要求可以更换。支座设计使充分考虑了后续更换需要的构造措施。

6.3.4.3　支座滑移的施工工艺

支座与混凝土塔柱通过预埋劲性结构连接，保证劲性结构与混凝土塔柱的连接密实，确保受力的顺利传递。通过混凝土塔柱顶端现场浇筑时，分 3 次浇筑，并在支座下方设置微膨胀灌浆料，确保混凝土与劲性结构连接密实，现场施工工艺步骤如下：

　　1）塔柱施工至标高 39.45m（支座劲性结构底部），预先安装定位埋件。

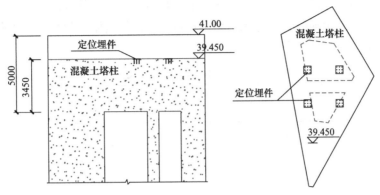

　　2）使用履带吊吊装滑移支座，支座标高和位置调整到位后，将支座劲性柱与定位埋件焊接连接。

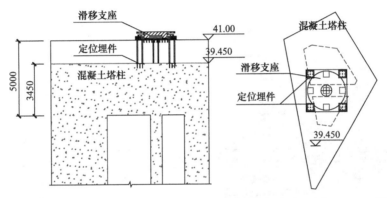

　　3）混凝土第二次浇筑施工至顶（标高 41m），其中支座下方 3.2m 范围内浇筑至 40.9m，预留 100mm 灌浆层。在混凝土浇筑前，预先埋设千斤顶支架埋件（预埋件1）。

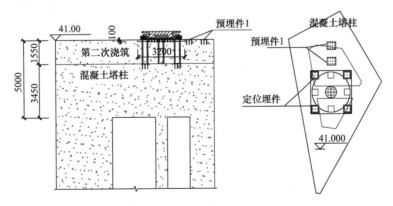

　　4）支座下方使用微膨胀灌浆料灌浆，确保混凝土与支座连接密实。

　　5）在次桁架安装过程中，滑移支座始终锁死。

　　6）在结构全部完成后，结构卸载之前，将支座打开，使用千斤顶受力，将支座中的楔形垫块取出，让支座处于自由状态。

7）结构卸载，支座滑移145mm后，重新放入新楔块，并盖上楔块盖板。

6.3.4.4 支座的可更换

考虑到在强地震等极端条件下，支座可能出现破坏。在设计及施工阶段，就考虑支座的更换及检修。支座更换时，只考虑钢结构自重、屋面结构附加恒载、温度作用。计算得到支座所受反力如表6.3.3所示。

更换支座时上部结构对支座最大作用力 表6.3.3

压力 F_z（kN）	剪力 F_{x+}（kN）	剪力 F_{x-}（kN）	剪力 F_{y+}（kN）	剪力 F_{y-}（kN）
19405	456	399	4037	—

在节点处设置转换功能梁，用千斤顶更换支座。千斤顶布置在塔柱顶部，共布置4个竖向千斤顶，两个水平向千斤顶，其中 x 向水平千斤顶 H2 为可拉千斤顶。千斤顶布置位置需为支座更换留出通道。

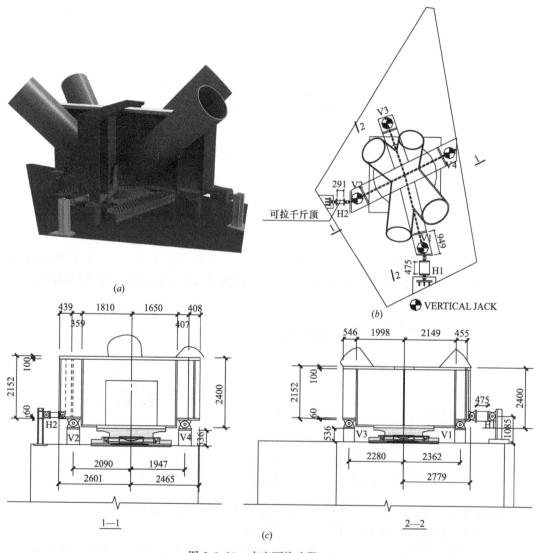

图 6.3.10 支座更换步骤（一）

（a）转换梁及千斤顶布置示意图；（b）转换梁及千斤顶平面布置图；（c）转换梁及千斤顶立面布置图

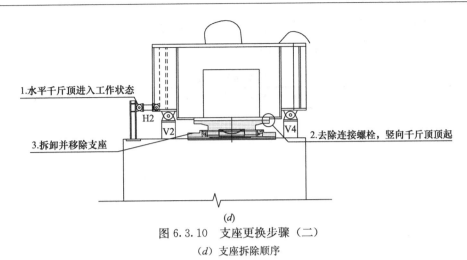

图 6.3.10　支座更换步骤（二）

（d）支座拆除顺序

支座移除后，采用履带吊将支座从塔柱吊到地面，安装新支座。支座更换后，新支座安装顺序与支座拆除顺序相反。

6.3.5　制作中的关键技术和措施

根据欧洲钢结构设计和施工规范 EN 1090-2 和 EN 1990，此结构制作的等级定义为最高级别 EXC4，对于焊缝质量和精度控制要求都最为严格。主桁架全散件现场焊接，次桁架和环桁架整榀分段出厂。采取了多个措施来保证制作的精度：构件的下料长度考虑弯管的回弹，拼接焊接的收缩变形的影响，设计合适的坡口形式和预留焊缝间隙；首段主桁架及其范围内的径向次桁架在工厂进行整体预拼装，主桁架弦杆循环预拼，确定合理相贯顺序；结构底板与支座顶板套钻，结构底板与支座相连节点采用 VR 技术，进行三维虚拟预拼装。

6.3.5.1　制作等级 EXC4 的主要要求

根据规范 EN 1090-2，由三个指标来确定项目执行的等级：结构的分类（CC1，CC2，CC3），使用类别（SC1，SC2）和产品分类（PC1，PC2）。根据这三个参数确定项目执行的等级，EXC1，EXC2，EXC3 和 EXC4。

结构的分类，与国标的建筑结构可靠度设计统一标准 GB 50068—2001 中建筑结构的安全等级类似，国标一级相当于 CC3，国标二级相当于 CC2，国标三级相当于 CC1。使用类别 SC1 表示准静态作用设计的结构，地震活跃程度较低，疲劳等级为 S_0；使用类别 SC2 表示疲劳作用力设计的结构，等级 S_1 至 S_9，地震活跃程度中等或较高区域。此项目位于地震高发地带，使用类别属于 SC2。产品分类 PC1 表示非焊接部件或低于 S355 钢号的焊接部件，产品分类 PC2 表示钢号等于或高于 S355 的焊接部件。此项目是大型的公建项目，结构分类属于 CC3；位于地震高发地带，使用类别属于 SC2；材料等级为 S355，产品类别属于 PC2。根据这三个参数和表 6.3.4，得到此结构的执行的等级为 EXC4。

确定执行等级的矩阵　　　　　　　　　　　　　　　　　　　　表 6.3.4

结论等级		CC1		CC2		CC3	
服务类别		SC1	SC2	SC1	SC2	SC1	SC2
生产类别	PC1	EXC1	EXC2	EXC2	EXC3	EXC3[a]	EXC3[a]
	PC2	EXC2	EXC2	EXC2	EXC3	EXC3[a]	EXC4

[a] EXC4 应当应用于国家规定要求的特殊结构或发生结构故障会导致极端结果的结构。

各执行等级间的差异如表 6.3.5 所示，从表中可以看出 EXC4 等级与其他等级相比，对于项目的原材料，制作，安装和验收都有较大的影响。

执行等级的比较　　　　　　　　　　　　　表 6.3.5

条款	EXC1	EXC2	EXC3	EXC4	EXC4 的影响
5.2　识别、检查文件和可追溯性	Nr（无要求）	是（部分）	是（全部）	是（全部）	增加工作量
5.3.2　厚度公差	等级 A	等级 A	等级 A	等级 B	EXC4 要求的钢板所有规格的厚度负偏差均为 −0.3mm；EXC3 等级根据厚度不同负偏差为 −0.4~1.2mm。项目钢板采购时需作为附加条件
5.3.4　特殊性能	Nr	Nr	对焊接十字接头要求内部不连续质量等级为 S1	对焊接十字接头要求内部不连续质量等级为 S1	EXC3 和 EXC4 同时增加了钢板的 UT 探伤要求
6.4.3　热切割	无明显的不规则硬度	ENISO 9013 u=范围 4　Rz5＝范围 4 硬度	ENISO 9013 u=范围 4　Rz5＝范围 4 硬度	EN ISO 9013 u=范围 3　Rz5＝范围 3 硬度	EXC4 切面不平度 u=[0.4＋0.01a~0.1＋0.007a]（mm）；切面粗糙度：Rz5＝[40＋0.6a~70＋1.2a]（μm）；注：a 是板厚，硬度最大为 380HV；一部分钢板切割后需打磨
6.6.3　开孔的施工	冲孔	冲孔	冲孔＋铰孔	冲孔＋铰孔	
6.7　切口	Nr	最小半径为 5mm	最小半径为 5mm	最小半径为 10mm 不允许冲孔	切割时不允许有直角，EXC4 的切割 R 角为 10mm，EXC2 和 EXC3 为 5mm
6.9　组装	扩孔：伸长率参数公差等级为 1	扩孔：伸长率参数公差等级为 1	扩孔：伸长率参数公差等级为 2	扩孔：伸长率参数公差等级为 2	孔椭圆度偏差，等级 1：±1mm，等级 2：±0.5mm
7.5.9　对接焊缝	Nr	引弧/引出件（如规定）	引弧/引出件永久性衬垫持续性	引弧/引出件永久性衬垫持续性	EXC3 和 EXC4 引熄弧板均要求，需要永久性衬垫，陶瓷衬垫不可用
7.5.17　焊接的施工			飞溅物移除	飞溅物移除	
	EN ISO 5817 质量等级为 D（如规定）	质量等级一般为 C	EN ISO 5817 质量等级为 B	EN ISO 5817 质量等级为 B+	EXC4 的焊缝的外观质量要求高，其中错边 h 的要求为 0.05t，最大为 2mm。这个要求对现场和工厂的影响很大

条款	EXC1	EXC2	EXC3	EXC4	EXC4 的影响
12.4.2.2 检查范围	目视检查	NDT：见表 24	NDT：见表 24	NDT：见表 24	EXC4 的检测比例，CJP 或 PJP 为 100% 或 50%，角焊缝为 20% 或 10%。具体的探伤比例和探伤方面需再确定

6.3.5.2　构件下料长度控制

从原材料采购开始，按照定尺采购，考虑了多个因素：原材料定尺的余量考虑钢管弯圆时内弧的收缩（10～20mm）；钢管内隔板焊接收缩量（2～3mm）；钢管弯圆时尽可能减小直段的保留长度；构件外弧长度至中心长度＜100mm 时，中心线长度余量增加 100mm；构件外弧长度至中心长度≥100mm 时，中心线长度余量增加 150mm。

弯管直段放样举例　　　　　　　　　　　　　　表 6.3.6

序号	弯曲半径（m）	直段长度（mm）	矢高与理论偏差（mm）
1	100	1000	10
		500	1.3
		300	0.5
2	60	500	2.1
3	50	500	2.5
4	38	1000	12.2
		500	3.4
		300	1.2

注：工厂对每段进行处理，尽可能使得直段长度最短，保证现场对接时管口的错边量，错边量控制在 2mm 以内。

本工程钢管直径在 900～1300mm 之间，壁厚最大为 45mm，管径大、壁厚大，根据其弯曲矢高和半径大小，以及多次的试验，最终确定采用机械弯圆处理。

图 6.3.11　工厂弯管图片

主桁架弦杆设计是双弯造型，而实际加工的主弦杆构件是预变形后的尺寸。预变形的造型是通过若干个点采用多段平面圆弧拟合而成的，因此加工的主弦杆构件是单面弯弧构件，现场安装时拟合成双弯造型。在加工时会存在一定数量的斜端面（钢管的端面不是垂直于中心线），管管对接时干涉≤3mm 的直接拉开，＞3mm 的采用斜切，见图 6.3.12。

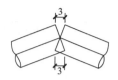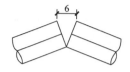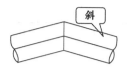

图 6.3.12　主弦杆构件斜切及对接示意图

管管对接焊位置还应考虑焊缝间隙：壁厚≤20mm，间隙 5mm；壁厚＞20mm，间隙 8mm。

6.3.5.3　预拼装技术

为保证制作与现场安装精度对首段主桁架及其范围内的径向次桁架在工厂进行整体预拼装，其余所有主桁架弦杆不少于 4 根循环预拼装。

图 6.3.13　工厂首段预拼装

图 6.3.14　主桁架弦杆循环预拼装

多管相贯一般遵循以下原则：a. 主管贯通，支管与之相贯；b. 两支管相贯，壁厚较小支管相贯在壁厚较大支管上；c. 后安装的管件相贯在先前安装的管件上；d. 如果 b、c 矛盾，应先调整安装顺序，满足 b 的要求。无法安装时，构件上设置牛腿，避免隐蔽焊缝。

结构底板与支座顶板螺栓连接，共有 123 颗 M36 螺栓，采用套钻的方式，保证螺栓的穿孔率。结构底板与支座相连节点采用 VR 技术，进行三维虚拟预拼装，保证支座节点牛腿的尺寸和角度。

图 6.3.15　结构底板与支座相连节点

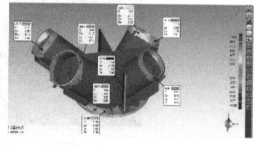

图 6.3.16　结构底板与支座相连节点虚拟预拼装

6.3.6　施工中的关键技术

现场施工采用地面分段拼装，设置临时支撑架分段吊装，高空对接的方案进行施工，吊装最重分段约 144t，主要构件的吊装采用 650t 履带吊超起工况进行吊装。

图 6.3.17　吊装长跨主桁架

6.3.6.1　临时支撑架抗震构造措施

考虑到现场位于强地震区域，地震频繁，临时支撑架支承主结构达到 18 个月。因此临时支撑架设计时考虑具有可靠的连接并能够承受 5 年一遇的地震烈度。

临时支撑架共有 64 组，临时支撑之间水平连接成整体，保证结构的稳定性，靠近看台临时支撑，与看台之间设置拉接杆件。

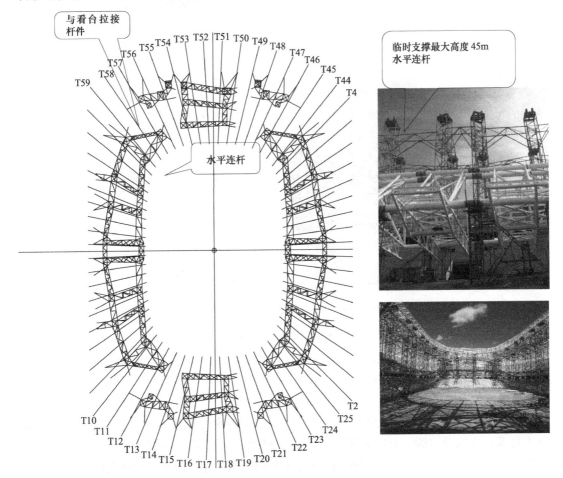

图 6.3.18　临时支撑布置图

6.3.6.2 安装和卸载措施

根据现场具体施工条件，主桁架现场安装顺序为Ⅰ区→Ⅵ区施工。次桁架现场安装时，由一台650t安装，考虑结构的位形，支撑架的反力大小，多个方案比选后，确定的次桁架的安装顺序为：A区→C区→D区→F区→E区→B区→G区→H区。

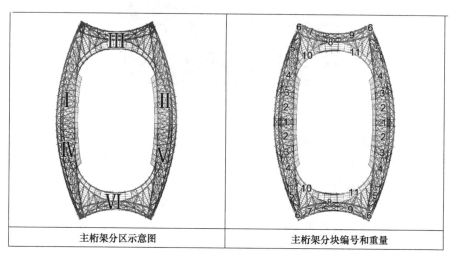

| 主桁架分区示意图 | 主桁架分块编号和重量 |

图 6.3.19　主桁架分区分块示意图

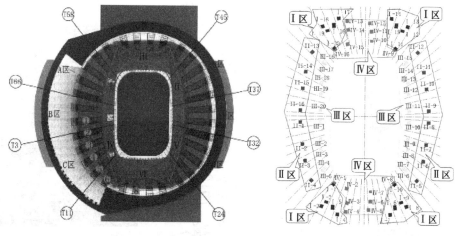

图 6.3.20　次桁架分区示意图　　　　图 6.3.21　卸载分区示意图

主桁架跨度大、卸载位移量大（沿长轴最大位移375mm），结构卸载是本工程的关键。采用液压千斤顶分区等比同步整体卸载法进行卸载。由于塔柱附近钢结构最终水平位移变化量大（实现支座滑移145mm），对周围的支撑架产生水平力很大，同时为了让四个角部结构永久支撑尽早参与受力，在同步整体卸载前，首先把塔柱周围临时支撑架（Ⅰ区）先行卸载。通过计算最大卸载量为－6mm，采用一次性卸载。对于Ⅱ&Ⅲ&Ⅳ区，这52个卸载点采取分步骤、分区域同步卸载，分11个循环步骤进行缓速有序的卸载，在各个循环步骤中，又细分为Ⅱ区长轴外圈→Ⅲ区长轴内圈→Ⅳ区短轴的卸载次序。

根据卸载点各点反力及最大卸载量选择液压千斤顶及设置卸载工装。卸载液压千斤顶选 150t/200t 两种型号，最大行程 200mm，如图 6.3.22、图 6.3.23 所示。

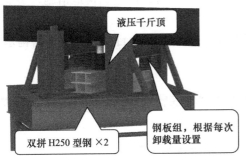

图 6.3.22　卸载初始状态示意图　　　　图 6.3.23　千斤顶一个行程后卸载状态示意图

两侧安装位置支撑采用 H250 型钢、钢板组、刀板作为竖向支撑形式，刀板两侧分别设置两根型钢和一根斜撑约束刀板水平方向位移；千斤顶顶部设置钢板与圆弧板结合节点，与千斤顶焊接在一起，千斤顶下部设置双拼 H250 型钢。卸载按照分步下降的原则，来实现荷载平稳转移。

6.3.7　技术总结要点

通过对巴哈吉体育场项目的制作和施工关键技术的阐述，总结了执行欧标进行钢结构加工、制作、安装的特点和要求，主要有以下结论：

1) 在材料选择时，与国标规范不同，根据欧洲规范 EN 1993-1-10 和 EN 10164，由多个要素，包括板厚和焊缝有效高度、焊缝形式、被焊接板厚度、焊接约束情况、是否焊接预热等条件最终确定 Z 向性能，更为合理。

2) 在进行钢结构自重下的整体预变形时，基于在反向的自重荷载作用下，得到变形后各控制点节点坐标，采用多段规则曲线拟合，形成光滑空间曲线。拟合时需要结合具体结构的受力特点，加工制作的可行性，确定最终拟合的原则，即先主要构件，后次要构件，兼顾相互连接点位置。

3) 在进行支座设计时，同时要兼顾施工中对支座的要求。在不增加较大成本的情况下，增加了一些构造措施，增大转角的要求，考虑滑移距离的不确定性，凹球冠的侧面增加了铜基涂层，既要满足设计要求的滑移和转角，又要保证施工中的滑移顺滑和滑移到位。结合结构本身的特点，设计了一套完整的支座更换的施工工艺，以满足规范要求未来更换支座的可能性。

4) 在理解设计要求的基础上，通过施工工艺实现支座滑移释放水平力的设计意图，并保证施工中的安全。在支座安装时采用临时楔块固定支座，在钢屋盖安装完成后卸载前采用千斤顶打开支座，整体卸载支座随屋盖滑移到位后，采用永久楔块固定，完成钢屋盖施工。

5) 准确理解欧洲标准中对于 EXC4 的要求，在项目实施过程中予以实现。在进行精度控制中，采取了多个措施来保证制作的精度。考虑弯管的回弹构件的下料长度，拼接焊接的收缩变形影响，设计合适的坡口形式和预留焊缝间隙；构件整体预拼装和循环预拼，确定合理相贯顺序；结构底板与支座顶板套钻，结构底板与支座相连节点采用 VR 技术，进行三维虚拟预拼装。

6）在施工中，结合当地的特点，设置能够抵抗一定等级地震的临时措施。合理的选择施工和卸载顺序，利用液压千斤顶实现同步卸载，设计可靠的卸载构造措施，实现最终的位形与设计要求的位形一致。

7）充分理解设计要求和合同规定，按欧标施工的钢结构项目一般要求钢结构承包商进行节点等相关项目的计算分析和深化设计。

6.4　港珠澳大桥香港旅检大楼钢结构实施标准及模块化设计技术实现

（作者：王煦　陈国栋　孙恒　陈耀东　邓鹏明）

6.4.1　工程概况

港珠澳大桥香港旅检大楼（HKPCB），采用斜柱支撑的主次梁结构体系，因香港段施工现场在飞行航线上，受飞机起降限高要求，无法布设大型吊装设备。项目施工创造性地采用了模块化整体组装工艺。建筑模块在临水码头拼装，用 SPMT 模块车转运，驳船海运至现场码头，现场滑移提升安装就位的工艺。即把钢结构分块，连同屋面系统、水暖、机电、室内装修系统一同在码头组合成为最大重量 880t、长度 60.7m、宽度 26.2m、高度 18m 的巨型复杂构形模块，模块整体滚装上、下船，到施工现场直接提升就位，模块间通过螺栓连接，完成大型空间结构建造的过程。在当前推行工业化、集成装配、绿色环保的形势下，本项目的成功实施，无疑为大型公建的施工方法，提供了一个新思路。

本项目是香港政府投资的重点项目，材料、加工、施工全部采用欧标和英标，检测、试验采用香港 HOLKAS 实验室认证资格体系。由于项目采用了特殊的结构体系和构造，应用了很多新材料，涉及 API 钢材、非标铸钢、小直径厚壁锥管、140 拉杆连接副、高强度沉头螺栓、油漆及环氧类防火体系等，形成了欧标材料的系统使用体系和技术标准、检验标准。

6.4.2　结构设计

6.4.2.1　结构体系

HKPCB 位于香港国际机场东北方向的人工岛上，紧邻机场。建筑外形呈波浪形，波长 56.00m。本工程屋盖采用钢结构，屋面为金属屋面板加玻璃天窗，立面为玻璃幕墙。建筑平面尺寸 310.65m×192.00m，室外地面标高＋5.85m，顶标高＋36.80m。

图 6.4.1　HKPCB 效果图

图 6.4.2　建筑横向剖面图

屋盖钢结构采用简洁的四叉柱支撑连续拱形实腹梁体系，锥管柱支撑作为主要竖向传力结构，锥管柱通过铸钢件基座支撑于混凝土柱顶。整体结构的传力路径为：屋面系统→檩条→次梁→主梁→锥管柱→铸钢件基座→混凝土柱→基础。

基本结构单元如图 6.4.3、图 6.4.4 所示。

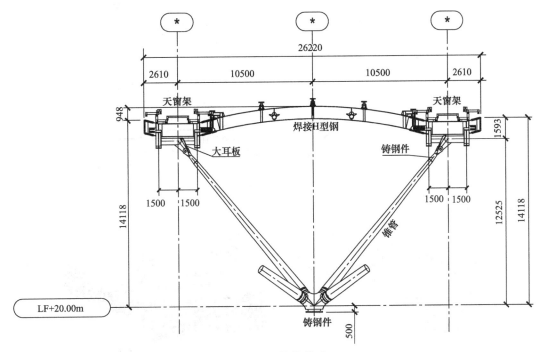

图 6.4.3　结构单元

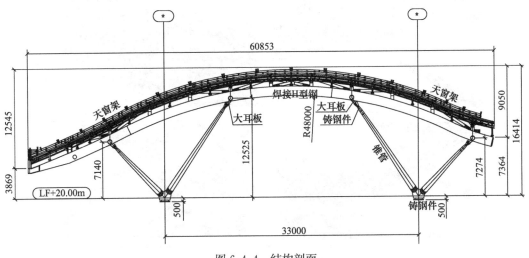

图 6.4.4　结构剖面

6.4.2.2 主要构件类型统计

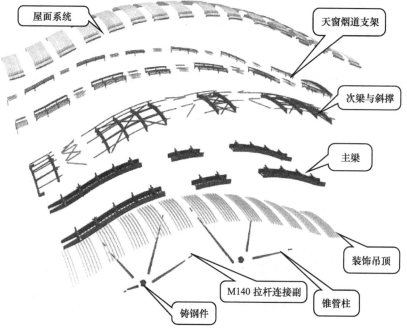

图 6.4.5 构件分布

6.4.2.3 典型节点

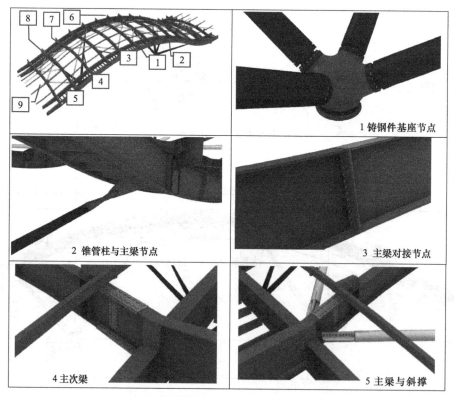

图 6.4.6 典型节点（一）

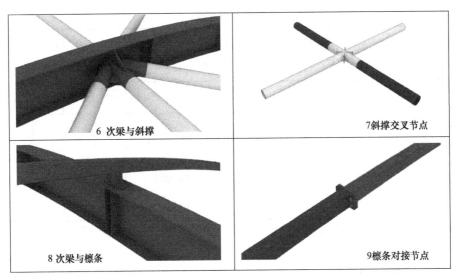

图 6.4.6 典型节点（二）

6.4.3 材料标准和技术要求

6.4.3.1 钢板

力学性能要求 表 6.4.1

标准	牌号	最小屈服强度（MPa）						最小抗拉强度（MPa）		最小断后伸长率%	测试温度（℃）	最小冲击功（J）
		厚度（mm）						厚度（mm）				
		≤16	>16 ≤40	>40 ≤63	>63 ≤80	>80 ≤100	>100 ≤150	≥3 ≤100	>100 ≤150			
EN 10025-2	S355JR	355	345	335	325	315	295	470	—	18	20	27
	S355J0									18	0	27
	S355J2									18	−20	27
	S355K2									18	−20	40
EN 10025-3	S355NL							470	450	18	−50	27
API 2H	API 2H Gd 50	345						483	—	21	−40	34
API 2Y	API 2Y Gd 60	—			400			500		22	−40	41

化学成分要求 表 6.4.2

标准	牌号	C%最大			Si% 最大	Mn% 最大	P% 最大	S% 最大	N% 最大	Cu% 最大	其他% 最大
		厚度 Mm									
		≤16	>16 ≤40	>40							
EN 10025-2	S355JR	0.27	0.27	0.27	0.55	1.70	0.045	0.045	0.014	0.60	—
	S355J0	0.23	0.23	0.24	0.55	1.70	0.040	0.040	0.014	0.60	—
	S355J2	0.23	0.23	0.24	0.55	1.70	0.035	0.035	—	0.60	—
	S355K2	0.23	0.23	0.24	0.55	1.70	0.035	0.035	—	0.60	—

化学成分要求 表 6.4.3

标准	牌号	C%最大	Si%最大	Mn%最大	P%最大	S%最大	Nb%最大	V%最大	Al总计%最小	Ti%最大	Cr%最大	Ni%最大	Mo%最大	Cu%最大	N%最大
EN 10025-3	S355NL	0.20	0.55	1.70	0.030	0.025	0.06	0.14	0.015	0.06	0.35	0.55	0.13	0.60	0.017
API 2H	API 2H Gd 50	0.22	0.05~0.45	1.15~1.60	0.030	0.015	0.01~0.04	—	0.02~0.06	0.020					0.012
API 2Y	API 2Y Gd60	0.12	0.05~0.50	1.15~1.60	0.030	0.010	0.05	0.06	0.02~0.06	0.02	0.25	1.0	0.3	0.35	0.012

注：本项目 API 2Y Gd60 钢板厚度达到 125mm，超出标准规定最大厚度 100mm 的范围，根据多方沟通，确定理化性能标准。

6.4.3.2 钢管

力学性能要求 表 6.4.4

标准	等级		最小屈服强度 MPa		最小抗拉强 MPa		断裂后的最小延伸率%		最小冲击功 J
			壁 mm				壁厚 mm		测试温度
EN 10210-1	钢牌号	钢号	$t \leqslant 16$	$16 < t \leqslant 40$	$t \leqslant 3$	$3 < t \leqslant 100$	10210	10219	002
	S355J0H	1.0547	355	345	510	470	22	20	27

化学成分要求 表 6.4.5

标准	牌号	C最大	Si%最大	Mn%最大	P%最大	S%最大	N%最大
		壁厚 mm					
		$\leqslant 40$					
EN10210-1	S355J0H	0.22	0.55	1.60	0.035	0.035	0.009

6.4.3.3 铸钢件

1. 铸钢件尺寸信息

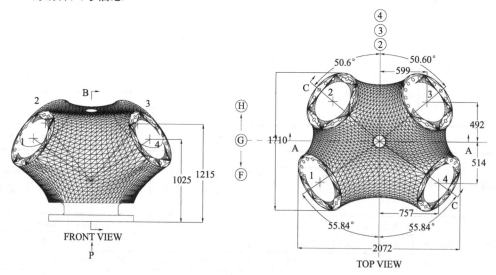

图 6.4.7 铸钢件基座尺寸信息（一）

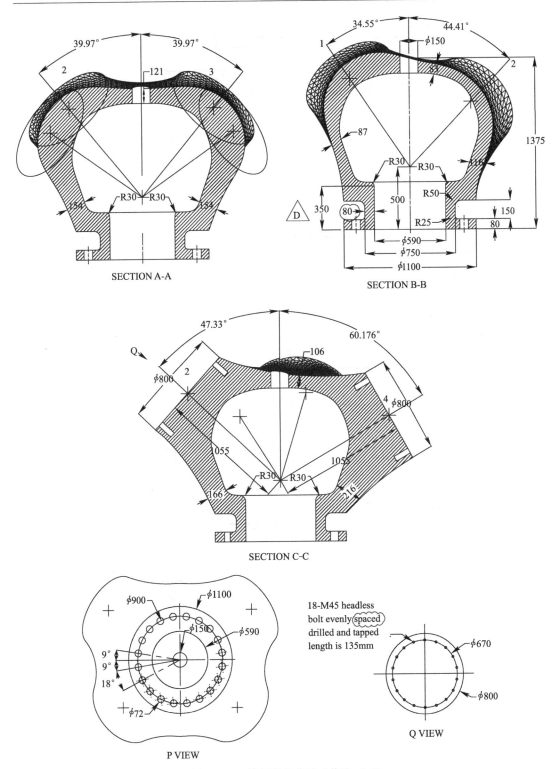

图 6.4.7　铸钢件基座尺寸信息（二）

2. 取样位置及试件尺寸要求

取样位置及试样尺寸如图 6.4.8，图 6.4.9 所示。

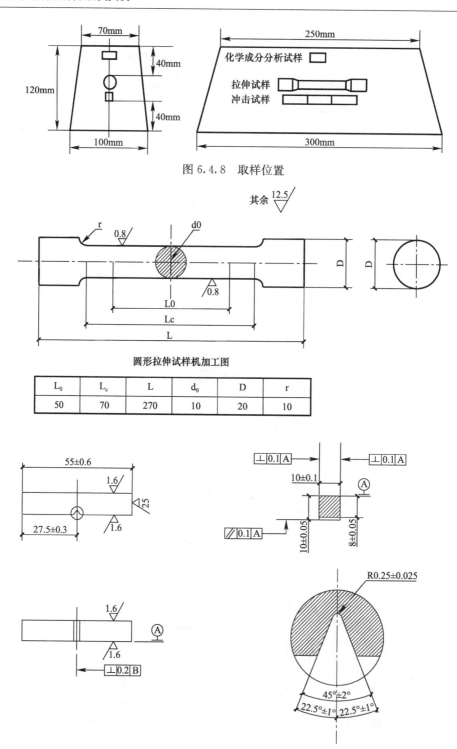

图 6.4.8　取样位置

圆形拉伸试样机加工图

L_0	L_c	L	d_0	D	r
50	70	270	10	20	10

图 6.4.9　试样尺寸

注：化学成分分析试样尺寸为：$30 \times 30 \times 10mm$。

　　取样和理化性能检测过程由独立的第三方检测机构见证。检测结果有第三方检测单位签发 EN 10204 3.2 证书。

3. 铸钢件性能的要求

参照 EN10293，要求屈服强度等同于连接钢板 f_y＝335MPa。

铸钢件力学性能要求　　　　表 6.4.6

铸钢件的力学性能和碳当量要求					
性能要求	抗拉强度（MPa）	屈服强度（MPa）	伸长率（%）	断面收缩率（%）	冲击功（－30℃）	碳当量 CEV 备注
最小	450	335	18	35	27	0.45
最大	600	—	—	—	—	—

注：CEV＝C＋Mn/6＋(Cr＋Mo＋V)/5＋(Ni＋Cu)/15。

铸钢件化学成分要求　　　　表 6.4.7

铸钢件的化学成分配比									
化学元素	C（%）	Si（%）	Mn（%）	P（%）	S（%）	Cu（%）	Cr（%）	Mo（%）	Ni（%）
目标值	0.20	0.35	1.0	0，015	0.010	0.05	0.2	0.10	0.20
最小值	0.18	0.25	0.85	—	—	—	0.1	0.05	0.1
最大值	0.25	0.5	1.2	0.020	0.015	0.3	0.30	0.30	0.40

4. 铸钢件无损检测要求

由独立的第三方检测机构 BV 在铸钢厂进行检测、检测标准和采样频率如表 6.4.8 所示。

铸钢件无损检测要求　　　　表 6.4.8

序号	检测要求	执行标准	检测频率
1	外观检查	ASTM A802 等级 1	全部产品 100%
2	尺寸检测	BS 6615 CT9、CT 4（备注 1）	样件、批量件 20%
3	MT 检测	EN 1369 等级 2	全部产品 100%
4	UT 检测	EN 12680-1 等级 3	样件、批量件 20%。铸钢件的焊接坡口，机加工和打孔部位 100%
5	RT 检测	ASTM E280 和 ASTM E94 等级 3	壁厚≤305mm 区域，每种类型首件。之后检测频次按照工程师要求进行

铸钢件的铸造面公差按照 BS 6615 CT9 要求执行。对于图 6.4.10 所示的法兰底面和四个分支的端面尺寸的加工公差，按照 BS 6615 CT4 要求执行。

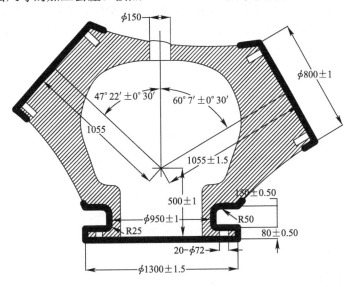

图 6.4.10　加工公差 CT 4 区域图示

6.4.3.4 M140 拉杆连接副

1. M140 拉杆连接副尺寸信息

大直径 M140 钢拉杆锁头连接副包含铸钢锁头、销轴组件、140mm 连接螺杆，锁紧环和尾部锥形铸钢件。

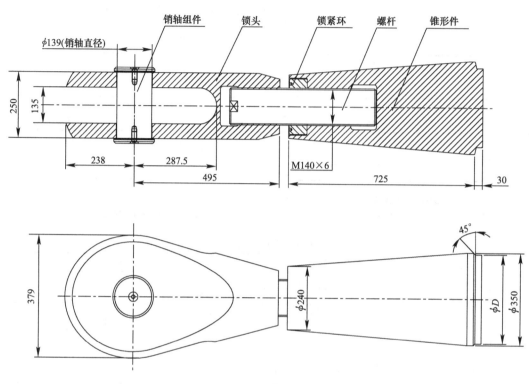

图 6.4.11 拉杆接头

2. 主要技术要求

本项目要求 M140 连接副满足给定的两种组合：一是压剪组合，压力 $F=5150\text{kN}$，横向剪力 $V=150\text{kN}$；二是拉剪组合，拉力 $F=3800\text{kN}$，横向剪力 $V=150\text{kN}$。压力大于拉力，选取更不利的压剪组合作为控制工况。

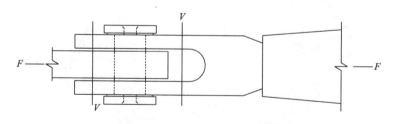

图 6.4.12 M140 拉杆连接副受力示意图

设计依据：Eurocode 3：Design of steel structure-Part 1-1，Eurocode 3：Design of steel structures-Part 1-8。

3. 材料性能要求

根据欧标材料标准，选取的各部分材料的主要力学性能和执行标准如表 6.4.9 所示。

M140 拉杆连接副各部分材料力学性能 表 6.4.9

名称	执行标准	材料	屈服强度 f_y(Rp0.2)MPa	极限强度 f_u(Rm)MPa
锁头	EN 10293	调配铸钢件	335	470
螺杆	EN 10083-3	42CrMo2	650	850
销轴	EN 10083-3	42CrMo2	650	850
锥形件	EN 10293	调配铸钢件	335	470
锁紧环	EN 10083-3	42CrMo2	650	850

注：f_y 为屈服强度，f_u 为极限强度。

原材料的化学成分 表 6.4.10

材料	材料牌号	C min	C max	Si max	Mn min	Mn max	P max	S max	Cr min	Cr max	Mo min	Mo max	Ni min	Ni max
调配铸钢材质	—	0.16	0.20	0.50	1.00	1.40	0.020	0.015	0.10	0.20	0.14	0.17	0.1	0.3
42CrMo	A30422	0.38	0.45	0.37	0.50	0.80	—	—	0.90	1.20	0.15	0.25	—	—

原材料的力学性能 表 6.4.11

材料	牌号	热处理 淬火(℃)	热处理 回火(℃)	厚度 T(mm)	室温拉伸 R_p(0.2MPa, min)	室温拉伸 R_m(MPa)	室温拉伸 $A\%$(min)	冲击 KVJ(min)	冲击 温度(℃)	碳当量 $CEV\%$, max
调配铸钢材质	+QT	880-950-	650-700	$T \leqslant 150$	335	470	18	27	−30	≤0.50
42CrMo2		850	560-650	1	650	850	13	35	−30	

4. 无损检测要求

由独立的第三方检测机构 BV 在拉杆连接副厂进行检测、检测标准和频率如表 6.4.12 所示。

无损检测要求 表 6.4.12

序号	检测要求	执行标准	检测频率
1	外观检查	ASTM A802 等级 1	全部产品 100%
2	尺寸检测	BS 6615 CT9、CT 4（备注 1）	样件、批量件 20%
3	MT 检测	EN 1369 等级 2	全部产品 100%
4	UT 检测	EN 12680-1 等级 3	样件、批量件 20%。铸钢件的焊接坡口，机加工和打孔部位 100%

铸钢件的铸造面公差按照 BS 6615 CT9 要求执行。对于带孔端面尺寸的加工公差，按照 BS 6615 CT4 要求执行。

6.4.3.5 螺栓连接副标

1. 螺栓理化性能

螺栓理化性能　　　　　　　　　　　　　　　　　　　　表 6.4.13

标准	BS 4190 大六角螺栓（M36～M45）			EN 14399-3 大六角螺栓（M12～M36）		EN 14399-7 沉头螺栓（M12～M36）	
螺栓等级	10.9	8.8		8.8		8.8	
	—	$d{\leqslant}16$	$d{>}16$	$d{\leqslant}16$	$d{>}16$	$d{\leqslant}16$	$d{>}16$
拉伸强度 R_m min, N/mm²	1040	800		800	830	800	830
屈服强度 $R_{0.2}$ min, N/mm²	940	640		640	660	640	660
断面伸长率 min,%	9	12		12		12	
断面收缩率 min,%	48	52		52		52	
保证载荷 min, MPa	830	580	600	580	580	580	580
楔负载 MPa	/	/	/	/	/	/	/
冲击功	kV, min=27J at −20℃	kV, min=27J at −20℃		kV, min=27J at −20℃		kV, min=27J at −20℃	
硬度	维氏硬度 HV F⩾98N	320～380	250～320	255～335	250～320	250～320	250～320	250～320
	布氏硬度 HB F=30D2	304～361	238～304	242～318	238～304	238～304	238～304	238～304
	洛氏硬度 HRC	32～39	22～32	23～34	22～32	22～32	22～32	22～32
化学成分 %	C	0.2～0.55	0.15～0.55					
	P	0.025max	0.025max					
	S	0.025max	0.025max					
	B	0.003max	0.003max					
	Mn	/	/					
	Si	/	/					

2. 螺母理化性能

螺母的理化性能　　　　　　　　　　　　　　　　　　　　表 6.4.14

标准	BS 4190		EN 14399-3		EN 14399-7	
螺母等级	10	8	8		8	
			$d{\leqslant}16$	$d{>}16$	$d{\leqslant}16$	$d{>}16$
保证载荷 min, N/mm²	1000	800	1000		1000	
硬度 维氏硬度 HV	370max	310max	250～353	295～353	250～353	295～353
硬度 布氏硬度 HB	353max	302max	238～336	280～336	238～336	280～336
硬度 洛氏硬度 HRC	36max	30max	22.2～36	29.2～36	22.2～36	29.2～36
化学成分（%） C	0.58max	0.58max	0.58max			
化学成分（%） Mn	0.25min	/	0.25min			
化学成分（%） P	0.048max	0.060min	0.048max			
化学成分（%） S	0.058max	0.015max	0.058max			
化学成分（%） Cu	/	/	/			
化学成分（%） Ni	/	/	/			
化学成分（%） Cr	/	/	/			
化学成分（%） Mo	/	/	/			

垫圈理化性能 表 6.4.15

垫圈标准	BS 4320	EN 14399-5/6
硬度	/	300～370 HV
化学成分	低碳钢	钢

3. 取样比例按照本项目技术要求 GS 15.20 执行，如表 6.4.16 所示。

检测取样比例 表 6.4.16

螺栓尺寸	取样比例
M≤M16	每 15000 个/炉取 1 个
M16<M≤M24	每 5000 个/炉取 1 个
M>M24	每 2500 个/炉取 1 个

6.4.3.6　油漆和防火涂料

1. 标准和参考文献

ISO 12944 色漆和清漆—钢结构的防腐蚀涂料系统保护

ISO 8501-1 表面清洁度目测法评估

ISO 8501-3 涂料和有关产品使用之前钢衬底的预处理，表面清洁度的目视评定，第 3 部分焊缝、切边及其他有表面缺欠的部位预处理等级

ISO 8502-3 表面清洁度测试评估—准备涂漆的钢材表面灰尘评估—压敏胶带法

ISO 8503 喷射清理表面粗糙度特征

ISO 8504 涂覆涂料前钢材表面处理—表面处理方法总则

ISO 2409 色漆和清漆—划格测试法

ISO 4624 色漆和清漆—附着力拉开法测试

ISO 11127 涂料和其他相关产品应用前钢底基的预处理，非金属喷砂清理磨料试验方法

ISO 8503-5 复制胶带法测定表面粗糙度

ISO 2808 色漆和清漆—漆膜厚度的测定

2. 油漆配套

油漆配套 1：ISO 12944 C3 环境无防火要求的钢结构。

油漆要求 表 6.4.17

表面处理	喷砂清理至 ISO 8501-1 Sa2.5 级，获得粗糙度 40～75 微米				损坏区域的修补：动力工具打磨处理至 ISO 8501-1 St3 级	
涂漆步骤	颜色	产品	稀释剂类型	平均干膜厚度/微米	香港现场维修	
底漆	灰色	环氧磷酸锌	Interseal 1052	GTA220	130（最小 104，最大 360）	低表面处理环氧树脂漆	Interseal 670HS
面漆		聚氨酯	Interthane 870	GTA733	70（最小 56，最大 210）	聚氨酯	Interthane 870
平均总干膜厚度				200（最小 160，最大 600）		

配套 2：ISO 12944 C5-M 环境无防火要求的钢结构。

325

油漆要求   表 6.4.18

表面处理	喷砂清理至 ISO 8501-1 Sa2.5 级，获得粗糙度 40～75 微米				损坏区域的修补：动力工具打磨处理至 ISO 8501-1 St3 级	
涂漆步骤	颜色	产品		稀释剂类型	平均干膜厚度/微米	香港现场维修	
底漆	白色	环氧磷酸锌	Interseal 1052	GTA220	80（最小 64，最大 240）	低表面处理环氧树脂漆	Interseal 670HS
中间漆	浅灰色	环氧云铁	Intergard 475HS	GTA007	170（最小 136，最大 300）	低表面处理环氧树脂漆	Interseal 670HS
面漆		聚氨酯	Interthane 870	GTA733	70（最小 56，最大 210）	聚氨酯	Interthane 870
平均总干膜厚度				320（最小 256，最大 960）		

配套 3：ISO 12944 C3 环境和 C5-M 环境下 2h 防火要求的碳钢结构。

油漆要求   表 6.4.19

表面处理	喷砂清理至 ISO 8501-1 Sa2.5 级，获得粗糙度 40～75 微米				损坏区域的修补：小面积，采用金刚砂盘打磨机或针枪进行表面处理，以获得一个干净粗糙的表面 依照 ISO 8501-1 St 3 标准且表面粗糙度不低于 50 微米	
涂漆步骤	颜色	产品		稀释剂类型	平均干膜厚度/微米	香港现场维修	
底漆	灰色	环氧富锌	Interzinc 52	GTA220	45（最小 36，最大 80）	低表面处理环氧树脂漆	Interseal 670HS
连接漆（中山）	红色	环氧连接漆	Intergard 269	GTA220	30（最小 24，最大 50）	低表面处理环氧树脂漆	Interseal 670HS
防火漆（中山）	灰色	环氧膨胀型防火涂料	Interchar 212		见下表	环氧膨胀型防火涂料	Interchar 212
面漆（中山）		聚氨酯	Interthane 870	GTA733	70（最小 56，最大 210）	聚氨酯	Interthane 870
平均总干膜厚度				—		

油漆要求   表 6.4.20

构件名称	规格	编号	数量	截面系数 $HP/A(\text{m}^{-1})$	设计防火涂料厚度/微米	最小防火涂料厚度/微米	最大防火涂料厚度/微米
Main prop casting	/	B-1	22	8	1380	1242	在不加稀释剂的情况下 Interchar 212 单道涂层干膜厚度不允许超过 5000 微米
	/	B-2	3	8	1380	1242	
	/	B-3	3	8	1380	1242	
	/	B-4	2	8	1380	1242	
	/	B-5	2	7	1380	1242	
	/	C-1	18	7	1380	1242	
Prop end casting	/	Prop end casting	200	33	3620	3258	

续表

构件名称	规格	编号	数量	截面系数 $HP/A(\mathrm{m}^{-1})$	设计防火涂料厚度/微米	最小防火涂料厚度/微米	最大防火涂料厚度/微米
M140 forkend tapered casting	/	Tapered casting	200	1.1	1380	1242	
Prop arm	Φ（800～350×32×10565）	C4-1	10	35	3795	3416	在不加稀释剂的情况下 Interchar 212 单道涂层干膜厚度不允许超过 5000 微米
	Φ（800～350×32×10499）	C4-1	10	35	3795	3416	
	Φ（800～350×25×14419）	C2-2	88	45	4510	4059	
	Φ（800～350×25×10565）	C2-1	68	45	4510	4059	
	Φ（800～350×28×14419）	C3-2	12	40	4180	3762	
	Φ（800～350×28×10565）	C3-1	12	40	4180	3762	

配套 4：ISO 12944 C3 和 C5-M 环境 2 小时防火要求的镀锌钢结构

油漆要求　　　　　　　　　　　　　　　　　　　表 6.4.21

表面处理	镀锌底材通过非金属磨料扫砂清理，获得粗糙度 15～25 微米				损坏区域的修补： 小面积，采用金刚砂盘打磨机或针枪进行表面处理，以获得一个干净粗糙的表面依照 ISO 8501-1 St 3 标准且表面粗糙度不低于 50 微米
涂漆步骤	颜色	产品		稀释剂类型	平均干膜厚度/微米	香港现场维修
镀锌		/	/		85（最小 85，最大 255）	低表面处理环氧树脂漆	Interseal 670HS
连接漆	红色	环氧连接漆	Intergard 269	GTA220	30（最小 24，最大 50）	低表面处理环氧树脂漆	Interseal 670HS
防火	灰色	环氧膨胀型防火涂料	Interchar 212		最小 3410 见下表	环氧膨胀型防火涂料	Interchar 212
面漆		聚氨酯	Interthane 870	GTA733	70（最小 56，最大 210）	聚氨酯	Interthane 870
总干膜厚度					3595（最小 3254）		

油漆要求　　　　　　　　　　　　　　　　　　　表 6.4.22

构件名称	规格	编号	数量	截面系数 $HP/A(\mathrm{m}^{-1})$	设计防火涂料厚度/微米	最小防火涂料厚度/微米	最大防火涂料厚度/微米
M140 forkend	M140 Forkend connector casting	/	200	27.5	3410	3069	在不加稀释剂的情况下 Interchar212 单道涂层干膜厚度不允许超过 5000 微米

327

6.4.4 模块化施工关键技术

6.4.4.1 模块的划分

屋盖结构分为 5 列 45 个屋面模块和 4 列 36 个嵌补模块。45 个屋面模块又分为 25 个公模块和 20 个母模块。36 个嵌补模块，分为 20 个公嵌补模块和 16 母嵌补模块。其中公模块由铸钢件、锥管柱、主梁、次梁、斜撑、檩条、天窗架、烟道支架、设备管线、屋面系统和装饰吊顶组成，另配运输及施工过程临时钢结构底盘，装配时的临时支撑架。

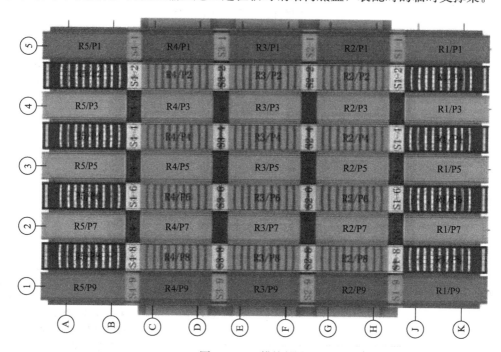

图 6.4.13　模块划分

6.4.4.2 施工流程

具体流程：钢构件在加工厂完成，并对首个模块屋盖部分进行工厂预拼装，除需要防火的构件外其余均油漆至面漆出厂，然后陆运至宁波港→船运至中山拼装场地→模块拼装→模块转运→模块顶升→模块换装→模块滚装上船→船运至香港施工现场。

6.4.4.3 模块化施工关键技术要点

使用模块车将模块进行专用和滚装上船，是本项目重点和关键点，不同于普通的设备、桥梁段和船节段，本项目的运输模块，具有以下特点：（1）模块是斜柱支撑的钢结构屋盖体系，面内刚度小，属于柔性结构。（2）荷载集中在屋面，距支座高度约 17m，重心高。（3）附属结构，包括屋面板、天窗含玻璃、吊顶、MEP 都已安装到位，运输过程允许的误差极小，对车的平稳、同步、高低偏差提出了要求极高要求。因此模块车在转运过程连接设计、运行偏差控制等与结构的相关性设计，至关重要。除此以外，本项目在辅助模块化拼装和滚装的设计、加工、质量管理技术等方面，也进行了大量的实践，作为模块化施工的重中之重，相关性设计是保证方案顺利实施的最关键技术，在以下几个方面实现技术创新：

构件加工	工厂预拼装
油漆施工	打包发运
装船发运	拼装场地卸货
模块拼装	模块转运
模块滚装上船	海运到香港施工现场

图 6.4.14　施工总体步骤

1. 运输及上船方案概述

本工程共有 45 个主模块和 36 个嵌补模块需要转运，将会使用 4 个 PPU103＋32 轴线模块车，完成现场转运、顶升、滚装装船施工，采用滚卸的方式运输返回的 trolley（20 个主模块 trolley＋18 个嵌补模块 trolley）并运送至拼装场地，一共 119 车次。

模块车（SPMT）运输系统主要包括两大组件：平台车（分为 4 轴线模块单元和 6 轴线模块单元）与动力头（以下简称 PPU）。

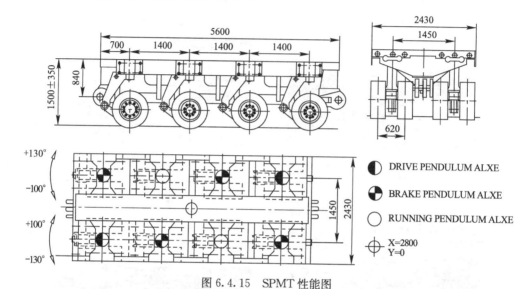

图 6.4.15　SPMT 性能图

图 6.4.16　出列和转运图

图 6.4.17　顶升至设计高度

图 6.4.18　滚装上船

2. 相关性设计关键技术

模块通过连接的支撑架、垫块和分载梁，将荷载传递到模块车，在转运、顶升、上船过程中，形成整体，共同作用。但模块车是多点支撑，在 2 个或 4 个 PPU 牵引下运行，过程中会存在多点行走不同步、地面有高差等运行误差，也有惯性，风荷载，上船过程涨潮、落潮，浮力变化等可变荷载作用，整体结构、模块车、模块本身的受力都很复杂。在结构允许支撑点间的位移偏差和模块车运行过程能够控制的位置偏差两者之间，找到一个可行的控制误差区间，进行相关性的构造设计和建立力学模型，进行各种工况下的结构和模块的受力校核，是本项目的最为关键技术。

3. 模块车（SPMT）运输过程相关设计

进行 SPMT 的如下复核计算，把模块当成荷载，做下列校核：

1）SPMT 负荷率校核：按照最重模块计算，28 轴车转运负荷率 70%，32 轴车上船，最大负荷率 67%。

2）转运过程地压核算：要求地耐力 8.79kPa，实际地耐力 12kPa。

3）SPMT 驱动力校核：采用 2 个和 4 个 PPU，牵引为 1920kN，考虑上船有坡度 6% 计算，需要牵引力 413kN。

4）SPMT 稳定性校核：做结构倾覆计算，因支点之间距离达 18m 和 9m，通过计算，运行及上船过程，SPMT 及模块稳定。

5）SPMT 运输风荷载校核：结构和 SPMT，在设计的连接方式下，极限状态，可抵抗 23m/s 风速，低于此风速，SPMT 可平稳运行，无须加固。

4. 结构整体安全性分析

为确保结构在转运过程中安全可靠，选用有限元分析软件 SAP2000 对结构转运这一过程进行模拟，模拟过程考虑：

1）恒载：钢结构自重。

2）附加恒载：地盘托架及屋面自重荷载。

3）风荷载：取当地 10 年一遇最大风压 0.45kN/m² 作为基本风压，按照规范计算，重点考虑风吸和侧向风压。

4）温度：按照升降温 +/−10℃考虑。

模拟分析内容根据实际模块结构转运过程，分为出列转向过程，顶升换装过程，滚装上船过程，分别计算验证结构在该过程中是否满足要求。

通过在整个出列转向过程中对结构的仿真分析，绝大多数杆件的应力比都小于 0.5（蓝色），结构最大应力比在 0.9 左右，位于底盘托架支臂处，考虑到该结构是临时结构且转运过程较为短暂，因此在应力方面，结构安全满足要求。结构整体变形最大变形在 92~100mm 之间，未发生显著变化。因此该过程在结构变形方面也同样满足要求。

上船过程模拟计算过程中，除了考虑上文所提及的恒、风、温度等荷载外，考虑实际可能会发生的岸船高差，在计算中考虑 1.5% 的坡度荷载，通过分析可以看到结构在上船过程中，结构整体变形与应力与地面初始拼装状态一致，由于上船过程采用六点支撑，主要竖向力集中在了锥管柱位置，因此锥管柱的应力比达到了 0.88，但仍然符合设计要求。此外通过结果来看，坡度荷载对于结构的影响并不明显，这是由于相比较于其他侧向荷载，1.5% 的地坪坡度所产生的水平力极小。因此可以认为钢结构在滚装上船这一过程也是安全的。

5. 结构整体不同步性分析

对于整个转运过程中的各组 SPMT 车组的不同步分析是本项目的一个重点，相比其他 SPMT 转运构件，如桥梁、管道平台等，本工程所转运的构件较柔，对各点支撑的不同步性极为敏感。因此需要通过模拟分析对结构所允许的最大不同步性进行分析，并作为理论依据用于最终方案的精度控制要求。

在计算过程中，通过对结构各支撑点施加强迫位移的方式来模仿转运过程中的结构不同步性，在保证结构应力小于 1.0 的情况下，通过反复尝试，找到各支撑点在各个方向上最大容许强迫位移作为该点位 SPMT 最大允许不同步值。

经过计算结构各支撑点位 SPMT 最大允许不同步性如图 6.4.19 所示。

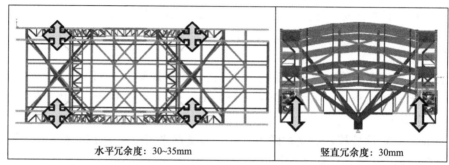

| 水平冗余度：30~35mm | 竖直冗余度：30mm |

图 6.4.19　结构不同步性冗余度

由此可见，结构支撑各点间最小绝对不同步性冗余度在 30mm 左右，并将此值作为最终转运过程中不平衡性控制值，用于精度控制中。

6. 精度控制技术

为了确保结构在转运过程中结构变形处于安全可控的范围之内，对于运输的精度设计控制在整个转运过程中至关重要。根据前文所计算的结果，对模块运输速度、加速度以及场地条件进行了要求，如表 6.4.23 所示。

SPMT 出列转向过程运输要求　　　　　　　　　　　表 6.4.23

项次	控制要求
运输速度	<0.08m/s
运输启动加速度	<0.008m/s^2
最大允许制动加速度	<0.1m/s^2
车辆最小横向行走宽度	>27m
车辆最小纵向行走宽度	>65m
纵向坡度	$<1\%$
横向坡度	$<1\%$
设备回转半径	>35m

对于车组间不同步性的控制，根据结构前文所诉的整体计算与节点设计，实际车组间允许不同步位移为两组 SPMT 绝对不同步冗余度的总和：

$$2×(结构绝对允许位移＋节点滑移量)＝2×(30＋10)＝80mm$$

因此设计要求结构在行走过程中，每行走 5m 的距离或结构整体转动 20 度，对 SPMT

车组水平距离进行测量，确保各组 SPMT 的水平方向不同步在 80mm 以内。如超过 60mm，则对车辆进行调整。在竖直方向不同步的调整，通过实时监控各组 SPMT 车辆油压表，要求各油压表压力值变化幅度不得超过 8％，一旦出现超过限制的偏差，立即进行停车调整。这样通过位移与压力双控方式，确保转运过程中整个结构的安全性。

图 6.4.20　现场精度测量示意图和跳板示意图

在顶升过程中由于主要是对结构进行竖向高度的调整，因此需对 SPMT 压力表进行实时监控，要求每次变化 20％的压力，对承载路面、模块、运输支架、顶升支腿进行检查，其中压力表偏差要求在 5％以内，确认无异常后，继续作业，直至钢构模块支撑重量的转换。

在上船过程中，考虑到潮汐以及车辆上船对压舱水深的影响，堤岸与船只间的高差是动态变化的，需要车辆与船只之间设置跳板用于平稳过渡，跳板是整个装船过程中体系转换点，这时船体受力有一个突变过程，由不受力到突然受力，力由跳板传递到驳船甲板钢结构，这时候需要观测钢板受力状态及本船甲板面上的测点高程变化情况，及时调整浮态。

此外在车辆上船前，应调整驳船压舱水位，使甲板面比码头平面高出 30mm，之后开始滚装上船过程。在装船过程中进行动态监控，如堤岸高度高于船体超过 30mm，应停止滚装进行调载，将驳船甲板面调整到比码头平面高出 30mm，再继续进行滚装。在装船过程中，平板车应平稳低速前行，保持 0.05m/s 匀速上船，同时与驳船操作人员需进行密切配合对船只的压载系统进行调节，确保船只的纵横向倾斜度均在 1％以内。

6.5　沙特麦加高铁站高强度螺栓端板连接节点构造及设计

（作者：陈国栋　王煦　郭静　孙恒　李淑娴）

6.5.1　前言

海外项目多采用美标、欧标、英标、澳标等标准，几乎所有工程项目均要求钢结构承包商对节点进行设计或进行校核并深化设计。因此熟练掌握相应设计规范，具备节点设计能力是对承包商的基本要求。

在国内，轻钢、高层等工程中常采用螺栓连接节点，空间结构中较多采用现场焊接。而海外工程，一般情况下现场连接采用螺栓连接，无论是 H 型钢的结构还是管材、箱形截面的结构，设计师想方设法采用各种各样的构造设计，螺栓连接是首选。其原因是现场焊接质量较难控制，检测流程长，海外人力成本也相对较高，焊工技能相对中国焊工普遍较弱，工期不易控制。在此背景下，以麦加高铁站项目为背景，探讨了异形空心截面的端板螺栓连接节点的构造及设计方法。

6.5.2 工程概况

6.5.2.1 屋盖钢结构组成

本项目位于沙特阿拉伯麦加，为麦加-麦地那高铁线最大车站，钢结构由大厅钢屋盖、站台钢屋盖及附属结构组成。其中屋盖结构由伞状单元沿纵横向排列组合而成，造型融入了伊斯兰的拱门元素。总面积约为 10.94 万 m^2。钢结构总用量约 1.7 万 t，执行 BS/EN 标准。

候车大厅钢屋盖平面尺寸为 216m×216m，由柱子、柱头、主梁、次梁、边梁和拉杆等组成，包含 60 个 27m 长×27m 宽×24.7m 高的大伞，大伞柱网呈方形布置，柱中心距为 27m×27m，柱顶形成 45 度方向的拱结构布置，主梁拱跨度约 38.2m，拱顶最大标高为 24.7m；站台钢屋盖平面尺寸为 486m×135m，由 360 个 13.5m 长×宽 13.5m 宽×9m 高的小伞组成。大厅及站台钢屋盖均采用树状柱结构形式，如图 6.5.1 所示。

现场连接均采用高精度尺寸控制的高强度螺栓端板连接。

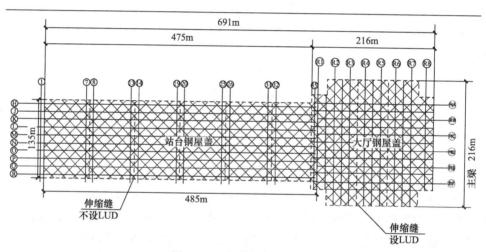

图 6.5.1 屋盖钢结构平面

大厅钢结构的伸缩缝位置，基本单元之间的边梁端部设置了速度阻尼器（LUD），将边梁端部连接起来。承受突发荷载（如地震，风）时 LUD 为一个刚性连接装置，与结构一起受力；而在温度引起的缓慢膨胀和收缩时，LUD 允许构件之间有相对移动。LUD 既保证了结构的受力，又释放了温度影响。

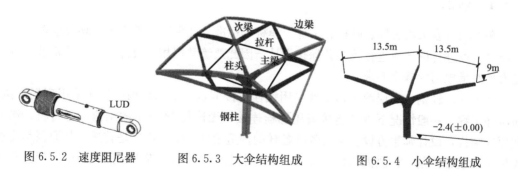

图 6.5.2 速度阻尼器　　图 6.5.3 大伞结构组成　　图 6.5.4 小伞结构组成

图 6.5.5　现场安装实景与完工内景图

6.5.2.2　空心异形截面形式

大厅钢屋盖结构柱为十字形空心截面，梁为梯形截面和圆弧组成的空心截面，如图 6.5.6 所示。

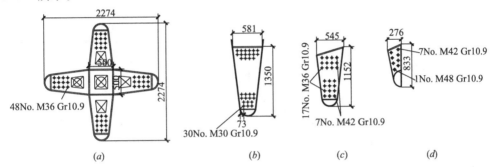

图 6.5.6　大伞结构异形截面端板连接

（a）柱子；（b）主梁；（c）次梁；（d）边梁

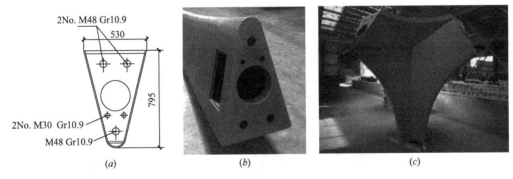

图 6.5.7　小伞钢屋盖异形截面端板连接

（a）主梁尺寸图；（b）主梁端；（c）柱头端

小树柱头与主梁连接因截面限制，采用直径较大 M56 的高强度螺栓。高强度螺栓数量少，截面强度冗余度较低，高强度螺栓的质量控制成为结构安全保证的重点之一。

6.5.2.3　关键节点设计

本节探讨了大厅钢屋盖中的典型节点设计。大厅钢屋盖的节点包括：（a）柱脚节点；（b）柱头-柱节点，柱-柱节点（与柱头-柱节点类似）；（c）柱头-主梁节点；（d）主梁与次梁连接节点；（e）边梁与主梁节点；（f）边梁与次梁节点。

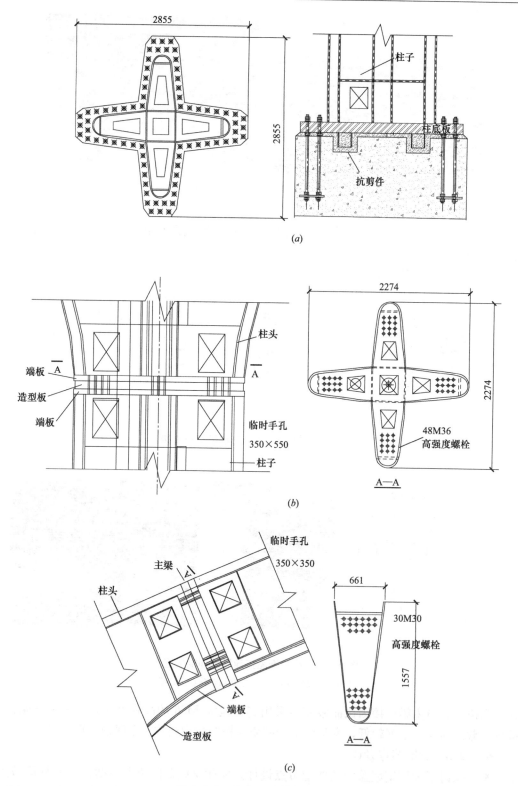

图 6.5.8　节点主要形式（一）

(*a*) 柱脚节点（底板厚 110mm）；(*b*) 柱头与柱子节点（端板厚 70mm）；(*c*) 柱头与主梁节点（端板厚 110mm）；

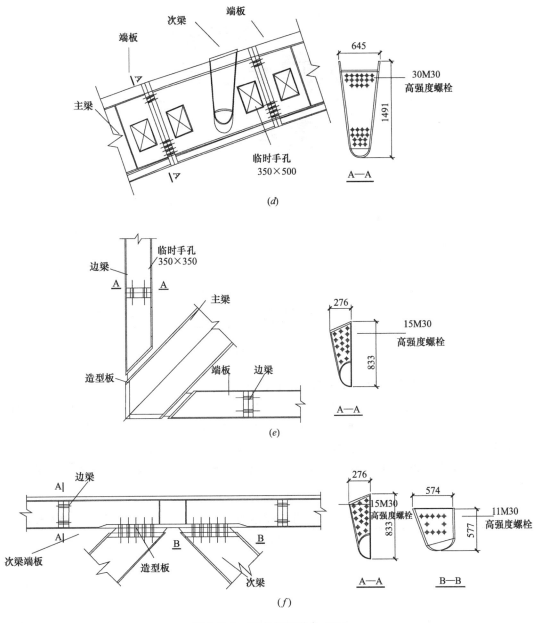

图 6.5.8 节点主要形式（二）

（d）主梁与次梁节点（端板厚 70mm）；（e）边梁与主梁节点（端板厚 50mm）；（f）边梁与次梁节点（端板厚 40mm）

6.5.3 异形截面端板连接节点

6.5.3.1 端板连接节点设计构造

为了满足建筑的需要，封闭的异形截面要求使用内端板连接，螺栓设置在腔内，在构件腹板上开安装手孔。高强度螺栓在端板上分布的边距及间距不仅要满足受力，还要符合扭矩扳手施工空间。手孔封板采用 M8 自攻钉固定，并不承担荷载，手孔内设置封板形成封闭空间，油漆后实现内表面防腐。手孔的开孔位置及大小同时符合施工与板件受力的需要。

以项目中典型的大柱柱头和柱子节点为考虑对象，其他端板节点考虑与其相类似。

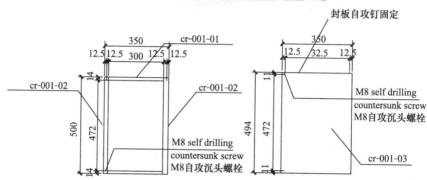

图 6.5.9 临时手孔构造

6.5.3.2 端板连接节点的屈服线模式和设计方法

对于此类复杂的节点，在进行有限元计算时，模型的建立和划分需要耗费较大的精力，采用简化的设计方法，在进行详细的有限元分析之前，可以对端板厚度和螺栓布置进行的初步设计。以柱头与柱子节点为例，其他端板节点原理与其相类似。

钢材执行的标准是 EN 10025-2，材料等级为 S355J0，屈服强度与板厚有关，如表 6.5.1 所示。

钢板材料强度　　　　　表 6.5.1

等级	屈服强度（MPa）					
	板厚（mm）					
	≤16	＞16 ≤40	＞40 ≤63	＞63 ≤80	＞80 ≤100	＞100 ≤150
S355	355	345	335	325	315	295

1. 螺栓的验算

螺栓采用 10.9 级 M30 的高强度螺栓摩擦型连接，根据设计要求，钢材间的摩擦系数取为 0.5。根据 EC3，M30 单个螺栓的预紧力 $F_{p,c}=0.7f_{ub}A_s=393\mathrm{kN}$，受拉承载力 $F_{t,Rd}=0.9F_{p,c}=353\mathrm{kN}$，抗剪承载力 $F_{v,Rd}=k_s\mu F_{p,c}/\gamma_{M3}=157\mathrm{kN}$。

螺栓抗剪：
$$F_{v,Ed}=(F_{v,y1}^2+F_{v,z1}^2)^{0.5}$$

螺栓抗拉：

拉力作用下：
$$F_{t,a}=F_x/\sum n_i$$

弯矩作用下：
$$F_{t,z}=M_y\times h_z/\sum n_i h_z^2$$

螺栓拉力：
$$F_{t,Ed}=F_{t,a}+F_{t,z}$$

螺栓的拉剪组合：$\qquad F_{v,Ed}/F_{v,Rd}+F_{t,Ed}/1.4F_{t,Rd}\leqslant 1$

式中　$F_{p,c}$——螺栓预紧力；

$\qquad f_{ub}$——螺栓的极限强度；

$\qquad A_s$——螺栓的静截面面积；

$\qquad F_{t,Rd}$——受拉承载力；

$\qquad F_{v,Rd}$——抗剪承载力；

$\qquad k_s$——孔洞特性调节系数；

$\qquad \mu$——摩擦系数；

$\qquad \gamma_{M3}$——安全系数；

$\qquad F_{v,Ed}$——螺栓承受剪力；

$\qquad F_{t,*}$——螺栓承受拉力。

根据以上公式，可以确定螺栓的数量和直径。

2. 端板设计

欧洲钢结构设计规范 EC3-1.8 中对 H 形端板连接节点的设计做了规定，将其等效为 T 形件，在 T 形件的翼缘根部屈服且螺栓失效的情况下，根据不同的屈服线分布模式，对端板和螺栓进行验算。而对本工程箱形截面而言，端板的受力及其屈服线模式没有现成的研究资料可供借鉴。

根据异形截面端板连接节点的受力特点，给出了建议的屈服线模式：模式 1 为沿着最外排螺栓的端板上屈服线，模式 2 为螺栓周围的圆周形端板屈服线。

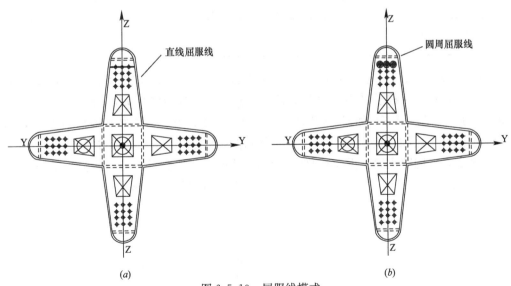

图 6.5.10　屈服线模式

（a）模式 1；（b）模式 2

然后，再根据端板的抗弯 $t\geqslant[6M/(f_yL_{eff})]^{0.5}$ 确定端板的厚度。由模式 1 计算得到的端板厚度为 60.5mm，由模式 2 计算得到的端板厚度为 26.2mm。根据屈服线假定，最终确定的端板厚度为 70mm。

6.5.3.3　有限元模型和分析结果

由于开洞，截面形状特殊，已有的文献和资料中很难找到可以参考的依据，因此，在简化设计方法的基础上，根据节点受力特点，建立了三维的有限元模型，对异形端板连接节点进行考虑。

选取了典型的柱头和柱子连接节点为考虑对象，有限元模型的单元选取和简化如下：

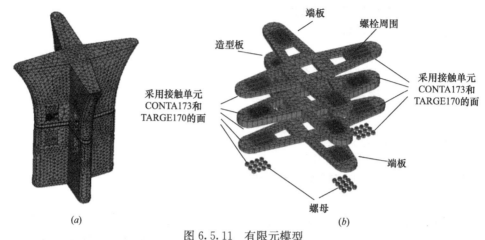

图 6.5.11　有限元模型

(a) 整体模型；(b) 端板和造型板局部模型

荷载工况包括压弯和拉弯，设计要求按照各工况包络力设计节点。

各工况包络力　　　　　　　　　　　　表 6.5.2

工况	轴力 F_x	剪力 F_y	弯矩 M_y
	kN	kN	kN·m
压弯	−2150	425	5100
拉弯	950	425	5100

采用 ANSYS 软件，考虑到计算的精度和时间成本，单元选取如下：端板和造型板采用 SOLID45；柱头和柱子采用 SHELL181；螺栓与端板的接触单元，端板与造型板的接触单元分别为 TARGE170 和 CONTA173；螺栓施加预紧力，预紧力单元为 PRETS179。

钢材考虑为理想的弹塑性模型，采用理想弹塑性模型。螺栓材料符合 EN 20898-1：1992 的规定，采用简化的三折线模型如图 6.5.12 所示。加载过程分为两步：第一步仅施加螺栓预紧力；第二步分多个荷载步施加直至达到设计提供的荷载。

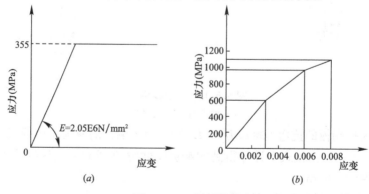

图 6.5.12　材料性能

(a) 钢材应力应变曲线；(b) 螺栓应力应变曲线

此节点以拉弯荷载控制，这是因为高强度螺栓以承受拉力和剪力为主，轴向拉力的存在增加了高强度螺栓的受力，对节点更为不利。根据以上的假定，得到了拉弯工况下柱头和柱子端板连接节点的有限元计算结果。

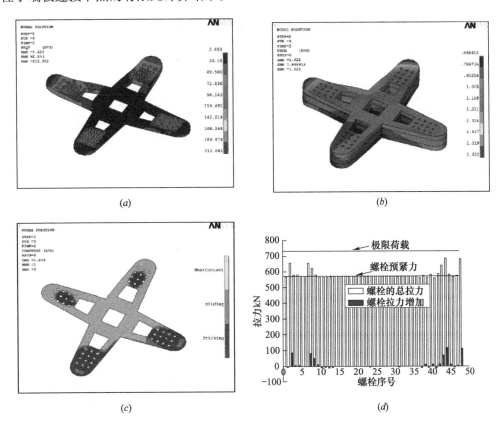

(a)　　　　　　　　　　　　　　　　(b)

(c)　　　　　　　　　　　　　　　　(d)

图 6.5.13　有限元分析结果

(a) 端板 Von Mises 应力；(b) 端板变形；(c) 端板与造型板接触状态；(d) 螺栓拉力

从上述的有限元分析结果中，得到下述结论：

（1）与螺栓接触的端板区域，出现应力集中，受拉边的螺栓周围端板应力最大，出现应力集中，远离螺栓周围的端板应力下降明显。根据此有限元的分析结果，验证了最容易发生的屈服线模式为沿着端板的宽度方向的直线屈服线，即模式 1。

（2）端板出现面外波浪变形，螺栓拉力分布不均匀。说明《钢结构设计规范》GB 50017—2003 假定端板为不发生弯曲变形仅发生整体转动的刚性体假定需有较厚端板作为保证。

（3）在受拉边，除螺栓周围端板保持接触外，其他区域端板已经脱离接触。在受压边，端板与造型板紧密接触，螺栓拉力基本不增加。

6.5.3.4　斜向端板连接的内力分析

在节点边梁与主梁连接节点中，原设计要求在边梁上设置斜向的端板与主梁连接，最终采用造型上保持不变，采用焊接加牛腿的端板连接形式。

提供的设计荷载为杆件端部的荷载，荷载工况包括压弯和拉弯，拉弯起控制作用。坐标系为杆件坐标系 XOY，转换为斜向端板连接的坐标系 X'OY'。

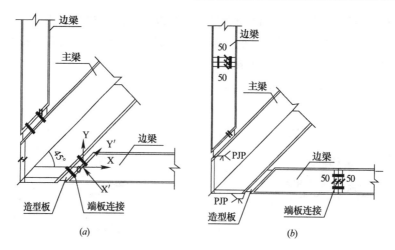

图 6.5.14 边梁与主梁连接节点

(*a*) 原设计；(*b*) 建议设计

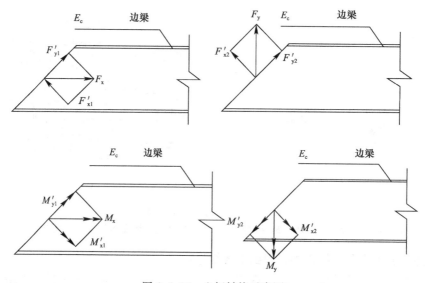

图 6.5.15 坐标转换示意图

$$F'_x = F'_{x1} + F'_{x2} = F_x \sin45° + F_y \cos45°;$$
$$F'_y = F'_{y1} + F'_{y2} = F_x \cos45° + F_y \sin45°;$$
$$M'_x = M'_{x1} + M'_{x2} = M_x \sin45° + M_y \cos45°;$$
$$M'_y = M'_{y1} + M'_{y2} = M_x \cos45° + M_y \sin45°。$$

经坐标转换得到的设计荷载如表 6.5.3 所示。

设计荷载　　　　　　　　　　　　　　　表 6.5.3

工况	轴力（kN）		剪力（kN）		弯矩（kN·m）	
	压	拉	（F_y）	（F_z）	扭矩	弯矩
	（F_x+）	（F_x-）			（M_x）	（M_y）
	kN	kN	kN	kN	kN·m	kN·m
拉弯	600	0	50	150	50	650

工况	轴力 (kN)		剪力 (kN)		弯矩 (kN·m)	
	压	拉	(F'_y)	(F_z)	扭矩	弯矩
	(F'_x+)	(F'_x-)			(M'_x)	(M'_y)
	kN	kN	kN	kN	kN·m	kN·m
拉弯	0	477	548	150	495	424

由表 6.5.3 可知，因弯矩引起的扭矩值很大，达到了 495kN·m。根据此荷载，需要配置 30M36 的螺栓才能够抵抗。但由于截面尺寸的限制，螺栓无法布置。最终采用造型上保持不变，采用焊接加牛腿的端板连接方式，避免了因弯矩产生的过大的扭矩值。

基于上述分析，在设计端板连接时，尽量避免与截面存在较大角度的端板连接，应采用端板与截面垂直的方式。因为对通常的高度大于宽度的截面，截面端部的弯矩往往大于扭矩，若弯矩转换为扭矩，而螺栓而言，采用的数量需要更多。

6.5.4　主要技术经验总结

通过上述论述，可以得到以下结论：

（1）通过设置手孔，考虑合适的构造设计和节点传力，实现了封闭的异形截面可采用端板连接节点，也满足建筑需求。

（2）根据简化的端板连接节点的屈服线模式和设计方法，在进行详细的有限元分析之前，可以对端板厚度和螺栓布置进行初步设计。屈服线模式一般为沿着最外排螺栓的端板上屈服线，简化方法可以作为有限元计算方法的补充和相互校核。

（3）通过简化的有限元模型，得到了主构件上存在临时手孔情况下，异形截面端板连接的受力性能。

（4）在设计端板连接时，尽量避免端板与构件截面存在较大角度，应采用端板与截面垂直的方式，避免了因弯矩产生过大的扭矩。

（5）基于欧标的异形截面端板连接节点构造和设计方法已运用到项目中，运行良好。另外，这些合理设计方法的使用，大大缩短了节点设计审核周期，节省了人力成本和物力成本，推进了项目的顺利开展，并为以后类似项目的节点设计工作提供了借鉴经验和参考依据。

参 考 文 献

［1］ 别克·戴维森，格拉汉姆·W·欧文斯. 欧标钢结构设计手册［M］. 刘毅，钟国辉，李国强，等，译. 北京：冶金工业出版社，2014.

［2］ Building Research Establishment，The Steel Construction Institute，Ove Arup & Partners. Worked Examples for the Design of Steel Structures. SCI，1994.

［3］ British Standards Institution. EN 1990：2002. Eurocode—Basis of Structural Design［S］. UK：BSI，2002.

［4］ British Standards Institution. EN 1991-1-1：2002. Eurocode 1：Actions on Structures—Part 1-1：General Actions—Densities，Self-Weight，Imposed Loads for Buildings［S］. UK：BSI，2002.

［5］ British Standards Institution. EN 1991-1-4：2005. Eurocode 1：Actions on Structures—Part 1-4：General Actions—Wind Actions［S］. UK：BSI，2005.

［6］ British Standards Institution. EN 1993-1-1：2005. Eurocode 3：Design of Steel Structures—Part 1-1：General Rules and Rules for Buildings［S］. UK：BSI，2005.

［7］ British Standards Institution. NA to EN 1993-1-1：2005. UK National Annex to Eurocode 3：Design of Steel Structures—Part 1-1：General Rules and Rules for Buildings［S］. UK：BSI，2008.

［8］ 中国建筑科学研究院. GB 50010—2010. 混凝土结构设计规范［S］. 北京：中国建筑工业出版社，2010.

［9］ 北京钢铁设计研究总院. GB 50017—2003. 钢结构设计规范［S］. 北京：中国计划出版社，2003.

北京世纪旗云软件技术有限公司

创立于2004年2月，是经北京市科委、财政局、国税局、地税局四部门联合认定批准的国家高新技术企业，主要从事建筑结构设计软件的开发研制与市场推广工作。公司拥有一批高学历、高素质的软件研发工程师和技术服务工程师，公司的绝大多数员工都有土木结构专业背景，既有一定的专业知识、设计经验，又有过硬的软件规划、开发、测试和维护技能。半数以上的研发人员拥有博士或硕士学历。

公司一直致力于国产结构设计软件的精品化进程，并凭借高超稳定的运算性能和优质的产品服务被越来越多的设计单位和工程师所认同，逐渐在业界树立了良好的口碑和声誉。

公司总部位于北京市中关村科技园区，直辖两个分部分别位于天津和西安。销售以渠道为主，代理商遍布全国。近年来业务稳定迅速增长，销售额年均增速超35%。

服务对象：

工业与民用建筑设计单位

市政/环保/交通/城建设计单位

高校/研究院/规范制定单位

建筑设计软件承接/咨询/开发单位

标准图或标准图库编制单位

微信公众号：世纪旗云　　技术论坛QQ群：184155943

世纪旗云系列软件产品简介：

结构设计工具软件［建设部科技成果评估证书编号：建科评［2005］014号］

WORD格式中英文计算书；包括换填垫层法、CFG桩法等11种地基处理方法；包括冷换设备基础、卧式容器基础、小型立式容器基础等多类型设备基础设计；多柱（多工况）基础；钢筋混凝土矩形水池设计；挡土墙、地下室外墙设计；异形楼梯设计；筏板设计；任意形状承台设计；碳纤维加固；软弱下卧层地基承载力验算；根据需要部分模块还可以绘制输出AutoCAD施工图。

烟囱设计软件［建设部科技成果评估证书编号：建科评［2007］070号］

涵盖了单筒式钢筋混凝土烟囱、钢烟囱和套筒多筒式烟囱，可以对筒身进行极限承载能力计算、正常使用极限状态计算以及裂缝验算，主要有筒壁各节计算截面处：温度验算；风荷载作用下的内力验算；地震荷载作用下的水平和竖向地震内力计算；在风荷载、日照和地基倾斜、地震等原因作用下附加弯矩的计算；内力叠加计算；筒壁极限承载力计算，计算筒壁内外侧竖向钢筋和环向钢筋的配置；筒壁正常使用下筒壁混凝土和钢筋应力的验算；筒壁最大裂缝宽度的计算。

水池设计软件［住建部科技成果评估证书编号：建科评［2010］033号］

包括多层多格水池和圆形水池；可生成中英文计算书；可生成壁板剖面配筋图以及水池模板图；基础可为天然地基或桩基础；天然地基按弹性地基考虑，可自动计算不均匀沉降；桩基础可考虑桩与地基共同作用；允许设置立柱、扶壁、层间梁以及隔墙等构件；顶板、底板、壁板可以开洞，洞口可以是圆形、矩形和多边形；根据工程信息自动计算土压力、水压力、地震等荷载；可显示水池结构的内力、变形等结果，可给出内力和位移云图；可进行水池壁板、顶板、底板、梁、柱的配筋计算；可对板进行板抗裂度、裂缝宽度等计算；可进行水池地基承载力、地基沉降、结构抗浮计算。

智能详图设计软件

只需要输入几个参数即可生成一个复杂的节点详图；按比例绘图，符合制图规则，风格统一；符合规范及构造要求；使得开发大规模参数化节点详图成为可能，并可以根据用户的要求定制开发甲方常用的详图设计模块；模块文件插入 AutoCAD 后，可双击图形参数化编辑，支持 AutoCAD2004-2018 各版本；调用详图软件接口，实现结构计算和详图并行开发，大幅提高开发效率。

地下管廊设计软件

建模快捷直观，一般经过两个小时的培训即可完成管廊的设计；荷载组合支持增、删、改、存，界面直观；配筋和裂缝计算遵照国家规范；内力分析采用成熟的有限元算法；可以自动生成详尽的计算书，包含用户输入的各种信息以及各块顶板、底板、壁板的配筋结果；生成相应的配筋图，可以保存为 dwg 格式；与一些国际知名软件如 SAP2000，MIDAS 有接口，允许用户在世纪旗云管廊软件中建好模型，另存为 SAP2000 和 MIDAS 的格式进行内力验算。

中建钢构有限公司

一、公司简介

中建钢构有限公司（下称中建钢构）是中国最大的钢结构企业、国家高新技术企业，隶属于世界500强中国建筑股份有限公司。中建钢构聚焦以钢结构为主体结构的工程业务，为客户提供"投资＋建造＋运营"整体解决方案。具有建筑工程施工总承包特级、钢结构工程专业承包壹级、建筑行业工程设计甲级、中国钢结构制造企业特级、建筑金属屋（墙）面设计与施工特级等资质，通过了ISO9001、ISO14001、OHSAS18001、ISO3834、EN1090、AISC等国际认证。

中建钢构经营区域覆盖全国，下设东西南北中五个大区及现代化钢结构制造基地，制造年产能超过120万t，位居行业首位；践行"一带一路"倡议，进入了港澳、东南亚、南亚、中东、北非、澳洲、美洲等国内外市场；通过钢结构专业承包、施工总承包、EPC、PPP等模式在国内外承建了一大批体量大、难度高、工期紧的标志性建筑。中建钢构秉承中建信条和铁骨仁心文化，正向着成为"全球最具竞争力的钢结构产业集团"战略目标不断迈进。

二、海外业绩

【阿布扎比国际机场】

阿布扎比国际机场项目整个钢结构工程量约为4.5万t，被业界誉为"世界上设计、施工难度最大、复杂程度最高之一"的工程。其中央大厅由18个弧形钢结构主拱构成，最大钢结构屋面主拱单跨达到180m，高50m，重约800t。该工程临时支撑胎架需求量极大，是中国建筑首次在海外将自主设计胎架大规模用于支撑异形、大跨度结构，为今后的海外同类工程提供宝贵的经验借鉴。

【科威特国民银行】

科威特国民银行新总部大楼项目建筑设计高度 306m，主体采用"巨型框架-核心筒"结构，钢结构总重约 2.6 万 t。倾斜巨型柱、复杂多枝节点、超厚板焊接等特点极大提高了工程建造的整体难度。该项目致力打造科威特首座 LEED 金奖绿色建筑，是目前科威特单体钢结构最大和最高的超高层建筑，与哈马拉大厦交相辉映成为科威特的建筑新地标。

【阿尔及利亚大清真寺】

阿尔及利亚大清真寺项目占地面积超过 40 万 m²，项目包括宣礼塔、祈祷厅、伊斯兰学院、图书馆及文化中心等 12 座建筑，宣礼塔高 265m，其建造的复杂程度和难度位居世界前列。建成后成为世界第三大清真寺，其中 265m 高的宣礼塔是世界最高的清真寺宣礼塔。中建钢构承担该项目全部钢结构 1.4 万 t 的建造任务；同时，也承担了世界精度最高的预制混凝土构件吊装，总量达 3.6 万 t，项目整体总吊装量达 5 万 t 以上。

精工国际钢结构有限公司

一、公司简介

精工国际钢结构有限公司（下称精工国际）隶属于精工钢构集团，作为海外市场的战略布局，经过十数年的开拓与发展，业务范围覆盖中东、独联体、非洲、美洲、东南亚、澳新全球六大市场 30 多个国家，参与并完成了多个国家的标志性建筑。在海外设有多个分支机构，通过深度实施钢结构 EPC 业务和管理模式，提供钢结构从项目设计、采购、加工、运输、安装及检测等的全流程建筑产品和服务。

凭借多年的经验积累和技术创新，已形成美标、欧标、澳标、日标的产品质量控制体系和检验标准。精工国际致力于以严谨的态度和精湛的技术，赋予每一个钢结构作品恒久的生命力，不断挑战，筑就未来。

二、海内外业绩

1. 港珠澳大桥香港旅检大楼

港珠澳大桥香港旅检大楼采用临海模块化集成拼装的施工工艺，是全球首例模块化施工的大跨度空间结构项目。单个模块集成了钢结构、屋面、机电管线及装饰吊顶等，最大海运模块尺寸：$62.5m \times 25.4m = 1590m^2$，高 22m，重 880t。庞大的体型及复杂的结构给转运上船带来了模块受力的测量监控、模块车的相对位移及同步、顶升高度的精确控制及上船时船岸相对高度调整等诸多挑战。

2. 沙特麦加高铁站

　　沙特麦加高铁站是麦加-麦地那高铁沿线最大车站，钢结构由大厅钢屋盖、站台钢屋盖及附属结构组成。其中屋盖结构由伞状单元沿纵横向排列组合而成，造型融入了伊斯兰的拱门元素，总面积约为 10.94 万 m^2，钢结构总用量约 1.7 万 t。大型弯扭构件形式，超大体积结构整体工厂预装，全螺栓连接精度要求等特点提高了加工制作的整体难度。

3. 阿尔及利亚巴哈吉体育场

　　阿尔及利亚巴哈吉体育场屋盖结构采用巨型空间主桁架＋辐射式次桁架组成的覆盖式结构体系，屋面钢结构为超大跨度高空拱桁架，长轴桁架跨度 200m，是目前世界上跨度最大的房建工程异型高空拱桁架。体育场建筑面积 10.4 万 m²，看台可容纳 40000 人，是阿尔及利亚国家重要的标志性建筑。屋盖整体为椭圆状，建筑造型新颖，呈两片对称月牙形，活泼、有动感，具有鲜明的伊斯兰风格。

国核电力规划设计研究院有限公司
STATE NUCLEAR ELECTRIC POWER PLANNING DESIGN&RESEARCH INSTITUTE CO.,LTD.

一、公司简介

国核电力规划设计研究院有限公司（以下简称"国核电力院"）始建于1958年，隶属于国家电力投资集团有限公司，是中国三代核电自主化和国家科技重大专项核心参与单位，是国家发改委委托投资咨询评估机构、北京市高新技术企业，具有全国最高等级的工程设计综合甲级、勘察综合甲级、工程咨询单位资信评价甲级资质；依托"二四七"的业务格局，为客户提供优质服务的能力。

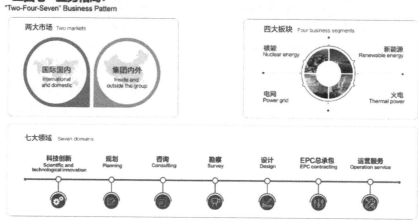

△ 国核电力院园区图

国核电力院拥有6个大师工作室，28个科技创新平台，251人先后入选国家和行业专家库，取得国家授权专利159项，其中发明专利55项，专有技术/技术秘密140项，软件著作权80项。在核能综合开发利用、前沿新型能源利用、特高压交直流电网、百万级大容量高参数火电领域，具备完整的技术能力，在能源电力领域中具有"全过程咨询＋EPC"的工程建设能力和丰富的业绩。

二、海外业绩

在国家"一带一路"倡议、国家电力投资集团有限公司"建设世界一流清洁能源企业"战略目标的指引下，国核电力院始终坚持走"国际化"道路，国际业务覆盖土耳其、埃塞俄比亚、肯尼亚、赞比亚、马来西亚、泰国、菲律宾、柬埔寨、伊朗、巴基斯坦、印度等32个国家，先后成立了驻埃塞俄比亚、土耳其、菲律宾、印度尼西亚等海外分公司、办事处，国际业务量和国际化水平位居电力设计行业前列。

国核电力院广泛采用ISO、ANSI、IEEE、ASME等国际、国外标准256项，全面掌握国际主流标准，并运用于其承担的全球的工程中，一大批标志性项目陆续建成，积累了丰富的国际工程经验。国核电力院始终坚持提供最具价值的技术和服务，努力建成国际知名工程咨询公司。

△第24届土耳其国际能源环境大会上，土耳其泽塔斯三期2×660MW燃煤电站2018年获得土耳其最佳火电项目奖

△（左一）土耳其速马2×255MW燃煤电站工程是土耳其国内第一个采用当地低热值褐煤的255MW级循环流化床亚临界电厂

△（左二）泰国NPS PP9 1×135MW电站工程是世界上单机容量最大的生物质发电工程

△（左三）埃塞俄比亚HOLETA 500kV变电站工程为当前国际上投运的规模最大的500kV变电站之一

土耳其速马2×255MW燃煤电站工程第一次全面采用欧洲标准进行设计。工程厂址位于土耳其抗震Ⅰ区，相当于国标9度抗震设防区。该工程在土耳其泽塔斯项目抗震设计

经验的基础上，自主开发了钢框架-偏心支撑结构设计软件，进一步提高了高烈度区钢结构抗震设计的精度和效率，该成果获得中国电力规划协会颁发的设计软件专有技术证书。

土耳其泽塔斯三期 $2\times660MW$ 燃煤电站为土耳其国内首次建设的 $660MW$ 级燃煤发电工程，在安全状况、建设速度、工程质量、调试时间、试运指标、节能环保等指标方面均达到土耳其电力行业领先水平，工程首次在主厂房钢结构采用框架-偏心支撑体系，填补了《火力发电厂土建结构设计技术规程》应用实例空白。该工程是土耳其电力项目的标杆工程，也是践行国家"一带一路"倡议的重要示范工程。